JIS機械製図の
基礎と演習

第5版

熊谷 信男・阿波屋 義照・小川 徹・坂本 勇　著
武田 信之　改訂

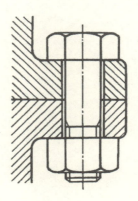

共立出版

第5版に際して

「JIS 機械製図の基礎と演習：第4版」が出版されたのは 2003 年 11 月である。2000 年頃から JIS の大きな改正が行われたが，本書（第4版）に十分に反映はされなかった。さらに JIS の製図に関する規格は 2010 年以降，さらに大きく変わった。それに伴い本書も改訂を行うこととなった。主な改正点は次のとおりである。

第9章　寸　法：

JIS 製図は 2010 年に寸法記入時における大幅な変更を行っている。例えば「コントロール半径 CR の記号」，「円弧記入方法」「ざぐり，又は深さの記号」「皿ざぐり記号」「重複寸法の記載」が追加されているので修正と改正を行った。

第11章　寸法公差とはめあい：

JIS B 0401-1,2：2016 では寸法公差はサイズ公差に変更となり，その他，基本寸法は図示サイズなどに変更されている。JIS Z 8318：2013 ではまだ寸法はサイズなどのように改正されていないが，本書では JIS B 0401 の記述に従った。

第13章　表面粗さ，表面うねり及び面の肌の表示方法：

2001 年に JIS B 0601「製品の幾何特性仕様（GPS）－表面性状：輪郭曲線方式－用語，定義及び表面性状パラメータ」では，表面粗さ，表面うねり及び面の肌の表示方法を「表面性状」と名称を改め，表面性状パラメータが改正された。また 2013 年にはさらに改正が行われた。JIS B 0031「製品の幾何特性仕様（GPS）－表面性状の図示方法」は 2003 年に改正が行われた。算術平均の表し方としては，算術平均粗さを Ra，算術平均うねりを Wa，断面曲線の算術平均高さを Pa として用いるように改められ，表面粗さでよく用いられるパラメータとして，高さ方向での表面粗さについては「最大高さ粗さ Rz」，

「算術平均粗さ Ra」，「二乗平均粗さ Rq」が使用される。また，横方向での粗さパラメータとして「粗さ曲線要素の平均長さ粗さ RSm」，複合パラメータとしては，「粗さ曲線の負荷長さ率 $Rmr(c)$」などが定義された。従来の十点平均粗さ Rz の記号はこの改正によって最大高さを表すこととなり，そのため従来の十点平均粗さは Rz_{JIS} として残すことになった。

表面仕上げ記号にも節目が粒子状のくぼみ，無方向又は粒子状の突起を表す記号として P が追加された。また，表面性状に最大値ルールの他に 16％ルールが適用される。その他，変更箇所が多数あり，この第 13 章は JIS 規格を基に新規に書き改めた。

第 14 章 材料記号：

JIS の最新版では材料記号について 2000 年から 2016 年に改正があり，多数の材料が規定に含まれ新規に追加された。第 5 版ではその記述を追記した。

第 15 章 ねじの設計：

ねじの製図においては，規定から削除されたものもあり，JIS B 1051「炭素鋼及び合金鋼製締結部品の機械的性質―強度区分を規定したボルト，小ねじ及び植込みボルト―並目ねじ及び細目ねじ」は従来の 2000 年版から 2014 年に改正された。2001 年には JIS B 1015「おねじ部品用ヘクサロビュラ穴」が制定され 2008 年には ISO の改正に伴ってさらに 2018 年版として改正されている。2018 年には 2004 年に制定された JIS B 1107「ヘクサロビュラ穴付き小ねじ」，2015 年に JIS B 1136「ヘクサロビュラ穴付きボルト」が改正されている。このため本書では第 4 版になかったヘクサロビュラ頭を追加した。また，JIS B 1189 のフランジ付き六角ボルトは 1977 年に制定されたが 2015 年に改正されたので，多く使用されているフランジ付き六角ボルトも追加した。JIS B 0216「メートル台形ねじ」は 2013 年に廃止され，同年 JIS B 0216-1～3 及び JIS B 0217-1～2 として制定されているので第 28 章「付表」に掲載した。

第 16 章 歯車の製図：

歯車の製図は JIS 規格の改正はないが，読者に理解されやすいように一部追加記述を行った。

第 5 版に際して

第 17 章 溶接記号：

JIS B 3021「溶接記号」は 2016 年に改正された。「スポット溶接及びシーム溶接の記号」が従来とは異なる表記となった。また，裏波溶接記号，止端記号等を追加し第 4 版を大きく改正した。

第 28 章 付 表：

付表 6 の JIS B 0216 の「メートル台形ねじ」は 2013 年に細部が変更された。付表 7 の「六角ボルト」，付表 8「植込みボルト」も規格が若干変更された。付表 18 の「平座金」は表示に Ra 記号が追加となった。これまで本書に記載がなかった「ヘクサロビュラ頭」のボルトは多く使用されているので第 15 章と同様に追加した。また「フランジ形固定軸継手」を追加し，多く使用されているフランジ付き六角ボルトも追加した。

以上のように多くの項目の規定が変更となり，上記に記さなかった他の章に関しても細かな箇所を改正し，この度本書の改訂版を発行することになった。いろいろとアドバイスを頂いた共立出版㈱の瀬水勝良氏及び関係各位に厚くお礼を述べる。

2018 年 8 月

武田信之

はじめに

　製図を学ぶことは，新しい知識や記号でもって，ある立場より，一つのものをまとめてゆくこととか，また，ある一つのものに関して，その構造，加工，機能などについて情報をよみとり，それを具体化してゆく姿勢を育てることである。

　機械製図は，機械関係技術者にとっては日常の言葉と同じであって，機械関係の技術者を志すものは，少なくともJIS規格に基づく機械製図法を十分理解し，図面を正しく判読する力を養うとともに，正確に，迅速かつ美しく図面を描く技術を身につけておくことが大切である。

　しかし，実際に役立つ図面を描くためには，単に機械製図法に関する規格を理解し，図面を描く技術を習得しておくのみでは不十分であって，機械観ともいえるような関連する広範囲な知識を修めていなければならない。

　本書は，機械製図を初めて学ぶ人を対象として，主に次の方向でまとめたものである。

(1)　機械製図に関するJIS規格を中心にし，できるだけ多くの図例をあげて説明し，また図例は実際に役立つ図とするために，機械加工を考慮して描かれている。

(2)　JIS規格の図の模写にとどめず，独自に作成した図例を多く採用した。

(3)　製図法の理解を一層深め，実力を身につけるようにするために，独自に作成した演習問題及び製図例を多く載せた。

(4)　各項目はできるだけ一頁にまとめるようにした。

(5)　設計・製図に役立てるために，比較的多く使用される機械要素などのJIS規格（抜粋）を付表にまとめた。

(6)　索引に英語を記載した。

　なお執筆にあたっては，多くの著書を参考にさせて頂いたことを記し，ここに，深く感謝の意を表す。また，チェーンブロックの図面をご提供いただいた象印チエンブロック(株)及び本書の刊行にあたり特別の配慮をいただいた，共立出版(株)の各位に厚くお礼申し上げる。

　1983年4月

著　者

目　　次

1章　製　　図
1.1　総合について …………………1-1
1.2　設計について …………………1-1
1.3　自動製図 ………………………1-3

2章　製図規格
2.1　標　準　化 ……………………2-1
2.2　規　格　化 ……………………2-1
　（1）国際規格 ……………………2-2
　（2）国家規格 ……………………2-2
　（3）機械製図に関する国家規格 …2-3
2.3　図面の種類 ……………………2-6

3章　図面の様式
3.1　図面の大きさ及び様式 ………3-1
3.2　表題欄と図面の折りたたみ方 …3-3
3.3　尺　　　度 ……………………3-4

4章　線
4.1　線の形状 ………………………4-1
4.2　線の太さ ………………………4-1
4.3　線の用法 ………………………4-2
4.4　線に関する一般事項 …………4-4

5章　文　字
5.1　漢字と仮名 ……………………5-1
5.2　ローマ字と数字 ………………5-2
5.3　説　明　文 ……………………5-3

5.4　写真縮小される図面の文字 …5-4

6章　投　影　法
6.1　第三角法と第一角法 …………6-1
6.2　第三角法及び第一角法で投影した
　　　図の標準配置 …………………6-2
6.3　投影法の表示 …………………6-2
6.4　矢示法及びその他の投影法 …6-3

7章　図形の表し方
7.1　図面を描く順序 ………………7-1
7.2　図形を表す場合の原則 ………7-2
7.3　図形を表す場合の補足事項 …7-11
　（1）想像線（細い二点鎖線） ……7-11
　（2）中心線（細い一点鎖線） ……7-11

8章　断　面　図
8.1　断面図について ………………8-1
8.2　切断の位置と切断線 …………8-2
8.3　切断してはいけないもの ……8-6
8.4　断面の表示 ……………………8-7
8.5　断面図に関するその他の問題 …8-8
　（1）切断線の矢印及び識別記号の
　　　省略 ……………………………8-8

9章　寸　　法
9.1　図面に記入する寸法 …………9-1
9.2　寸　法　線 ……………………9-1

目 次

　　(1) 長さの寸法線の引き方 ……………9-1
　　(2) 角度の寸法線の引き方 ……………9-2
　　(3) 引出線を使用した寸法や記事の
　　　　記入方法 ………………………………9-3
　　(4) 端末記号の描き方 ……………………9-3
　　(5) 薄肉部の断面図に寸法を記入
　　　　する方法 ………………………………9-4
9.3 長さ及び角度を表す数字の記入法　9-4
　　(1) 長さ，角度の寸法記入上の注意
　　　　事項 ……………………………………9-4
　　(2) 長さを表す寸法数字の書き方 ……9-5
　　(3) 角度を表す寸法数字の書き方 ……9-5
9.4 寸法数字に付記する記号 ……………9-6
9.5 寸法を記入する場合の注意事項 …9-8
9.6 狭い部分への寸法記入法 ……………9-14
9.7 円弧及び曲線の寸法の表し方 ……9-15
9.8 穴の寸法記入法 …………………………9-17
9.9 こう配及びテーパの記入法 …………9-19
9.10 寸法記入の簡便法 ……………………9-20
9.11 その他の寸法記入 ……………………9-26
　　(1) 非剛性部品の寸法 …………………9-26
　　(2) 薄肉断面の寸法記入に関する
　　　　ISO 規格 ………………………………9-26
9.12 図面の変更 ……………………………9-27
9.13 寸法補助記号及びその呼び方 …9-27
9.14 コントロール半径 CR …………………9-27
9.15 穴の寸法記入法の追補 ……………9-27
9.16 ざぐり・深ざぐり⌴，
　　　皿ざぐり⌵ …………………………………9-28
9.17 重複記号 ………………………………9-30
9.18 弦の長さの表し方及び円弧の長
　　　さの表し方 ……………………………9-30
9.19 一群の同一寸法の指示例 ………9-31

10章　照合番号　　　　　　　10-1

11章　サイズ公差とはめあい

11.1 許容限界サイズ ……………………11-1
11.2 はめあい ……………………………11-2
11.3 サイズ区分，公差の等級，多く用
　　　いられるはめあい ……………………11-4
11.4 穴基準はめあい方式と軸基準はめ
　　　あい方式 ………………………………11-5
11.5 サイズ許容差の図面記入法 ……11-11
　　(1) JIS 公差クラスで表すとき …11-11
　　(2) JIS 公差クラスを使用しないで
　　　　表すとき ……………………………11-12
　　(3) 角度の許容限界を記入する方法　11-14
11.6 寸法の普通公差 ……………………11-15

12章　幾何公差の図示方法

12.1 幾 何 公 差 ……………………………12-1
12.2 幾何公差の図面記入法 ……………12-2
12.3 幾何公差の表し方 …………………12-3
12.4 幾何公差を表す引出線の記入
　　　方法 ……………………………………12-4
12.5 データム(基準直線，基準平面，
　　　基準軸線など)の表し方 ……………12-5
12.6 位置度，輪郭度又は傾斜度を指
　　　示する場合の寸法の表し方 ……12-6
12.7 その他の幾何公差の表し方 ……12-7
12.8 最大実体公差方式及び最小実体
　　　公差方式 ………………………………12-16
　　(1) 最大実体公差方式 MMR ……12-16
　　(2) 最小実体公差方式 LMR ………12-17

13章　表面性状の表示方法

13.1 断面曲線，粗さ曲線及びうねり

曲線 ……………………13-1
13.2 表面粗さの定義 ……………13-7
13.3 表面粗さとうねりの図示方法
　　　（図示方法の設定）……………13-12
　（1）表面粗さ ……………………13-12
　（2）うねり曲線について ………13-14
13.4 表面粗さと図面記入法 ………13-17
13.5 転がり円うねり ………………13-22
13.6 表面性状の合否判定のルール …13-24
　（1）16％ルール …………………13-24
　（2）最大値ルール ………………13-26
13.7 その他のパラメータ …………13-26
13.8 負荷曲線に関連する表面性状 …13-29
13.9 表面性状，粗さパラメータやモ
　　　チーフパラメータ等の指示の例
　　　……………………………………13-29
13.10 図示例 …………………………13-32
13.11 2RCフィルタを適用した場合
　　　の中心線平均粗さ ……………13-35

14章　材料記号

14.1 材料記号の表し方 ……………14-1
14.2 金属材料記号例 ………………14-4
14.3 非金属材料の記号 ……………14-4
14.4 その他，追加されたJIS材料
　　　記号 ………………………………14-11

15章　ねじの製図

15.1 ねじの基本 ……………………15-1
15.2 ねじの種類 ……………………15-2
　（1）三角ねじ ……………………15-2
　（2）台形ねじ ……………………15-4
　（3）特殊用途ねじ ………………15-4
15.3 ねじの表し方 …………………15-4

（1）ねじの呼び ……………………15-5
（2）ねじ山の巻き方向 ……………15-6
（3）ねじの公差域クラス（等級）……15-6
（4）ねじの表し方 …………………15-7
15.4 ねじの製図法 …………………15-8
　（1）ねじの実形図示 ………………15-8
　（2）ねじの通常図示 ………………15-9
　（3）ねじの簡略図示 ………………15-14
15.5 ボルト及びナットの表示法 …15-15
　（1）六角ボルト …………………15-15
　（2）植込みボルト ………………15-18
　（3）六角穴付きボルト …………15-18
　（4）六角ナット …………………15-19
15.6 ボルト・ナットの製図法 ……15-20
　（1）ボルト・ナットの使用法 …15-20
　（2）ボルト・ナットの製図法 …15-21
15.7 その他のねじ類の呼び方及び
　　　製図法 ………………………………15-22
　（1）小ねじ ………………………15-22
　（2）止めねじ ……………………15-24
　（3）木ねじ ………………………15-25
　（4）小ねじ，止めねじ及び木ねじ
　　　の製図法 ……………………15-26
15.8 座　　金 ………………………15-27
15.9 ボルト穴及び座ぐり …………15-30
15.10 ねじインサートの図示 ………15-31
　（1）ねじインサート ……………15-31
　（2）ねじインサートの製図法 …15-31
　（3）ねじインサートの表示法 …15-34
15.11 その他（ヘクサビュラ穴付
　　　きボルト等）……………………15-34
15.12 ボルトの左ねじの表示 ………15-34
15.13 ボルトの強度区分と表示 ……15-36
15.14 ナットの強度区分 ……………15-37

15.15	強度区分のナットへの表示 …15-39		（1）	引張コイルばねの例 …………17-11
15.16	左ねじのナットへの表示 ……15-40		（2）	圧縮コイルばねの例 …………17-11

16章　歯車の製図

16.1	歯車の種類 ……………………16-1
16.2	歯車各部の名称 ………………16-3
16.3	歯の大きさ ……………………16-4
16.4	標準歯車と転位歯車 …………16-5
16.5	インボリュート歯車の寸法 …16-6
16.6	歯車の図示法 …………………16-8
（1）	歯車の通常図示法 ……………16-8
（2）	歯車のかみ合い部の図示法 …16-8
（3）	平歯車の図示法 ………………16-8
（4）	はすば歯車及びやまば歯車の図示法 ……………………16-9
（5）	ねじ歯車の図示法 ……………16-10
（6）	かさ歯車の図示法 ……………16-11
（7）	ウォーム及びウォームホイールの図示法 …………………16-11
（8）	歯車の要目表 …………………16-11
（9）	スプロケット及びつめ車などの図示法 …………………16-15

17章　ばねの製図

17.1	コイルばね …………………17-1
（1）	ばね用語 ……………………17-2
（2）	コイルばねの図示法 ………17-3
17.2	重ね板ばね …………………17-6
17.3	竹の子ばね …………………17-8
17.4	渦巻きばね …………………17-8
17.5	皿ばね ………………………17-9
17.6	トーションバー ……………17-10
17.7	その他のばね ………………17-10
17.8	ばねの幾何公差の種類 ……17-10

18章　転がり軸受の製図

18.1	転がり軸受の種類 ……………18-1
18.2	転がり軸受の呼び番号 ………18-3
（1）	基本番号 ………………………18-3
（2）	補助記号 ………………………18-4
（3）	呼び番号の例 …………………18-4
18.3	転がり軸受の精度とはめあい …18-5
18.4	転がり軸受の略図法 …………18-5
（1）	基本簡略図示方法（JIS B 0005-1） ………………18-5
（2）	個別簡略図示方法（JIS B 0005-2） ………………18-6
（3）	実形に近い簡略図(参考) ……18-7

19章　溶接記号

19.1	溶接について …………………19-1
19.2	溶接記号及びその記入法 ……19-3
19.3	その他の溶接記号とまとめ …19-15

20章　配管製図

20.1	配管図 …………………………20-1
20.2	配管系統図 ……………………20-2
20.3	配管図示方法 …………………20-2
（1）	管の図示方法 …………………20-2
（2）	配管系の仕様及び流体の種類・状態の表し方 ………………20-3
（3）	配管図示記号 …………………20-3
（4）	配管寸法の表し方 ……………20-5
20.4	油圧及び空気圧用図記号 ……20-5
20.5	真空装置用図記号 ……………20-5

21章　センタ穴の図示方法

21.1　センタ穴 …………………………21-1
21.2　センタ穴の種類 …………………21-1
21.3　センタ穴の呼び方 ………………21-1
21.4　センタ穴の簡略図示方法 ………21-2

22章　スプライン及びセレーションの図示法

22.1　スプライン及びセレーション …22-1
22.2　スプライン及びセレーションの
　　　図示法 ………………………………22-1

23章　CAD機械製図

23.1　CAD製図に関する規格 …………23-1
23.2　図面の様式 ………………………23-1
　（1）図面の大きさ ……………………23-1
　（2）表題欄 ……………………………23-2
　（3）尺度 ………………………………23-2
23.3　線 …………………………………23-2
　（1）線の基本形とその用法（用途）…23-4
　（2）線の表し方 ………………………23-4
23.4　文字 ………………………………23-5
23.5　図形の表し方 ……………………23-6
23.6　寸法及び寸法公差の記入法 ……23-7
23.7　幾何公差の記入法 ………………23-7
23.8　表面性状の表し方 ………………23-9
23.9　溶接部の表し方 …………………23-9
23.10　照合番号 …………………………23-9

24章　スケッチ

24.1　スケッチについて ………………24-1
24.2　スケッチの手順 …………………24-1
　（1）組立図 ……………………………24-1
　（2）分解作業 …………………………24-1
　（3）部品図 ……………………………24-1
　（4）表題欄と部品表 …………………24-1
　（5）検図と品物の組立 ………………24-1
24.3　図形の描き方 ……………………24-3
　（1）フリーハンドによる模写法 ……24-3
　（2）型取り法 …………………………24-3
　（3）プリント法 ………………………24-3
　（4）写真撮影法 ………………………24-4
24.4　寸法記入法 ………………………24-4
24.5　寸法公差・はめあい・仕上げ
　　　記号 ………………………………24-4

25章　標準数　　　　　　　25-1

26章　演習

1. 線 ……………………………………26-1
2. 投影法（その1）……………………26-2
3. 投影法（その2）……………………26-3
4. 断面法（その1）……………………26-4
5. 断面法（その2）……………………26-5
6. 中間部の省略図示。図形の表し方 26-6
7. 寸法記入（その1）…………………26-7
8. 寸法記入（その2）…………………26-8
9. ねじの製図（その1）………………26-9
10. ねじの製図（その2）………………26-10
11. 歯車製図及びばね製図 ……………26-11
12. ころがり軸受製図と材料記号 ……26-12
13. 公差とはめあい ……………………26-13
14. 形状精度及び位置の精度 …………26-14
15. 表面粗さ及び表面うねり …………26-15
16. 溶接記号 ……………………………26-16
17. 展開図と投影図の練習 ……………26-17

目　　次

27章 図　例

サンプルの写真 ……………………27 - 1
文字の練習 …………………………27 - 3
Vブロック …………………………27 - 3
パッキン押エ ………………………27 - 4
チャック用ハンドル ………………27 - 4
アングルプレート …………………27 - 5
Vベルト車 …………………………27 - 6
ねじと座金 …………………………27 - 7
平歯車 ………………………………27 - 8
すぐばかさ歯車 ……………………27 - 9

28章 付　表

1. メートル並目ねじ　JIS B 0205
　　-1〜4 : 2001 ………………………28 - 2
2. メートル細目ねじ　JIS B 0205
　　-1〜4 : 2001 ………………………28 - 3
3. ユニファイ並目ねじ　JIS B 0206 : 1973
　　………………………………………28 - 4
4. 管用平行ねじ　JIS B 0202 : 1999 …28 - 6
5. 管用テーパねじ　JIS B 0203 : 1999
　　………………………………………28 - 7
6. メートル台形ねじ　JIS B 0216-3 : 2013
　　………………………………………28 - 9
7. 六角ボルト　JIS B 1180 : 2014 ……28 - 12
8. 植込みボルト　JIS B 1173 : 2010 …28 - 18
9. 六角穴付きボルト　JIS B 1176 : 2014
　　………………………………………28 - 20
10. 六角ナット　JIS B 1181 : 2014 ……28 - 23
11. すりわり付き小ねじ　JIS B 1101 : 2017
　　………………………………………28 - 26
12. 十字穴付き小ねじ　JIS B 1111 : 2017
　　………………………………………28 - 28
13. すりわり付き止めねじ
　　JIS B 1117 : 2010 …………………28 - 29
14. 四角止めねじ　JIS B 1118 : 2010 …28 - 30
15. 平座金　JIS B 1256 : 2008 …………28 - 31
16. ばね座金　JIS B 1251 : 2001 ………28 - 35
17. キー及びキー溝　JIS B 1301 : 1996
　　………………………………………28 - 41
18. ローレット目　JIS B 0951 : 1962 …28 - 45
19. フランジ形たわみ軸継手
　　JIS B 1452 : 1991 …………………28 - 46
20. フランジ形固定軸継手
　　JIS B 1451 : 1991 …………………28 - 49
21. 締結部品の寸法及び公差の例
　　JIS B 1021 : 2003 …………………28 - 51

索　　引

1章　製図（その総合的なもの）

1.1　総合について

　機械の定義については種々のものがあるが，フランツ・ルロー*は理論運動学において，『機械とは，抵抗力を有する物体の一組の結合で，その助けによって自然の機械的力に一定の運動を生ぜしめ得るように組み立てられたものである』(1875年)。ダニレフスキーはこの規定について『ルローは，機械をその社会的応用から切り離して観察し，これを専ら運動学的見地から，単に抽象的機械としてのみ分析している』と指摘し，更に『部分的な問題を解決する場合のみ効果を挙げ，一般的本性の根本的問題には答える術を知らず……』と評している。一般に現象とかものは2つの世界とかかわりあいをもっている。1つは，その現象とかものが自らが存在してゆくに必要な生物学的な生命を実現している世界であり，他はそれらが生命現象を実現している環境の中において自らを維持してゆくための社会的な世界である。そこにおいては，自然的な法則が相互に関係しつつ存在し，その上になお社会的法則を満足した状況になければならない。いわゆる物概念による説明と関係概念による説明である。

　物を考えることは1つの立場に立つことであり，その試みとして体系の構成を行う。最も容易なことは，従来の立場の形式を継続することであるが，更に先に進むためには，それまでの立場をつつんで，それを特殊な1つの立場として見てゆくという高い次元に立たねばならない。

1.2　設計について

　設計は未限定な状態にあるものを整理して，所定の意味を与えて，納得のゆくように秩序だてて，人工的に自然のなし得ないものをつくり出してゆく知的な行為である。設計の開始は，技術的関心とか社会のニーズなどさまざまな要求が動機ともなる。これらは，学問的体系が明確な領域にあるものばかりではなく，未体系の領域に関する部分も多くある。設計はこのような広い領域にわたる要求項目を，設計者が自己の問題として内面化したとき，すなわち価値意識として取り込んだときであり，このとき設計者は，各種の設計条件の背景に見えかくれする沈黙の深さ，方向性，濃度などについて十分な推察をしていなければならない。一方，設計されたところのものは，単に空間的，時間的有用

＊　桝本セツ　技術史　三笠書房（昭13-7），ダニレフスキー（岡，桝本訳）近代技術史　三笠書房（昭12-10）。

1章　製図（その総合的なもの）

性の意味での次元で評価されることのほか，その時代に受容され得るものであるのみならず，時代を超えて生命と機能をもち続けるものであることが望ましく，同時に社会で機能することによって更に高い次元の関心をあつめ，次代に良い意味での課題を提供する要因を内包しているものであることも要求される。したがって，設計は要求や関心の実現という射程距離内において考えてゆくものでなく迂遠（うえん）性をもつものでなければならない。

　設計の過程については，立場によって種々な区分が考えられるが，大きくは現実的な部分と意識的な部分に区分して考えることができる。

　これらの関係は明確にしにくい部分を多く含むものであるが，いわゆる心理的氷山のようなもので，現実的部分は氷山の上方の部分に相当し，すでに体系化された記号系の領域であり，意識的な部分とは，水面下の不可視なところの未体系でアナログ的な知にあたる部分に相当し，現実的な部分をしっかりと支えているところである。いかなるものについてみても，そのものをまさにそのものたらしめているリアリティがあるように，1つのものが考え出されるためには，そのものを考え出す意識が存在している。この意識は，特定のものがはっきりとまとめられたときに，具体的には表面に出ないために一般には考える対象となりにくい面があるが，設計において最も大切な領域である。

　言語学者のN. チョムスキー*は，日常会話におけるありのままの言動活動の記録から，言い間違いや規則からの逸脱，中途における計画の変更などにもかかわらず話者と聴者にコミュニケーションが生ずるのは，実際の言語使用の深層に根底的な言語規則の体系が存在するためと考え，この根底の規則体系のことを生成文法と名付けている。

　人間は，語ること以上のことをそれに先立って知っており，同時に経験は互いに還元し得ないさまざまな領域をもつ。そして表現はメッセージの一部であり，残りは聞き手が補うという文化形式をもっている。この部分はかくれている次元とか無次元工学の体系とでも呼び得るところである。

　設計は，同一の尺度では測定できない多くの独立しているものについて，完結性を与える相互関係の秩序を見出して，多元尺度のものを『多を貫く一』と呼ばれる一元度空間に写像することであって，製図はその具体的な表現である。

───────────
＊　チョムスキー（安井稔訳）　文法理論の諸相　研究社（昭45-1）。

1.3 自動製図

図1.1 パーソナルコンピュータを使用したCADシステムの例
(写真提供:法政大学機械工学科 吉田一朗准教授)

1.3 自動製図

　現在,設計・製図業務の合理化をはかるためにコンピュータの利用が盛んである。設計・製図にコンピュータを利用すると,設計業務の省力化,設計時間の短縮,設計ミスの減少,設計情報の集中管理等が可能となり,経費の節減ができる。自動設計(CAD)は,当初,航空機産業,電子産業(IC基盤の設計等),自動車産業等を中心に発展したが,最近では,機械,電気,建築,衣料及び家具等,あらゆる分野においてCADの導入が行われている。特に三次元図形を扱うCADは,単に設計図面を描かせるだけではなく,そのまま製造の自動化に利用できるので自動生産(CAM)として導入が進められている。図1.1はパーソナルコンピュータを利用したCADシステムの一例を示す。

　なお,「JIS B 3402-2000 CAD機械製図」にCADを用いた製図方法の注意点が記載されている。また,「JIS B 3401-1993 CAD用語」には下記のように定義されている。

- 自動設計(automated design):製品の設計に関する規則または方法をプログラム化して,コンピュータを利用して自動的に行う設計。

1章 製図（その総合的なもの）

- CAD（computer aided design）：製品の形状，その他の属性からなるモデルを，コンピュータの内部に作成し解析・処理することによって進める設計。
- CAM（computer aided manufacturing）：コンピュータの内部に表現されたモデルに基づいて，生産に必要な各種情報を生成すること，およびそれに基づいて進める生産の形式。
- CAD/CAM：CAD によってコンピュータ内部に表現されるモデルを作成し，これを CAM で利用することによって進める設計・生産の形式。
- CAE（computer aided engineering）：CAD の過程でコンピュータ内部に作成されたモデルを利用して，各種シミュレーション，技術解析など工学的な検討を行うこと。
- 自動製図（automated drafting）：コンピュータ内部に表現されたモデルに基づいて，対象物の図面を自動化装置によって描くこと。
- パラメトリックデザイン（parametric design）：製品又はその部分について，形状を類型化し，寸法などをパラメータで与えることによって，コンピュータ内部を簡易に生成する設計方法。

　これらの CAD 製図の詳細については，「23章　CAD 機械製図」を参照されたい。

2章 製図規格

2.1 標準化

図面は設計者の意図を伝える言葉であるから，ルールを定め，これによって図が描かれることが必要である。このような製図に関する事項を定めたものが製図規格である。

一般に製品・設備や材料・品物の形状及び性能などや用語・記号の定義などについて一定の規格を定め，これによって統一的な秩序ある体制を作り上げることを標準化という。この標準化を行うとき，次のような利点がある。

1) 機械や部品などの種類が整理されて，単純化と専門化がすすみ品質の向上がはかれる。
2) 作業能率と安全性が向上し，コストの低減ができる。
3) 部品の互換性が増し，取引きの単純化と公正化が可能となる。
4) 製品の納期が確守できるようになる。

標準化 Standardization，専門化 Specialization 及び単純化 Simplification は三位一体のものであって，それぞれ英語の頭文字をとり"3S"として重要視されている。

2.2 規格化

規格には国際規格，国家規格，官公庁規格，団体規格及び社内規格などがある。3Sの考えより，社内及び諸団体の規格はその国の国家規格を取り入れてこれを満足していることが必要であり，また国際交流の面からも国家規格は国際規格に整合していることが望ましい。国家規格の例を表2.1に示す。

表2.1 国家規格の例

規格名	規格略称	フルネーム
日本工業規格	JIS	Japanese Industrial Standard
アメリカ規格	ANSI	American National Standards Institute（旧USASI）
イギリス規格	BS	British Standard
ドイツ規格	DIN	Deutsches Institut für Normung
スイス規格	VSM	Normen des Vereins Schweizerischer Maschinenindustrieller
フランス規格	NF	Norme Française
ソビエト規格	GOST	Gosudarstvennyj Komitet Standartov
チェコスロバキヤ規格	CSN	Ceskoslovenskych Statnich Norem
アメリカ軍用規格	MIL-STD	Military Specifications and Standards（USA）
日本農林規格	JAS	Japanese Agricultural Standard

2章 製図規格

(1) 国際規格

国際標準化は，1928年（昭3）に万国規格統一協会（ISA）が設立されて標準化がすすめられたが，第二次世界大戦と同時に機能を中止した。1947年（昭22）に各国の標準化運動の情報交換と国際規格の制定，啓蒙を主眼として**国際標準化機構（ISO）**＊と改称して復活した。日本は1952年からこの会に加入している。ISOの規格は**ISO（国際規格）**の記号が付けられるが，1つの規格が作られるまでには，WD（作業原案），DIS（国際規格案），FDIS（最終国際規格案）の順序を経ることになっている。

国際標準化をすすめる会としては，ISOのほかに**国際電気標準会議（IEC）**等がある。また，ヨーロッパでは，**欧州標準化委員会（CEN＊＊）**がISOと協調しながら標準化活動を行っており，**欧州規格（EN＊＊＊）**を制定している。

(2) 国家規格（日本工業規格・JIS）

日本における鉱工業品の標準化は，諸外国に比べてスタートが遅れたが，1920年（大10）以来，政府によって推進され，日本標準規格・JES（ジェス）＊＊＊＊が順次制定されていった。JES規格はその後，臨時日本標準規格・臨JESに代わった。

第二次世界大戦後，平和産業へ急転換を行った日本の工業界では，戦前及び戦中の鉱・工業品関係の規格がすべて再検討されることになり，1949年（昭24）に工業標準化法（法律第185号）が公布されて，臨JES規格に代わって新しく**日本工業規格・JIS**（ジス，表2.1）が作られるようになった。

このJIS規格は日本工業標準調査会が審議して政府が制定している。現在制定されているJIS規格は約8000件に及び，日本の工業生産の多くがJIS規格に従って行われている。

また，JIS規格は，少なくとも5年ごとに見直しされて，技術の進歩に応じて確認，改正及び廃止の手続きがとられるとともに，新たなニーズに即したJIS規格が制定されている。最近は貿易の自由化を促進するために，ISO規格

＊　International Organization for Standardization. ISOは，略語ではなく，"イコール・平等"を意味するギリシャ語に由来する言葉である。なお，ISOは"イソ"とよぶことがある。
＊＊　European Committee for Standadization
＊＊＊　European Standards
＊＊＊＊　Japanese Engineering Standard

2.2 規格化

表2.2 JISの部門分類

部門記号	部門名	部門記号	部門名	部門記号	部門名
A	土木及び建築	G	鉄　鋼	R	窯　業
B	一般機械	H	非鉄金属	S	日用品
C	電子機器及び電気機械	K	化　学	T	医療安全用具
		L	繊　維	W	航　空
D	自動車	M	鉱　山	X	情報処理
E	鉄　道	P	パルプ及び紙	Z	その他
F	船　舶	Q	管理システム	20	参　考

と整合するようにJIS規格の内容が改められている。

　JIS規格では，表2.2に示すように，土木及び建築Aから情報処理Xまでの18部門に分類し，更に，その他として各部門にまたがる共通的な問題，基本及び一般などをZにまとめている。分類番号の前2桁は各部門の分類を表し，後2桁は原則として規格の決定した順序を示している。

　また，特に主務大臣が指定した商品に対しては，国家が許可を与えた工場(指定工場という)で作られたJIS規格合格品にJISマーク(図2.1)を付けることを許可している。つまり，JISマークが付いている商品は国が間接的に品質の保証をしているわけである。

図2.1 JISマーク

　なお，経済産業省はJISをサービス分野へ対象を拡大し，産業構造の転換に制度を対応させるため，JISの名称を「日本工業規格」から「日本産業規格」に2018年通常国会での改正を目指す。

（3）機械製図に関する国家規格

　我が国における最初の製図規格は，1930年（昭5）に公布された"JES第119号（製図）"である。その後，ドイツ規格（DIN）などを参考にして改正され，1943年（昭18）に"臨JES第428号（製図）"が制定された。

　1949年にJIS規格がJESに代わる国家規格として制定されることになり，1952年（昭27）には"JIS Z 8302（製図通則）"として工業の各分野に共通する製図規格が制定された。しかし図面を最も必要とする機械工業の分野にあっては製図通則のみでは十分ではなく，1956年にJIS B 0002（ねじ製図），JIS B 0003（歯車製図），JIS B 0004（ばね製図），JIS B 0005（転がり軸受製図）が制定され，1958年にJIS B 0001（機械製図）が制定された。これ以来，機

2章　製図規格

械関係の製図は，この規格に従って行われてきたが，1961年に一部が，更に1973年，1985年及び2000年，さらに2010年～2018年に大幅に改正され今日に至っている。JIS Z 8302は，ISO規格に整合させるために廃止され，代わりに規格内容を細分化してJIS Z 8310（製図総則）からJIS Z 8318（製図における寸法の許容限界記入方法）までの9規格が1984年に制定された。なお，Z 8310～Z 8318はその後2010年に再改正されている。再改正された規格の名称は表2.3を参照されたい。

　機械製図の規格（B 0001）の1985年における主な改正点は次の通りである。
（1）　この規格だけで機械・器具の図面が製図できるように改められた。
（2）　手書きを基準とし，自動製図による方法も取り入れられた。
（3）　マイクロフィルム化に適する製図方式に改められた。
（4）　同一目的の表示方法が1つに統一された。
（5）　関連規格との関連が明らかにされた。
（6）　JIS Z 8310～8318との整合が図られた。など。
また，2000年の主な改正点は次の通りである。
（1）　ISOとの整合性が図られた。
（2）　旧規格の不足分を補完し，不適当な図例が削除された。
（3）　注記に平仮名も使用できるように明示された。
（4）　投影法の1つとして，矢示法が規定された。
（5）　同一寸法形体の数を表示する方法が変更された。
（6）　尺度，線の太さ，用紙サイズ，文字の書体と大きさ，テーパとこう配の記入法，形鋼の表示方法などが改正された。

　特殊な製図を規定したJIS B 0002～B 0005は，1973年に改正された後に，B 0002は1982年と1998年，B 0003は1989年，B 0004は1976年と1995年，B 0005は1999年に再改正された。また，JIS B 0041（センタ穴の図示方法）が1983年に，JIS B 0006（製図—スプライン及びセレーションの表し方）が1993年に，JIS B 0011-1～3（製図—配管の簡略図示方法）が1998年に新たに制定された。また，B 0041は1999年に改正された（製図—センタ穴の簡略図示方法）。機械製図法のJISはさらに2010年～2016年にかけて大幅な変更が行われた。その内容については巻頭「第5版に際して」を参照されたい。

2.2 規格化

表 2.3 機械製図に関係の深い規格

規格番号	規格名称	規格番号	規格名称
JIS B 0001	機械製図	JIS B 0601	製品の幾何特性仕様 (GPS)――表面性状：輪郭曲線方式――用語，定義及び表面性状パラメータ
JIS B 0002-1	製図――ねじ及びねじ部品――第1部：通則		
JIS B 0002-2	同上――第2部：ねじインサート	JIS B 0610	製品の幾何特性仕様 (GPS)――表面性状：輪郭曲線方式――用語，定義及び表面性状パラメータ
JIS B 0002-3	同上――第3部：簡略図示方法		
JIS B 0003	歯車製図		
JIS B 0004	ばね製図	JIS B 0612	円すいテーパ
JIS B 0005-1	製図――転がり軸受――第1部：基本簡略図示方法	JIS B 0613	中心距離の許容差
		JIS B 0614	円すい公差方式
JIS B 0005-2	同上――第2部：個別簡略図示方法	JIS B 0616	円すいはめあい方式
JIS B 0006	製図――スプライン及びセレーションの表し方	JIS B 0621	幾何偏差の定義及び表示
		JIS B 0701	切削加工品の面取り及び丸み
JIS B 0011-1	製図――配管の簡略図示方法――第1部：通則及び正投影図	JIS B 0702	機械部分の丸み（プレス加工品）
		JIS B 0703	鋳造品の丸み
JIS B 0011-2	同上――第2部：等角投影図	JIS B 0706	熱間・温間型鍛造品の丸み
JIS B 0011-3	同上――第3部：換気系及び排水系の末端装置	JIS B 0711	研削しろ
		JIS B 0712	切削仕上げしろ
JIS B 0021	製品の幾何特性仕様（GPS）―幾何公差表示方式――形状，姿勢，位置及び振れの公差表示方式	JIS B 1015	おねじ部品用ヘクサロビュラ穴
		JIS B 1015	炭素鋼及び合金鋼製締結用部品の機械的性質
JIS B 0022	幾何公差のためのデータム	JIS B 1136	ヘクサロビュラ穴付ボルト
JIS B 0023	製図――幾何公差表示方式――最大実体公差方式及び最小実体公差方式	JIS B 1189	フランジ付六角ボルト
		JIS B 3401	CAD用語
JIS B 0024	製図――公差表示方式の基本原則	JIS B 3402	CAD機械製図
JIS B 0025	製図――幾何公差表示方式――位置度公差方式	JIS B 8601	冷凍用図記号
		JIS C 0303	構内電気設備の配線用図記号
JIS B 0026	製図――寸法及び公差の表示方式――非剛性部品	JIS C 0617-2	電気用図記号――第2部：図記号要素，限定図記号及びその他の一般用途図記号
JIS B 0027	製図――輪郭の寸法及び公差の表示方式	JIS G	鉄鋼関係　材料規格
JIS B 0028	製図――寸法及び公差の表示方式――円すい	JIS H	非鉄金属関係　材料規格
		JIS K	化学関係　材料規格
JIS B 0029	製図――姿勢及び位置の公差表示方式――突出公差域	JIS P 0138	紙加工仕上寸法
		JIS Z 3021	溶接記号
JIS B 0031	製品の幾何特性仕様（GPS）―表面性状の図示方法	JIS Z 8114	製図――製図用語
		JIS Z 8204	計装用記号
JIS B 0041	製図――センタ穴の簡略図示方法	JIS Z 8206	工程図記号
JIS B 0121	歯車記号	JIS Z 8207	真空装置用図記号
JIS B 0122	加工方法記号	JIS Z 8310	製図総則
JIS B 0123	ねじの表し方	JIS Z 8311	製図――製図用紙のサイズ及び図面の様式
JIS B 0124	転がり軸受用量記号	JIS Z 8312	製図――表示の一般原則――線の基本原則
JIS B 0125-1	油圧・空気圧システム及び機器――図記号及び回路図――第1部：図記号	JIS Z 8313-0	製図――文字――第0部：通則
		JIS Z 8313-1	同上――第1部：ローマ字，数字及び記号
JIS B 0125-2	同上――第2部：回路図	JIS Z 8313-2	同上――第2部：ギリシャ文字
JIS B 0138	産業用ロボット――図記号	JIS Z 8313-5	同上――第5部：CAD用文字，数字及び記号
JIS B 0143	ねじ部品各部の寸法の呼び及び記号		
JIS B 0401-1	寸法公差及びはめあいの方式――第1部：公差，寸法差及びはめあいの基礎	JIS Z 8313-10	同上――第10部：平仮名，片仮名及び漢字
JIS B 0401-2	同上――第2部：穴及び軸の公差等級並びに寸法許容差の表	JIS Z 8314	製図――尺度
		JIS Z 8315-1	製図――投影法――第1部：通則
JIS B 0403	鋳造品――寸法公差方式及び削り代方式	JIS Z 8315-2	同上――第2部：正投影法
JIS B 0405	普通公差――第1部：個々に公差の指示がない長さ寸法及び角度寸法に対する公差	JIS Z 8315-3	同上――第3部：軸測投影
		JIS Z 8315-4	同上――第4部：透視投影
JIS B 0408	金属プレス加工品の普通寸法公差	JIS Z 8316	製図――図形の表し方の原則
JIS B 0410	金属板せん断加工品の普通公差	JIS Z 8317	製図――寸法記入方法――一般原則，定義，記入方法及び特殊な指示方法
JIS B 0411	金属焼結品普通寸法公差		
JIS B 0415	鋼の熱間型鍛造品公差（ハンマ及びプレス加工）	JIS Z 8318	製図――長さ寸法及び角度寸法の許容限界の指示方法
JIS B 0416	鋼の熱間型鍛造品公差（アプセッタ加工）	JIS Z 8321	製図――表示の一般原則――CADに用いる線
JIS B 0417	ガス切断加工鋼板普通許容差		
JIS B 0418	自由鍛造品の取り代	JIS Z 8401	数値の丸め方
JIS B 0419	普通公差――第2部：個々に公差の指示がない形体に対する幾何公差	JIS Z 8601	標準数
		JIS Z 9102	配管系の識別表示

2章 製図規格

　これらの規格は，それぞれの部品の略画方法を示したもので，その部品の寸法，精度，記号，用語及び呼び方などについては別のJIS規格を参照しなければならない。

　したがって，機械の製図法を学ぶ場合は，機械製図の規格以外に表2.3に示すような関連諸規格を十分に理解しておかねばならない。

　また，鉄鋼材料，非鉄金属材料及び非金属材料の記号，熱処理加工記号，及びボルト・ナット，小ねじ類，座金，ピン，リベット，その他の機械要素の呼び方などについても，JIS規格に規定されているものは，すべてその規格に従って呼ぶので，これらのJIS規格についても理解しなければならない。

　近年，CAD（1-3頁参照）の普及に伴い，1989年にJIS B 3401（CAD用語）及びJIS B 3402（CAD製図）の二規格が制定され，1993年にその一部が改正された。現状では2D—CAD製図が主流になっているので，これに対応するためにJIS B 3402は2000年に規格名が"CAD機械製図"と改められ，この規格だけで機械分野の図面が書けるように内容が再構築された。CAD機械製図はこの規格に従って書くが，この規格に規定されていない事柄については他のJIS製図規格に従って図示すればよい。

　機械製図を学ぶものは，これらのJIS規格をよく理解し，書かれている図面を正確・迅速に解読できるような力をつけること及びJIS規格に従って正確・迅速にかつ美しく図面を描く技術を身につけるようにせねばならない。いずれの場合にも正確であることが最も重要であることは言うまでもない。

2.3　図面の種類

　図面には種々なものがあるが，用途及び図面の内容によって表2.4（旧JIS製図通則）に示すようになる。この中で製作図は最も重要で，一般に図面といえば製作図を指すことが多い。図面を性質から分類すると次のようになる。

1) 元図——一番最初に描く図面で，原図のもとになる図のこと。通常は白紙のケント紙や方眼紙などに鉛筆で描くことが多い。
2) 原図——元図が制定化された図面で，複写図の原紙となる。元図にトレース紙を重ねて透写することが多いが，省力化のために元図を使わず，直接トレース紙に鉛筆で描くこともある。複写をしばしば行う場合には原図が損傷するので，複写専用に原図から電子複写機や写真装置などを用いて原

2.3 図面の種類

表2.4 図面の種類

分類の方法	図面の種類	英 語 名	意 味
用途による分類	計 画 図	scheme drawing	設計の意図，計画を表した図面
	製 作 図	manufacture drawing	製作に用いる図面
	注 文 図	drawing for order	注文書に添える図面
	承 認 図	drawing for approval	注文者，その他関係方面の承認のための図面
	見 積 図	drawing for estimate	見積書に添えて照会者へ提出する図面
	説 明 図	explanatory drawing	構造・機能・性能等の説明に用いる図面
図面の内容による分類	組 立 図	assembly drawing	全体の組立てを示す図面
	部分組立図	partial assembly drawing	一部分の組立てを示す図面
	部 品 図	part drawing	部品の詳細を示す図面
	詳 細 図	detail drawing	特定部分の詳細を示す図面
	工 程 図	process drawing	製造工程の途中の状態を示す製作図または製造工程を示す系統図
	接 続 図	electric schematic diagram	説明または計画のために用いる電気回路を示す図面
	配 線 図	wiring diagram	配線の実態を示す図面
	配 管 図	piping diagram	管の配置を示す図面
	系 統 図	system diagram	給水・排水・電力などの系統を示す図面
	基 礎 図	foundation drawing	基礎を示す図面
	据 付 図	setting drawing, installation drawing	ボイラ・機械などの据付け関係を示す図面
	配 置 図	layout drawing	建物や機械などの据付け位置を示す図面
	装 置 図	plant layout drawing	装置を示す図面
	外 形 図	outline drawing	外形を示す図面
	構造線図	skeleton drawing	機械・橋りょうなどの骨組みを示す図面
	曲面線図	lines	船体・自動車の車体などの複雑な曲面を線群で表した図

図を複製する。複写した原図を第二原図又は副原図と呼び，もとの原図を第一原図という。

3) **複写図**—原図から複写によって作成した図面で，青地に線や文字が白抜きとなった青写真（青図ともいう）と，白地に線や文字が黒，紫などになった白写真（陽画図ともいう）とがある。また，原図をマイクロ写真化したフィルムから引き伸しによって作成した図面，データからハード又はソフトコピーによって作成した図面などがある。通常"図面"という場合は，複写図を指すことが多い。

2章　製図規格

　なお，CAD製図の場合は，元図を用紙に描くことを省略して，コンピュータのディスプレイ上で作図を行い，これをコンピュータに記憶させておいて，図面をプリントアウトしたり，加工機械を制御して直接生産することがある。

　CADは"自動製図"と邦訳されているが完全な自動化を意味するものではない。CAD装置を使用した場合でも，対称物を描く際にどのように図示するかは作図者が判断して決めねばならない。したがって，製図規格を十分に理解しておくことが最も大切である。

3章　図面の様式

3.1　図面の大きさ及び様式

表3.1　図面の大きさの種類及び輪郭の寸法

単位　mm

	呼び方	寸法 a×b	c (最小)	d (最小) とじない場合	d (最小) とじる場合
A列サイズ（第一優先）	A 0	841×1189	20	20	20
	A 1	594× 841			
	A 2	420× 594			
	A 3	297× 420	10	10	
	A 4	210× 297			
特別延長サイズ（第二優先）	A3×3	420× 891	10	10	20
	A3×4	420×1189			
	A4×3	297× 630			
	A4×4	297× 841			
	A4×5	297×1051			

	呼び方	寸法 a×b	c (最小)	d (最小) とじない場合	d (最小) とじる場合
例外延長サイズ（第三優先）	A0×2 [(1)]	1189×1682	20	20	20
	A0×3	1180×2523 [(2)]			
	A1×3	841×1783			
	A1×4	841×2378 [(2)]			
	A2×3	594×1261	10	10	
	A2×4	594×1682			
	A2×5	594×2102			
	A3×5	420×1486			
	A3×6	420×1783			
	A3×7	420×2080			
	A4×6	297×1261			
	A4×7	297×1471			
	A4×8	297×1682			
	A4×9	297×1892			

注 [(1)] A列の2 A0と同じサイズ。
[(2)] 取扱い上の理由で使用を推奨できない。

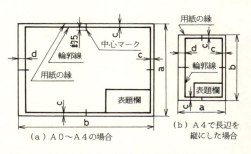

図3.1　図面の大きさ，図面の輪郭線及び中心マーク

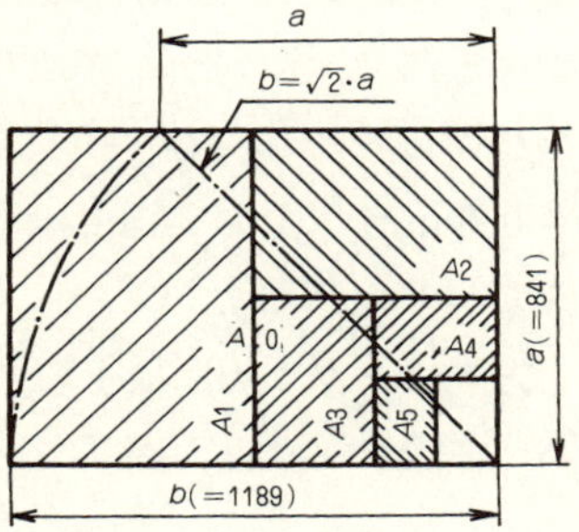

図3.2　A列図面の大きさの関係

　製図用紙のサイズは，表3.1及び図3.1に示すA列を優先して使用し，図の明りょうさ及び適切な大きさを保つことができる最小の用紙をA0からA4の中より選ぶ。特に長い用紙を必要とするときは，優先順位に従って特別延長サイズ及び例外延長サイズから選ぶ。図3.2はA列用紙の幅と長さの関係を示す。
　図面は，用紙の長辺を横にして使用するが，A4に限り長辺を縦にして使用することが許されている。図面には，必ず太さ0.5mm以上の実線を使用して**輪郭線**（図を描く領域と輪郭との境界線）を引くと共に，表題欄（3.2参

3章　図面の様式

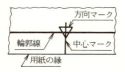

図3.3　方向マークと中心マーク

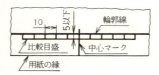

図3.4　比較目盛

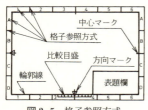

図3.5　格子参照方式

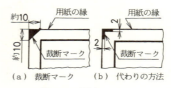

図3.6　裁断マーク

照）を記入しなければならない。

　図面に，**中心マーク，方向マーク，比較目盛，格子参照方式**及び**裁断マーク**を付けるときは，JIS Z 8311の規定に従って記入する。なお，4個の中心マークはいずれの図にも必ず付けるが，他のマークは記入するか否かが任意である。

　中心マーク：図面を複写したりするときの便宜のために図面の各辺の中央に設ける印で，A列サイズ及び特別延長サイズの用紙には，4個の中心マークを必ず付ける。中心マークは，用紙の端から輪郭線の内側約5mmまで，太さ0.5mm以上の実線で描く（図3.1）。中心位置の許容差は±0.5mmとするのがよい。

　方向マーク：製図板上の用紙の向きを示すために方向マークを設けてもよい。方向マークは，図3.3に示す矢印を使用し，用紙の長辺と短辺の各1辺に中心マークと一致させて，輪郭線を横切って置くのがよい。方向マークの線の太さと大きさについては定められていないが，方向マークの1つが常に製図者を指すようにする。

　比較目盛：図面の拡大・縮小の程度を知るために比較目盛（図3.4）を設けることが望ましい。太さ0.5mm以上の直線を使用して，幅5mm以下，間隔10mm，長さ100mm以上の目盛（数字は記入しない）を輪郭内で輪郭の近くに，なるべく中心マークに対称に設ける。比較目盛は1箇所に記入すればよい。

　格子参照方式：描かれている図面上の場所を容易に示すために，地図などで

3.2　表題欄と図面の折りたたみ方

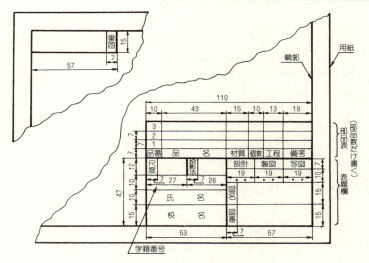

図3.7　表題欄と部品表の例（学校用）

使用されている格子参照方式を採用することが望ましい。用紙を縦及び横に幾つかの格子状に分割し，一辺にはローマ字を，他辺には数字をそれぞれ順につけておき，分割された長方形のアドレスを記号と数字で表す。分割する線は，太さ0.5 mm以上の実線を使用する。文字・数字の順は，表題欄の反対側の隅から始まるようにし，対辺にも同じ文字・数字をつける。また，文字・数字は直立体を使用し，縁から5 mm以上あけて上向きに記入する（図3.5）。

裁断マーク：複写図の裁断に便利なように，裁断された用紙の四隅の輪郭内に裁断マークをつけてもよい。裁断マークは，図3.6に示すように，2辺が約10 mmの直角二等辺三角形としてもよいが，自動裁断機で不都合が生じる場合は太さ2 mmの2本の短い直線にするのがよい。

3.2　表題欄と図面の折りたたみ方

表題欄は，図面の右下隅に設け，図面番号，図名，企業（団体）名，責任者の署名，図面作成年月日，尺度，投影法などを記入する。表題欄の様式については規定がなく，独自の様式が採用されている。ただし，表題欄の長さは170 mm以下にする。通常は部品表と合わせて構成し，ここに必要な情報をまとめる。

3章　図面の様式

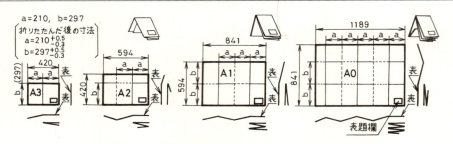

図3.8　図面の折りたたみ方（基本折り）の例（JIS Z 8311の付属書）

　印刷されたA4の用紙では，縦用と横用の2種類が必要となるが，節約のためにこれを共通の用紙として，横長用に印刷した用紙を縦に，又は縦長用に印刷した用紙を横にして使用することが特例として許されている。この場合，表題欄は用紙の右上隅に位置して，表題欄中の文字は左向きになる。

　図3.7は表題欄及び部品表の一例を示す（学校用）。

　原図は，折りたたまず，巻いて保管することが多いが，このときは内径を40 mm以上にする。折りたたむと原図が傷み易く，また，これを複写したときに折り目が写ったりするためである。

　複写した図面は，取り扱いや保管を考えて折りたたむことが多い。折りたたんだ大きさは原則としてA4になるようにし，表題欄がたたんだ表の右下にくるようにする。折り方として，基本折り（図3.8），ファイル折り（とじるとき）及び図面袋折りがJIS Z 8311の付属書に記されている（規定ではない）。

3.3　尺　　度

　図形の長さと対象物の長さとの割合いを尺度という。JISでは，表3.2のように尺度を定めているので，描かれた情報が容易に，かつ誤りなく理解できる大きさの尺度を表の中から選ぶ。尺度は，図面上の長さ(A)：実物の長さ(B)で表示し，現尺では1：1，縮尺では(A)を1，倍尺では(B)を1として表す。最近は部品の形状・寸法が次第に複雑になりつつあるうえに，図面をマイクロフィルム化して管理したり，CAD製図ではコンピュータにメモリーすることが多いので，図面を用紙の大きさいっぱいに描く傾向にある。

　写真縮小される図面は，元図が正しい尺度で描かれていても，写真により縮

3.3 尺　　度

表3.2　尺度の推奨値

尺度の種類	推　奨　尺　度
縮　　尺	1：2　　1：5　　1：10　　1：20　　1：50　　1：100　　1：200 1：500　　1：1000　　1：2000　　1：5000　　1：10000
現　　尺	1：1
倍　　尺	2：1　　5：1　　10：1　　20：1　　50：1

(注) 1　この表の値より大きい倍尺及び小さい縮尺が必要な場合は，表の尺度に10の整数乗を乗じて得られる尺度にする。
　　 2　やむを得ず推奨尺度を適用できないときは，JIS Z 8314の付属書に規定した尺度を選ぶことが望ましい。

小又は拡大されると尺度が変化する（CAD製図の場合も同様なことが生じる）。この場合は，元図の輪郭線の部分に比較目盛を記入する（3.1，図3.4参照）。

多品一葉図面などでは，同一用紙中に異なった尺度を用いて描くことがある。この場合は，主となる尺度だけを表題欄に記入し，その他の尺度は関係する部品の照合番号，又は詳細を示した図の照合文字の近くにその尺度を明瞭に記入する（旧規格では，その他の尺度を表題欄にも括弧を付けて併記していた。）。

図形が寸法に比例して描かれていない場合は，表題欄の尺度のところにその旨を明記する（例えば，"比例尺でない"とか"Not to scale"と書く。）。

4章 線

4.1 線の形状

機械製図で使用する線は，形状によって分類すれば次の4種類である。

1) **実線**（continuous line）連続した線。
2) **破線**（dashed line）一定の間隔で短い線の要素が規則的に繰り返される線。
3) **一点鎖線**（long dashed short dashed line）長及び極短（ダッシュ）2種類の長さの線の要素が交互に繰り返される線。
4) **二点鎖線**（long dashed double-short dashed line）長及び極短（ダッシュ）2種類の長さの線の要素が，長・極短・極短の順に繰り返される線。

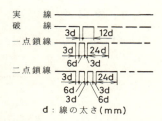

図4.1 線の形状と長さの比率

図4.1は，線の形状を示す例である。手書き図の線の要素の長さを，線の太さdに対する比率で表している（JIS Z 8312（製図―表示の一般原則―線の基本原則））。図形の大きさや精粗の度合いに応じて適当な長さを選ぶ事が望ましい。なお，CAD製図の規格では長さの比率を別に定めている(23-1頁)。

4.2 線の太さ

機械製図では，**細線**（ほそせん），**太線**（ふとせん）及び**極太線**（ごくぶとせん）を使用する。その**太さの比率は1：2：4**とする。線の太さの基準dは，0.13，0.18，0.25，0.35，0.5，0.7，1，1.4及び2 mmで，この中から選ぶ。表4.1は，使用する線の組み合わせの例を示す。

表4.1 機械製図に使用する線の組合せ

単位 mm

細 線	0.13	0.18	0.25	0.35	0.5	1
太 線	0.25	0.35	0.5	0.7	1	2
極太線	0.5	0.7	1	1.4	2	―

図面で2種類以上の線が同じ場所に重なる場合には，次の順位により，優先する種類の線で描く。

① 外形線。 ② かくれ線。 ③ 切断線。 ④ 中心線。 ⑤ 重心線。 ⑥ 寸法補助線。

製図のとき，線の太さを上記の中から選ぶが，次の点に注意する必要がある。

1) 同一図面においては，線の種類ごとに太さを統一する。
2) 図面を見たとき，線の太さがはっきり分かるように線の太さの比率を守ること。

4章 線

3) 写真縮小される図面の製図では,できるだけ太めの線を使用すること。

4.3 線の用法

表4.2 線の種類による用法

用途による名称	線の種類[4]		線の用途	図4.2の照合番号
外 形 線	太い線	————	対象物の見える部分の形状を表すのに用いる。	1.1
寸 法 線	細い実線		寸法を記入するのに用いる。	2.1
寸法補助線			寸法を記入するために図形から引き出すのに用いる。	2.2
引 出 線		————	記述・記号などを示すために引き出すのに用いる。	2.3
回転断面線			図形内にその部分の切り口を90度回転して表すのに用いる。	2.4
中 心 線			図形の中心線(4.1)を簡略に表すのに用いる。	2.5
水準面線[1]			水面,油面などの位置を表すのに用いる。	
かくれ線	細い破線又は太い破線	------	対象物の見えない部分の形状を表すのに用いる。	3.1
中 心 線	細い一点鎖線		(1) 図形の中心を表すのに用いる。 (2) 中心が移動した中心軌跡を表すのに用いる。	4.1 4.2
基 準 線			特に位置決定のよりどころであることを明示するのに用いる。	
ピッチ線			繰返し図形のピッチをとる基準を表すのに用いる。	4.4
特殊指定線	太い一点鎖線	▬▬ ▬ ▬▬	特殊な加工を施す部分など特別な要求事項を適用すべき範囲を表すのに用いる。	5.1
想像線[2]	細い二点鎖線	—·· —·· —	(1) 隣接部分を参考に表すのに用いる。 (2) 工具,ジグなどの位置を参考に示すのに用いる。 (3) 可動部分を,移動中の特定の位置又は移動の限界の位置で表すのに用いる。 (4) 加工前又は加工後の形状を表すのに用いる。 (5) 図示された断面の手前にある部分を表すのに用いる。	6.1 6.2 6.3 6.4 6.5
重 心 線			断面の重心を連ねた線を表すのに用いる。	6.6
破 断 線	不規則な波形の細い実線又はジグザグ線	〜〜〜	対象物の一部を破った境界,又は一部を取り去った境界を表すのに用いる。	7.1
切 断 線	細い一点鎖線で,端部及び方向の変わる部分を太くしたもの[3]		断面図を描く場合,その切断位置を対応する図に表すのに用いる。	8.1
ハッチング	細い実線で,規則的に並べたもの	/////	図形の限定された特定の部分を他の部分と区別するのに用いる。例えば,断面図の切り口を示す。	9.1
特殊な用途の線	細い実線		(1) 外形線及びかくれ線の延長を表すのに用いる。 (2) 平面であることを示すのに用いる。 (3) 位置を明示又は説明するのに用いる。	10.1 10.2 10.3
	極太の実線	▬▬▬▬	薄肉部の単線図示を明示するのに用いる。	10.4

注(1) JIS Z 8316には,規定されていない。
 (2) 想像線は,投影法上では図形に現れないが,便宜上必要な形状を示すのに用いる。
    また,機能上・工作上の理解を助けるために,図形を補助的に示すためにも用いる。
 (3) 他の用途と混用のおそれがないときは,端部及び方向の変わる部分を太くする必要はない。
 (4) その他の線の種類は,JIS Z 8312によるのがよい。

4.3 線の用法

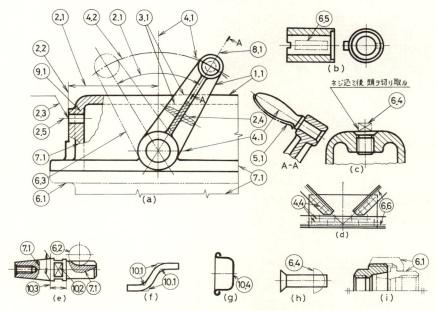

図4.2 線の用例（○囲みの数字は，表4.2の照合番号）

　製図は主に線でもって品物の形状やそれらの諸関係を表現するものであるから，線を正しく使いわけることが特に重要で，青写真やマイクロフィルム化した場合でも明確に判読できるように描いておかねばならない。そのためには，表4.2の線の種類と用途との関係をよく理解しておかねばならない。
　かくれ線（hidden outline）は，細い破線又は太い破線で，見えない部分を表す。**中心線**（center line）は，細い一点鎖線で，図形の中心や，中心の移動軌跡を表し，図形より約3 mm長めに引く。**切断線**（line of cutting plane）は，細い一点鎖線で，切断位置を示し，中心線と区別して切断位置を明確にするために，その端部及び屈曲部は太い実線にする。**破断線**（line of limit of partial or interrupted view and section）は，不規則な波形又はジグザクの細い実線で描き，対象物の一部分を仮に除去した場合の境界を示す。**想像線**（imaginary line）は，細い二点鎖線で描く。投影上では図形に現れないが，可動部の移動の限界や位置とか，隣接する部分などを便宜上の理解をうるために補助的に示すのに用いる。**外形線**（visible outline）は，太い実線で，見え

4-3

4章　線

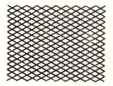

図4.3　交差線は線間の最小すき間を最も太い線の太さの3倍以上にする。

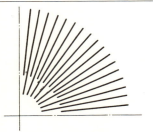

図4.4　多数の線が1点に集中する場合は、線間の最小すき間を最も太い線の太さの約2倍になる位置で止める。

る部分の形状を表す。**寸法線**（dimension line）と**寸法補助線**（projection line）は細い実線で描く。品物の一部に熱処理を施したり、異なった表面粗さを指定したりする場合は、その範囲を太い一点鎖線で表す。薄肉部を単線で図示するときは極太の実線で描く。図4.2は線の使用例を示す。

4.4　線に関する一般事項

線と線とのすき間が狭くなると、複写の際にすき間が潰れるおそれがある。それで製図する場合には、線間のすき間を次のようにしなければならない。

（1）　平行線の場合には、線間のすき間を最も太い線の太さの2倍以上にする。また線と線のすき間は0.7mm以上にするのが望ましい。もし寸法通りに書くと、決められた値より小さくなるときは、線の間隔を誇張して広げる。

（2）　密集する交差線の場合は、上の（1）より条件が悪くなるので、線間の最小すき間を最も太い線の太さの3倍以上にする（図4.3）。

（3）　放射状に多数の線を引く場合は、線の中心部分が潰れて黒点化するため、線間の最小すき間が最も太い線の太さの約2倍になる位置で線を止める（図4.4）。

マイクロ写真化する図面のように、作成された後に著しく縮小される図面では、線が不明瞭になり易い。例えば、穴なし35mmのフィルムに撮影するときの縮小率は、A0の図面では約1/30、A2では約1/15になる。したがって、復元4世代の図面まで線や文字などが明瞭に判読できるためには、次の注意が必要である。（1）線の濃度を高くして、濃度差が少なくなるようにする。（2）線の太さはあまり細いものを使用しないこと。（3）線間のすき間を狭くしないこと。（4）文字の線については5章を参照すること。

5章 文 字

5.1 漢字と仮名（かな）

漢字の例

断面詳細矢視側図計画組

断面詳細矢視側図計画組

仮名の例

アイウエオカキクケ

コサシスセソタチツ

テトナニヌネノハヒ

フヘホマミムメモヤ

あいうえおかきくけ

こさしすせそたちつ

てとなにぬねのはひ

ふへほまみむめもや

図5.1　漢字と仮名の例

　図面の文字は，正しく読めるように大きさと線の太さを揃えて，はっきりと書く。漢字は常用漢字を使用し，16画以上の漢字はできるだけ仮名書きにする。
　漢字及び仮名の字体は，図5.1に示すような直立ゴシック体を用いる。仮名は，片仮名又は平仮名のいずれかを用い，特別な場合以外は混用しない。ただし，外来語や注意を促す表記には片仮名を用いるが，これは混用とはみなさない。図5.2に示すように，文字の大きさ（呼び）は，文字の外側輪郭が収まる基準枠の高さhで表す。特に必要のある場合を除いて，漢字は呼び3.5，5，7，10 mmの4種類とし，仮名は呼び2.5，3.5，5，7，10 mmの5種類を使用する。漢字と仮名の大きさの比率は1.4：1.0が望ましい。"や"，"ゅ"，"ょ"，"っ"など小書きにする仮名の大きさは，通常の仮名の0.7hとする。また，文字の線の太さd，文字間のすきまa及びベースラインの最小ピッチbは図5.2に示すようにする。

5-1

5章 文　　字

h : 文字の大きさの呼び寸法
d : 漢字 …… h／14
　　仮名 …… h／10
a : 2d 以上
　（d は最も太い線の太さ）
b : 1.4h 以上

図5.2　漢字及び仮名に使用する文字の寸法比率

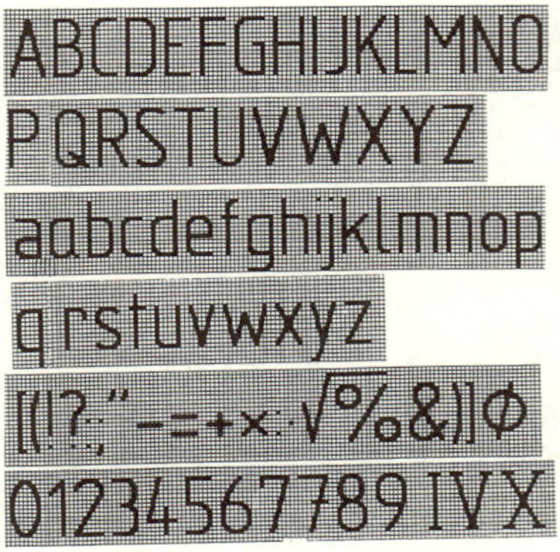

　　(a)　A形直立体文字の書体
　　(b)　B形斜体文字の書体 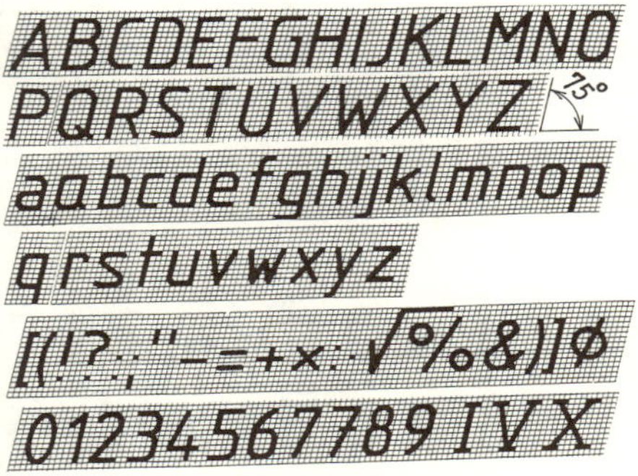
　　注）他に A 形斜体と B 形直立体がある。

図5.3　ローマ字，数字及び記号の書体例

5.2　ローマ字と数字

　ローマ字，数字及び記号の書体は，A形書体及びB形書体（A形書体よりも文字の線の太さが太い）のいずれかの直立体又は斜体を用いる（図5.3）。これらを混用してはいけない。

　ローマ字（大文字），数字及び記号を一連の記述中に使用するときは，文字の大きさの呼び h を漢字の 10/14（仮名と同じ）にするのが望ましい。h は，特に必要がある場合以外は呼び 2.5，3.5，5，7 及び 10 mm の 5 種類の中から選んで使用する。ローマ字，数字及び記号の寸法比率を図5.4に示す。

　一般に，手書き製図では直立体よりも斜体の方が書き易いために，斜体が多く使用されている。斜体の文字は，水平のベースラインに対して 75°傾ける。

　製図では，文字や数字を種々な向きに書くから，我流の字体で書くと読み誤

5.3 説 明 文

単位 mm

		2.5	3.5	5	7	10
大文字の高さ h		2.5	3.5	5	7	10
小文字の高さ c*		—	2.5	3.5	5	7
A形書体	a(= 2h/14)	0.35	0.5	0.7	1	1.4
	b(= 20h/14)	3.5	5	7	10	14
	e(= 6h/14)	1.05	1.5	2.1	3	4.7
	d(= h/14)	0.18	0.25	0.35	0.5	0.7
B形書体	a(= 2h/10)	0.5	0.7	1	1.4	2
	b(= 14h/10)	3.5	5	7	10	14
	e(= 6h/10)	1.5	2.1	3	4.2	6
	d(= h/10)	0.25	0.35	0.5	0.7	1

注)＊ 柄部又は尾部を除く。

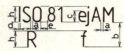

h：大文字の高さ
c：小文字の高さ
a：文字間のすき間
b：ベースラインの最小ピッチ
e：単語間の最小すき間
d：文字の線の太さ

図 5.4　ローマ字，数字及び記号の寸法比率

表 5.1　用途による文字の大きさの例(参考)
（単位 mm）

用　　途	文字の大きさ
図番(表題欄)，図名	7，10
品番，尺度(表題欄)	5，7
切断線などにつける記号	5，7
部品名称(部品表)，注記	3.5，5
寸法数字，はめあいの記号及び等級	3.5，5
寸法許容差の数字	2.5，3.5
表面粗さの記号につける数字	3.5
添え字	2.5

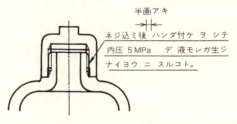

図 5.5　書き方に注意を要する文字の例

図 5.6　文章はわかち書きにする

りが起こり易い。したがって，手書きの場合は文字を十分練習する必要がある。特に注意を要する文字の例を図 5.5 に示す。

　ギリシャ文字の字体については，JIS Z 8313-2（製図—文字—第 2 部：ギリシャ文字）を参照されたい。

5.3　説 明 文

　図面に加工上の注意などを記入したりする場合の文章は，できるだけ簡潔明瞭に書くことが大切で，口語体を使用して左から右へ横書きにする。

　文章は，図面中に直接書き込まないで，引出線を出して水平に折り曲げ，水平線の上側に記入する。仮名の多い文章は読みにくくなるので，必要に応じ

5章 文　　字

て，**わかち書き**にする。わかち書きというのは，語と語の間に空白を置いて書く方法である。この空白は原則として半画あき（一字の半分の大きさの空白を置くこと）にするのがよい（図5.6）。使用する文字の大きさと用途との関係については，JIS規格で規定していないが，表5.1を参考にするとよい。

5.4　写真縮小される図面の文字

　写真縮小される図面の文字は，次の点を特に注意して書くようにする。

（1）文字の線は，できるだけ濃くして（黒インキ，印刷など），細い線を使用しない。（2）文字の大きさを大きくして明瞭に記入する。（3）線と線のすき間及び文字間のすき間を大きくする。（4）画数の多い漢字は仮名にする。（5）小数点，句読点などははっきり書き，一字分のすき間をあける。（6）文字が局部的に密集しないようにする。（7）4，6，8，9，B, e, gなどの文字は比較的つぶれやすいので注意を要する。（8）タイプライタ文字は，A2以上の用紙に使用しない。ワードプロセッサやプロッタは，なるべくドット数の多いものを使用する。

6章 投 影 法

6.1 第三角法と第一角法

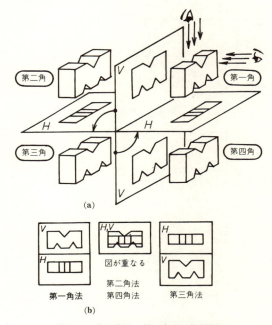

図6.1 第一角法〜第四角法の投影図

　図6.1は正投影法を示す。空間をお互いに直角な平面で4つに区切り，各空間に投影しようとする品物を置いて投影する方式を，それぞれ第一角法，第二角法，第三角法及び第四角法という。なお，投影面はすべて透明なガラス板と考える。
　投影は，いずれも右側から水平方向，及び上側から垂直方向に眺めて，その位置で見える形を垂直面及び水平面に作図する。
　投影し終った垂直面は，時計と反対方向に90°回転させて平面にする。
　投影法のうち，投影図として実際に使用できるのは**第三角法**と**第一角法**であるが，同一図面中に投影法が異なる図が混在すると不都合が生じるために，いずれか1つに統一しなければならない。国際規格ISO 128では，第三角法及び第一角法のいずれも同等に認めているが，**機械製図のJIS規格（B 0001）では，第三角法によって投影図を描く**ことを定めている。ただし，特別に必要

6-1

6章 投 影 法

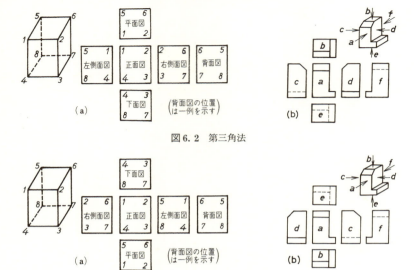

図6.2　第三角法

図6.3　第一角法

な場合は第一角法又は矢印と文字を用いた**矢示法**によって描くこともできる。なお，第三角法と第一角法の混用は避けるようにする。

6.2　第三角法及び第一角法で投影した図の標準配置

　図6.2及び図6.3は，第三角法及び第一角法の標準配置を示す。なお，背面図は都合によって左側又は右側におく。両図から明らかなように，第三角法と第一角法の違いは，正面図に対する右側面図と左側面図との配置と，平面図と下面図との配置が異なるだけで，個々の図形は全く同じである。

　第三角法は，正面図に対して上から見た平面図を上に，右から見た右側面図を右側に配置するために，投影図間の対照が容易で理解し易い。また，第三角法で描いた図は，隣り合う投影面の間で折り目をつけて外側へ90°折り曲げると，各投影面が品物の対応する面を表し，品物の形状となるから好都合である。

6.3　投影法の表示

　図面には必ず投影法を明示しておかねばならない。図6.4は，第三角法及び第一角法を表す記号である。この記号を表題欄又はその近くに記入する。この記号は，円すい台状の品物を各投影法で図示したものである。

6.4 矢示法及びその他の投影法

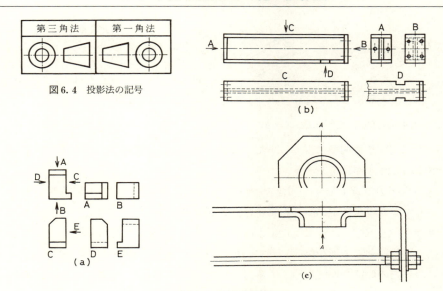

図6.4 投影法の記号

図6.5 矢示法の例

　機械製図は，特別な理由がない限り第三角法で描き，同一用紙内では特に第一角法との混用を避けねばならないが，後に述べる矢示法と混用することは支障がない。なお，もし投影法が混用されている場合，例えば，**多品一葉図***において，小数の図に限って投影法が異なる場合は次のように表示する。特例の図の近くにその投影法の記号を記入すると共に，表題欄には全図面の投影法の記号を記入した後に，かっこをして特例の投影法の記号を併記する。

6.4 矢示法及びその他の投影法

　投影図を第三角法及び第一角法による正しい配置に描けない場合や，図の一部を正投影法に従って描くと，かえって図形が理解しにくくなる場合などでは，投影方向を示す矢印と，識別のためのローマ字で指示することによって，投影図を主投影図（正面図）に対応しない任意の位置に配置することができる。この図示法を矢示法と呼んでいる。図6.5は，矢示法で表した例を示す。識別のためのローマ字はすべて大文字とし，その文字は投影の向きに関係なく

---

*　1枚の用紙に2つ以上の品物を描いた図面をいう。これに対して，1枚の用紙に1つの品物を描いた図面を一品一葉図という。

6章 投 影 法

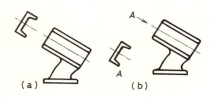 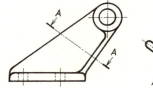

　図6.6　投影図の配置例(補助投影図)　　　　図6.7　投影図の配置例(断面図)

すべて上向きに明瞭に書く。また，このローマ字は，関連する投影図の真下か真上のどちらかに書く。

　図6.6及び図6.7は，正投影法で水平又は垂直に投影すると形状がわかりにくくなる場合を示す。この場合は，斜面に平行な方向に投影した図を描き，両図を中心線で結ぶか又は投影方向を示す矢印及びローマ字で指示して，投影図を平行移動して別な位置に表すのがよい（7-4頁，補助投影図参照）。

　対象物の形状を理解し易くする目的などから，正投影図以外の立体図，例えば等角投影図，斜投影図及び透視投影図などを使用して図示してもよい。これらの立体図については，JIS Z 8315-3〜4（製図―投影法―第3部，第4部）を参照されたい。

7章　図形の表し方

7.1　図面を描く順序

図面を描く順序及び注意事項を参考として示す。

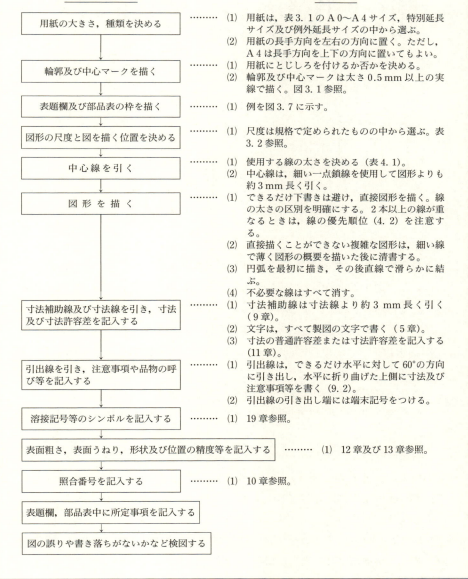

7章　図形の表し方

7.2　図形を表す場合の原則

（a）主投影図（正面図）　　（b）右側面図

図7.1　品物の形状と機能を最も明確に表す面を主投影図（正面図）に選ぶ

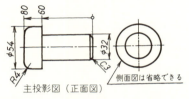

図7.2　主投影図（正面図）以外の補足の図はなるべく少なくし，単一図にすることが望ましい

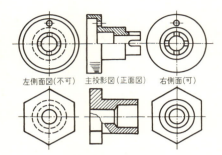

図7.3　主投影図（正面図）の補足には，かくれ線を使わずに表せる図を選ぶ

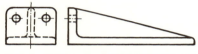

図7.4　特例として，主投影図（正面図）の補足には比較対称しやすい図を選ぶ

　主投影図（正面図），側面図，平面図などのように，水平及び垂直の投影面に投影した図を**正投影図**という。図形の殆どは正投影図で表すが，製図法で定められた特殊な手法で表すものもある。投影図は第三角法で描く（図6.2）。

　品物の形状・機能を最も明瞭に表す投影図を主投影図（正面図）に選ぶ（図7.1）。主投影図は，その図面の目的に最も合った状態に図示しなければならない。例えば，

　　　組立図（機能を表す図面）………その品物を使用する状態
　　　部品図（加工のための図面）……品物を加工する際に図面を最も多く利用
　　　　　　　　　　　　　　　　する工程で，その品物を置く状態（図7.5参照）
　　　特に理由がないとき………………品物を横長に置いた状態

　主投影図以外の補足図（いずれの図を選んでもよい）はなるべく少なくして，**単一図**(主投影図のみで表した図)にすることが望ましい（図7.2）。重複する図は描かない。

　図形をかくれ線で表すことはできるだけ避ける（図7.3）。ただし，比較対照することが不便になる場合には，この限りではない（図7.4）。

7.2　図形を表す場合の原則

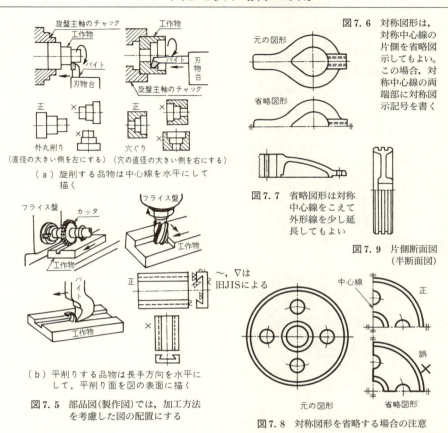

図7.5　部品図(製作図)では，加工方法を考慮した図の配置にする

図7.6　対称図形は，対称中心線の片側を省略図示してもよい。この場合，対称中心線の両端部に対称図示記号を書く

図7.7　省略図形は対称中心線をこえて外形線を少し延長してもよい

図7.9　片側断面図（半断面図）

図7.8　対称図形を省略する場合の注意

　部品図（製作図）では品物の加工を考慮して図示する（図7.5）。
　対称図形は対称中心線の片側を省略してもよい。この場合，対称中心線の両端に2本の平行細線を引く（**対称図示記号**という）（図7.6）。紛らわしい場合は対称中心線をこえて外形線を延長してもよい（図7.7）。この場合は対称図示記号が省略できる。対称中心線の片側を断面図（8章参照）で表し，他の片側を外形図で表した図（**片側断面図**または**半断面図**という）は，かくれ線を使わずに内外部の形状を1つの図で表すことができ効果的である。この場合，対称中心線に対して上下左右いずれを断面図にしてもよい（図7.9）。
　片側断面図には特に必要なもの以外，かくれ線を描かない。

7章　図形の表し方

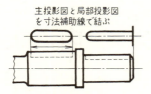

図7.10　局部投影図(その1)

図7.11　局部投影図(その2)

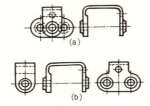

図7.12　局部投影図(その3)

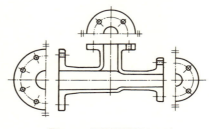

図7.13　局部投影図(その4)

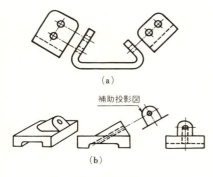

図7.14　補助投影図(その1)

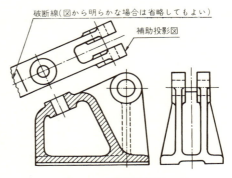

図7.15　補助投影図(その2)

　補助となる図には，必要な局部のみを図示した方が分かり易いことが多く，手数も省ける。したがって，品物の一局部のみを図示した**局部投影図**で表すのがよい（図7.10～図7.13）。図7.12では見える部分を全部表す（図(a)）よりも，図(b)のように局部投影図とした方が分かり易い。

　正投影図を補うために傾斜した投影図に投影した図を**補助投影図**という。補助投影図では見える部分を全て描くのではなく，図7.14及び図7.15に示すように，斜面の必要部分のみの形状を表す。

7-4

7.2 図形を表す場合の原則

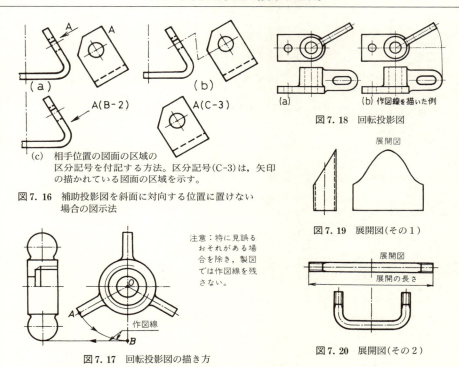

図7.16 補助投影図を斜面に対向する位置に置けない場合の図示法

図7.17 回転投影図の描き方

図7.18 回転投影図

図7.19 展開図（その1）

図7.20 展開図（その2）

　補助投影図を斜面に対向する位置に置けない場合には，図7.16に示すように，矢印とローマ字の大文字で表す（図(a)）か，折り曲げた中心線で結ぶ（図(b)）。図が離れている場合等では，表示の文字のそれぞれに相手位置の図面の区域の**区分記号**（JIS Z 8311の「格子参照方式」参照）を付記する（図(c)）。

　ボス等からある角度で腕や足などが出ているような品物は回転図示する（**回転投影図**という）。図7.17において，右側面図の$\overline{OA}$は，そのまま正面図に投影しても実長を表さないので品物を製作するのに役立たない。それでOを中心としてOAを回転し，縦の中心線と重なる位置$\overline{OB}$にもってきてから正面図へ投影する。なお，作図線は見誤る恐れがある場合を除き図中に残さない。図7.18も同様である。

　薄板や線材を曲げて作った品物は，主投影図は完成品の形を図示し，側面図や平面図等は**展開図**で表すのがよい。展開図には図の上又は下側のいずれかに統一して展開図と明記する（図7.19，図7.20）。

7章　図形の表し方

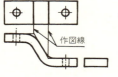

（a）断面形状が角ばっている場合は，全体に太い実線を引く

（b）断面の角に丸みがあるときは，丸みに相当する箇所を除いた部分に太い実線を引く

注意：1) 特に見誤るおそれがある場合を除き製図では作図線を残さない
　　　2) ISO 128 では，仮想の相貫線は細い実線で描く

図 7.21　丸みをもつ二面の交わり部の表し方(仮想の相貫線)

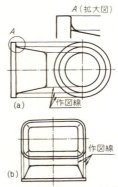

注意：特に見誤るおそれがある場合を除き製図では作図線を残さない

図 7.22　丸みをもつ二面の交わり部の表し方

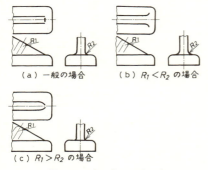

（a）一般の場合　　（b）$R_1 < R_2$ の場合
（c）$R_1 > R_2$ の場合

図 7.23　角の丸みの表し方

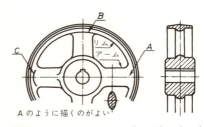

A のように描くのがよい

図 7.24　リムとアームとの交わり部の表し方

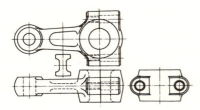

図 7.25　交点の流れ線の書き方

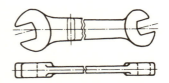

図 7.26　交点の流れ線の書き方

　品物の2つの面の交わり部の丸みが小さいときは，対応する図の交わり部が丸みをもたない場合の交線の位置に太い実線を引く（図 7.21，図 7.22）。

　糸面（いとめん。品物の角部の小さい面取りをいう）は図示しない。鋳・鍛造品等の角の丸み及び**黒皮**（除去加工を施さない元の表面）が他の面と交わった時にできる**流れ線**は図 7.23〜図 7.26 のように図示する。

7-6

7.2 図形を表す場合の原則

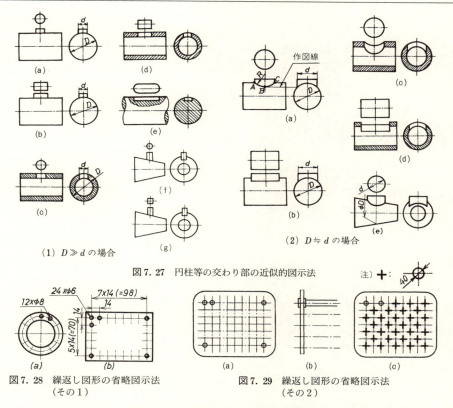

(1) $D \gg d$ の場合 (2) $D \fallingdotseq d$ の場合

図7.27 円柱等の交わり部の近似的図示法

図7.28 繰返し図形の省略図示法
（その1）

図7.29 繰返し図形の省略図示法
（その2）

　円柱の交わり部の**相貫線**等は厳密に投影しても品物を製作する際に役立たないことが多い。このような場合，工業製図では理解の妨げとならない範囲で近似的な画法で表す。図7.27において，D に対して d がごく小さいときは，その交わる線は直線で表し（図(1)），D に対して d が接近している円柱では1つの円弧で表す（図(2)）。

　同種同型の穴，管，ねじ，リベット，チェーン等が連続して多数並んでいる場合（**繰返し図形**という）には，図7.28に示すように両端部，又は要所（隅や主要なものなど）だけを図示し，他はピッチ線と中心線との交点によって表す。もし中心線の交点だけでは紛らわしい場合は，ピッチ線と中心線との交点に図記号を記入する（図7.29(c)）。この場合は図記号の意味を分かり易い位置に記入するか，引出し線を用いて記述する。

7-7

7章　図形の表し方

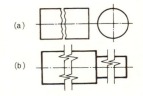

図7.30　中間部を省略する場合の破断線の書き方（断面形状を表さない場合）

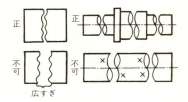

図7.32　破断線の書き方

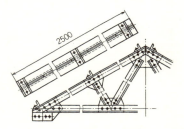

図7.33　品物の一端を省略した図では破断線を省略してもよい

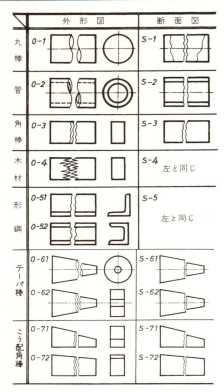

図7.31　中間部を省略する場合の破断線の書き方（断面形状を表すときの参考例）

　同一断面形状の長い品物，又はテーパ部分が長い品物は，中間部を省略して短く図示することができる。この場合，切り去る端の線は断面形状に関係なく破断線（フリーハンドの細い実線，又は細い実線を用いたジグザグ線）で描く（図7.30）。一図面では混用を避ける。断面形状を表したいときは，図7.31に示すように細い実線で描く方法が従来から行われている（図7.30以外の破断線はJIS B 0001に規定されていない）。また，こう配又はテーパで傾斜が緩い場合は，実際の角度通りに描かず，棒の両端を直線で結んでもよい（図7.31，O-72及びS-72）。

　図の中間部を省略するのではなく，要点のみを図示して他端を省略した図で

7.2 図形を表す場合の原則

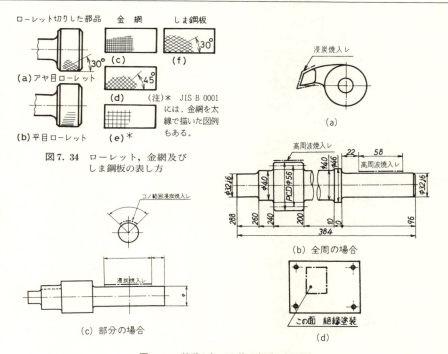

図7.34 ローレット，金網及びしま鋼板の表し方

図7.35 特殊な加工を施す部分の図示法

は，破断線を描かなくても破断していることが明らかであるから，破断線を省略してもよい（図7.33の右端部参照）。

ローレット（JIS B 0951には，**平目ローレット**と，**アヤ目ローレット**が規定されている）を図示する場合は，図7.34に示すように，ローレット切りした箇所の一部分だけに刻み模様を描いておくとよい。同様に**金網，しま鋼板，打抜き板**などを図示する場合も一部分にその模様を描けばよい。これらの線はいずれも通常は細い実線を使用して，実物の目の大きさに関係なく描けばよい。

品物の一部に特殊な加工を施す場合は，図7.35に示すように描く。特殊な加工を施す範囲には，外形線から僅かに離して外形線に平行な太い一点鎖線を引き，注意事項を記入する（図(a)）。対称図形では，太い一点鎖線は対称中心線のいずれか片側のみに引けばよい（図(b)）。対称図形で，その一部分だけに特殊な加工を施す場合は，図(c)のように記入する。また図中に太い一点

7章　図形の表し方

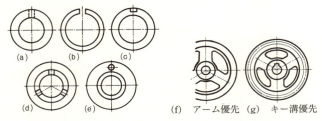

図7.36　品物の一部分に特定の形をもつものは，その部分が図の上側に現れるように描く

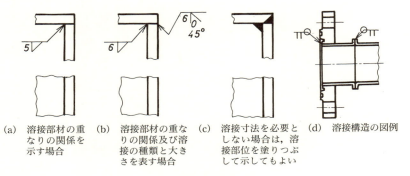

図7.37　溶接部分の図示法

鎖線で囲み，範囲を指定してもよい（図(d)）。
　キー溝をもつボス穴や，軸とか，壁に穴または溝をもつパイプやシリンダとか，切割りをもつリング等のように，**品物の一部分に特定の形をもつものは，その部分が縦の中心線の上側に現れるように描く**（図7.36）。ハンドルや各種の車等のアームやフランジのボルト穴等も同様に扱い，これらのうちの1つが側面図のたての中心線の上側にくるように描く。キー溝とアームの位置がずれている場合はキー溝を優先する（図(g)）。
　溶接部分を表す必要がある場合は図7.37に示すように描く。図(a)は溶接部の重なりの関係を示す場合で，さらにビードの大きさや溶接の種類などを示す場合は図(b)のように描く。また，溶接寸法を必要としない場合は，図(c)のように溶接部を塗りつぶして表してもよい。この場合は，対応する投影図にビードを表す線は引かない。

7.3　図形を表す場合の補足事項

7.3　図形を表す場合の補足事項
（1）　**想像線**（細い二点鎖線）
　図形を描く場合に，想像線の使い方は難しいものの1つである。つぎの場合は想像線で描く。
　ⅰ）　図面は，原則として品物の完成した形状を描くが，もし，加工前の形状を表したい場合は，加工前の形状を想像線で描く（図4.2(c)）。
　ⅱ）　加工後の形状，例えば，リベットの図面に，かしめた後のセカンドヘッドの形状を図示したい場合は，その加工後の形状を想像線で描く（図4.2(h)）。
　ⅲ）　断面図（後述8参照）において，切断面の手前側にある部分を図示する必要がある場合は，手前側の部分の形状を想像線で描く（図4.2(b)）。
　ⅳ）　図示する品物に隣接する部分を参考として図示する必要がある場合は，隣接部の形状は想像線で描く（図4.2(a)の6.1）。対象物の図形は，隣接部分に隠されていてもかくれ線としてはならない。また，図示した隣接部分が断面図であっても，この部分にはハッチングを施してはならない（図4.2(i)）。
　ⅴ）　加工に使用する工具，ジグなどの形状を参考として図示する場合は，工具，ジグなどの形状は想像線で描く（図4.2(e)の6.2）。
　ⅵ）　動かすことができる部分を，移動中の特定の位置又は移動することができる限界の位置で表す場合は想像線で描く（図4.2(a)の6.3）。
（2）　**中心線**（細い一点鎖線）
　図形の中心や対称図形の対称軸を表すために中心線を引かなければならない（図4.2(a)の4.1）。また，中心が移動する場合の中心軌跡を表すのに中心線を引く（図4.2(a)の4.2）。
　図形が円形の場合の中心線はつぎのように描く。通常は，直線で縦及び横の中心線を描いて直交させ，円形の中心位置を明示する（図7.1，図7.3）。しかし，円形の中心位置が或る点を中心とした円弧上に配置されている場合は，片方の中心線は円形の中心を通る円弧で表し，他方の中心線は円形の中心と円弧の中心とを結ぶ放射状の直線で表す（図7.13）。
　なお，平行平面のブロックや平板などを示す図において，厚さが一定の場合の厚みの中心及び幅が一定の場合の幅の中心を表す中心線は，特に記入を必要とする場合を除き描かない（慣例による）。

8章 断 面 図

8.1 断面図について

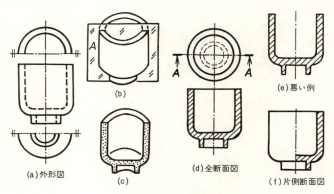

図8.1 断面法の原理

図中にかくれ線が多くなると図形が分かりにくくなり，また製図の際に手数がかかる．したがって，かくれ線をできるだけ使用せず品物の内部の形状を表すことが望ましい．品物をある断面で切断したときに見える形を図示すれば，内部の形状でも外形線で表すことができる．この画法を**断面法**といい，断面法で描いた図を**断面図**という．

図8.1はコップの断面図の描き方を示したものである．(a)は外形図で，これを断面図にするには，(b)に示すようにコップを垂直な平面Aで中央から切断し，手前半分を除くと(c)のようになる．これを正投影法で図示すると(d)の断面図ができる．この場合，平面図は切断していない形を描いておかねばならない（ただし，図例にように平面図が対称図形の場合は中心線から半分を省略図示してもよい）．なお，切断面のみを描くと(e)のようになるが，これでは図形としては不十分であって，断面の先方に見える線を描いて(d)のように表さねばならない．(d)のように品物全体を断面した図を**全断面図**と呼ぶ．もし中心線に対して対称な図形の場合は，(f)のように中心線の片側半分だけを断面図にしてもう一方は外形図で表すと，内外の形状をかくれ線を使用することなく1つの図で表すことができるから非常に効果的である．このような図面を**片側断面図**（又は**半断面図**）という．片側断面図は中心線に対して上下左右いずれの半分を断面図としてもよい．また片側断面図の外形図には内部形状をかくれ線で描かない．

8章 断面図

8.2 切断の位置と切断線

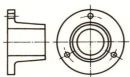

図8.2 基本中心線で切断した断面図(切断線は不要)

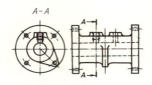

図8.3 基本中心線以外の位置で切断した断面図(切断線を記入する)

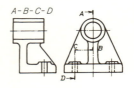

図8.4 段階状切断(その1)(断面図にはBCに相当する線を引かない)

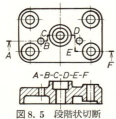

図8.5 段階状切断(その2)

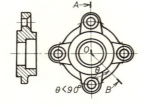

図8.6 鋭角切断(その1)(断面OBは回転図示する)

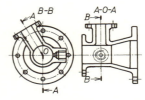

図8.7 鋭角切断(その2)

　断面図は基本中心線に沿って切断して表すことが多いが(図8.2),必要に応じて基本中心線以外で断面してもよい(図8.3)。基本中心線以外で切断した場合は切断位置に**切断線**(細い一点鎖線とし,その両端及び屈曲部などの要所は太い実線とする)を引かなければならない。切断後に見る方向を明示するため,必要に応じて切断線の両端の太い実線部に直角方向の矢印(切断線を押す方向の矢印)を付ける。また必要に応じて,切断線の両端及び曲り角に文字記号(ローマ字の大文字)を記入する。両端の文字記号は矢印の端につける。これらに使用する文字記号は,切断線の向きに関係なく,すべて上向きに書く。この場合,断面図の真下又は真上に「A-B-C-D」のように切断位置を示す文字を記入する。

　断面図に表したい箇所が一直線上にない場合は**階段状切断法**(図8.4,図8.5)を使用する。この場合は当然切断位置を明示せねばならない。また投影面に直角な断面BC,DEは本来の切断面でないから断面図中にはこれに相当する線を引かず,ABとCDとEFが連続した一平面であるように表す(図8.5)。

　図8.6に示すように,中心線の片側を投影面に平行に切断し,他の側を投影面と,ある鋭角θで切断して表す方法を**鋭角切断法**という。鋭角切断した

8.2 切断の位置と切断線

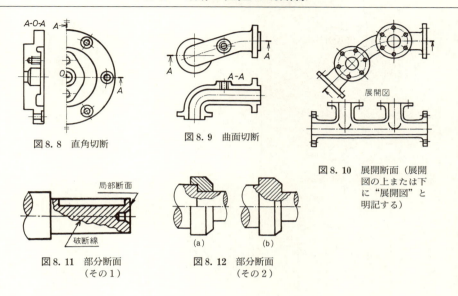

図8.8 直角切断　　図8.9 曲面切断

図8.10 展開断面（展開図の上または下に"展開図"と明記する）

図8.11 部分断面（その1）　　図8.12 部分断面（その2）

OB 断面はそのまま正面図に投影せず，O を中心として θ だけ投影面の方向に回転したのち正面図に投影する（回転投影図，図7.17参照）。

図8.8に示すように，中心線から片側半分は投影面に平行に切断し，他の半分は投影面と直角に切断して表す方法を**直角切断法**という（図8.6の $\theta=90°$ の場合に相当する）。直角の断面は投影面に平行な位置まで回転して図示する。

曲がった管等の断面は，曲がりの中心線に沿って切断して表す（図8.9）。このような切断法を**曲面切断法**という。

図8.10のようにわん曲した品物は，その中心線で切断し，一平面に展開して投影図示するのがよい。このような切断法を**展開切断法**という。

品物全体を断面しないで，破断線（不規則な細い実線）を使用して品物の局部のみを断面して表した図を**部分断面図**という（図8.11，図8.12）。図8.12に示すように，外形図で表した場合は区別がつかないものであっても，部分断面によってその構造を明らかにすることができる。この断面法は，軸の一部にあるキー溝やピン穴及びセンタ穴等の図示によく用いられる（軸は全体を長手方向に断面してはいけない（後述，8.3）ので部分断面法で表すことになる）。

8章 断面図

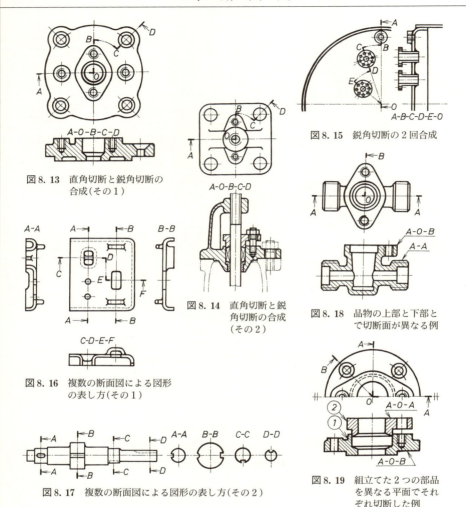

図8.13 直角切断と鋭角切断の合成（その1）

図8.15 鋭角切断の2回合成

図8.14 直角切断と鋭角切断の合成（その2）

図8.16 複数の断面図による図形の表し方（その1）

図8.17 複数の断面図による図形の表し方（その2）

図8.18 品物の上部と下部とで切断面が異なる例

図8.19 組立てた2つの部品を異なる平面でそれぞれ切断した例

　前述の各断面法は，必要に応じて任意に組み合わせて使用してもよい。これを**合成切断**という（図8.13〜図8.15）。また，1個の断面図で表せない場合は，必要に応じて断面の数を増加してもよい（図8.16，図8.17）。更に品物の上部と下部とを異なる面で切断し，これを1つの断面図に表すことができる（図8.18）。また，組立図において，部品ごとに異なった切断をして図示することもできる（図8.19）。

8.2 切断の位置と切断線

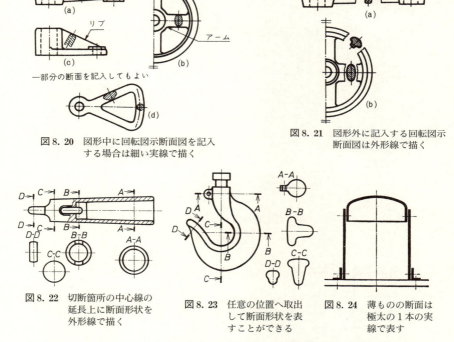

図8.20 図形中に回転図示断面図を記入する場合は細い実線で描く

図8.21 図形外に記入する回転図示断面図は外形線で描く

図8.22 切断箇所の中心線の延長上に断面形状を外形線で描く

図8.23 任意の位置へ取出して断面形状を表すことができる

図8.24 薄ものの断面は極太の1本の実線で表す

　アームやリブのように，品物の一部を成すものでその断面形状が単純なものは，品物を軸に直角な面で切断し，切断箇所に中心線を引き，断面形状を90°回転して細い実線で表す（図8.20）。このような断面図を**回転図示断面図**という。また，品物の中間部分を破断線で切り，その切断箇所に中心線を引き，回転図示断面図を描く方法（図8.21）及び切断箇所の中心線の延長上，又は任意の位置に断面形状を取り出して描く方法（図8.22，図8.23）もある。この場合は切断位置を切断線で示して記号を付け，断面図の近くに「$A\text{-}A$」のように記入せねばならない。これらのように図形の外へ記入する回転図示断面図は外形線（太い実線）で描く。

　厚さが薄い品物の断面は，1本の極太実線（表4.2，線の太さは品物の厚さと無関係）で描く。また，薄物が隣接している場合は線と線との間に0.7 mm以上のすきまをあけて境界線として表す（図8.24）。

8章 断面図

8.3 切断してはいけないもの

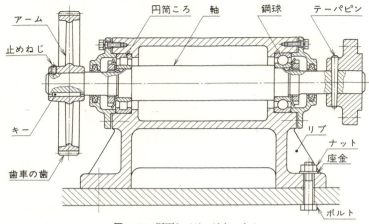

図8.25 断面してはいけないもの

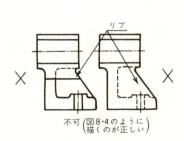

図8.26 リブは切断して
はいけない

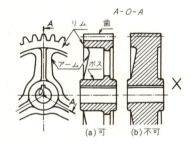

図8.27 歯車の歯やアームは
切断してはいけない

次の部品は部品全体を長手方向に切断してはいけない（部分断面は良い）。
（1） 軸，スピンドル，車軸，ロッド，線等。（2） ボルト，ナット，小ねじ，止めねじ，木ねじ，リベット，ピン等。（3） 座金類，キー，コッタ等。（4） 鋼球，円筒ころ等。

次の部品は断面図中にあっても長手方向に切断してはいけない。
（1） 品物の一部にあるリブ，ウエブ，壁。（2） 歯車，ベルト，ハンドル車及び車輪等の一部にあるアーム及びスポーク。（3） 歯車，鎖歯車，つめ車等の歯。（4） 羽根車の羽根。（5） ハンドルの握り。（6） 蝶ねじのつまみ。（7） 弁わく。

8.4 断面の表示

8.4 断面の表示

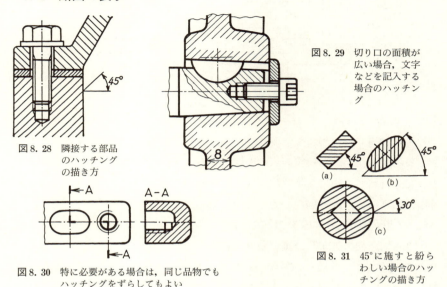

図8.28 隣接する部品のハッチングの描き方

図8.29 切り口の面積が広い場合，文字などを記入する場合のハッチング

図8.30 特に必要がある場合は，同じ品物でもハッチングをずらしてもよい

図8.31 45°に施すと紛らわしい場合のハッチングの描き方

　例えば，断面が複雑で理解しにくいような場合には，必要に応じて断面に**ハッチング**（等間隔に引かれた多数の平行斜線をいう。図8.28）を施してもよい。切り口の面積が広い場合は，ハッチングを外形線の近くだけに施してもよく，また，文字，記号等を記入する箇所には，ハッチングを中断して記入事項が明瞭に見えるようにする（図8.29）。ハッチングは材質に関係なく，基本中心線に45°の傾斜をもつ細い実線（直線）で等間隔（普通は2～4 mmがよい）に引く。同一部品には同じハッチングを施す。ただし，階段状の切断面の各段に現れる部分を区別したいときは，ハッチングをずらしてもよい（図8.30）。異なる部品が隣接する場合は，ハッチングの方向又は間隔を変えるか，場合によっては傾斜角を変えて両者が別個の部品であることが分かるようにする。なお，図8.31のように45°にハッチングを施すと紛らわしいときは，角度を変えると分かり易い。従来，トレース紙に描いた原図では，ハッチングの代わりに**スマッジング**（断面の輪郭に沿って薄く色を塗ることをいう）が施されることがあった。しかし，スマッジングは，電子複写，CAD製図及び図面のマイクロフィルム化の場合に適さず，使用することが少ないため，JIS B

8章 断面図

図 8.32 非金属材料の断面表示

0001 から除外された。

　非金属材料で特に材質を示す必要があるときは，図 8.32 に示す記号を使用して表示するか，該当規格の表示方法による。部品図の場合は，この記号を使用しても材質名を別に文字で記入しておかねばならない。また，この表示法は外観，切り口いずれの場合に使用してもよい。

8.5　断面図に関するその他の問題
（1）　切断線の矢印及び識別記号の省略

　8.2 で述べたように，基本中心線以外で切断した図には必ず切断線を引き，必要に応じて断面を見る方向を示す矢印及び文字記号を記入することが定められている。矢印と文字記号の記入を必要とするか否かは，これらを記入しない場合にその断面図が理解できるか否かで判断しなければならない。これについて JIS B 0001 には，矢印及び文字記号を記入した図例と省略した図例を記載している。たとえば，本書の図 8.3 に相当する図では，矢印と文字記号を省略しており，同 JIS の解説によると，「切断面が 1 個しかない場合で，投影関係が成立している場合には，断面を見る方向の矢印がなくても理解できるので矢印を省略してもよい例として示した。」とある。さらに JIS では，段階状切断の図（本書の図 8.4 及び図 8.5 に相当）の場合には文字記号を記入していない（解説に説明はない）。これに対して，本書の図 8.16 の場合には矢印と文字記号が記入されており，また，鎖角切断図，直角切断と鋭角切断の合成断面図及び曲面切断図には矢印と文字が記入されている。矢印及び文字記号の省略については他の図例にも曖昧なところがみられる。それで本書では，断面図を理解し易くするために，基本中心線以外で切断した断面図のすべてに矢印及び文字記号を記入している。

9章 寸　法

　寸法は図面のなかで最も重要なものである。寸法の記入洩れや寸法の誤記があってはならないことはもちろんのことであるが，寸法記入の僅かな巧拙によっても製作された品物の品質及びコストに大きい影響を及ぼすことがあるから，特に注意を払って寸法の記入をしなければならない。

9.1　図面に記入する寸法

（1）　図面に記入する寸法は，特に明示されない限り**仕上り寸法**（完成された品物の寸法）である。したがって，現場で材料寸法や素材寸法を決める場合には，図示された寸法の他に，削りしろや仕上げしろを余分に付けねばならない。

（2）　図面に記入する**長さの寸法はすべてミリメートル単位**とし，この場合は mm の単位を図中に書かない（例，10 mm → 10）。数字の小数点は下付きの点とし，数字の間を適当にあけて中間に大きめに書く（例，10.5）。けた数が多い場合は，3けたごとに数字の間をあけるようにし，コンマで区切らない（例，2,500 → 2 500）。ミリメートル以外の単位の寸法には必ずその単位記号を数字の後に書く（例，25 メートル→ 25 m，1 マイクロメートル→ 1 μm，1 フィート 1/8 インチ[1] → $1'\frac{1''}{8}$）。

（3）　**角度は度で表し**（例，10 度 30 分→ 10.5°），必要な場合は分及び秒を併用する（例，5 度 7 分 10 秒→ 5°7′10″）。ラジアンで表す場合は単位記号（rad）をつける（例，0.6 rad）。

（4）　**単位は国際単位系（SI）**を採用し，数値は**標準数**（25-1 頁）を使用することが望ましい。

（5）　寸法には，特別なもの（例えば，参考寸法，理論的に正確な寸法など）を除いては，許容限界を記入する。

（6）　機能上の要求，互換性，製作技術水準などに基づいて不可欠の場合には幾何公差（形状公差，姿勢公差，位置公差など），表面粗さなどを記入する。

9.2　寸　法　線

（1）　長さの寸法線の引き方

　図面に長さの寸法を記入する場合，**寸法線**（細い実線）を引き，寸法数字を

---

[1]　工場の現場では 1″/8 が尺単位の 1 分（ぶ）に近い寸法であるところから，1″/8 を 1 分，1″/16 を 5 厘，1″/32 を 2 厘 5 毛と呼ぶ。
　　例，31″/32 → 7 分 7 厘 5 毛。なお，1 分は 3.03 mm である。

9章 寸 法

(a) 寸法線と寸法補助線の引き方

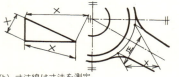
(b) 寸法線は寸法を測定する方向に引く（誤りの例）

図 9.1 寸法線と寸法補助線の描き方

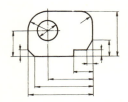

図 9.2 寸法補助線を使用した寸法記入

図 9.3 寸法補助線は寸法線と直角（または60°）に引く

記入して表す。普通は図中に寸法を記入すると図が紛らわしくなるので，**寸法補助線**（細い実線）を使用して寸法線を図形の外へ出して表すのがよい。

寸法線を描く場合の基本的な注意事項は次の通りである。

ⅰ) 寸法線は，寸法を測定する方向と平行に引く（図9.1）。

ⅱ) 寸法線の両端に端末記号（後述9.2(4)）を付ける。ただし半径を表す場合の寸法線の中心側の端（図9.18），及び対称図形で半分が省略されている図形の省略側端（図9.46，図9.71(a)）には端末記号を書かない。

ⅲ) 寸法は寸法補助線を使用してできるだけ図形の外へ記入する（図9.2）。

ⅳ) 寸法補助線は原則として寸法線と直角に図形より引出し（長さの寸法の2本の寸法補助線は平行に引く），寸法線を僅かに超える程度（約3mm）に延長しておく。なお，規格では寸法補助線と図形との間を僅かに離すことも許されているが，紛らわしいので通常は行わない。

ⅴ) 寸法を記入するスペースがない場合や，寸法線に直角に寸法補助線を引くと不明確になる場合には，図9.3に示すように，寸法線に対して適当な角度（寸法線に対して60°がよい）で寸法補助線を引く（2本の寸法補助線は平行に引く）。

（2） 角度の寸法線の引き方

角度の寸法線は角度を構成する2辺の交点又はその延長上の交点を中心として円弧（細い実線）を描き，角の両辺またはその延長線（細い実線）と結んで，その両端に端末記号を付けて表す（図9.4，図9.5）。

9.2 寸 法 線

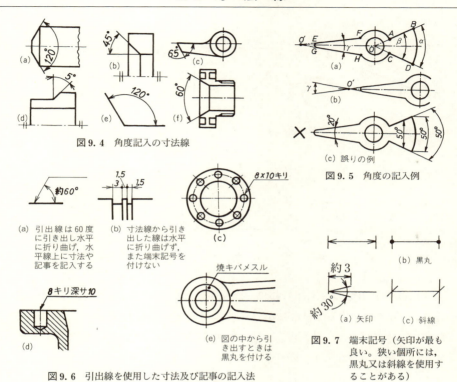

図9.4 角度記入の寸法線

図9.5 角度の記入例

図9.6 引出線を使用した寸法及び記事の記入法

図9.7 端末記号（矢印が最も良い。狭い個所には、黒丸又は斜線を使用することがある）

（3） 引出線を使用した寸法や記事の記入方法

寸法補助線の間隔が狭くて寸法数字が記入できないとき，穴やねじ等の寸法を記入するとき，加工法や注記その他の事項を記入するときは引出線を使用する。引出線（細い実線の直線）は，図9.6に示すように，形状を表す線及び寸法線，あるいは形状を表す線の内側から水平線に対して斜めの方向（60°がよい）に引き出し，その端を水平に折り曲げて，水平線の上側に寸法や記事を記入する。水平線の長さは寸法や記事の長さに合わせて引く。引出線の引き出される側には，形状を表す線から引き出すときは矢印を付け，形状を表す線の内側から引き出すときは黒丸を付ける。また，寸法線から引き出す場合（図(b)）は，引出線を水平に折り曲げず，また，端末記号を付けない。なお，図が小さくて不明確になる場合は，部分拡大図で表すのがよい（9.6参照）。

（4） 端末記号の描き方

9章 寸　法

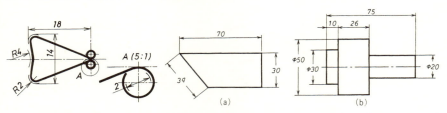

図9.8　薄肉断面図の寸法記入法　　図9.10　寸法数字の記入法（方法2）（本書では使用していない。）

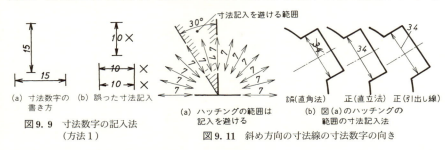

(a) 寸法数字の　(b) 誤った寸法記入
　　書き方
図9.9　寸法数字の記入法
　　　（方法1）

(a) ハッチングの範囲は　　(b) 図(a)のハッチングの
　　記入を避ける　　　　　　　範囲の寸法記入法
図9.11　斜め方向の寸法線の寸法数字の向き

　寸法線や引出線の端末記号には，図9.7に示す3種類があるが，通常は図(a)の矢印で描く。矢印は2本の細い直線（実線）で約30°に引く。矢印を三角形に塗り潰してはいけない。寸法補助線の間隔が狭くて矢印を描くことができない場合は，図9.6(b)及び図9.41(a)，(c)に示すように，矢印の代りに黒丸または斜線（図9.41(b)）を併用する場合もある。しかし，矢印を描くことができない場合を除き，1枚の図中では(a)，(b)，(c)の端末記号を混用してはいけない。また，端末記号は常に正確に描かなければならない。

（5）　薄肉部の断面図に寸法を記入する方法（9.11(2)参照）

　薄肉部の断面を1本の極太線で表した図に寸法を記入する場合は，極太線に沿って寸法を表す側に細い実線を引き，これに端末記号を当てて表す（図9.8）。

9.3　長さ及び角度を表す数字の記入法

（1）　長さ，角度の寸法記入上の注意事項

　長さ及び角度を表す寸法を記入するには，中断しないで引いた寸法線の上側（寸法線が垂直の場合は左側）に，寸法線に沿ってかつ寸法線から僅かに離して数字を記入する**方法1**（図9.9，この場合は，寸法線のほぼ中央に書くのがよい）と，水平方向以外の方向の寸法線のみ中断して，寸法数値を挟むように記入（文字はすべて上向きに書く）する**方法2**（図9.10）とがあるが，一般

9.3　長さ及び角度を表す数字の記入法

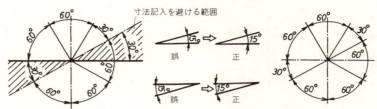

(a) 直角法で記入するのが最もよい（ハッチングの範囲は記入を避ける）　(b) 図(a)のハッチングの範囲の角度の書き方　(c) 直立法で記入してもよい

図9.12　角度を表す数字の向き（方法1）

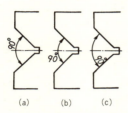

(a)　(b)　(c)

図9.13　数字の記入位置によって数字の向きが異なる

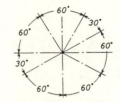

図9.14　角度を表す数字の記入法（方法2）（本書では使用していない）

には前者の方法（方法1）を用いる。したがって，本書では前者の方法について述べる。なお，二方法を混用してはいけない。

（2）　長さを表す寸法数字の書き方

長さの寸法数字は，寸法線に対して直角になるように記入する（直角法）。斜めの方向の寸法線に対しては図9.11(a)に従って記入するが，図のハッチングを施した部分には寸法の記入を避ける。もし，この部分に寸法を記入する場合は，文字を上向きに書く（直立法，図(b)）。

（3）　角度を表す寸法数字の書き方

角度を表す寸法数字は，図9.12(a)に示すように，寸法線と直角になるように記入する（直角法）。すなわち，数字の向きは，角の頂点を通る水平線を引いたときに，数字の位置がこの線の上側にあるときは外向きに書き，水平線の下側にあるときは中心に向かって書く。ハッチングを施した範囲は記入を避けるようにするが，もしこの部分に記入する場合は上向きに書く（直立法，図(b)）。また必要がある場合には，図(c)のように寸法線の向きに関係なくすべて上向きに書くこともできるが（直立法），数字のけた数が多くなると隣りの

9章 寸　　法

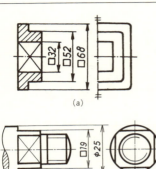

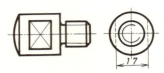

図 9.16　品物の一部分が平面である場合は，平面の箇所に細い実線で対角線を引く

(c) 正方形が図に表されているときは，□を付けずに，両辺の寸法を記入する

図 9.15　正方形の一辺の長さを表すには数字の前に□（かく）の記号を付ける

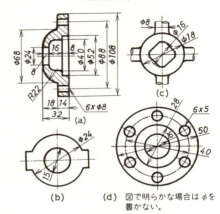

図 9.17　直径を表すには数字の前に φ（まる）の記号を付ける

数字と接近して紛らわしくなるので直角法の方がよい。直角法では，同じ 1 つの角度でも，記入する位置によって文字の向きが異なることに注意を要する（図 9.13）。

以上の方法（方法 1）が通常使用される方法であるが，いま 1 つの方法として，寸法線のほぼ中央を中断し，その位置に寸法数値を上向きに書く方法がある（方法 2，図 9.14）。後者の方法は，ISO でも規定しているが，あまり使用されていないので本書では使用していない。

9.4　寸法数字に付記する記号

図形の理解を助け，図面の省略化をはかるために，寸法数字に記号を付記する。記号はいずれも寸法数字と同じ大きさの文字で，寸法数字の前に書く。

　ⅰ）正方形の記号………□（"かく"と読む）

正方形の一辺を表すときは，数字の前に□の記号を付ける（図 9.15）。□の記号は正方形に書く。ただし図面に正方形が描かれている場合はこの記号を付

9-6

9.4 寸法数字に付記する記号

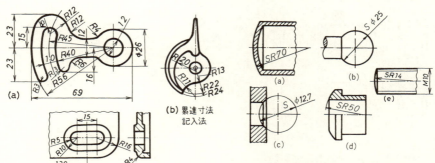

図 9.18 半径を表すには数字の前に R の記号を付ける

図 9.19 球の直径又は半径を表すには，ϕ 又は R の記号の前に S の記号を付ける

けずに，両辺の寸法を記入しなければならない（図 9.15(c)）。

　品物の一部に平らな面がある場合は，その面に細い実線で交差対角線を引いて平面であることを表す（図 9.15，図 9.16）。この対角線は正方形でないものにも適用でき，平らな面がかくれ線で表されている場合も交差対角線は細い実線で記入する（図 9.15(c)）。

　ⅱ）　直径の記号………ϕ（"まる"又は"ふぁい"と読む）

　丸いものの直径を表す場合には，寸法数字の前に ϕ の記号を付ける（図9.17）。ただし，寸法を記入する図に円が描かれていて，図から明らかに直径であることが分かる場合及び寸法に加工方法記号を付ける場合(9.8)は ϕ の記号を省略する。なお，図(b)の $\phi 24$ の箇所のように，円の一部が欠けている場合，及び基本中心線から片側半分が省略図示された円形の直径のように，寸法線の端末記号が片側しか記入されていない場合などは直径寸法に ϕ を付ける（図9.46）。

　ⅲ）　半径の記号………R，CR

　半径を表す場合は，数字の前に R（Radius の頭文字）の記号を付ける（図 9.18）。ただし半径を示す寸法線を円弧の中心まで引く場合は R の記号を省略してもよい。円弧の表し方については 9.7 を参照されたい。同一中心の円弧の半径は累進寸法記入法（図 9.18(b)）で表すことができる（9-27 頁参照）。

　ⅳ）　球面の記号………S

　球面を表す場合は，球の直径または半径を表す記号及び数字の前に S の文字を付け，$S\phi$ または SR と記入する（図 9.19）。S は Sphere の頭文字。

9章 寸　　法

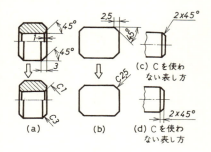
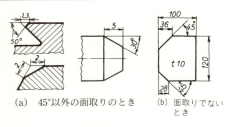

図9.20　45°の面取りを表すには数字の前にCの記号を付ける

図9.21　面取りの記号「C」が適用できない例

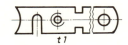

図9.22　板の厚さを表すには数字の前にtの記号を付ける

v)　45°の面取りの記号………C

　45°の面取りを施す場合は，面取りの面に直角方向に矢印を描き，面取りの深さを表す数字の前にC(Chamferの頭文字)を付ける（図9.20）．また，45°面取りの場合は，面取りの寸法数値×45°(図9.20(c)(d))と記入してもよい．

　45°以外の面取りや，45°であっても面取りでないものに対してはCの記号を付けて表してはいけない（図9.21）．なお，面取り寸法の規格[1]もある．

vi)　板の厚さを表す記号………t

　板の厚さを図示しないで示すには，板の図の近く，又は板の面に相当する箇所に，板厚を表す寸法数字の前にt（thicknessの頭文字）と記入すればよい（図9.22）．

vii)　リベット，ボルト，穴などのピッチを表す記号………p

　同種の多数のリベット，ボルト，穴等のピッチを表す場合はp（pitchの頭文字）の記号を数字の前に付ける（例，ピッチが15 mmのとき→p=15，ピッチが約95 mmのとき→p≒95）．

9.5　寸法を記入する場合の注意事項

i)　寸法は明確に記入し，余分な寸法の記入や寸法の重複記入を避ける

　図面に記入する寸法は必要で十分なだけにとどめ，明確に記入しなければな

---

1)　機械部品の丸みについては次の規格があるので参考にされたい．JIS B 0701（切削加工品の面取り及び丸み），JIS B 0702（機械部分の丸み（プレス加工品）），JIS B 0703（鋳造品の丸み），JIS B 0706（熱間・温間型鍛造品の丸み）

9.5 寸法を記入する場合の注意事項

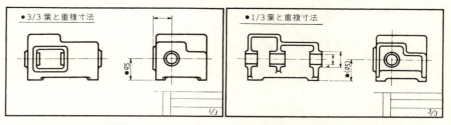

図9.23 寸法は重複記入してはいけない。もし重複記入するときは重複寸法に●印を付ける

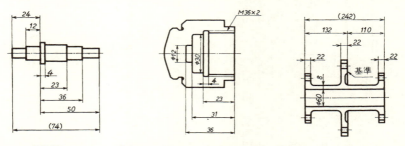

図9.24 基準部をもとにして寸法を記入する（その1）　　図9.25 基準部をもとにして寸法を記入する（その2）　　図9.26 基準部をもとにして寸法を記入する（その3）

らない。特に寸法の重複記入を避ける。ただし，正面図と平面図などのように相関連する図で，特に図の理解を容易にするために重複記入することもあるが，重複記入した寸法は●印を付けて重複記入であることを明示する（図9.23）。9-30頁参照。

　ii） **寸法はなるべく正面図（主投影図）に集中記入する**

　寸法は，なるべく正面図（主投影図）に集中して記入する。正面図に表せない寸法のみを他の図に記入する。寸法は相関連した図が描かれている側に記入するのがよい（図9.67のϕ170の寸法は，正面図と右側面図の間に記入する）。

　iii） **基準部をもとにして寸法を記入すること**

　加工又は組立の際に，基準とする箇所（**基準部**という）がある場合には，基準部をもとにして寸法を記入する（並列寸法記入法，図9.24〜図9.26）。基準とする箇所は品物のうちの特定の面でもよいし，中心線であってもよい。特に基準位置を明示したいときは基準部にその旨を記入する（図9.27）。基準部をもとに寸法記入する場合は図9.28の**累進寸法記入法**を使用するのがよい。

9章 寸　法

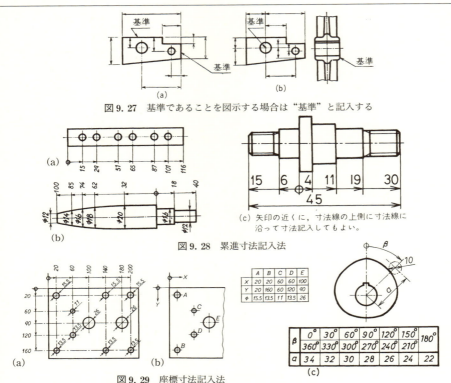

図 9.27　基準であることを図示する場合は"基準"と記入する

図 9.28　累進寸法記入法

図 9.29　座標寸法記入法

すなわち，1本の共通した寸法線を引き，**基準起点の位置を白丸で示す**。各寸法補助線の位置に**片側だけ矢印**を付け，起点からの寸法を寸法補助線に並べて記入する。この場合の**寸法数字**は，図(a)及び図(b)に示すように**寸法線と同じ向き**に書く。これは通常の寸法記入法の場合と区別するためである。なお，図(c)に示すように，寸法数字を矢印の近くに寸法線の上側へ線に沿って書く方法も規定されているが，通常の寸法記入法と文字の向きが同じ（直角法）になって紛らわしいので，上述の方法で記入した方がよい。

また，累進寸法記入法を使用して多数の穴の位置及び穴径を表す場合には，図 9.29 に示す**座標寸法記入法**を使用すると作図が省力化できる。X，Y 及び β の起点は，機能又は加工の条件を考慮して選べばよい。

　　iv)　**重要度の少ない寸法は記入しないか，又はかっこを付けて記入する**

　重要度の少ない寸法は記入しないようにするか，又は参考として示す場合に

9.5 寸法を記入する場合の注意事項

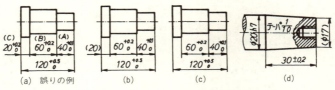

(a) 誤りの例　　(b)　　(c)　　(d)

図 9.30　重要度の少ない寸法は記入しないか，またはかっこに入れる

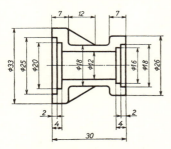

図 9.31　製作図では加工工程別に寸法を記入する

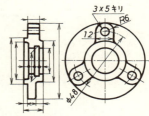

図 9.32　関連した寸法は一箇所にまとめる

は寸法数字にかっこを付ける（図 9.30）。また，機能上必要な場合は，寸法の許容限界を記入する。なお，全寸法に対して寸法許容差（11 章参照）を記入する場合は，各寸法間に矛盾が起きないよう注意する。

半径の寸法が他の寸法によって自然に決定する場合は，(R) と記入して数値を記入しない（図 9.61(a)，(b)）。

　　ⅴ）加工工程別に寸法を記入する

部品図は殆どが製作図であるから，現場の加工工程別に寸法を区分して配列すれば作業者に分かり易い。例えば，図 9.31 では左右の旋削工程の寸法及び黒皮部の寸法をそれぞれ別個にまとめて記入する。

　　ⅵ）互いに相関連する寸法は一箇所にまとめて記入する

前述のように，寸法は正面図に集中記入するのが原則であるが，互いに相関連している寸法は一箇所にまとめて記入した方が分かり易いこともある。図 9.32 はフランジ部のボルト穴の中心円の直径，穴の直径及び穴の配置を一箇所にまとめて記入した例を示す。

　　ⅶ）機能上必要な寸法は必ず記入する。また，寸法は現場の作業者が計算しなくてもよいように記入する

9章 寸 法

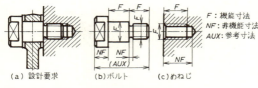

(a) 設計要求　(b)ボルト　(c)めねじ

図 9.33　機能上必要な寸法（機能寸法）は必ず記入する

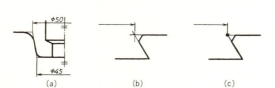

図 9.34　作図線を使用した寸法記入法

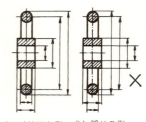

(a) 小さい寸法は内側に，大きい寸法は外側に記入する　(b) 誤りの例

図 9.36　寸法線寸法補助線の交差を避ける

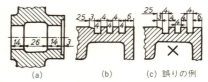

図 9.35　隣り合った寸法線は一直線に揃える

図 9.33 は，機能寸法，非機能寸法及び参考寸法の例を示している。機能寸法は必ず記入しておかなければならない。また，現場の作業に配慮して，作業者がいちいち計算しなくてもよいように必要な寸法を記入しておく。特に品物の全長は必ず記入する。

viii)　**作図線を使用した寸法記入法**

傾斜した2面間に，丸み又は面取りが施されているとき，2面の交わる位置を示すには，丸み又は面取りを施す以前の形状を細い実線（この線を**作図線**という）で表し，その交点から寸法補助線を引出す（図 9.34(a)）。交点を明らかに示す必要がある場合には，作図線を交差させるか（図 9.34(b)），交点に黒丸をつける（図 9.34(c)）。作図線は，寸法記入の際には必ず描いておかねばならないが，図形のみで寸法を記入しない箇所には作図線を描かない。

ix)　**隣り合った寸法線は一直線に揃える**

隣接して連続している寸法は一直線に揃えて見易くする（直列記入法，図 9.35，図 9.68(a)）。また，関連する部分の寸法も一直線に揃えるのがよい（図 9.39(b)の A と A′の寸法）。

x)　**寸法線，寸法補助線の交差を避ける**

小さい寸法の寸法線は内側に，大きい寸法の寸法線は外側に記入して寸法線

9.5 寸法を記入する場合の注意事項

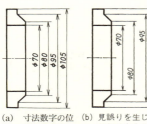
(a) 寸法数字の位置を揃える
(b) 見誤りを生じるおそれのあるとき

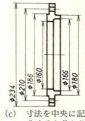
(c) 寸法を中央に記入すると分かりにくいとき

図9.37 寸法線は等間隔に引き，寸法数字は整理して記入する

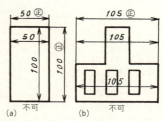
図9.38 寸法数字は寸法線が他の線で切り離される箇所や寸法線が他の線と交わる箇所に記入を避ける

及び寸法補助線が交差しないようにする（図9.36）。

xi) **寸法線は等間隔に引き，寸法数字は整理して記入する**（図9.37）

多数の寸法線は等間隔に引く。寸法数字は記入位置を揃えるが（図(a)），見誤りを生じるおそれ

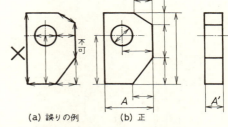
(a) 誤りの例　　(b) 正
図9.39 中心線・外形線・寸法補助線などの線を寸法線に使用してはいけない

のある場合は，対称中心線の両側に交互に（図(b))，または一方の端末記号の近くに（図(c)）記入する。

xii) **寸法数字は，線で切り離される箇所や寸法線の交わる箇所へ記入してはならない。また，線に重ならない位置へ記入する**

線と線，線と文字とが交わらないように注意して寸法記入の位置を決める。やむをえない場合は，寸法線から引出線を引いて記入する（図9.6(b)）。

xiii) **他の線を寸法線に併用してはいけない**

中心線，外形線，かくれ線及び寸法補助線等の線を寸法線に併用してはいけない（図9.39(a)）。

xiv) **一部に特殊な加工・処理を施す場合は，図7.35に示すように記入する**

xv) **寸法線が長くて，寸法線の中央に寸法数値を記入すると分かりにくいときは，いずれか一方の端末記号の近くに片寄せて記入してもよい**（図9.37(c)）

9章 寸　法

9.6　狭い部分への寸法記入法

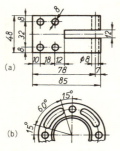

図9.40　狭い部分は矢を内側へ向けて記入する

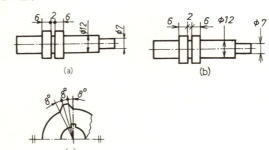

図9.41　狭い部分は矢の代りに黒丸または斜線を用いてもよい

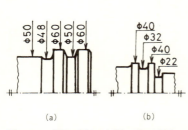

図9.43　直径が異なる円筒が狭い間隔で連続していて寸法記入ができない場合のみに使用される直径記入法

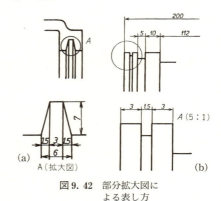

図9.42　部分拡大図による表し方

　寸法が小さくて寸法補助線の内側へ矢印を描けない場合は，寸法補助線を貫通して外側まで寸法線を引き，矢を内側に向けて付ける（図9.40）。矢を記入できない位狭い場合は，矢印の代りに黒丸又は斜線を付ける（図9.41）。狭い間隔で隣り合う寸法は，寸法線の上と下とに交互に寸法数字を記入してよい（図9.35(b)）。図が細かく紛らわしい場合は部分拡大図で表す（図9.42）。詳細を図示する範囲に細い実線で円を描き英字の大文字で表示する。図の近くにその部分の部分拡大図を描き，部分拡大図の近くに表示の文字及び尺度を記入する。尺度の代りに"拡大図"と付記してもよい。

　直径の異なる円筒が狭い間隔で連続していて，寸法記入ができない場合に限り図9.43 に示す寸法記入法を使用してもよい。

9.7 円弧及び曲線の寸法の表し方

9.7 円弧及び曲線の寸法の表し方

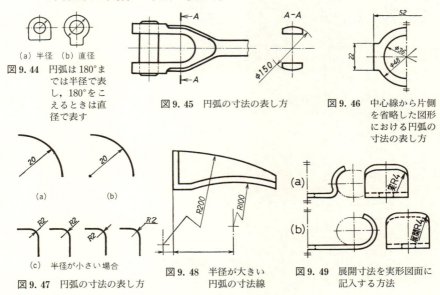

図 9.44 円弧は180°までは半径で表し，180°をこえるときは直径で表す

図 9.45 円弧の寸法の表し方

図 9.46 中心線から片側を省略した図形における円弧の寸法の表し方

図 9.47 円弧の寸法の表し方

図 9.48 半径が大きい円弧の寸法線

図 9.49 展開寸法を実形図面に記入する方法

ⅰ) 半径で表す寸法と直径で表す寸法

　円弧の部分の寸法は，円弧が180°までは半径で表し，180°を越えるものには直径で表す（図9.44）。ただし，円弧が180°以内であっても，加工の際に直径の寸法が必要なものは直径で表す（図9.45）。また，中心線に対して片側半分を省略した対称図形は，省略されていない場合の図形を基準にして直径か半径かを決める（図9.46）。この場合，φ又はRの記号を寸法数字の前に付ける。

ⅱ) 円弧の半径の表し方

　円弧の半径を表す寸法線は，原則として円弧の中心から引き，弧の側のみ矢印を付ける。円弧の中心位置を示す必要がある場合は，黒丸（図9.47(b)）又は十字線の交点（図9.48）で表す。小さい円弧の寸法記入は図9.47(c)による。半径の大きい円弧で，その中心を弧の近くに示す必要がある場合は，寸法線を中途から折り曲げ，その端を中心点の存在する線上に置く。この場合，寸法線の矢印の付いた部分は，実際の中心点を結ぶ方向に引かねばならない。

　実形を示していない投影図形に，実際の半径又は展開した状態の半径を指示する場合は，数値の前に"実 R"または"展開 R"の文字を記入する（図9.49）。

9章 寸　法

(a) 弦の長さの
寸法記入法

(b) 弧の長さの寸法
記入法

(c) 悪い例

図9.50　弦と弧の長さの記入法

(a) 弧の長さの後に弧の
半径を括弧に入れて
示す。⌒の記号は付
けない。

(b) 寸法補助線によらない省略
図示方法
9-30頁参照

図9.52　円弧の長さの寸法記入法

図9.51　2つ以上あ
る同心円弧
の表し方
9-30頁参照

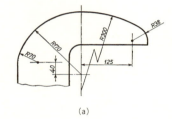

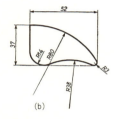

図9.53　幾つかの円弧からなる曲線の寸法は円弧の半径と中心
位置（または各円弧に対する接線の位置）を明示する

iii) 弦と弧の寸法の記入法

弦及び弧の寸法を表す2本の寸法補助線は，互いに平行で弦に直角に引く。弦の寸法線は弦に平行な直線で表す。弧の寸法線は弧に平行な円弧で表

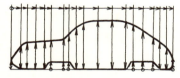

図9.54　曲線の寸法記入法
〔9.5 iii）を参照すること〕

し（図9.50(b)），寸法数字の前に円弧の長さの記号⌒を付ける。円弧を構成する角度が大きいとき（図9.51）及び連続して円弧の寸法を記入するとき（図9.52(b)）は，円弧の中心から放射状に引いた寸法補助線に寸法線を当ててもよい。また，2つ以上ある同心円弧のうちで，1つの円弧の長さを特に明示する場合は，円弧から寸法数字に対して引出線を引き，引き出された弧の側に矢印を付ける（図9.51，図9.52(b)）か，弧の長さの数値の後に弧の半径を括弧に入れて示す（図9.52(a)）。後者の場合は⌒の記号を付けない。9-30頁参照。

幾つかの円弧で構成されている曲線は，円弧の半径と円弧の中心位置を明示するか，円弧に対する接線の位置を明示する（図9.53）。複雑な曲線は図

9.8 穴の寸法記入法

9.54のように縦と横の座標位置を表す方法がよい。

9.8 穴の寸法記入法

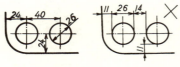

(a) 正しい例　　　(b) 悪い例
図9.55　丸穴の寸法は，穴の中心
　　　　位置と穴の直径で表す

表9.1　穴の加工方法を表す記号

穴の種類	加工方法	記号
きり穴	きり（ドリル）で切削した穴	キリ
リーマ穴	きり穴をリーマで仕上げた穴	リーマ
打抜き穴	板等をプレスで打抜いた穴	打ヌキ
鋳抜き穴	鋳造の際にあけた穴	イヌキ

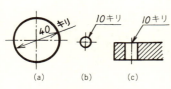

図9.56　きり穴の図示法

(a) きり（ドリル）の実形　(b) 製図の場合は先端を120°に描く　(c) きり穴の寸法記入　(d) きり穴の寸法記入（引出線を使う方法）

図9.57　貫通しないきり穴の図示法

　穴の寸法は，穴の中心位置と穴の大きさ（丸穴の場合は穴の直径）で表す（図9.55）。

　穴の加工方法を特に示す必要がある場合は，穴の寸法数字の後に表9.1に示す記号をつける。たとえば，キリ穴であることを明示するには図9.56のように記入する。大きい穴には直接書き込んでもよいが，小さい穴は引出線を使用する。引出線は，図形に円形が表れている場合は円の外形線から引き出し（図(b)），図形に円形が表れていない場合は穴の入口の外形線と中心線との交点から引き出す（図(c)）。引き出す角度は水平線に対して60°の方向が良く，これを水平に折り曲げて水平線の上側に穴の寸法を記入する。なお，寸法数字の後に"キリ"又は"リーマ"の文字を併記した穴は円形であることが明らかであるから，寸法数字の前にϕを付けない。

　きりの先端形状には種々なものがあるが，先端が118°に研がれたもの（図9.57(a)）が最も多い。したがって，貫通しない穴の底部は頂角118°の円すい形となるが，製図では120°に図示する（同図(b)）。貫通しない穴には穴の深さ（所定の直径の部分の長さをいい，円すい部の長さを含まない）を記入する。図(c)のように表してもよいが，引出線を使用して図(d)のように表す方

9章 寸　法

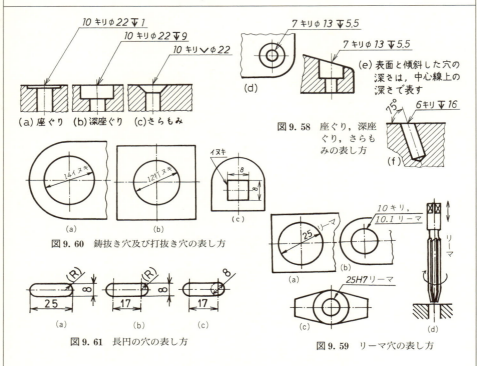

図9.58　座ぐり，深座ぐり，さらもみの表し方

図9.60　鋳抜き穴及び打抜き穴の表し方

図9.61　長円の穴の表し方

図9.59　リーマ穴の表し方

が分かり易い。きり穴の深さは，キリと書いた後に"▼"と記号を書いて深さの寸法数字を書く。

　ねじで締付ける品物には，ねじの頭又はナットの座面が当る部分を図9.58(a)〜(c)に示す形に切削仕上げすることが多い。**座ぐり**[1]はねじの頭，又はナットが入る直径の浅い座を作ったもので，**深座ぐり**はねじの頭，又はナットが隠される深さに穴をうがって座を作ったものである。これらはねじ又はナットの座面が平らな場合に使用する。これに対して，さら小ねじのように座が円すい形のねじを使用する場合は，ねじの円すい面に合わせて90°の円すい形の座をつくる。これを**さらもみ**という。座ぐり，深座ぐり及びさらもみの寸法を表すには，引出線を出して水平に折り曲げ，その上側へ図9.58に従って記入する。9-28頁参照のこと。

　リーマ穴は図9.59のように表す。きりの下穴径を表すには，引出線の水平

---

1) 座ぐりは，座グリ，ざぐり，ザグリと書いてもよい。なお，座面の黒皮のみを除去する程度の場合には，座ぐりと考えず，図に描かない。

9.9 こう配及びテーパの記入法

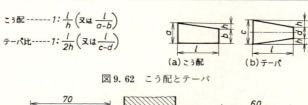

図9.62 こう配とテーパ

(a) こう配の向きを指示　(b) こう配の向きを指示　(c) こう配の向きを指示
　　する必要があるとき　　　する必要があるとき　　　する必要がないとき

図9.63 こう配の寸法記入法

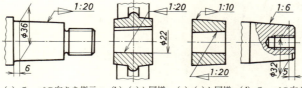

(a) テーパの向きを指示　(b) (a)と同様　(c) (a)と同様　(d) テーパの向きを指示
　　する必要のあるとき　　　の場合　　　　の場合　　　　する必要のないとき

図9.64 テーパの寸法記入法

に折り曲げた線の上側または，リーマの文字の前へ一列に記入する。

　鋳抜き穴，又は打ち抜き穴は図9.60のように表す。なお，穴の種類を表す記号は丸穴以外の穴に適用してもよい（図9.60(c)）。

　長円の穴は図9.61に示すいずれかの方法で表す。この表し方は穴以外のもの，例えばキーなどに利用してもよい。図(a)では半円の半径の寸法が長円の幅（8 mm）から導かれるので，半径の寸法を記入せず，(R)で表している。

9.9 こう配及びテーパの記入法

　こう配（片側のみ傾斜）及びテーパ（軸に対称に傾斜）の値は，図9.62に示すように傾きの比率で表す。テーパの場合はこの比率をテーパ比と呼ぶ。テーパ及びこう配いずれの場合も左辺は必ず1とし，右辺は分数式を計算して整数で示す。したがって，こう配の値とテーパ比の値が同じであれば，こう配の傾斜はテーパの傾斜の2倍になる。こう配及びテーパはつぎのように図示する。

　こう配の値は，図9.63に示すように，傾斜している面の外形線から引出線（細い実線）を出し，これを水平に折り曲げた線（これを参照線と呼ぶ）にこう配の向きを示す図記号をこう配の方向と一致させて描き，こう配の値を参照

9章 寸　法

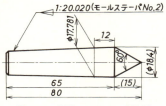

図 9.65　標準のテーパの記入法

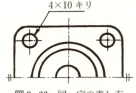

図 9.66　同一穴の表し方
　　　　（その 1）

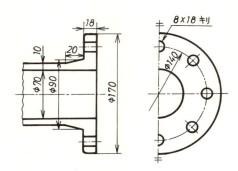

図 9.67　同一穴の表し方（その 2）

線のすぐ上に記入する（図(a)，(b)）。もし，図からこう配の向きが明らかな場合は，図記号の記入を省略してもよい（図(c)）。

　テーパ比の値は，図 9.64 に示すように，傾斜面を表す外形線から引出線を出し，これを水平に折り曲げてテーパの中心線に平行な線（参照線）を引き，これにテーパの向きを示す図記号をテーパの方向と一致させて描き，その後にテーパ比を記入する。なお，図からテーパの向きが明らかな場合は図記号の記入を省略してもよい。

　テーパ及びこう配は，正確にはめ合うことを必要とする箇所のみに記入し，その他の傾斜部には記入しない。

　テーパは互換性が必要であるから，テーパ部分を設計する場合には規格で定めている標準のテーパを使用することが望ましい。規格で定めているテーパ*を使用する場合には，図面上にその名称と番号とを記入すればよい（図 9.65）。

9.10　寸法記入の簡便法

　ⅰ）　同一の穴などが多数ある場合の寸法記入法

　一部品に同一形状・寸法の穴，ねじ穴などが多数ある場合は，図 9.66，図

---

*　JIS B 0612〔製品の幾何特性仕様（GPS）―円すいのテーパ比及びテーパ角度の基準値〕。JIS B 0904（テーパ比 1：10 円すい軸端）。JIS B 4003（工具用テーパシャンク部及びソケット―形状・寸法）。JIS B 4004$\left(\frac{1}{10}$テーパのシャンク部$\right)$。JIS B 6101$\left(\frac{7}{24}$テーパの主軸端及びシャンク$\right)$。JIS B 6163（モールステーパスリーブ及びモールステーパシャンクソケット―形状・寸法）。

9.10 寸法記入の簡便法

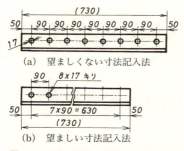

(a) 望ましくない寸法記入法

(b) 望ましい寸法記入法

図9.68 同一間隔で連続する同一穴の寸法記入法

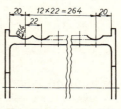

図9.69 ウインチのドラムに応用した寸法記入例

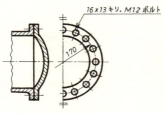

図9.70 フランジのボルトに応用した寸法記入例

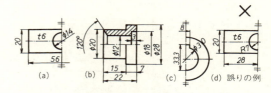

図9.71 対称中心線の片側のみを表した図の寸法は省略していない場合の寸法を記入する

9.67に示すように1つの穴から引出線を出して，線を水平に折り曲げた上に，穴の総数 × 穴の寸法数字（穴の総数は同一箇所の一群の総数を記す）と記入する。なお，穴が1個の場合は穴数を記入しない。9-32頁参照。

同一寸法の多数の穴が同一間隔で連続配置されている場合には，図9.68(a)のように記入せず，同図(b)のように穴から引出線を引出して，その総数と穴径を記入し，穴の配置は，間隔数 × ピッチ ＝ 合計寸法と記入すると作図を省力化できる。なお，誤読を避けるために，一箇所だけはピッチの寸法を記入する。

以上の記入法は穴だけに限らず，同一間隔で連続する同一形状・寸法のものであれば，どんなものにでも応用できる（図9.69，図9.70）。

ii) 対称図形の片側だけを表した図の寸法記入法

対称図形で中心線から片側だけを描いた図及び片側断面法を使用して内外の形状を1つの図形で表した図の寸法は，描かれている片側の図形の寸法で表さず，図形を省略しない場合の寸法を記入する。この場合，寸法線はその中心を超えるところまで延長して引き，延長した寸法線の端には矢印を付けない（図

9章 寸　　法

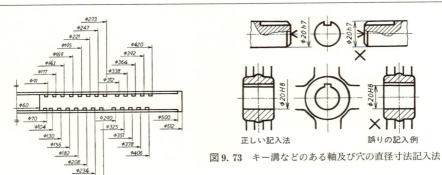

図 9.72　対称図形で多数の径の寸法を記入する方法

図 9.73　キー溝などのある軸及び穴の直径寸法記入法

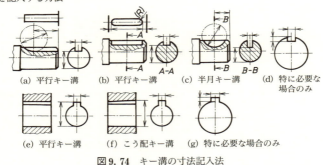

(a) 平行キー溝　(b) 平行キー溝　(c) 半月キー溝　(d) 特に必要な場合のみ

(e) 平行キー溝　(f) こう配キー溝　(g) 特に必要な場合のみ

図 9.74　キー溝の寸法記入法

9.71）。

　対称の省略図形で多数の直径を記入するものでは，寸法線を対称中心線を超えて引くとかえって図が分かりにくくなることがある。この場合は特に寸法線を対称中心線まで引かないで短くして，寸法も記入位置を揃えないで数段に分けて記入することができる（図 9.72）。

　iii）　キー溝をもつ軸及び穴の直径の表し方及びキー溝の寸法記入法
　キー溝をもつ軸及び穴の直径を記入する方法の例を図 9.73 に示す。直径寸法を記入する位置にキー溝などがある場合は，この部分が完全な円形ではないから左の図のように表す。すなわち，寸法線は溝のない側から中心線を越えるところまで引き，矢印は溝の側に付けない。また，直径を表す寸法数字の前に必ず φ の記号を付ける。

　軸及び穴のキー溝の寸法記入法を図 9.74 に示す。キー溝の寸法は，溝の

9.10 寸法記入の簡便法

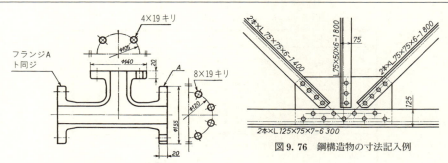

図 9.75 同一寸法の部分が 2 箇所以上ある場合の寸法記入法

図 9.76 鋼構造物の寸法記入例

幅，深さ，長さなどで表すが，図(d)及び図(g)のように図示すると，溝の深さが紛らわしくなり，寸法も測定しにくいから，特に必要な場合以外は使用しないのがよい。図(a)及び図(c)のようにキー溝をフライスカッタで切削する場合は，カッタの直径を想像線（細い 2 点鎖線）で描き，その直径を記入する。また，図(f)に示すように，こう配キー溝の深さ寸法は，キー溝の深い側で表す。

iv) 1個の品物に同一形状・寸法の部分が2つ以上ある場合の寸法記入法

T 形管継手やバルブのフランジのように 1 個の品物に同じ寸法の部分が 2 つ以上ある場合には，一箇所だけ寸法記入する。もし必要がある場合は寸法を記入しないフランジに同じ寸法であることを注意書きする（図 9.75）。

v) 平鋼，形鋼及び鋼管などの寸法記入法

平鋼，形鋼，丸鋼及び鋼管などの寸法は，図 9.76 に示すように，寸法線を引かないで，鋼材の図形に沿って寸法を記入することができる。記入の方法は次のようにする。

|断面の形状を示す記号|　|断面の寸法|－|全長|

種々な断面形状の鋼材の表し方を表 9.2 に示す。この場合，長さの寸法は必要がなければ省略してもよい。

（例） 不等辺山形鋼で，断面の両辺の長さが 75 mm と 50 mm，厚さ 6 mm，長さ 1 000 mm の場合：∟ 75×50×6 －1 000

なお，不等辺山形鋼などを指示する場合は，その辺がどのように置かれているかをはっきりさせる必要があるから，図に現れている辺の寸法を記入してお

9章 寸　法

表9.2　平鋼，形鋼及び鋼管などの断面形状と寸法の表し方の例

種類	断面形状	表示方法	種類	断面形状	表示方法
等辺山形鋼		L$A \times B \times t$-L	軽Z形鋼		⌐$H \times A \times B \times t$-$L$
不等辺山形鋼		L$A \times B \times t$-L	リップ溝形鋼		[$H \times A \times C \times t$-$L$
不等辺不等厚山形鋼		L$A \times B \times t_1 \times t_2$-$L$	リップZ形鋼		⌐$H \times A \times C \times t$-$L$
I形鋼		I$H \times B \times t$-L	ハット形鋼		⊓$H \times A \times B \times t$-$L$
溝形鋼		[$H \times B \times t_1 \times t_2$-$L$	丸鋼（普通）		φA-L
球平形鋼		J$A \times t$-L	鋼管		φ$A \times t$-L
T形鋼		T$B \times H \times t_1 \times t_2$-$L$	角鋼管		□$A \times B \times t$-L
H形鋼		H$A \times A \times t_1 \times t_2$-$L$	角鋼		□A-L
軽溝形鋼		[$H \times A \times B \times t$-$L$	平鋼		▭$B \times A$-L

備考　Lは，長さを表す。

かねばならない。また，同じ鋼材が複数個合せて使われているときは，"2本"，"2個"，"2枚"などと適当な単位を最初に書き，その後へ×の印を書いて鋼材の断面形状記号及び寸法を記入する。以上の表し方は，鉄鋼以外の材料で作られた形材の場合にも適用することができる。

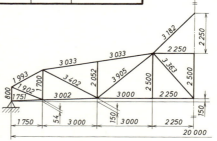

図9.77　構造線図に寸法記入した例

9-24

9.10 寸法記入の簡便法

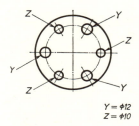

図 9.78 記号文字による寸法記入法

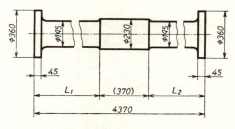

図 9.79 記号文字による寸法記入法

品番記号	1	2	3
L_1	1915	2500	3115
L_2	2085	1500	885

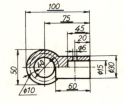

図 9.80 寸法数字が図の寸法と一致しないときは数字の下に太い実線を引く

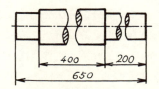

図 9.81 図形の一部を省略した場合は寸法数字が図の寸法と一致しなくても，アンダーラインを引かない

vi) 構造線図に寸法を記入する方法

　鉄橋や鉄塔，起重機などの鉄骨構造及び建築物の構造線図では，各部材の重心線を1本の太い実線で図示する。図には線が重心線であることを明記することが望ましい。構造線図では，寸法線を引かないで，構造を示す線の片側に，これに沿って格点（部材の重心線の交点）間の寸法数字を直接記入する（図9.77）。

vii) 記号文字による寸法記入法

　類似した形状で寸法が異なる品物に対しては，各品物ごとに図面を作らず，1枚の図面に寸法の異なる箇所のみ記号文字で寸法記入し，それぞれの記号に対する寸法を図形の近くに記入（図9.78）するか，または一覧表にすると（図9.79）分かり易くなり，作図の作業が省力化でき，相違点の比較も容易になる。この方法は，右ねじと左ねじだけが異なるような品物の図面にも利用できる。

9章 寸　法

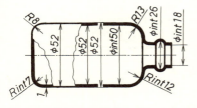

図 9.82　薄肉部品の断面図に対して ISO 6414 で規定している寸法記入法(JIS 規格ではない)

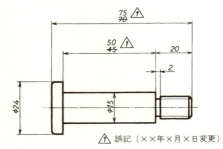

⚠ 誤記（××年×月×日変更）

図 9.83　図面の変更をするときは元の寸法を 1 本の線で消し近くに新しい寸法を記入する

viii）　**寸法数字が図の寸法と一致しない場合の表し方**

　図面において一部分の寸法を変更するような場合は，図形はそのままにしておいて寸法のみ修正することがある。このような場合は図の寸法が尺度通りでないことを明示するために，寸法通りでない寸法数字の下に太い実線で直線を引いておく（図 9.80）。なお，このアンダーラインは，図形の中間部が省略された図（図 7.30〜図 7.32）の場合のように寸法が一致しないことが図から明らかな場合には引かない（図 9.81）。

9.11　その他の寸法記入

（1）　**非剛性部品の寸法**

　本質的に剛性材であっても非常に薄い金属の部品とか，ゴムやプラスチックのように本質的には可撓性のもののように，自由状態（重力だけを受ける部品の状態）で，図面上の寸法公差または幾何公差を超えて変形する部品のことを非剛性部品と呼ぶ。非剛性部品の寸法及び公差は，JIS B 0026（製図―寸法及び公差の表示方式―非剛性部品）に従って指示すればよい（図 23.3）。

（2）　**薄肉断面の寸法記入に関する ISO 規格**

　薄肉部品の断面は，9.2(5)に示したように 1 本の極太線で表すが，その断面図形に寸法線の矢を当てた場合に，その矢印が薄肉部の外側の寸法か内側の寸法かを明確にする必要がある。JIS 規格では，寸法を指示する側に極太線に沿わした細い実線を描いて，それに矢を当てることによって内側の寸法か，外側の寸法かが分かるようにしている（9.2(5)）。しかし，ISO 6414 のガラス容器などの製図では，極太線に直接に矢印を当てた場合は，すべて薄肉部の外側

9.15 穴の寸法記入法の追補

の寸法を表すことを定めており，もし，内側の寸法を表したい場合は寸法数字の前に"int"を付記することを規定している（図9.82）。この方法は，JIS規格に採用されていないが参考として記す。

9.12 図面の変更

記号	訂正事項および訂正理由	日 付	訂正者	承認印
⚠1		. .		
⚠2		. .		
⚠3		. .		
⚠4		. .		

図 9.84 訂正欄の例

　すでに利用されている図面の一部分の寸法を変更する場合は，元の寸法が読めるように1本の線を引いて消し，その近くに新しい寸法を記入する(図9.83)。また変更箇所には適当な記号を付記し，図面に訂正欄（訂正欄の形式は特に規定されていないので適宜作成すればよい。一例を図9.84に示す。）を設けて，変更した日付，変更した理由，生産ロット番号，訂正者名等を記入する。寸法の訂正箇所には前述（9.10 viii）のアンダーラインを引くのがよい。

　図形を変更する場合は図面を書き直すことが多いが，この場合にも訂正欄に諸事項を記入しておくことが望ましい。

9.13 寸法補助記号の種類及びその呼び方

　これまでに記した寸法補助記号を表9.3にまとめる。(JIS B 0001：2010 機械製図より)

9.14 コントロール半径 CR

　コントロール半径 CR は次のように用いる（図9.85参照）。

　コントロール半径：直線部と半径の曲線部が滑らかにつながり，最大許容半径と，最小許容半径との間に半径が存在するように規制する半径。従来記号 R は普通許容差があり，プラス側でもマイナス側でもよくて半径形状に凹凸が生じた。CR（Controlled Radius）記号は滑らかにつながるように指示する場合に用いる。

9.15 穴の寸法記入法の追補

　穴の深さを指示するときは，穴の直径を示す寸法の次に，穴の深さを示す記

9章 寸　　法

表9.3　寸法補助記号の種類及びその呼び方

記号	意味	呼び方
φ	180°を超える円弧の直径又は円の直径	"まる"又は"ふぁい"
Sφ	180°を超える球の円弧の直径又は球の直径	"えすまる"又は"えすふぁい"
□	正方形の辺	"かく"
R	半径	"あーる"
CR	コントロール半径	"しーあーる"
SR	球半径	"えすあーる"
⌒	円弧の長さ	"えんこ"
C	45°の面取り	"しー"
t	厚さ	"てぃー"
⊔	ざぐり 深ざぐり	"ざぐり" "ふかざぐり" 注記　ざぐりは，黒皮を少し削り取るものも含む。
∨	皿ざぐり	"さらざぐり"
▼	穴深さ	"あなふかさ"

号に続けて深さの数値を記入するのがよい。ただし，貫通穴のときは，穴の深さを記入しない。なお，穴の深さとは，ドリルの先端で創成される円すい部分，リーマの先端の面取部で創成される部分などを含まない円筒部の深さをいう。また，傾斜した穴の深さは，穴の中心軸線上の長さ寸法を表す（図9.86参照）。

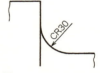

図9.85　コントロール半径の指示例

9.16　ざぐり・深ざぐり⊔，皿ざぐり∨

　穴の直径10のとき，そのざぐりを示す記号⊔に続けてざぐりの数値φ20と深さ記号▼を付け，深さの数値を付ける。ざぐり深さが1mm程度の場合には図面には記号のみでよい（図9.87-1参照）。

　深ざぐりの場合には▼の後に深さ8.5のように数値を記載する。深ざぐりの寸法を裏面（反対側）から指示する必要のある場合には，その数値を記載する（図9.87-2の右図参照）。

　皿ざぐりの場合には，穴径10キリを指示し，皿ざぐり記号∨を書き，皿穴の直径をφ15のように描く。ざぐり穴の深さを規制する場合には，ざぐり穴の開き角とざぐり穴の深さに数値を記載する（図9.87-3参照）。

9 - 28

9.16 ざぐり・深ざぐり ⌴, 皿ざぐり ⌵

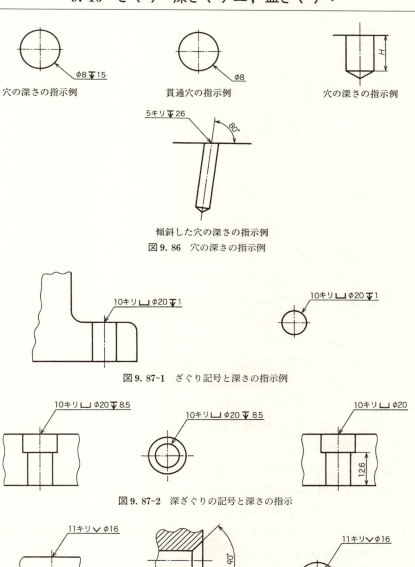

図 9.86 穴の深さの指示例

図 9.87-1 ざぐり記号と深さの指示例

図 9.87-2 深ざぐりの記号と深さの指示

図 9.87-3 皿ざぐりの記号と皿穴直径の指示

9章 寸　　法

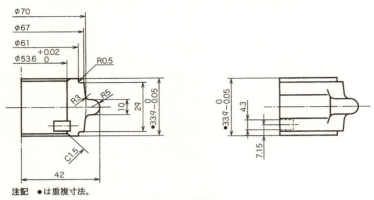

図9.88　重複記号

9.17　重複記号

　一般的に寸法は，重複記入を避ける。ただし，一品多葉図で，重複寸法を記入した方が図の理解を容易にする場合には，寸法の重複記入をしてもよい。たとえば，重複するいくつかの寸法値の前に黒丸●を付け，重複寸法を意味する記号について図面に注記する（図9.88参照）。

9.18　弦の長さの表し方及び円弧の長さの表し方

　弦の長さは，弦に直角に寸法補助線を引き，弦に平行な寸法線を用いて表す。円弧の長さは，弦の場合と同様な寸法補助線を引き，その円弧と同心の円弧を寸法線として引き，寸法数値の前に円弧の長さの記号⌒を付ける（図9.89-1(a)，(b)参照）。

　円弧を構成する角度が大きいとき（図9.89-1(c)参照），連続して円弧の寸法を記入（図9.89-1(d)参照）するときは，円弧の中心から放射状に引いた寸法補助線に寸法線を当ててもよい。2つ以上の同心の円弧のうち，1つの円弧の長さを明示する必要があるときは，円弧の寸法数値に対し，引出線を引き，引き出された円弧の側に矢印を付ける（図9.89-1(c)，図9.89-1(d)参照）。円弧の長さを表す寸法数値の後に，円弧の半径を括弧に入れて示す（図9.89-2参照）。この場合には，円弧の長さに記号を付けてはならない。

9.19　一群の同一寸法の指示例

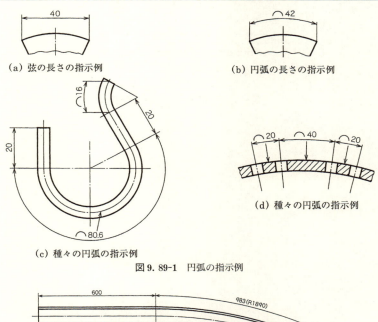

(a) 弦の長さの指示例
(b) 円弧の長さの指示例
(c) 種々の円弧の指示例
(d) 種々の円弧の指示例

図 9.89-1　円弧の指示例

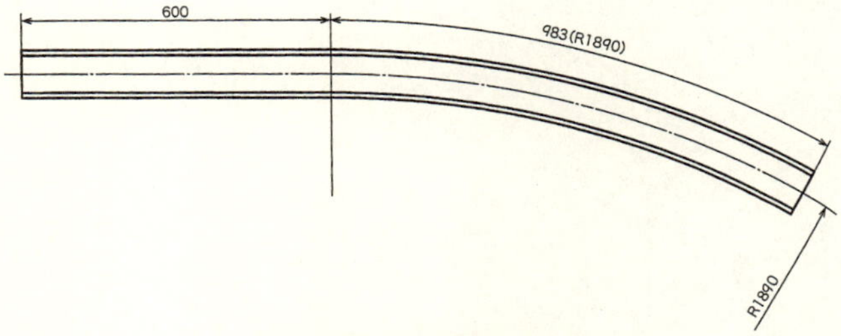

図 9.89-2　円弧の指示例

9.19　一群の同一寸法の指示例

　1つのピッチ線，ピッチ円上に配置される一群の同一寸法のボルト穴，小ねじ穴，ピン穴，リベット穴などの寸法は，穴から引出線を引き出して，参照線の上側にその総数を示す数字の次に×を挟んで穴の寸法を指示する。この場合，穴の総数は，同一箇所の一群の穴の総数（たとえば，両側にフランジをもつ管継手ならば，片側のフランジについての総数）を記入する。

9章 寸　　法

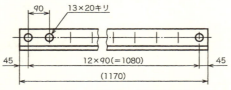

図 9.90　一群の同一寸法の指示例

10章　照合番号（部品番号）

10　照合番号（部品番号）

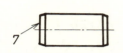
(a) 照合番号の書き方

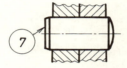
(b) 引出線は円の中心に向って引く

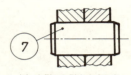

図10.1　照合番号の書き方の例

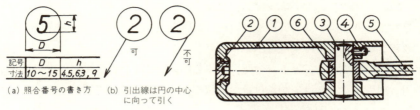

図10.2　照合番号の配列

図10.3　明確に区別できるときは，例外として円を省略できる

(a) 外形線から引き出すとき　　(b) 内側から引き出すとき

図10.4　引出し線の端末記号のつけ方

多くの部品でつくられる品物には，個々の部品に番号をつけて管理する。この番号を **照合番号（部品番号**，略して "**品番**"）と呼ぶ。照合番号は，図面間の照合や，図示した部品と部品表などに示された部品との照合のための番号である。なお，組立図中の部品に対して，別の製作図がある場合には照合番号の代わりに図面番号を記入することもある。JIS B 0001 では，照合番号について，使用する文字，番号のつけ方及び図面に記入する方法を規定している。

照合番号は図10.1に示すように，通常はアラビア数字を用いる。図中に記入するときは，番号が目立つように寸法数字より大きい文字を使用して書き，細い実線の円で囲む。この円の大きさについては規定がなく，文字との調和で選べばよい。

組立図や一対の部品が組み合わされた多品一葉式の図では，図形から引出線を用いて記入する（図10.2）。部品図のように部品が明確に指示できるときには引出線は省略してもよい。この場合は図形の近くに照合番号を記入する。

なお，照合番号が明確に区別できる文字で書かれている場合は，番号を囲む円を省略することができる（図10.3）。

照合番号を記入する場合は次のことに注意する。

10-1

10章　照合番号（部品番号）

（1）　同一図面内では照合番号の文字及び円の大きさを揃える。

（2）　引出線は，中心線や寸法線などと混同しないようにするために，垂直及び水平方向に引かないで斜めの方向に直線で引く。線は細い実線を使用し，注意書きをする場合のように水平に折り曲げない。

（3）　引出線は，できるだけ照合番号の円の中心に向かって引く。外形線から引き出されるときは矢印を付け，形状を表す線の内側から引き出されるときは黒丸を付ける（図10.4）。

（4）　照合番号は，縦又は横に整列させて画面を見やすくする。また，引出線は交差を避ける。

（5）　照合番号は，組み立ての順序，構成部品の重要度の順序（例えば，部分組立品，主要部品，小物部品，その他の順序）又は根拠のある順序のいずれかに従って付ける。

11章　サイズ公差とはめあい

11.1　許容限界サイズ

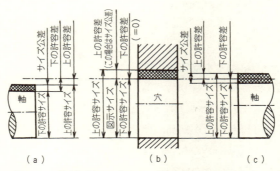

図11.1　許容限界サイズ，サイズ許容差及びサイズ公差

　機械部品は一定のサイズを目標として製作されるが，厳密には目標サイズのものを作ることは不可能であって，実際に仕上がったサイズには必ずいくらかの誤差を生ずる。誤差の値は小さいことが望ましいが，これを小さくするには加工費が高くなる。したがって，工業生産においては，このようなサイズのばらつきがあることをあらかじめ認めて，製品の機能及び製作上の要求を満たすように実用上支障のない適当な大小両限界のサイズを定めて，この限界サイズの間に製品の実サイズを収めるようにする。この大小両限界の寸法を**許容限界サイズ**といい，そのうち大きい方を**上の許容サイズ**，小さい方を**下の許容サイズ**という。また，両者の差を**サイズ公差**という。公差は製品の精粗の度合を表し，機械部品を製作する場合は作り易さの度合を表す。一般に許容限界サイズを定めることを**公差を与える**といい，機械部品に互換性をもたせる場合には特に重要である。

　互いにはまり合う穴と軸との寸法等は，穴と軸とを共通のサイズで表した方が便利である。このような穴と軸の共通の寸法を**図示サイズ**という。上の許容サイズから図示サイズを引いた値を**上の許容差**，下の許容サイズから図示サイズを引いた値を**下の許容差**という。したがって，上の許容差と下の許容差との差が公差となる。また，図示サイズは**呼びサイズ**として使用されることも多い。

　図11.1(a)，(b)のように図示サイズの上か又は下のいずれか片側だけに公差を与える方式を**片側公差方式**といい，図(c)のように図示サイズの上下にま

11章 サイズ公差とはめあい

たがって公差を与える方式を**両側公差方式**という（JIS B 0091-1 : 2007, JIS B 6197 : 2015）。

11.2 はめあい

軸と軸受穴や，車軸と車輪穴のように，機械部品には互いにはまり合う箇

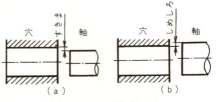

図11.2 すきま及びしめしろ

所が多い。そのはまり具合は，軸と穴とのサイズの関係によって多種多様に変化するが，このはまり具合が部品の機能の良否を決定する重要な要因となる。このように２つの機械部品の互いにはめ合わせる前のサイズによって生ずる関係を**はめあい**という。種々の状態のはめあいを得るために軸，又は穴のサイズを，呼びサイズとサイズ精度（公差）に応じて系統的に定められた方式を**ISOはめあい方式**という。

図11.2(a)に示すように，穴の直径よりも軸の直径が小さい場合にはそのサイズ差だけの**すきま**が生じ，これと反対に図(b)に示すように，穴の直径よりも軸の直径が大きい場合には，そのサイズ差だけの**しめしろ**を生じる。すなわち，穴のサイズと軸のサイズの相対的大小関係によって次の３種のはめあいができる。

（１）**すきまばめ**：穴の下の許容サイズよりも軸の上の許容サイズが小さい場合で，穴と軸の実サイズのいかんにかかわらず常に両者の間にはすきまができる。このように常にすきまができるはめあいをすきまばめという（両者が等しい場合もある）。例えば軸と平軸受のはめあいに用いる。

（２）**しまりばめ**：穴の上の許容サイズよりも軸の下の許容サイズが大きい場合で，穴と軸の実寸法のいかんにかかわらず常に両者の間にしめしろができる。このように常にしめしろができるはめあいをしまりばめという。例えば，軸と歯車のように圧入して両者を固定したり，車軸と車輪のように焼きばめや冷しばめによって強固に固定する箇所などに用いる。

（３）**中間ばめ**：これはすきまばめとしまりばめの中間に位置するもので，軸と穴との実サイズによってすきまができることもあり，しめしろのできることもあるはめあいである。このはめあいでは，穴の上の許容サイズよりも軸の下の許容サイズが小さく，穴の下の許容サイズよりも軸の上の許容サイズが大

11.2　はめあい

きい。例えば，リーマボルトとボルト穴や，軸から取り外しするベルト車の穴と軸とのはめあい部などのように，主としてしまりばめよりも小さいしめしろを与える場合に使用される。

　はめあいに関する規格としては JIS B 0401-2：2016（製品の幾何特性仕様（GPS）―長さに関わるサイズ交差の ISO コード方式―第 2 部：穴及び軸の許容差並びに基本サイズ交差クラスの表）がある。この規格では，長さが 3150 mm 以下である機械部品の部分の許容限界寸法及び互いにはめ合わされる穴と軸の組み合わせについて規定している。なお，この規格は国際規格 ISO 286-1～2（ISO system of limits and fits―1～2）に整合するように作られている。

　はめあいにおいて，すきまの大きさ及びしめしろの大きさは，穴及び軸の許容限界サイズによって決まるが，すきまばめにおいて，穴の下の許容サイズから軸の上の許容サイズを引いた値を**最小すきま**，穴の上の許容サイズから軸の下の許容サイズを引いた値を**最大すきま**という。一方，しまりばめにおいて，軸の下の許容サイズから穴の上の許容サイズを引いた値を**最小しめしろ**，軸の上の許容サイズから穴の下の許容サイズを引いた値を**最大しめしろ**という。

　穴及び軸の各限界サイズの決め方には色々な方法が考えられるが，実際には簡単のために，穴のサイズは常に一種類として軸サイズを変化させて適当なはめあい状態を指定する**穴基準はめあい方式**と，その逆に軸のサイズを基準にし，穴のサイズを変化させて適当なはめあい状態を作る**軸基準はめあい方式**とが用いられる。

　一般には軸の方が穴よりも加工が容易で，サイズの測定も簡単であるから，穴の種類を少なくして軸の方でサイズ調整した方が安価にできることや，工具やゲージの費用も少なくてすむことなどから穴基準はめあい方式が多く採用されている。

　穴基準はめあい方式では，穴の上の許容サイズは図示サイズと同じ（すなわち下の許容差を 0）とし，穴の上の許容サイズは図示サイズに公差を加えた寸法としている。そうしてこの穴を**基準穴**と呼んでいる。これに対して軸基準はめあいでは軸の上の許容サイズを図示サイズと同じにし，軸の下の許容サイズは図示サイズより公差を差し引いたサイズに定める。そうしてこの軸を**基準軸**

11章 サイズ公差とはめあい

表 11.1 図示サイズに対する公差等級 IT の数値 (JIS B 0401-1 : 2016)

単位 μm = 0.001 mm

図示サイズ (mm)		基本サイズ公差等級															
を超え	以下	IT 01 (01級)	IT 0 (0級)	IT 1 (1級)	IT 2 (2級)	IT 3 (3級)	IT 4 (4級)	IT 5 (5級)	IT 6 (6級)	IT 7 (7級)	IT 8 (8級)	IT 9 (9級)	IT 10 (10級)	IT 11 (11級)	IT 12 (12級)	IT 13 (13級)	IT 14 (14級)	IT 15 (15級)	IT 16 (16級)
		基本サイズ公差値																
—	3	0.3	0.5	0.8	1.2	2	3	4	6	10	14	25	40	60	100	140	260	400	600
3	6	0.4	0.6	1	1.5	2.5	4	5	8	12	18	30	48	75	120	180	300	480	750
6	10	0.4	0.6	1	1.5	2.5	4	6	9	15	22	36	58	90	150	220	360	580	900
10	18	0.5	0.8	1.2	2	3	5	8	11	18	27	43	70	110	180	270	430	700	1100
18	30	0.6	1	1.5	2.5	4	6	9	13	21	33	52	84	130	210	330	520	840	1300
30	50	0.6	1	1.5	2.5	4	7	11	16	25	39	62	100	160	250	390	620	1000	1600
50	80	0.8	1.2	2	3	5	8	13	19	30	46	74	120	190	300	460	740	1200	1900
80	120	1	1.5	2.5	4	6	10	15	22	35	54	87	140	220	350	540	870	1400	2200
120	180	1.2	2	3.5	5	8	12	18	25	40	63	100	160	250	400	630	1000	1600	2500
180	250	2	3	4.5	7	10	14	20	29	46	72	115	185	290	460	720	1150	1850	2900
250	315	2.5	4	6	8	12	16	23	32	52	81	130	210	320	520	810	1300	2100	3200
315	400	3	5	7	9	13	18	25	36	57	89	140	230	360	570	890	1400	2300	3600
400	500	4	6	8	10	15	20	27	40	63	97	155	250	400	630	970	1550	2500	4000

備考 1. サイズ区分が 500 を超え 3150 以下の公差, 及び IT 17 と IT 18 の公差の数値は省略した。

と呼んでいる。

11.3 サイズ区分, サイズ公差の等級, 多く用いられるはめあい

公差は精粗の度合を表すものであるが, これは図示サイズが同じ場合に対して言えることであって, 図示サイズが異なるものに対しては同じ公差であっても精粗の度合は同じではない。例えば, 同じ公差 0.01 mm で直径 10 mm の丸棒を作る場合と, 直径 500 mm の丸棒を作る場合を比較すると, 後者の方がはるかに困難である。しかし, 直径 7 mm の丸棒を同じ公差で作る場合を前者と比較すると, 難易度の差は僅かである。すなわち, 精粗の度合いを厳密に同じ水準にするためには, 図示サイズに応じて公差を変えなければならないが, ある寸法範囲内では同一の公差であっても実用上は差支えがない。したがって, JIS 規格では表 11.1 に示すように, 図示サイズをいくつかの段階に区分して, 同一等級でも寸法が増すに従って, 大きい公差を与えるようにしている。また, 精粗の度合いが同一水準にあると考えられるサイズ公差群に精粗の段階をつけて, これを**基本サイズ公差等級 (IT)** と呼び, 公差の値の小さい

11.4　穴基準はめあい方式と軸基準はめあい方式

ものから順に01級，0級，1級，……，18級の20等級に分けている。この公差は基本となる公差で，IT 01，IT 0，IT 1，……，IT 18と表す。このうちでIT 01～IT 4は主としてゲージ類に使用し，IT 5～IT 10は主としてはめ合わされる部分の公差として，IT 11～IT 18ははめ合わさない部分の公差に用いられる。一般機械部品のはめあいにはとりわけIT 6～IT 8が多い。なお，基本サイズ公差等級ITは，International Toleranceを表す。サイズ公差のためのISOコード方式に属する全ての公差である。

　図面寸法に公差を与える場合，特に注意しなければならないことは，必要以上に厳しい公差を要求しないことである。公差を僅か小さくするだけでも加工が困難になって加工費がかさむからである。また，穴は軸よりも加工が困難であり，穴寸法の計測も軸より容易ではないから穴の公差は，はめ合わせる軸の公差よりも等級数字が1級大きいものを使用するか，または同じ等級にする。

　表11.2，11.3は，通常使用するはめあい（多く用いられるはめあいと呼ぶ）に用いる穴及び軸のサイズ許容差を示す。また，JIS規格に記載されている推奨する穴及び軸基準はめあい方式でのはめあい状態を表11.4に参考として示す。はめあいを設計する場合は，この表の中から選ぶのがよい。

11.4　穴基準はめあい方式と軸基準はめあい方式

　図11.3は，公差域を図示したものである。図において，上の許容サイズと下の許容サイズを示す2本の直線の間の領域を**サイズ許容区間**という。サイズ許容区間の位置と，基本サイズ公差等級ITとを組み合わせて表すとき，これを**公差クラス又はサイズ公差記号**と呼ぶ。公差クラスは，基礎となるサイズ許容差を表す文字の後に基本サイズ公差等級を表す数字を続けて表示する（例えば，h 7，D 10）。JIS B 0401では，図11.4に示すように，基準線に基づくサイズ許容区間の位置はすべてアルファベットで表し，**穴に対しては大文字**（A，B，C，………），**軸に対しては小文字**（a，b，c，………）の記号が用いられる。そして穴の場合はJ，K，M……とアルファベットの先に進むほど穴の寸法が小さくなるのに対して，軸の場合はj，k，m……とアルファベットの先に進むほど軸の寸法が大きくなる。**サイズ許容区間の基準は，穴の場合はH，軸の場合はh**で，これらは**基準穴及び基準軸**である。穴基準はめあいでは，穴は必ずH（種）を使用し，これに種々の公差クラスの軸を組み合わせ

11章 サイズ公差とはめあい

表 11.2 多く用いられるはめあいの穴に対する許容差の数値（a）〔JIS B 0401-2 : 2016〕

単位 μm

図示サイズ(mm) 超え	以下	B10	C9	C10	D8	D9	D10	E7	E8	E9	F6	F7	F8	G6	G7	H5	H6	H7	H8	H9	H10
−	3	+180 / +140	+85 / +60	+100 / +60	+34 / +20	+45 / +20	+60 / +20	+24 / +14	+28 / +14	+39 / +14	+12 / +6	+16 / +6	+20 / +6	+8 / +2	+12 / +2	+4 / 0	+6 / 0	+10 / 0	+14 / 0	+25 / 0	+40 / 0
3	6	+188 / +140	+100 / +70	+118 / +70	+48 / +30	+60 / +30	+78 / +30	+32 / +20	+38 / +20	+50 / +20	+18 / +10	+22 / +10	+28 / +10	+12 / +4	+16 / +4	+5 / 0	+8 / 0	+12 / 0	+18 / 0	+30 / 0	+48 / 0
6	10	+208 / +150	+116 / +80	+138 / +80	+62 / +40	+76 / +40	+98 / +40	+40 / +25	+47 / +25	+61 / +25	+22 / +13	+28 / +13	+35 / +13	+14 / +5	+20 / +5	+6 / 0	+9 / 0	+15 / 0	+22 / 0	+36 / 0	+58 / 0
10	14	+220 / +150	+138 / +95	+165 / +95	+77 / +50	+93 / +50	+120 / +50	+50 / +32	+59 / +32	+75 / +32	+27 / +16	+34 / +16	+43 / +16	+17 / +6	+24 / +6	+8 / 0	+11 / 0	+18 / 0	+27 / 0	+43 / 0	+70 / 0
14	18	〃	〃	〃	〃	〃	〃	〃	〃	〃	〃	〃	〃	〃	〃	〃	〃	〃	〃	〃	〃
18	24	+244 / +160	+162 / +110	+194 / +110	+98 / +65	+117 / +65	+149 / +65	+61 / +40	+73 / +40	+92 / +40	+33 / +20	+41 / +20	+53 / +20	+20 / +7	+28 / +7	+9 / 0	+13 / 0	+21 / 0	+33 / 0	+52 / 0	+84 / 0
24	30	〃	〃	〃	〃	〃	〃	〃	〃	〃	〃	〃	〃	〃	〃	〃	〃	〃	〃	〃	〃
30	40	+270 / +170	+182 / +120	+220 / +120	+119 / +80	+142 / +80	+180 / +80	+75 / +50	+89 / +50	+112 / +50	+41 / +25	+50 / +25	+64 / +25	+25 / +9	+34 / +9	+11 / 0	+16 / 0	+25 / 0	+39 / 0	+62 / 0	+100 / 0
40	50	+280 / +180	+192 / +130	+230 / +130	〃	〃	〃	〃	〃	〃	〃	〃	〃	〃	〃	〃	〃	〃	〃	〃	〃
50	65	+310 / +190	+214 / +140	+260 / +140	+146 / +100	+174 / +100	+220 / +100	+90 / +60	+106 / +60	+134 / +60	+49 / +30	+60 / +30	+76 / +30	+29 / +10	+40 / +10	+13 / 0	+19 / 0	+30 / 0	+46 / 0	+74 / 0	+120 / 0
65	80	+320 / +200	+224 / +150	+270 / +150	〃	〃	〃	〃	〃	〃	〃	〃	〃	〃	〃	〃	〃	〃	〃	〃	〃
80	100	+360 / +220	+257 / +170	+310 / +170	+174 / +120	+207 / +120	+260 / +120	+107 / +72	+126 / +72	+159 / +72	+58 / +36	+71 / +36	+90 / +36	+34 / +12	+47 / +12	+15 / 0	+22 / 0	+35 / 0	+54 / 0	+87 / 0	+140 / 0
100	120	+380 / +240	+267 / +180	+320 / +180	〃	〃	〃	〃	〃	〃	〃	〃	〃	〃	〃	〃	〃	〃	〃	〃	〃
120	140	+420 / +260	+300 / +200	+360 / +200	+208 / +145	+245 / +145	+305 / +145	+125 / +85	+148 / +85	+185 / +85	+68 / +43	+83 / +43	+106 / +43	+39 / +14	+54 / +14	+18 / 0	+25 / 0	+40 / 0	+63 / 0	+100 / 0	+160 / 0
140	160	+440 / +280	+310 / +210	+370 / +210	〃	〃	〃	〃	〃	〃	〃	〃	〃	〃	〃	〃	〃	〃	〃	〃	〃
160	180	+470 / +310	+330 / +230	+390 / +230	〃	〃	〃	〃	〃	〃	〃	〃	〃	〃	〃	〃	〃	〃	〃	〃	〃
180	200	+525 / +340	+355 / +240	+425 / +240	+242 / +170	+285 / +170	+355 / +170	+146 / +100	+172 / +100	+215 / +100	+79 / +50	+96 / +50	+122 / +50	+44 / +15	+61 / +15	+20 / 0	+29 / 0	+46 / 0	+72 / 0	+115 / 0	+185 / 0
200	225	+565 / +380	+375 / +260	+445 / +260	〃	〃	〃	〃	〃	〃	〃	〃	〃	〃	〃	〃	〃	〃	〃	〃	〃
225	250	+605 / +420	+395 / +280	+465 / +280	〃	〃	〃	〃	〃	〃	〃	〃	〃	〃	〃	〃	〃	〃	〃	〃	〃
250	280	+690 / +480	+430 / +300	+510 / +300	+271 / +190	+320 / +190	+400 / +190	+162 / +110	+191 / +110	+240 / +110	+88 / +56	+108 / +56	+137 / +56	+49 / +17	+69 / +17	+23 / 0	+32 / 0	+52 / 0	+81 / 0	+130 / 0	+210 / 0
280	315	+750 / +540	+460 / +330	+540 / +330	〃	〃	〃	〃	〃	〃	〃	〃	〃	〃	〃	〃	〃	〃	〃	〃	〃
315	355	+830 / +600	+500 / +360	+590 / +360	+299 / +210	+350 / +210	+440 / +210	+182 / +125	+214 / +125	+265 / +125	+98 / +62	+119 / +62	+151 / +62	+54 / +18	+75 / +18	+25 / 0	+36 / 0	+57 / 0	+89 / 0	+140 / 0	+230 / 0
355	400	+910 / +680	+540 / +400	+630 / +400	〃	〃	〃	〃	〃	〃	〃	〃	〃	〃	〃	〃	〃	〃	〃	〃	〃
400	450	+1010 / +760	+595 / +440	+690 / +440	+327 / +230	+385 / +230	+480 / +230	+198 / +135	+232 / +135	+290 / +135	+108 / +68	+131 / +68	+165 / +68	+60 / +20	+83 / +20	+27 / 0	+40 / 0	+63 / 0	+97 / 0	+155 / 0	+250 / 0
450	500	+1090 / +840	+635 / +480	+730 / +480	〃	〃	〃	〃	〃	〃	〃	〃	〃	〃	〃	〃	〃	〃	〃	〃	〃

備考　1．表中の各段で，上側の数値は上の許容差（ES），下側の数値は下の許容差（EI）を示す。
　　　2．JIS B 0401-2 : 2016 のうち，比較的多く用いられるもののみを抜粋した。
　　　3．1 mm 以下の図示サイズに対する基本サイズ公差には，基礎となる許容差 B は，使用しない。

11.4　穴基準はめあい方式と軸基準はめあい方式

表11.2　多く用いられるはめあいの穴に対する許容差の数値（b）

単位 μm

図示サイズ(mm) を超え	以下	JS5	JS6	JS7	K5	K6	K7	M5	M6	M7	N6	N7	P6	P7	R7	S7	T7	U7	X7
—	3	±2	±3	±5	0/−4	0/−6	0/−10	−2/−6	−2/−8	−2/−12	−4/−10	−4/−14	−6/−12	−6/−16	−10/−20	−14/−24	—	−18/−28	−20/−30
3	6	±2.5	±4	±6	0/−5	+2/−6	+3/−9	−3/−8	−1/−9	0/−12	−5/−13	−4/−16	−9/−17	−8/−20	−11/−23	−15/−27	—	−19/−31	−24/−36
6	10	±3	±4.5	±7	+1/−5	+2/−7	+5/−10	−4/−10	−3/−12	0/−15	−7/−16	−4/−19	−12/−21	−9/−24	−13/−28	−17/−32	—	−22/−37	−28/−43
10	14	±4	±5.5	±9	+2/−6	+2/−9	+6/−12	−4/−12	−4/−15	0/−18	−9/−20	−5/−23	−15/−26	−11/−29	−16/−34	−21/−39	—	−26/−44	−33/−51
14	18																		−38/−56
18	24	±4.5	±6.5	±10	+1/−8	+2/−11	+6/−15	−5/−14	−4/−17	0/−21	−11/−24	−7/−28	−18/−31	−14/−35	−20/−41	−27/−48	—	−33/−54	−46/−67
24	30																−33/−54	−40/−61	−56/−77
30	40	±5.5	±8	±12	+2/−9	+3/−13	+7/−18	−5/−16	−4/−20	0/−25	−12/−28	−8/−33	−21/−37	−17/−42	−25/−50	−34/−59	−39/−64	−51/−76	略
40	50																−45/−70	−61/−86	略
50	65	±6.5	±9.5	±15	+3/−10	+4/−15	+9/−21	−6/−19	−5/−24	0/−30	−14/−33	−9/−39	−26/−45	−21/−51	−30/−60	−42/−72	−55/−85	−76/−106	略
65	80														−32/−62	−48/−78	−64/−94	−91/−121	略
80	100	±7.5	±11	±17	+2/−13	+4/−18	+10/−25	−8/−23	−6/−28	0/−35	−16/−38	−10/−45	−30/−52	−24/−59	−38/−73	−58/−93	−78/−113	−111/−146	略
100	120														−41/−76	−66/−101	−91/−126	−131/−166	略
120	140	±9	±12.5	±20	+3/−15	+4/−21	+12/−28	−9/−27	−8/−33	0/−40	−20/−45	−12/−52	−36/−61	−28/−68	−48/−88	−77/−117	−107/−147	略	略
140	160														−50/−90	−85/−125	−119/−159	略	略
160	180														−53/−93	−93/−133	−131/−171	略	略
180	200	±10	±14.5	±23	+2/−18	+5/−24	+13/−33	−11/−31	−8/−37	0/−46	−22/−51	−14/−60	−41/−70	−33/−79	−60/−106	−105/−151	略	略	略
200	225														−63/−109	−113/−159	略	略	略
225	250														−67/−113	−123/−169	略	略	略
250	280	±11.5	±16	±26	+3/−20	+5/−27	+16/−36	−13/−36	−9/−41	0/−52	−25/−57	−14/−66	−47/−79	−36/−88	−74/−126	略	略	略	略
280	315														−78/−130	略	略	略	略
315	355	±12.5	±18	±28	+3/−22	+7/−29	+17/−40	−14/−39	−10/−46	0/−57	−26/−62	−16/−73	−51/−87	−41/−98	−87/−144	略	略	略	略
355	400														−93/−150	略	略	略	略
400	450	±13.5	±20	±31	+2/−25	+8/−32	+18/−45	−16/−43	−10/−50	0/−63	−27/−67	−17/−80	−55/−95	−45/−108	−103/−166	略	略	略	略
450	500														−109/−172	略	略	略	略

備考　表中の各段で、上側の数値は上の許容差（ES）、下側の数値は下の許容差（EI）を示す。

11章 サイズ公差とはめあい

表11.3 多く用いられるはめあいの軸に対する許容差の数値（a）

単位 μm

図示サイズ (mm) を超え	以下	b9	c9	d8	d9	e7	e8	e9	f6	f7	f8	g4	g5	g6	h4	h5	h6	h7	h8	h9
−	3	−140/−165	−60/−85	−20/−34	−20/−45	−14/−24	−14/−28	−14/−39	−6/−12	−6/−16	−6/−20	−2/−5	−2/−6	−2/−8	0/−3	0/−4	0/−6	0/−10	0/−14	0/−25
3	6	−140/−170	−70/−100	−30/−48	−30/−60	−20/−32	−20/−38	−20/−50	−10/−18	−10/−22	−10/−28	−4/−8	−4/−9	−4/−12	0/−4	0/−5	0/−8	0/−12	0/−18	0/−30
6	10	−150/−186	−80/−116	−40/−62	−40/−76	−25/−40	−25/−47	−25/−61	−13/−22	−13/−28	−13/−35	−5/−9	−5/−11	−5/−14	0/−4	0/−6	0/−9	0/−15	0/−22	0/−36
10	14	−150/−193	−95/−138	−50/−77	−50/−93	−32/−50	−32/−59	−32/−75	−16/−27	−16/−34	−16/−43	−6/−11	−6/−14	−6/−17	0/−5	0/−8	0/−11	0/−18	0/−27	0/−43
14	18																			
18	24	−160/−212	−110/−162	−65/−98	−65/−117	−40/−61	−40/−73	−40/−92	−20/−33	−20/−41	−20/−53	−7/−13	−7/−16	−7/−20	0/−6	0/−9	0/−13	0/−21	0/−33	0/−52
24	30																			
30	40	−170/−232	−120/−182	−80/−119	−80/−142	−50/−75	−50/−89	−50/−112	−25/−41	−25/−50	−25/−64	−9/−16	−9/−20	−9/−25	0/−7	0/−11	0/−16	0/−25	0/−39	0/−62
40	50	−180/−242	−130/−192																	
50	65	−190/−264	−140/−214	−100/−146	−100/−174	−60/−90	−60/−106	−60/−134	−30/−49	−30/−60	−30/−76	−10/−18	−10/−23	−10/−29	0/−8	0/−13	0/−19	0/−30	0/−46	0/−74
65	80	−200/−274	−150/−224																	
80	100	−220/−307	−170/−257	−120/−174	−120/−207	−72/−107	−72/−126	−72/−159	−36/−58	−36/−71	−36/−90	−12/−22	−12/−27	−12/−34	0/−10	0/−15	0/−22	0/−35	0/−54	0/−87
100	120	−240/−327	−180/−267																	
120	140	−260/−360	−200/−300	−145/−208	−145/−245	−85/−125	−85/−148	−85/−185	−43/−68	−43/−83	−43/−106	−14/−26	−14/−32	−14/−39	0/−12	0/−18	0/−25	0/−40	0/−63	0/−100
140	160	−280/−380	−210/−310																	
160	180	−310/−410	−230/−330																	
180	200	−340/−455	−240/−355	−170/−242	−170/−285	−100/−146	−100/−172	−100/−215	−50/−79	−50/−96	−50/−122	−15/−29	−15/−35	−15/−44	0/−14	0/−20	0/−29	0/−46	0/−72	0/−115
200	225	−380/−495	−260/−375																	
225	250	−420/−535	−280/−395																	
250	280	−480/−610	−300/−430	−190/−271	−190/−320	−110/−162	−110/−191	−110/−240	−56/−88	−56/−108	−56/−137	−17/−33	−17/−40	−17/−49	0/−16	0/−23	0/−32	0/−52	0/−81	0/−130
280	315	−540/−670	−330/−460																	
315	355	−600/−740	−360/−500	−210/−299	−210/−350	−125/−182	−125/−214	−125/−265	−62/−98	−62/−119	−62/−151	−18/−36	−18/−43	−18/−54	0/−18	0/−25	0/−36	0/−57	0/−89	0/−140
355	400	−680/−820	−400/−540																	
400	450	−760/−915	−440/−595	−230/−327	−230/−385	−135/−198	−135/−232	−135/−290	−68/−108	−68/−131	−68/−165	−20/−40	−20/−47	−20/−60	0/−20	0/−27	0/−40	0/−63	0/−97	0/−155
450	500	−840/−995	−480/−635																	

備考　表中の各段で、上側の数値は上の許容差（es）、下側の数値は下の許容差（ei）を示す。
　　　bは1mm以下の図示サイズに対する基本サイズ公差には使用しない。

11.4　穴基準はめあい方式と軸基準はめあい方式

表11.3　多く用いられるはめあいの軸に対する許容差の数値 (b)

単位 μm

図示サイズ (mm) を超え	以下	js js4	js is5	js js6	js js7	k k4	k k5	k k6	m m4	m m5	m m6	n n6	p p6	r r6	s s6	t t6	u u6	x x6
—	3	±1.5	±2	±3	±5	+3 / 0	+4 / 0	+6 / 0	+5 / +2	+6 / +2	+8 / +2	+10 / +4	+12 / +6	+16 / +10	+20 / +14	—	+24 / +18	+26 / +20
3	6	±2	±2.5	±4	±6	+5 / +1	+6 / +1	+9 / +1	+8 / +4	+9 / +4	+12 / +4	+16 / +8	+20 / +12	+23 / +15	+27 / +19	—	+31 / +23	+36 / +28
6	10	±2	±3	±4.5	±7	+5 / +1	+7 / +1	+10 / +1	+10 / +6	+12 / +6	+15 / +6	+19 / +10	+24 / +15	+28 / +19	+32 / +23	—	+37 / +28	+43 / +34
10	14	±2.5	±4	±5.5	±9	+6 / +1	+9 / +1	+12 / +1	+12 / +7	+15 / +7	+18 / +7	+23 / +12	+29 / +18	+34 / +23	+39 / +28	—	+44 / +33	+51 / +40
14	18	±2.5	±4	±5.5	±9	+6 / +1	+9 / +1	+12 / +1	+12 / +7	+15 / +7	+18 / +7	+23 / +12	+29 / +18	+34 / +23	+39 / +28	—	+44 / +33	+56 / +45
18	24	±3	±4.5	±6.5	±10	+8 / +2	+11 / +2	+15 / +2	+14 / +8	+17 / +8	+21 / +8	+28 / +15	+35 / +22	+41 / +28	+48 / +35	—	+54 / +41	+67 / +54
24	30	±3	±4.5	±6.5	±10	+8 / +2	+11 / +2	+15 / +2	+14 / +8	+17 / +8	+21 / +8	+28 / +15	+35 / +22	+41 / +28	+48 / +35	+54 / +41	+61 / +48	+77 / +64
30	40	±3.5	±5.5	±8	±12	+9 / +2	+13 / +2	+18 / +2	+16 / +9	+20 / +9	+25 / +9	+33 / +17	+42 / +26	+50 / +34	+59 / +43	+64 / +48	+76 / +60	略
40	50	±3.5	±5.5	±8	±12	+9 / +2	+13 / +2	+18 / +2	+16 / +9	+20 / +9	+25 / +9	+33 / +17	+42 / +26	+50 / +34	+59 / +43	+70 / +54	+86 / +70	略
50	65	±4	±6.5	±9.5	±15	+10 / +2	+15 / +2	+21 / +2	+19 / +11	+24 / +11	+30 / +11	+39 / +20	+51 / +32	+60 / +41	+72 / +53	+85 / +66	+106 / +87	略
65	80	±4	±6.5	±9.5	±15	+10 / +2	+15 / +2	+21 / +2	+19 / +11	+24 / +11	+30 / +11	+39 / +20	+51 / +32	+62 / +43	+78 / +59	+94 / +75	+121 / +102	略
80	100	±5	±7.5	±11	±17.5	+13 / +3	+18 / +3	+25 / +3	+23 / +13	+28 / +13	+35 / +13	+45 / +23	+59 / +37	+73 / +51	+93 / +71	+113 / +91	+146 / +124	略
100	120	±5	±7.5	±11	±17.5	+13 / +3	+18 / +3	+25 / +3	+23 / +13	+28 / +13	+35 / +13	+45 / +23	+59 / +37	+76 / +54	+101 / +79	+126 / +104	+166 / +144	略
120	140	±6	±9	±12.5	±20	+15 / +3	+21 / +3	+28 / +3	+27 / +15	+33 / +15	+40 / +15	+52 / +27	+68 / +43	+88 / +63	+117 / +92	+147 / +122	略	略
140	160	±6	±9	±12.5	±20	+15 / +3	+21 / +3	+28 / +3	+27 / +15	+33 / +15	+40 / +15	+52 / +27	+68 / +43	+90 / +65	+125 / +100	+159 / +134	略	略
160	180	±6	±9	±12.5	±20	+15 / +3	+21 / +3	+28 / +3	+27 / +15	+33 / +15	+40 / +15	+52 / +27	+68 / +43	+93 / +68	+133 / +108	+171 / +146	略	略
180	200	±7	±10	±14.5	±23	+18 / +4	+24 / +4	+33 / +4	+31 / +17	+37 / +17	+46 / +17	+60 / +31	+79 / +50	+106 / +77	+151 / +122	略	略	略
200	225	±7	±10	±14.5	±23	+18 / +4	+24 / +4	+33 / +4	+31 / +17	+37 / +17	+46 / +17	+60 / +31	+79 / +50	+109 / +80	+159 / +130	略	略	略
225	250	±7	±10	±14.5	±23	+18 / +4	+24 / +4	+33 / +4	+31 / +17	+37 / +17	+46 / +17	+60 / +31	+79 / +50	+113 / +84	+169 / +140	略	略	略
250	280	±8	±11.5	±16	±26	+20 / +4	+27 / +4	+36 / +4	+36 / +20	+43 / +20	+52 / +20	+66 / +34	+88 / +56	+126 / +94	略	略	略	略
280	315	±8	±11.5	±16	±26	+20 / +4	+27 / +4	+36 / +4	+36 / +20	+43 / +20	+52 / +20	+66 / +34	+88 / +56	+130 / +98	略	略	略	略
315	355	±9	±12.5	±18	±28	+22 / +4	+29 / +4	+40 / +4	+39 / +21	+46 / +21	+57 / +21	+73 / +37	+98 / +62	+144 / +108	略	略	略	略
355	400	±9	±12.5	±18	±28	+22 / +4	+29 / +4	+40 / +4	+39 / +21	+46 / +21	+57 / +21	+73 / +37	+98 / +62	+150 / +114	略	略	略	略
400	450	±10	±13.5	±20	±31	+25 / +5	+32 / +5	+45 / +5	+43 / +23	+50 / +23	+63 / +23	+80 / +40	+108 / +68	+166 / +126	略	略	略	略
450	500	±10	±13.5	±20	±31	+25 / +5	+32 / +5	+45 / +5	+43 / +23	+50 / +23	+63 / +23	+80 / +40	+108 / +68	+172 / +132	略	略	略	略

備考　表中の各段で，上側の数値は上の許容差 (es)，下側の数値は下の許容差 (ei) を示す。

11章 サイズ公差とはめあい

表11.4 推奨する穴及び軸基準はめあい方式でのはめあい状態
〔JIS B 0401-1: 2016〕

(a) 穴基準はめあい

穴基準	軸の公差クラス											
	すきまばめ						中間ばめ			しまりばめ				
H6				g5	h5	js5	k5	m5	n5	p5			
H7			f6	g6	h6	js6	k6	m6	n6	p6	r6	s6	t6	u6	x6
H8		e7	f7		h7	js7	k7	m7			s7		u7	
H8	d8	e8	f8		h8									
H9	d8	e8	f8		h8									
H10	b9	c9	d9	e9		h9								
H11	b11	c11	d10			h10								

推奨する穴基準はめあい方式でのはめあい状態

(b) 軸基準はめあい

軸基準	穴の公差クラス											
	すきまばめ						中間ばめ			しまりばめ				
h5				G6	H6	JS6	K6	M6	N6	P6			
h6			F7	G7	H7	JS7	K7	M7	N7	P7	R7	S7	T7	U7	X7
h7		E8	F8		H8									
h8	D9	E9	F9		H9									
h9		E8	F8		H8									
h9	D9	E9	F9		H9									
	B11	C10	D10			H10								

推奨する穴基準はめあい方式でのはめあい状態

て所定のすきま又はしめしろをもったはめあいを得る。また，軸基準はめあいでは，軸に必ずh（種）を使用し，これに種々な公差クラスの穴を組み合わせて所定のすきま又はしめしろをもったはめあいを得る。基準穴又は基準軸に対してはめあわされる軸又は穴がアルファベットの先に進むほどしめしろが大きくなり，アルファベットの逆に進むほどすきまが大きくなる。

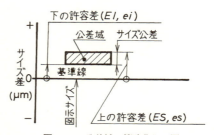

図11.3 公差域の簡略化した図

なお，間違いを避けるために，I，L，O，Q，Wの文字は記号に使用しない。また，JS，js（添え字のS，sはSymmetryの略を表す）は，公差を基準線に対して上下の許容差の絶対値が同じになるように振り分けてとられている。

11.5 サイズ許容差の図面記入法

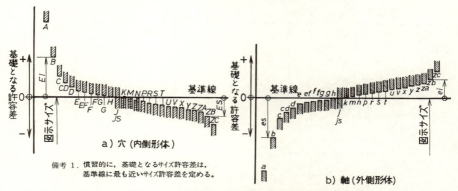

図 11.4 基礎となる寸法許容差の公差域の位置（JIS B 0401-1：2016）

穴・軸の種類は殆んどが1字の記号で表すが，10 mm 以下の寸法のみに用いる cd，ef，fg のように2字で表すものもあり，また，高精度のしまりばめ用として Z の次に ZA，ZB，ZC 又は za，zb，zc がある。

表 11.5 は，はめあいの一例を参考として示したものである。

11.5 サイズ許容差の図面記入法

長さサイズ及び角度サイズの許容限界を指示する方法については JIS Z 8318：2013（製品の技術文書情報（TPD）―長さ寸法及び角度寸法の許容限界の指示方法）に規定されている。許容差はつぎの要領で記入すればよい。

（1） JIS 公差クラスで表すとき

JIS の公差クラス（はめあいの種類の記号と基本サイズ公差等級）を使用して許容差を表した例を図 11.5 に示す。この場合の記号及び等級数字は基本サイズと同じ大きさに書く。図(a)において，$\phi 12\,\mathrm{g}\,6$ は直径の基準寸法が 12 mm で，穴基準はめあいの g 種 6 級軸（$\phi 12\,{}_{-0.017}^{-0.006}$）を表している。図(b)の $\phi 12\,\mathrm{H}\,7$ は穴基準式 7 級の基準穴（$\phi 12\,{}_{0}^{+0.018}$）を示す。もし，図(b)に図(a)をはめ合わせると，すきまばめ（最大すきま 0.035 mm，最小すきま 0.006 mm）となる。図(c)の $\phi 9\,\mathrm{H}\,7$ は穴基準式の 7 級基準穴（$\phi 9\,{}_{0}^{+0.015}$）を示し，これを図(a)にはめ合わせると中間ばめ（最大しめしろ 0.015 mm，最大すきま 0.009 mm）となる。また，製作図などの場合には図(d)に示すように，はめあいの種類・等級の表示のあとに，許容差を示す数字をかっこを付けて記して

11章　サイズ公差とはめあい

表11.5　はめあいの一例

H11	H9	H9	H8	H8	H7	H7	H6	H7
e9	e9	e7	f7	f6	g7	g6	h6	p6
特にゆるいすきまがあるいは加工費が低廉。	一般用のはめあい。幅を目的とする可動はめあい。静止はめあい。	正しく潤滑された可動はめあい。上級のゆるい可動はめあい。	潤滑されたジャーナル軸受の、一般使用される可動はめあい。常態で潤滑された可動はめあい。	上級の可動はめあい。	低速ジャーナル・スライドなど、がたのない可動はめあい。	精級のがたのない可動あるいは位置ぎめはめあい。	精密な位置ぎめ。組み立て容易。分解可能。	一般用圧力はめあい。位置ぎめ、必要により抜取り、分解可能。

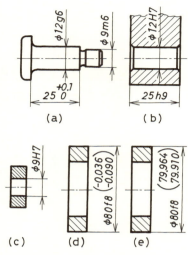

図11.5　はめあいの記号・等級の記入法

おく方がよい。なお，上下の許容差を示す場合は，小数点以下のけた数を揃えて記入する。このように許容差を併記しておくと，加工の際にその都度規格を開いて許容差を調べる必要がなく好都合である。また，図(e)に示すように，上の許容サイズ及び下の許容サイズをかっこを付けて記入してもよい。

　組立図において，同一基準寸法のはめあい部に穴及び軸に対する公差域クラスを指示する場合は図11.6に示すように記入する。サイズ線の上側（サイズ線が垂直なときは左側）にこれに沿ってまず図示サイズを書き，その右に穴の種類と等級，軸の種類と等級を分数の形に書く。もし，許容差の数値を併記するには，図11.6(d)に示すように，サイズ線の上側（左側）に穴の寸法を，下側（右側）に軸の寸法を記入して両者の区別を明確にする。

　図11.7は太い一点鎖線の10mmの部分のみがh7の公差であることを示す。

（2）JIS公差クラスを使用しないで表すとき

　JIS公差クラスを使用しないで許容差を表す場合には，図11.8に示すように，図示サイズの次に許容差の数値を上の許容差は上に，下の許容差は下に並

11-12

11.5　サイズ許容差の図面記入法

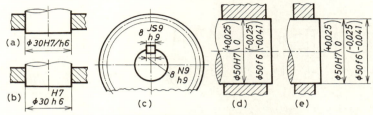

図11.6　組立図に穴軸のはめあい記号を併記する場合

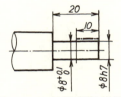

図11.7　サイズ許容差が全長にわたって必要でない場合の表示法

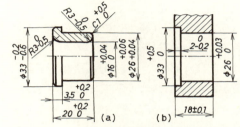

図11.8　サイズ許容差を数値で表す場合の記入法

べて記入する。許容差は図示サイズと同じ単位で表し，上下の許容差は小数点以下のけた数を揃えて記入する。ただし，一方の許容差が零の場合は数字の0だけを書けばよい（図(a)）。また，上下の許容差の絶対値が等しい場合（例えば，$18^{+0.1}_{-0.1}$）には，図(b)に示すように許容差の数値を1つだけ書き，その数値の前に±（プラス・マイナス）の記号を付ける（例えば，18±0.1）。

　また，図11.9に示すように，許容限界サイズで表してもよい。この場合，上の許容サイズは上に，下の許容サイズは下に並べて記入する。ただ，この方法で表すと，図示サイズが分かりにくくなり，また，サイズ数値の呼び方も複雑になる欠点がある。それで一般には図示サイズと許容差で表す方法が多く用いられている。

　組立図などにおいて，同一基準寸法に対して，はまり合う穴と軸の両方の許容差を同時に表す必要がある場合は，図11.10に示すように，サイズ線の上側に穴の図示サイズとその許容差を，寸法線の下側に軸に対する値を記入する。なお，混同を避けるために，それぞれの基準寸法の前に構成部品の名称（例えば，穴，軸）を記入（図(a)）するか又は図(b)に示すように，照合番号を記入するのがよい。JIS規格の図例では，照合番号を○で囲んでいない図が

11-13

11章 サイズ公差とはめあい

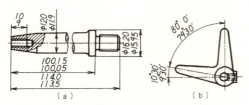

図11.9 許容限界サイズで記入した例

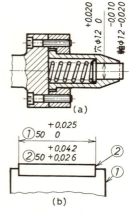

図11.10 組立図に穴と軸のサイズ許容差を同時に記入した例

示されているが，後の図示サイズの数値と区別がつきにくいので番号を○で囲むのがよい。

はまり合う部品の一方だけに許容差を記入する必要がある場合には，図11.11に示すように穴，軸などの部品名称，あるいは部品番号を基準寸法の前につけて表す。なおこの場合は，穴，軸いずれのサイズもサイズ線の上側に記入する。

JIS Z 8318：2013では，許容差の文字の大きさについて明記していない。しかし，同規格の図例によると，許容差は図示サイズと同じ大きさの文字で書かれており，図示サイズは下の許容差の高さに合わせて記入されている。この章の図例はJIS規格にならって記入しているが，この記入方法では特に注意を払って記入しないと見誤りを起こす恐れがある。この点では，従来から行ってきたように，許容差の文字の大きさを図示サイズの文字よりも小さくし，上下の許容差の文字の中間の高さに図示サイズを書く方法の方がよいように思われる（例，JIS Z 8318：2013 …… $20^{+0.1}_{-0.2}$，$20+0.1/-0.2$，あるいは 従来の方法 …… $20^{+0.1}_{-0.2}$）。

（3） 角度の許容限界を記入する方法

角度サイズの許容限界を記入する方法は，長さ寸法の許容限界と同じ要領で記入すればよい。ただし，許容差，角度の図示サイズ及び端数の単位は必ず記入しなければならない。角度の許容差が分又は秒単位だけのときは，0°又は0°0′を数値の前に付けるようにする。角度の許容差の記入例を図11.9(b)，図11.12に示す。

11.6 寸法の普通公差

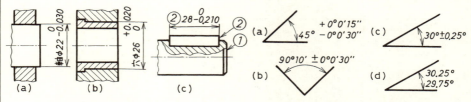

図 11.11 はめあいの一方のサイズ許容差のみを記入する方法

図 11.12 角度サイズの許容限界の記入方法

11.6 寸法の普通公差

表 11.6 面取り部分を除く長さ寸法に対する許容差 (JIS B 0405:1991)
(かどの丸み及びかどの面取り寸法については, JIS 規格参照)

単位 mm

公差等級		基準寸法の区分						
記号	説明	0.5(¹)以上3以下	3を超え6以下	6を超え30以下	30を超え120以下	120を超え400以下	400を超え1000以下	1000を超え2000以下	2000を超え4000以下
		許容差						
f	精級	±0.05	±0.05	±0.1	±0.15	±0.2	±0.3	±0.5	―
m	中級	±0.1	±0.1	±0.2	±0.3	±0.5	±0.8	±1.2	±2
c	粗級	±0.2	±0.3	±0.5	±0.8	±1.2	±2	±3	±4
v	極粗級	―	±0.5	±1	±1.5	±2.5	±4	±6	±8

注(¹) 0.5mm未満の基準寸法に対しては, その基準寸法に続けて許容差を個々に指示する.

表 11.7 角度寸法の許容差 (JIS B 0405:1991)

公差等級		対象とする角度の短い方の辺の長さ(単位mm)の区分				
記号	説明	10以下	10を超え50以下	50を超え120以下	120を超え400以下	400を超えるもの
		許容差				
f	精級	±1°	±30′	±20′	±10′	±5′
m	中級						
c	粗級	±1°30′	±1°	±30′	±15′	±10′
v	極粗級	±3°	±2°	±1°	±30′	±20′

　一般に, はめ合わせない箇所の寸法及び幾何特性（形状, 姿勢及び位置）の偏差は, はめあい部のそれに比べて精度が低いが, これとても偏差がある限界を超えると部品の機能を損なうので, それらの偏差を制限しなければならない. それで, 機能及び構造上で他の品物にサイズ的制限を受けない寸法については, 仕様書や図面などにおいてサイズ公差を個々の寸法に記入せず, 一括して指示する. このようなサイズ公差を **普通公差** JIS B 0405:1991 (普通公差―第1部：個々に公差の指示がない長さ寸法及び角度寸法に対する公差) という. 普通公差を定めておくと, 製図の作業が省力化されると共に, 図面を読む場合にも好都合である. JIS 規格では, B 0403 (鋳造品―寸法公差方式及び削り代方式), B 0405 (普通公差―第1部：個々に公差の指示がない長さ寸法及

11章 サイズ公差とはめあい

表 11.8 鋳造品の寸法公差 (JIS B 0403 : 1995)　　　単位 mm

鋳放し鋳造品の基準寸法 を超え	以下	全鋳造公差 鋳造公差等級CT															
		1	2	3	4	5	6	7	8	9	10	11	12	13	14	15	16
—	10	0.09	0.13	0.18	0.26	0.36	0.52	0.74	1	1.5	2	2.8	4.2	—	—	—	—
10	16	0.1	0.14	0.2	0.28	0.38	0.54	0.78	1.1	1.6	2.2	3	4.4	—	—	—	—
16	25	0.11	0.15	0.22	0.3	0.42	0.58	0.82	1.2	1.7	2.4	3.2	4.6	6	8	10	12
25	40	0.12	0.17	0.24	0.32	0.46	0.64	0.9	1.3	1.8	2.6	3.6	5	7	9	11	14
40	63	0.13	0.18	0.26	0.36	0.5	0.7	1	1.4	2	2.8	4	5.6	8	10	12	16
63	100	0.14	0.2	0.28	0.4	0.56	0.78	1.1	1.6	2.2	3.2	4.4	6	9	11	14	18
100	160	0.15	0.22	0.3	0.44	0.62	0.88	1.2	1.8	2.5	3.6	5	7	10	12	16	20
160	250		0.24	0.34	0.5	0.7	1	1.4	2	2.8	4	5.6	8	11	14	18	22
250	400			0.4	0.56	0.78	1.1	1.6	2.2	3.2	4.4	6.2	9	12	16	20	25
400	630				0.64	0.9	1.2	1.8	2.6	3.6	5	7	10	14	18	22	28
630	1000					1	1.4	2	2.8	4	6	8	11	16	20	25	32
1000	1600						1.6	2.2	3.2	4.6	7	9	13	18	23	29	37
1600	2500							2.6	3.8	5.4	8	10	15	21	26	33	42
2500	4000								4.4	6.2	9	12	17	24	30	38	49
4000	6300									7	10	14	20	28	35	44	56
6300	10000										11	16	23	32	40	50	64

表 11.9 鋳鉄品及び鋳鋼品の抜けこう配の普通許容値 (JIS B 0403 : 1995)

寸法区分 l 　　　を超え	以下	寸法 A (最大)
—	16	1
16	40	1.5
40	100	2
100	160	2.5
160	250	3.5
250	400	4.5
400	630	6
630	1000	9

備考　l は, 図の l_1, l_2 を意味する。
　　　A は, 図の A_1, A_2 を意味する。

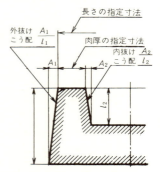

び角度寸法に対する公差), B 0419 (普通公差一第2部：個々に公差の指示がない形体に対する幾何公差), B 0408 (金属プレス加工品の普通寸法公差), B 0410 (金属板せん断加工品の普通公差), B 0411 (金属焼結品普通許容差), B 0415 (鋼の熱間型鍛造品公差一ハンマ及びプレス加工), B 0416 (鋼の熱間型鍛造品公差一アプセッタ加工), B 0417 (ガス切断加工鋼鈑普通許容差) について規定している。表 11.6 及び表 11.7 は, 長さ寸法に対する許容差 (面取り部分を除く) 及び角度寸法の許容差を示す。表 11.8 及び表 11.9 は, 鋳造品の寸法公差 (抜粋) 及び抜けこう配の許容差を示す。

　なお, JIS 規格で定めている普通公差を適用する場合は, 次の事項を図面の表題欄の中又はその付近に指示しておかねばならない。

11.6　寸法の普通公差

（a）　該当 JIS 規格の記号及び番号
（b）　その規格による公差等級
（例）　長さ寸法及び角度寸法に対する普通公差等級が m の場合は次のように表す。　　　JIS B 0405-m

【参考】　規格の用語　JIS 新旧変更点

新（JIS B 0401-1：2016）	旧（JIS B 0401-1：1998 における用語）
サイズ形体	―
図示外殻形体	―
図示サイズ	基準寸法
当てはめサイズ	実寸法
許容限界サイズ	許容限界寸法
上の許容サイズ	最大許容寸法
下の許容サイズ	最小許容寸法
サイズ差	寸法差
上の許容差	上の寸法許容差
下の許容差	下の寸法許容差
基礎となる許容差	基礎となる寸法許容差
$\varDelta$ 値	―
サイズ公差	寸法公差
サイズ公差許容限界	―
基本サイズ公差	基本公差
基本サイズ公差等級	公差等級
サイズ許容区間	公差域
公差クラス	公差域クラス
はめあい幅	はめあいの変動量
ISO はめあい方式	はめあい方式
穴基準はめあい方式	穴基準はめあい
軸基準はめあい方式	軸基準はめあい
―	局部実寸法
―	寸法公差方式

＝＝＝寸法，サイズ，位置，公差の定義＝＝＝
（長さ，角度，位置の総称としての）寸法➡寸法
（長さや直径を意味する）寸法➡サイズ
（位置や距離を意味する）寸法➡位置
（長さや直径の）寸法公差➡サイズ公差（長さや直径に限る）
（位置の）寸法公差➡幾何公差（位置に限る）
$\varDelta$ 値：内側サイズ形体の基礎となる許容差を得るために，固定値に加える変動値。例えば，穴の N〜ZC に対する数値では，図示サイズ 50 mm 超 65 mm 以下のとき IT 8 以下は（−20＋$\varDelta$）［μm］で IT 7 のとき $\varDelta$ 値＝11［μm］と指定される。JIS B 0401-1：2016 参照。

12章　幾何公差の図示方法

12.1　幾何公差

　近年の工業界の進歩に伴って，個々の部品に要求される寸法精度は高くなり，寸法公差と幾何公差の値とがだんだん接近するようになり，同時にこれらを測定する計測機器の精度が向上するに及んで，幾何公差について，今まで以上に厳密に制限を加える必要が生じてきた。一般に，形状精度が寸法精度の10％程度の値になるときは，形状精度を取り上げねばならないといわれている。すなわち品質の向上をはかるためには，寸法公差及び表面性状と同じように，これを図面の中に表示しておくことが望ましい。

　幾何公差に関する JIS 規格には次の 6 つがある。

　　JIS　B　0021　製品の幾何特性仕様（GPS）—
　　　　　　　　　幾何公差表示方式—形状，姿勢，
　　　　　　　　　位置及び振れの公差表示方式
　　JIS　B　0022　幾何公差のためのデータム
　　JIS　B　0023　製図——幾何公差表示方式—
　　　　　　　　　—最大実体公差方式及び最小
　　　　　　　　　実体公差方式
　　JIS　B　0024　製図——公差表示方式の基本
　　　　　　　　　原則
　　JIS　B　0025　製図——幾何公差表示方式—
　　　　　　　　　—位置度公差方式
　　JIS　B　0621　幾何偏差の定義及び表示

　これらの規格は対象物の**形状偏差，姿勢偏差，位置偏差及び振れ**（以下これらを総称して**幾何偏差**という。）の定義及び表示と公差の記号による表示，データム（設定した理論的に正確な幾何学的基準）などについて規定しており，国際規格 ISO 1101 に準拠して定められている。このうち幾何偏差としては表 12.1 に示す 14 項目が規定されている（測定方法については JIS B 0021 解説に記してある）。すなわち**形状偏差**として(1)真直度，(2)平面度，(3)真円

表 12.1　幾何公差の種類とその図記号並びにデータムを示す記号（JIS B 0021）

公差の種類		図記号
形状に関するもの	真直度公差	—
	平面度公差	⌓
	真円度公差	○
	円筒度公差	⌭
	線の輪郭度公差	⌒
	面の輪郭度公差	⌓
姿勢に関するもの	平行度公差	∥
	直角度公差	⊥
	傾斜度公差	∠
	線の輪郭度	⌒
	面の輪郭度	⌓
位置に関するもの	位置度公差	⊕
	同軸度又は同心度公差	◎
	対称度公差	⹀
	線の輪郭度	⌒
	面の輪郭度	⌓
振れに関するもの	円周振れ公差	↗
	全振れ公差	⤴
データムを示す記号		▲△

12-1

12章　幾何公差の図示方法

度，(4)円筒度，(5)線の輪郭度（理論的に正確な寸法によって定められた幾何学的輪郭からの線の輪郭の狂いの大きさ。），(6)面の輪郭度。**姿勢偏差**として(7)平行度，(8)直角度，(9)傾斜度。**位置偏差**として(10)位置度（データム又は他の部分に関連して定められた理論的に正確な位置からの狂いの大きさ。）(11)同軸度及び同心度，(12)対称度。振れとして　(13)円周振れ（データム軸直線を軸とする回転面あるいはデータム軸に垂直な円形平面となるべき面が指定された方向（半径方向，軸方向又は斜めの指定方向）に変位する大きさ。）(14)全振れ（回転体全面の振れの最大値。）の14種類である。

12.2　幾何公差の図面記入法

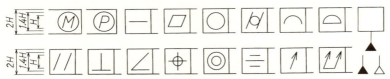

図12.1　幾何公差の種類を表す記号及びデータムを示す記号の寸法割合

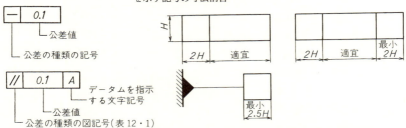

図12.2　管理記号枠の記入方法　　　図12.3　公差記入枠の寸法割合

表12.1及び図12.1に示した記号はISO 1101に準拠したものであって，図記号の寸法割合はISO 7083に規定している。なお，図12.1，12.3，12.4において，寸法Hは図面に記入する寸法数字の高さと同じにする。

図中に幾何公差を記入する場合は，図12.2に示すように長方形の枠（公差記入枠）内に幾何公差の種類の図記号（表12.1），公差値及び必要な場合はデータムを表す符号を記入し，縦線で区切る。公差

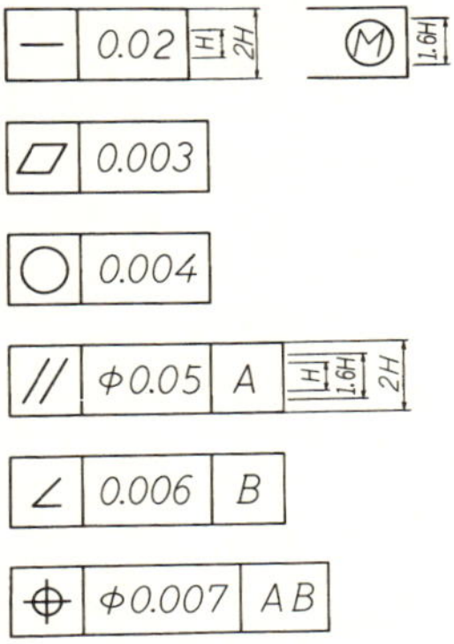

図12.4　幾何公差の記入例

12.3 幾何公差の表し方

記入枠及びデータムを表す符号の大きさの推奨値を図12.3に示す。図12.4は記入例である。⑭の記号は**最大実体公差方式**の略号である（12.10参照）。

公差域が円，又は円筒である場合には公差の前に記号φをつけ，球である場合には公差値の前に記号Sφをつける。φ及びSφは公差と同じ大きさで記入する（図12.4）。公差を付すべき形体に関する注記は枠の上に書く。

幾何公差の図示は，もとより機械部品の全てに指示する必要はなく，機能上，正確さを特に必要とする部分のみに限るべきで，必要以上に記入すれば，コストアップにつながるので注意しなければならない。

12.3 幾何公差の表し方

幾何公差が指定されている部分の，ある長さ又はある広さ当たりについて公差を指定する場合は，図12.5に示すように，公差値のあとに斜線を引き，その長さ又は広さを記入する。なお広さの場合は，数値の前に記号□をつける。図(a)では100 mmの長さに対して平行度が0.05 mm以下，図(b)では100 mm×100 mmの広さの平面度が0.01 mm以下でなければならないことを意味する。

公差値がその線の全長，又は面の全面を対象としているものと，ある長さ又はある広さを対象としたものと2つあって，これを同時に表した場合には，図12.6に示すように，前者を上側に，後者を下側に記入し，横線で区切る。図例は全長で平行度が0.1 mm，100 mmの長さに対して平行度が0.05 mm以下でなければならないことを意味する。この場合，上段の公差値は下段の公差値よりも大きくなければ，矛盾が生じることは明らかである。

ゲージも含め，1つの機械部品に2つの異なった幾何公差を図示する場合には，図12.7に示すように，それぞれの公差記入枠を上下に重ねて書く。図例は円筒面をもつ軸に対して記入されたもので，真円度が0.005 mm，表面要素の平行度が基準部A

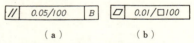

図12.5　ある長さ，又はある広さ当たりの公差値の書き方

図12.6　形体の全体とある長さ又はある広さ当たりの公差値を同時に表す方法

図12.7　同一部品で二種類の幾何公差を同時に表す方法

12章　幾何公差の図示方法

に対して 0.006 mm 以下でなければならないことを意味する。この場合も 2 つの精度の公差値の関係に矛盾がないように注意して記入しなければならない。たとえば，軸について真円度と表面要素（円筒母線）の平行度を指定した場合は，真円度の公差値が平行度の公差値よりも小さくなければならない。

　図 12.7 の長方形枠の末尾に記入されている大文字のアルファベットは，基準直線，基準平面，基準軸線または基準中心平面を表すもので，表 12.1 に示す記号▲，△を用いて図の基準部に符号が付けられていなければならない。

12.4　幾何公差を表す引出線の記入方法

　図 12.8 にしめすように，実体の線（軸線を含む）又は面が図に実形として現れる線，又は延長線（例えば，寸法補助線）に公差記入枠を結んだ矢印を垂直に当てた場合は，矢が当たっている線，又は面の全体を規制することになる。なお，公差域が円，円筒又は球でない場合には，垂直に当たっている矢の方向に許容域の幅があることを意味している。図 12.9 のように，実体の寸法線を延長した位置に，公差記入枠から引き出した線の矢が一致しているときは，その寸法線で示されている実

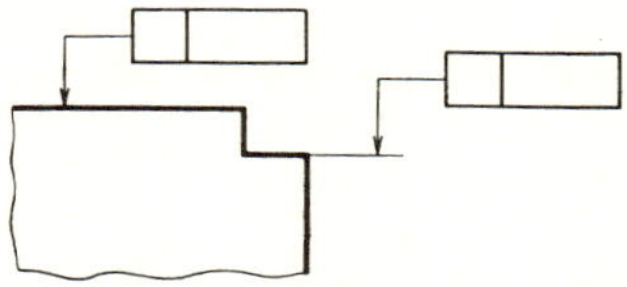

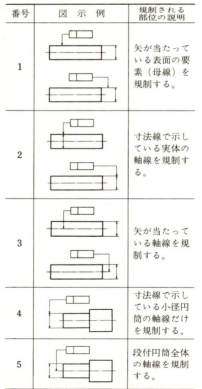

表 12.2　表面の要素及び軸線の規制の比較

番号	図示例	規制される部位の説明
1		矢が当たっている表面の要素（母線）を規制する。
2		寸法線で示している実体の軸線を規制する。
3		矢が当たっている軸線を規制する。
4		寸法線で示している小径円筒の軸線だけを規制する。
5		段付円筒全体の軸線を規制する。

図 12.8　矢の当たっている線又は面の全体を規制する記入法。引出線は規制する部分に垂直に当てる。

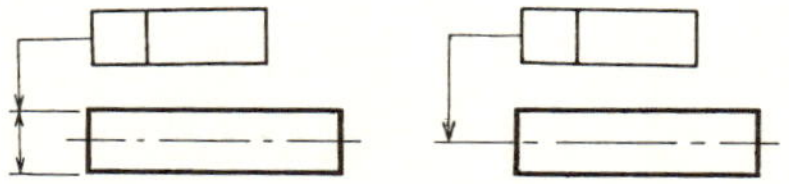

（a）　　　（b）

図 12.9　実体の軸線に公差値を指定する方法

12.5 データム（基準直線，基準平面，基準軸線など）の表し方

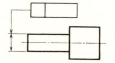

図12.10　実体の一部分の軸線に公差値を指定する方法

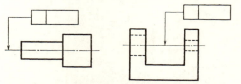

図12.11　実体の2箇所以上の部分の共通する軸線に公差値を指定する方法

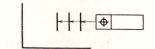

図12.12　実体の2箇所以上の部分に同一の公差値を指定する方法

体の軸線についての精度を規制することになる。この方法は角柱軸の軸線に適用してもよい。図の(a)と(b)の相異を同一の実体について説明したものが表12.2である。

　段付軸の一部の軸線だけを規制する場合は図12.10のように記入する。

　実体の2箇所以上の部分に同一の公差値を指定するときは図12.11, 図12.12のように記入する。

12.5　データム（基準直線，基準平面，基準軸線など）の表し方

　方向に関する精度，位置に関する精度及び振れは，ある基準部に対して許容域の方向や位置が確立されるものである。この場合，機械部品のうちでどこの実体を基準部にするかは，その使用状態から機構学的な条件によって定まる。

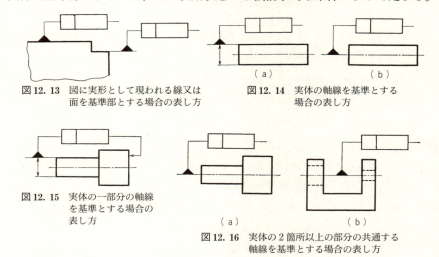

図12.13　図に実形として現われる線又は面を基準部とする場合の表し方

図12.14　実体の軸線を基準とする場合の表し方

図12.15　実体の一部分の軸線を基準とする場合の表し方

図12.16　実体の2箇所以上の部分の共通する軸線を基準とする場合の表し方

12章　幾何公差の図示方法

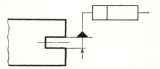

図12.17　矢印を書き込む余地がない場合は一方の矢印を直角三角形に置きかえることができる

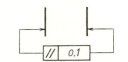

図12.19　2つの部分のいずれを基準としてもよい場合の表し方

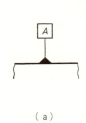

（a）

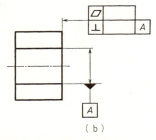

（b）

備　考　1.　この場合，公差値を記入する枠内に基準直線，基準平面，基準軸線又は基準中心平面の符号を記入する。
　　　　2.　基準直線，基準平面，基準軸線又は基準中心平面の符号は，ラテン文字アルファベットの大文字で表し，同一図面において，重複した文字は用いない。

図12.18　基準部と公差値を記入する枠とを直接結べない場合の表し方

図12.13〜19は，データムと関連づけて公差値を示す方法である。なお，データムを示すためには，図12.1の直角二等辺三角形を使用する（塗りつぶしても，塗りつぶさなくてもよい。ISO規格では，正三角形に描くように規定している。）。その底辺が付いている場所が基準部である。

12.6　位置度，輪郭度又は傾斜度を指示する場合の寸法の表し方

製図規格に従って記入された寸法は，公差が記入されていなくても，一般には寸法の普通公差（11.6参照）によって規制されている。したがって位置度，輪郭度，又は傾斜度を示すときの基準寸法や基準角度に寸法公差があるものとすると，精度の公差値と寸法公差とが重複して，公差域の形成に矛盾が起こるから，この場合の寸法や角度には寸法公差を与えない。寸法差を与えない理論上の寸法であることを表すため，図12.20に示すように，この寸法を長方形の枠で囲み，一般の寸法と区別する。

図で直径8 mmの2つの穴を加工する場合，20 mmの普通公差を±0.5

12.7 その他の幾何公差の表し方

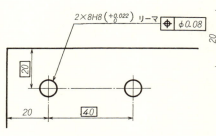

図12.20 基準寸法が理論上の寸法であることを示す方法

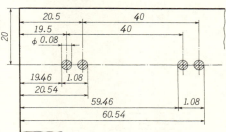

図12.21 図12.20の場合の実寸法

mm（削り加工の粗級）として，その軸線が狂ってもよい許容範囲は図12.21に示すようになる。すなわち，上辺から理論的に正しく20 mmをとった水平の中心線上で，2つの穴が最も左側に偏った場合，左端から19.5（＝20－0.5）mmの位置を中心としたϕ0.08 mmの公差域中に穴の軸線があればよく，右の穴は左端から59.5（＝19.5＋40）mmの位置を中心としたϕ0.08 mmの公差域中に穴の軸線があればよいことになる。

ここで特に注意を要することは，2つの穴の軸線が存在しているべきϕ0.08 mmの左右2つの円筒状の公差域の中心は，上辺から理論的に正しくとった20 mmの線上で，2つの公差域の軸線の間隔は，理論的に正しくとった40 mmの間隔をそれぞれ保っていなければならない。

また，図12.20で"$2\times8H8(^{+0.022}_{0})$リーマ"と書かれているように，位置度を指定する場合には，リーマ穴に対しても仕上り寸法を正確に規制しておくことが必要である。

12.7 その他の幾何公差の表し方

形状及び位置の精度について，測定の方法や公差域の中での狂い方など，拘束を行いたい場合は図12.22のように別に表示する。

公差値を線，又は面の限定された範囲内だけについて指示する場合には，図12.23に示すように，規制する範囲を太い一点鎖線で表す。

12章　幾何公差の図示方法

図 12.22　補足事項の表し方

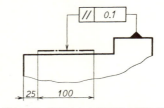

図 12.23　限定された範囲内の規制方法

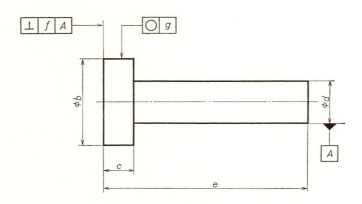

部品の番号	寸法				公差	
	b	c	d	e	f	g
1	15	7	$8h8$	47	0.005	0.005
2	20	8	$10h8$	58	0.01	0.008
3	30	10	$15h9$	70	0.02	0.01
4	50	12	$25h9$	112	0.05	0.015

備考　この場合公差値を示す符号はラテン文字又は
　　　アルファベットの小文字を用いる。

図 12.24　表による公差値の表し方

　高精度を要する部品で，多くの種類の幾何公差を規制する場合には図 12.24 のように表にまとめる方法がとられる。

12.7 その他の幾何公差の表し方

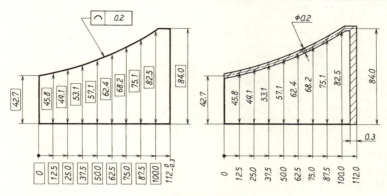

(a) 輪郭度による形状の精度

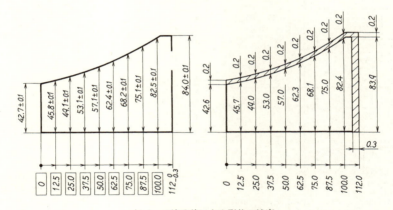

(b) 寸法公差による形状の精度

図12.25 輪郭度による規制と，寸法公差による規制との相違

図12.25は輪郭度による規制と，寸法公差による規制との違いを示す。
表12.4は，形状及び位置の精度の公差値の図示例を示す。

(注) 最大実体状態（MMC）と最大実体公差方式（MMR, Ⓜ）
　穴，軸，スロットなどに与えてある形状又は位置の精度の公差値は，その実体が最大実体（穴の場合は最小公差寸法，軸の場合は最大公差寸法）の状態になっている場合に狂ってもよい限界の値であって，実体が最大実体の状態から小さい方向に向って（穴の場合は最大公差寸法，軸の場合は最小公差寸法）離れている場合は，その離れた量だけ，形状，又は位置の精度の公差を増大してもよいことを表す。このような最大実体状態を基にして公差を与える方式を最大実体公差方式と呼び，これを適用することを指示するにはⓂの記号を記入する。Ⓜを使用すると，製作が容易になり，コストダウンができる。(12-16頁参照)

12章 幾何公差の図示方法

表12.4 幾何公差の図示例（その1）

図 示 例	公 差 域	図 示 例	公 差 域
1. 真 直 度		1.6 表面の要素の二方向の真直度 （平面部分の表面の要素の場合）	左図の方向では0.1 mm、右図の方向では0.05 mmの間隔をもつ、平行な2つの直線の中間部。
1.1 一定方向の真直度 （三角りょうの場合） 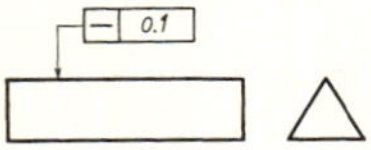	0.1 mmの間隔をもつ、互いに平行な2つの平面の間の空間。 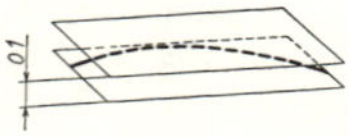		
1.2 互いに直角な二方向の真直度 （直方体の軸線の場合） 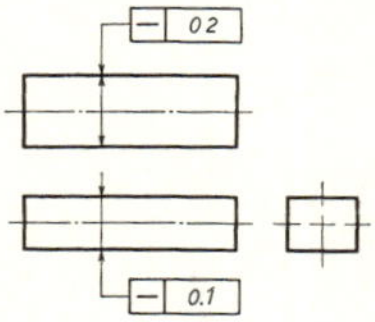	図示された矢の方向に、0.2 mm及び0.1 mmの間隔をもつ、2組の互いに平行な2つの平面で囲まれた角柱内部の空間。 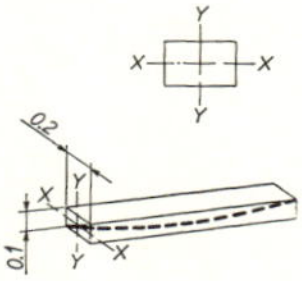		
1.3 方向を定めない場合の真直度 （円筒の軸線の場合） 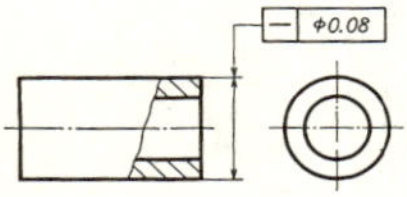	直径0.08 mmの円筒内部の空間。 	**2. 平 面 度**	
		2.1 一般の平面度	0.1 mmの間隔をもつ、互いに平行な2つの平面の間の空間。
1.4 ある長さ当たりについての方向を定めない場合の真直度 （三角りょうの場合） 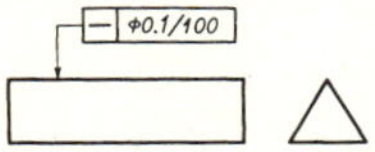	直径0.1 mmの円筒の内部の空間。これは、実体の直線部分で任意の100 mmの長さについて適用される。 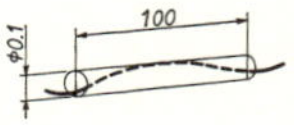		
		2.2 ある広さ当たりについての平面度 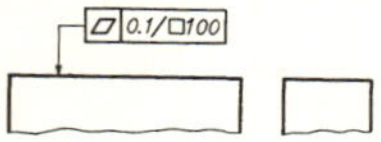	0.1 mmの間隔をもつ、互いに平行な2つの平面の間の空間。これは、実体の平面部分で任意の100×100 mmの広さについて適用される。 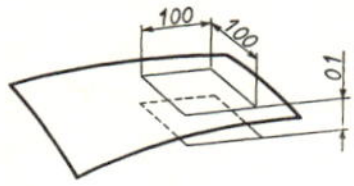
1.5 表面の要素の真直度 （円筒の母線の場合）	軸線を含む任意の平面内で、0.1 mmの間隔をもつ、互いに平行な2つの直線の中間部。		

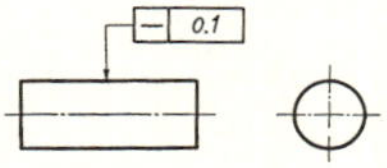

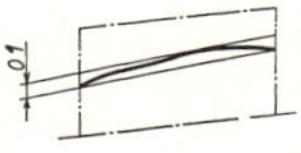

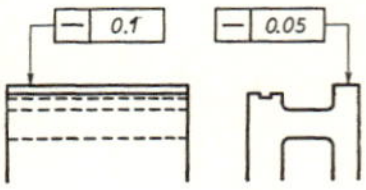

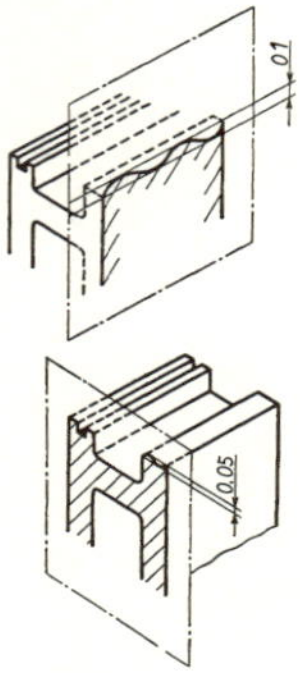

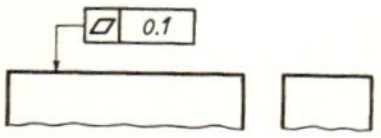

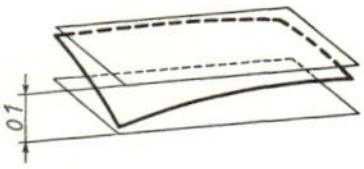

12.7 その他の幾何公差の表し方

表12.4 (その2)

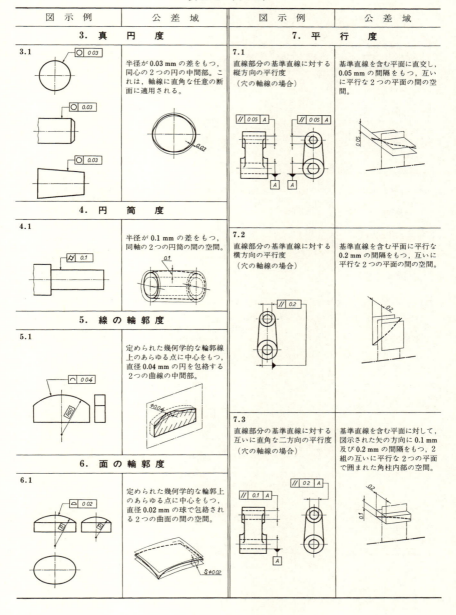

図示例	公差域
3. 真 円 度	
3.1	半径が 0.03 mm の差をもつ, 同心の2つの円の中間部。これは, 軸線に直角な任意の断面に適用される。
4. 円 筒 度	
4.1	半径が 0.1 mm の差をもつ, 同軸の2つの円筒の間の空間。
5. 線の輪郭度	
5.1	定められた幾何学的な輪郭線上のあらゆる点に中心をもつ, 直径 0.04 mm の円を包絡する2つの曲線の中間部。
6. 面の輪郭度	
6.1	定められた幾何学的な輪郭上のあらゆる点に中心をもつ, 直径 0.02 mm の球で包絡される2つの曲面の間の空間。
7. 平 行 度	
7.1 直線部分の基準直線に対する縦方向の平行度 (穴の軸線の場合)	基準直線を含む平面に直交し, 0.05 mm の間隔をもつ, 互いに平行な2つの平面の間の空間。
7.2 直線部分の基準直線に対する横方向の平行度 (穴の軸線の場合)	基準直線を含む平面に平行な 0.2 mm の間隔をもつ, 互いに平行な2つの平面の間の空間。
7.3 直線部分の基準直線に対する互いに直角な二方向の平行度 (穴の軸線の場合)	基準直線を含む平面に対して, 図示された矢の方向に 0.1 mm 及び 0.2 mm の間隔をもつ, 2組の互いに平行な2つの平面で囲まれた角柱内部の空間。

12-11

12章 幾何公差の図示方法

表12.4 (その3)

図 示 例	公 差 域	図 示 例	公 差 域
7.4 直線部分の基準直線に対する方向を定めない場合の平行度 (穴の軸線の場合)	基準直線を含む平面内で,基準直線に平行な軸線をもつ,直径 0.05 mm の円筒内部の空間。	**8. 直 角 度** **8.1** 直線部分の基準直線に対する直角度 (穴の軸線を基準とする場合)	基準直線に直角に 0.08 mm の間隔をもつ,互いに平行な 2 つの平面の間の空間。
7.5 直線部分の基準平面に対する平行度 (穴の軸線の場合)	基準平面に平行な 0.01 mm の間隔をもつ,互いに平行な 2 つの平面の間の空間。	**8.2** 平面部分の基準直線に対する直角度 (円筒の軸線を基準とする場合)	基準直線に直角に 0.08 mm の間隔をもつ,互いに平行な 2 つの平面の間の空間。
7.6 平面部分の基準直線に対する平行度 (穴の軸線を基準とする場合)	基準直線に平行で,0.1 mm の間隔をもつ,2 つの平面の間の空間。	**8.3** 直線部分の基準平面に対する一定方向の直角度 (円筒の軸線の場合)	基準平面に直角に,図示された矢の方向に 0.2 mm の間隔をもつ,互いに平行な 2 つの平面の間の空間。
7.7 平面部分の基準平面に対する平行度	基準平面に平行で,0.01 mm の間隔をもつ,2 つの平面の間の空間。これは,実体の平面部分で任意の 100×100 mm の広さについて適用される。	**8.4** 直線部分の基準平面に対する互いに直角な二方向の直角度 (円筒の軸線の場合)	基準平面に直角に,図示された矢の方向に 0.2 mm 及び 0.1 mm の間隔をもつ,2 組の互いに平行な 2 つの平面で囲まれた角柱内部の空間。

12.7 その他の幾何公差の表し方

表 12.4 (その 4)

図 示 例	公 差 域	図 示 例	公 差 域
8.5 直角部分の基準平面に対する方向を定めない場合の直角度 (円筒の軸線の場合)	基準平面に直角な直径 0.01 mm の円筒内部の空間。	**9.3** 平面部分の基準直線に対する傾斜度 (穴の軸線を基準とする場合)	基準直線に 75° 傾斜し, 0.1 mm の間隔をもつ, 互いに平行な 2 つの平面の間の空間。
8.6 平面部分の基準平面に対する直角度	基準平面に直角に, 0.08 mm の間隔をもつ, 互いに平行な 2 つの平面の間の空間。	**9.4** 平面部分の基準平面に対する傾斜度	基準平面に 40° 傾斜し, 0.08 mm の間隔をもつ, 互いに平行な 2 つの平面の間の空間。

9. 傾　斜　度		10. 位　置　度	
9.1 直線部分と基準直線が同一平面上にない場合の傾斜度 (穴と円筒の軸線の場合)	基準直線に 60° 傾斜し, 図示された矢の方向に 0.08 mm の間隔をもつ, 互いに平行な 2 つの平面の間の空間。	**10.1** 平面上の点の位置度	定められた正しい位置を中心とする直径 0.03 mm の円の内部。
9.2 直線部分の基準平面に対する傾斜度 (穴の軸線の場合)	基準平面に 80° 傾斜し, 図示された矢の方向に 0.08 mm の互いに平行な 2 つの平面の間の空間。	**10.2** 空間の点の位置度	基準軸線 A, 基準平面 B 及び長方形で囲まれた基準となる寸法で定められる正しい位置を中心とした直径 0.3 mm の球の内部。

12章　幾何公差の図示方法

表12.4（その5）

図示例	公差域	図示例	公差域
10.3 平面上の直線部分の位置度	定められた正しい位置を中心とし，矢の方向に 0.05 mm の間隔をもつ，互いに平行な 2 つの直線の中間部。	**10.7** 平面部分の位置度（円筒の軸線を基準とする場合）	基準軸線 B 上で基準平面 A から 35 mm の位置において，基準軸線 B と 105° の角度で交る定められた正しい平面を中心として 0.05 mm の間隔をもつ，互いに平行な 2 つの平面の間の空間。
10.4 直線部分の一定方向の位置度（穴の軸線の場合）	定められた正しい位置にある軸線を中心とし，矢の方向に 0.08 mm の間隔をもつ，互いに平行な 2 つの平面の間の空間。	**11. 同軸度又は同心度**	
		11.1 円筒部分の同軸度	基準軸線と同軸の直径 0.2 mm の円筒内部の空間。
10.5 直線部分の互いに直角な二方向の位置度（穴の軸線の場合）	定められた正しい位置にある軸線を中心とし，矢の方向に 0.5 mm 及び 0.2 mm の間隔をもつ，2 組の互いに平行な 2 つの平面で囲まれた角柱の内部の空間。	**11.2** 円の同心度	基準円と同心の直径 0.01 mm の円の内部。
		12. 対称度	
10.6 直線部分の方向を定めない場合の位置度（穴の軸線の場合）	定められた正しい位置にある軸線を中心とする直径 0.08mm の円筒内部の空間。	**12.1** 軸線の基準中心平面に対する一定方向の対称度。	みぞ A 及びみぞ B の共通する基準中心平面を中心として 0.08 mm の間隔をもつ，互いに平行な 2 つの平面の間の空間。

12.7 その他の幾何公差の表し方

表 12.4 （その 6）

図示例	公差域	図示例	公差域
12.2 軸線の基準中心平面に対する互いに直角な二方向の対称度	みぞA及びみぞBの共通する基準中心平面を中心として0.08 mmの間隔をもつ，互いに平行な2つの平面と，幅Cの基準中心平面を中心として0.1 mmの間隔をもつ，2組の互いに平行な二つの平面で囲まれた角柱の内部の空間。		13. 円周振れ
		13.1 半径方向の振れ（円筒面の場合）	軸線A及び軸線Bの共通する基準軸線を中心として，実体を1回転させたとき，円筒面の任意の位置において，矢の方向の測定平面内で，振れが0.1 mmを超えないこと。
12.3 中心面の基準中心平面に対する対称度	幅Aの基準中心平面を中心として0.08 mmの間隔をもつ，互いに平行な2つの平面の間の空間。	13.2 斜め方向の振れ（円すい面の場合）	基準軸線Aを中心として，実体を1回転させたとき，円すい表面の任意の位置において，矢の方向の測定円すい面内で，振れが0.1 mmを超えないこと。
12.4 中心面の基準軸線に対する一定方向における対称度	基準線Aを中心として0.1 mmの間隔をもつ，互いに平行な2つの平面の間の空間。	13.3 軸方向の振れ（端面の場合）	基準軸線Aを中心として，実体を1回転させたとき，端面の任意の位置において，矢の方向の測定円筒面内で，振れが0.1 mmを超えないこと。

備　考　公差域欄で用いている線は，次の意味を表している。
　　　　太い実線：実体
　　　　細い実線：公差域
　　　　太い一点鎖線：基準直線，基準平面，基準軸線又は基準中心平面
　　　　細い一点鎖線：中心線及び補足の投影面
　　　　全周振れについての図は省略する。

12章　幾何公差の図示方法

12.8　最大実体公差方式及び最小実体公差方式

JIS B 0023：1996「製図—幾何公差表示方式—最大実体公差方式及び最小実態公差方式」より。

はまり合う部品の実寸法が両許容限界寸法内で，それらの最大実体寸法にない場合には，指示した幾何公差を増加させても組立に支障をきたすことはない。これを"最大実体公差方式"といい，記号Ⓜによって図面に指示する。

最大実体状態：MMC ⇒ 形体のどこにおいても，その実体が最大となるような許容限界寸法，たとえば，最小の穴径，最大の軸径をもつ形体の状態。

最大実体寸法：MMS ⇒ 形体の最大実体状態を決める寸法。

最小実体状態：LMC ⇒ 形体のどこにおいても，その実体が最小となるような許容限界寸法，たとえば，最大の穴径，最小の軸径をもつ形体の状態。

最小実体寸法：LMS ⇒ 形体の最小実体状態を決める寸法。

実効状態：VC ⇒ 図面指示によってその形体に許容される完全形状の限界であり，この状態は，最大実体寸法と幾何公差の総合効果によって生じる。

実効寸法：VS ⇒ 形体の実効状態を決める寸法。

最大実体公差方式：MMR，最小実体公差方式：LMR

（1）　最大実体公差方式 MMR（図12.26）

ϕ150の一般公差からこの部品（軸部）の公差から最大寸法は150（＝150−0）のように見えるが，最大実体公差方式を取っているので，直角度公差を含めるから実効寸法は150.05（＝150＋0.05）となる。

最大実体公差方式は，位置度公差とともに用いるのが最も一般的である。最大実体公差方式は，主として2つの形体が互いにはまり合うことを目的として（たとえばボルトとボルト穴，キーとキー溝），それぞれの形体について，寸法公差と幾何公差との間に相互依存性を考慮し，寸法の余裕分を姿勢公差または位置公差に付加できる場合に適用する。

なお，運動学的リンク機構，歯車中心，ねじ穴，しまりばめ穴などの公差を増加することによって機能が損なわれる場合には，最大実体公差方式を適用し

12.8 最大実体公差方式及び最小実体公差方式

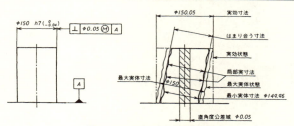

図12.26 最大実体公差方式

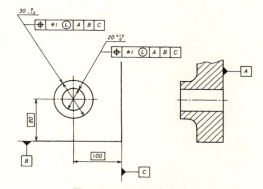

図12.27 最小実体公差方式

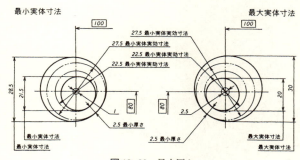

図12.28 最小厚さ

ない方がよい。

（2） 最小実体公差方式 LMR（図12.27）

　一般公差だけを見ると，穴径とボス部は，穴径最大21.5（＝20＋1.5）でボス部最小28.5（＝30－1.5）であり，穴とボス部（フランジ面端部）との最小

12章　幾何公差の図示方法

距離（厚さ）は 3.5（= (28.5−21.5)/2）となるが，最小実体公差方式Ⓛを用いているので図 12.28 のように，位置度公差 $\phi 1$ より最小厚さは 2.5 mm となる。

　このように，最小実体公差方式は最小肉厚の確保に対して有効である。

13章　表面性状の表示方法

13.1　断面曲線，粗さ曲線及びうねり曲線

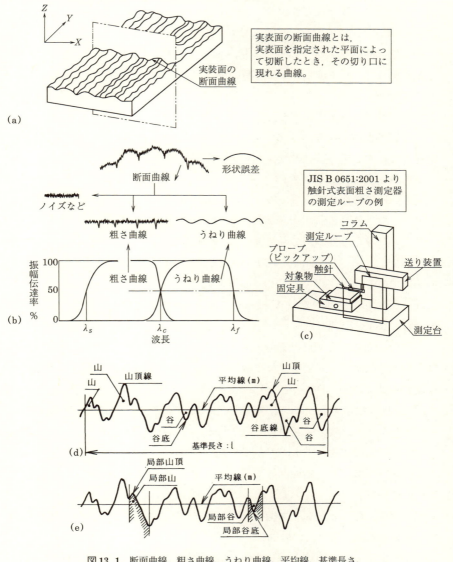

図13.1　断面曲線，粗さ曲線，うねり曲線，平均線，基準長さ，
　　　　山，谷，局部山及び局部谷の説明図

13-1

13章　表面性状の表示方法

JIS B 0601：2013「製品の幾何特性仕様（GPS）―表面性状：輪郭曲線方式―用語，定義及び表面性状パラメータ」より。

図13.1の記号は次のようになる。

λs：輪郭曲線フィルタのうち，粗さ成分とそれより短い波長成分との境界を定義するフィルタのカットオフ値の波長。

λc：輪郭曲線のフィルタのうち，粗さ成分とうねり成分との境界を定義するフィルタのカットオフ値の波長。

λf：輪郭曲線のフィルタのうち，うねり成分とそれより長い波長成分との境界を定義するフィルタのカットオフ値の波長。

基準長さ：$l = lp$，lr，lw

輪郭曲線の特性を求めるために用いる輪郭曲線の X 軸方向長さ。

粗さ曲線用の基準長 lr＝輪郭曲線カットオフ値 λc

うねり曲線用の基準長さ lw＝輪郭曲線カットオフ値 λf

断面曲線用の基準長さ lp＝評価長さ ln

の関係である。

評価長さ ln：輪郭曲線の X 軸方向長さで，評価長さは1つ以上の基準長さを含む。表13.2参照。

品物の表面には必ず凹凸が存在する。このような表面形状は表面性状と呼び，機械部品にとっては重要な要素である。表面粗さや表面うねりは表面性状を定める量である。JIS規格で定めている表面性状について述べる。

図13.1(a)に示すように，表面性状を調べようとする面に直角な平面で品物を切断したとき，次の断面曲線，粗さ曲線，うねり曲線が現れる。それぞれのカットオフ値の状態を図13.1(b)に示す。

断面曲線とは，測定断面曲線にカットオフ値 λs の低域フィルタを適用して得られる曲線。

粗さ曲線とは，カットオフ値 λc の高域フィルタによって，断面曲線から長波長成分を遮断して得た輪郭曲線。

うねり曲線とは，断面曲線にカットオフ値 λf 及び λc の輪郭曲線フィルタを順次適用することによって得られる輪郭曲線。

表面性状のパラメータはJIS B 0601に15種類が定義されている。それぞ

13.1　断面曲線，粗さ曲線及びうねり曲線

れ「粗さ曲線 R」「うねり曲線 W」「断面曲線 P」として表すことができる。つまり算術平均の表し方としては，算術平均粗さを Ra，算術平均うねりを Wa，断面曲線の算術平均高さを Pa として用いる。

　表面粗さでよく用いられるパラメータとして，高さ方向での表面粗さについては「最大高さ粗さ Rz（表 13.1 参照）」，「算術平均粗さ Ra」，「二乗平均粗さ Rq」が使用される。また，横方向での粗さパラメータとして「粗さ曲線要素の平均長さ粗さ RSm」，複合パラメータとしては，「粗さ曲線の負荷長さ率 $Rmr(c)$」などが定義されている。

　なお，波長の計測にはガウシアンフィルタ（デジタル）を用いることになっている（図 13.1(c) 参照）。旧来の 2 RC フィルタ（アナログ）を用いた場合には，後述 2 RC フィルタを用いた Ra_{75} の標記を用いる（13-35 頁参照）。

　粗さ曲線は品物の表面を粗さ計（図 13.1(c)）で測定したときに粗さ計の内部で電気的に処理され，表面の粗さの状態を正確に表すために，縦（表面に垂直）方向及び横（切断面と平行）に拡大して測定される。

表面性状の求め方：表 13.1

　JIS B 0601：2013「製品の幾何特性仕様（GPS）―表面性状：輪郭曲線方式―用語，定義及び表面性状パラメータ」による。縦座標値は $Z(x)$ で示す。高さ方向の単位 [μm]，カットオフ値 λc 単位 [mm]，基準長さ lr 単位 [mm]，評価長さ ln 単位 [mm]，凹凸平均間隔 RSm 単位 [mm]，他基準長さ lp，lw，平均長さ PSm，WSm 等も同様である。断面曲線 P，粗さ曲線 R，うねり曲線 W があるが，説明図は代表で粗さ曲線の場合を記す。図は輪郭曲線（測定断面曲線，断面曲線，粗さ曲線，うねり曲線などの曲線の総称）によるものである（出展：粗さ（二次元）パラメータ：https://www.olympus-ims.com/ja/knowledge/.../2d_parameter/）。

13章　表面性状の表示方法

表 13.1　表面性状

(1) 山及び谷の高さパラメータ
(a) 最大山高さ（基準長さにおける）Pp, Rp, Wp
$$Rp = \max(Z(x))$$

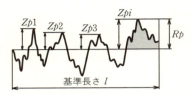

(b) 最大谷深さ（基準長さにおける）Pv, Rv, Wv
$$Rv = \min(Z(x))$$

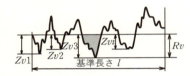

(c) 最大高さ（基準長さにおける）Pz, Rz, Wz
輪郭曲線の山高さ Zp の最大値と谷深さ Zv の最大値との和
$$Rz = Rp + Rv$$

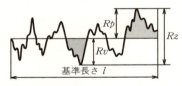

（粗さ曲線の場合）

(d) 平均高さ（基準値長さにおける）：高さ Zt の平均値 Pc, Rc, Wc
$$Pc,\ Rc,\ Wc = \frac{1}{m}\sum_{i=1}^{m} Zti$$

m は，基準長さ中の輪郭曲線要素の数を示す．

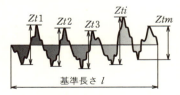

（粗さ曲線の場合）

(e) 最大断面高さ（評価長さによる）Pt, Rt, Wt
基準長さではなく評価長さによって定義される．
$$Rt = \max(Zpi) + \max(Zvi)$$

13 − 4

13.1 断面曲線，粗さ曲線及びうねり曲線

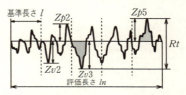

（粗さ曲線の場合）

(2) 高さ方向のパラメータ
(a) 算術平均高さ（基準長さによる）Pa，Ra，Wa

$$Pa,\ Ra,\ Wa = \frac{1}{l}\int_0^l |Z(x)|dx$$

l は，lp，lr または lw，Ra 算術平均粗さ

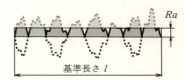

（粗さ曲線の場合）

(b) 二乗平均平方根高さ Pq，Rq，Wq

$$Pq,\ Rq,\ Wq = \sqrt{\frac{1}{l}\int_0^l Z^2(x)dx}$$

l は，lp，lr または lw

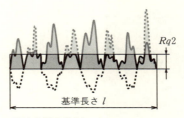

（粗さ曲線の場合）

(c) スキューネス（歪（わい）度）Psk，Rsk，Wsk

$$Rsk = \frac{1}{Rq^3}\left[\frac{1}{lr}\int_0^{lr} Z^3(x)dx\right]$$

Psk，Wsk も同様に定義される。

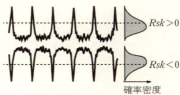

（粗さ曲線の場合）

13章　表面性状の表示方法

(d) クルトシス（尖（せん）度）Rku

$$Rku = \frac{1}{Rq^4}\left[\frac{1}{lr}\int_0^{lr} Z^4(x)dx\right]$$

(e) 十点平均粗さ（基準長さによる）Rz_{JIS}
JISだけの規格である（ISO規格にはない）。

$$Rz_{JIS} = \frac{|Zp1+Zp2+Zp3+Zp4+Zp5|+|Zv1+Zv2+Zv3+Zv4+Zv5|}{5}$$

基準粗さ曲線において、最高の山頂から高い順に5番目までの山高さの平均と最深部の谷底から深い順に5番目までの谷深さの平均との和。
この規格と最大高さ粗さRzが、過去に使用された十点平均粗さRz（新JIS規格ではRz_{JIS}）とが紛らわしい場合には、注記などで違いを記述することが望ましい。

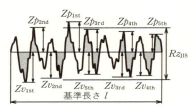

（粗さ曲線の場合）

---

(3) 横方向のパラメータ

(a) 平均長さ（基準長さにおける）

$$PSm,\ RSm,\ WSm = \frac{1}{m}\sum_{i=1}^{m} Xsi$$

m：基準長さ中の輪郭曲線の要素の数

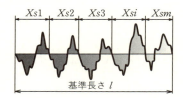

（粗さ曲線の場合）

(b) 輪郭曲線要素に基づくピークカウント数 PPc, RPc, WPc

$$RPc = \frac{L}{RSm}$$

PPc, WPc も同様に定義されている。特別に指示がない限り、長さLは10 mm

(4) 複合パラメータ（基準長さにおける）$P\Delta q$, $R\Delta q$, $W\Delta q$

(a) 局部傾斜

局部傾斜 $\frac{dZ(x)}{dx}$ の二乗平均平方根

$$P\Delta q,\ R\Delta q,\ W\Delta q = \sqrt{\frac{1}{l}\int_0^l \left(\frac{dZ(x)}{dx}\right)^2 dx}$$

13.2 表面粗さの定義

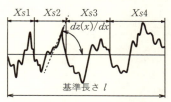

(粗さ曲線の場合)

(b) 負荷長さ率
評価長さに対する切断レベル c （％又は μm）における輪郭曲線要素の負荷長さ $Ml(c)$ の比．

$$Pmr(c), \ Rmr(c), \ Wmr(c) = \frac{1}{ln}\sum_{i=1}^{m} Mlr(c)i$$

ln は評価長さ（輪郭曲線の X 軸方向長さ）

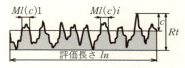

(粗さ曲線の場合)

　表面粗さは，表面のごく狭い範囲における凹凸を取り扱うもので，表面がつるつるしているか凸凹しているかという感覚のもとになる量である．表面粗さは，はめあい，気密，潤滑，摩耗，接触抵抗，腐食，疲れ強さなどに影響を及ぼすから，表面特性のうちでも特に重要である．したがって，機械部品の精度を論じる場合は，寸法精度のみではなく表面粗さを併せて考えねばならない．
　図 13.1(d) 及び (e) は粗さ曲線の各部の名称を示す．

13.2 表面粗さの定義

　JIS B 0601（製品の幾何特性仕様（GPS）―表面性状：輪郭曲線方式―用語，定義，及び表面性状パラメータ）では，表面性状を表す断面曲線パラメータ，粗さパラメータ，うねりパラメータがあり，そのうちの表面粗さを表すパラメータとして，算術平均粗さ（Ra），最大高さ（Rz），十点平均粗さ（Rz_{JIS}），凹凸の平均長さ（RSm），及び粗さ曲線の負荷長さ率（$Rmr(c)$）等について規定している．表面粗さ，断面曲線，うねりの定義を表 13.1 に示す．これらのパラメータの中では Ra が最も優先して使用される．粗さを求めるときは，いずれも粗さ曲線を使用する．粗さ曲線の**平均線**（ろ波うねり曲線を直

13章　表面性状の表示方法

表13.2 Ra を求めるときのカットオフ値，Rz, Rz_{JIS}, RSm を求めるときの基準長さ，及びそれぞれの評価長さの標準値　（JIS B 0633：2001）「表面性状評価の方式及び手順」

Ra の範囲 (μm)		Rz, $Rz1_{max}$の範囲[a] (μm)		RSm の範囲 (mm)		Rz, Rz_{JIS}, RSm 基準長さ lr (mm) (=カットオフ値 λc)	評価長さ ln (mm)
を超え	以下	を超え	以下	を超え	以下		
(0.006)	0.02	(0.025)	0.10	0.013	0.04	0.08	0.4
0.02	0.1	0.10	0.50	0.04	0.13	0.25	1.25
0.1	2.0	0.50	10.0	0.13	0.4	0.8	4
2.0	10.0	10.0	50.0	0.4	1.3	2.5	12.5
10.0	80.0	50.0	200.0	1.3	4.0	8	40
非周期的な粗さ曲線				周期的な粗さ曲線				

（　）内は，参考値である。
注：Rz は，Rz, Rv, Rp, Rc 及び Rt を測定する際に用いる。$Rz1_{max}$ は，$Rz1_{max}$, $Rv1_{max}$, $Rp1_{max}$ 及び $Rc1_{max}$ を測定する際にだけ用いる (13-26頁参照)。

線におきかえた線）の方向に**基準長さ**（粗さ曲線からカットオフ値の長さを抜き取った部分の長さ）l だけ抜き取り，この抜き取り部分から求める。Ra は，まずカットオフ値 λc を設定したうえで求める。これに対して，Ra, Rz, RSm は，まず基準長さ lr を指定したうえで求める。これらの λc, lr 及び評価長さ ln（粗さの評価に用いる基準長さを1つ以上含む長さをとる。その標準値は $5lr$ とする。）粗さの値に応じて表13.2に示す値を使用する。なお，JIS B 0601：1994 に存在した局部山頂の平均間隔 S は2001年より削除された。

　次に表面性状のパラメータの記号の相違を示す。断面曲線要素，粗さ曲線要素，うねり曲線要素をそれぞれの代表記号 P, R, W で表すが，表13.3-1，表13.3-2では粗さ曲線要素の R 粗さパラメータを代表で記載する。

　表面性状パラメータ（粗さパラメータの例）の基本用語を表13.3-1，粗さパラメータの例を表13.3-2に示す。Ra, Rz, Rz_{JIS}, RSm の粗さの値を指示するときは，特に必要のない限り表13.4に示す標準数列の中から選び，特に太字で示した数値を優先使用する。ただし，同表において，Ra は $0.008\,\mu$m から $400\,\mu$m の範囲，Rz と Rz_{JIS} は $0.025\,\mu$m から $1600\,\mu$m の範囲，または

13.2　表面粗さの定義

表 13.3-1　基本用語

JIS B 0601：2013 の基本用語	JIS B 0601：1994 及び JIS B 0660：1998 の記号	JIS B 0601：2013 の記号
基準長さ	l	$lp,\ lr,\ lw$
評価長さ	l_n	ln
縦座標値	y	$Z(x)$
局部傾斜	—	$\dfrac{dZ(x)}{dx}$
輪郭曲線の山高さ	y_p	Zp
輪郭曲線の谷深さ	y_v	Zv
輪郭曲線要素の高さ	—	Zt
輪郭曲線要素の長さ	—	Xs
レベル c における輪郭曲線の負荷長さ	η_p	$Ml(c)$

RSm は 0.002 mm から 12.5 mm の範囲からそれぞれ数値を選んで粗さの値を指示する（JIS B 0031：2003「表面性状の図示方法」より）。

　粗さ曲線用カットオフ値 λc，触針先端半径 r_{tip}，およびカットオフ比 $\lambda c/\lambda s$ の関係は特別な指示がない場合には，表 13.5-2 の関係が標準となる。なお，触針の形状は，球状先端をもつ円すいである。呼び寸法は次のとおり。
- 触針先端の半径：$r_{tip}=2\mu m,\ 5\mu m,\ 10\mu m$
- 円すいのテーパ角度：60°，90°

13章　表面性状の表示方法

表 13. 3-2　　表面性状パラメータ（粗さパラメータの例）

JIS B 0601：2013 のパラメータ	JIS B 0601：1994 及び JIS B 0660：1998 の記号	JIS B 0601：2013 の記号	輪郭曲線の長さ 評価長さ ln	輪郭曲線の長さ 基準長さ[a]
粗さ曲線の最大山高さ	R_p	Rp[b]	—	○
粗さ曲線の最大谷深さ	R_m	Rv[b]	—	○
最大高さ粗さ	R_y	Rz[b]	—	○
粗さ曲線要素の平均高さ	R_c	Rc[b]	—	○
粗さ曲線の最大断面高さ	—	Rt[b]	○	—
算術平均粗さ	R_a	Ra[b]	—	○
二乗平均平方根粗さ	R_q	Rq[b]	—	○
粗さ曲線のスキューネス	S_k	Rsk[b]	—	○
粗さ曲線のクルトシス	—	Rku[b]	—	○
粗さ曲線要素の平均長さ	S_m	RSm[b]	—	○
粗さ曲線要素に基づくピークカウント数	—	RPc[b]	—[d]	—[d]
粗さ曲線の二乗平均平方根傾斜	$\triangle_q$	$R\triangle q$[b]	—	○
粗さ曲線の負荷長さ率	t_p	$Rmr(c)$[b]	○	—
粗さ曲線の切断レベル差	—	$R\delta c$[b]	○	—
粗さ曲線の相対負荷長さ率	—	Rmr[b]	○	—
十点平均粗さ (ISO 4287：1997から削除)	R_z	Rz_{JIS}[e]	—	○

注記　対応する国際規格では，1984年版の相対負荷長さ率を t_p としているが，t_p は負荷長さ率である。ここでは，誤りを訂正した。

注 [a]　粗さ，うねり及び断面曲線パラメータに対する基準長さは，それぞれ lr，lw 及び lp である。lp は ln に等しい。
[b]　パラメータは，断面曲線，うねり曲線及び粗さ曲線の3種類の輪郭曲線に対して定義される。この表には，粗さパラメータだけを示してある。一例として，3種類のパラメータは，Pa（断面曲線パラメータ），Wa（うねりパラメータ）及び Ra（粗さパラメータ）のように表示する。
[c]　十点平均粗さは，JISだけの粗さパラメータであり，断面曲線及びうねり曲線には適用しない。
[d]　長さは L であり，特別に指示がない限り L は 10 mm とする。

この規格と最大高さ粗さ Rz が，過去に使用された十点平均粗さ Rz（新JIS規格では Rz_{JIS}）とが紛らわしい場合には，注記などで違いを記述することが望ましい。

13.2 表面粗さの定義

表 13.4 Ra, Rz, Rz_{JIS} 及び RSm の標準数列
単位：Ra, Rz 及び Rz_{JIS} の場合は μm, RSm の場合は mm

	0.012	0.125	1.25	12.5	125	1,250
	0.016	0.160	1.60	16.0	160	1,600
0.002	0.020	0.20	2.0	20	200	
	0.025	0.25	2.5	25	250	
0.003	0.032	0.32	3.2	32	320	
0.004	0.040	0.40	4.0	40	400	
0.005	0.050	0.50	5.0	50	500	
0.006	0.063	0.63	6.3	63	630	
0.008	0.080	0.80	8.0	80	800	
0.010	0.100	1.00	10.0	100	1000	

表 13.5-1 $Rmr(c)$ の標準数列

| $Rmr(c)$(%) | 10 | 15 | 20 | 25 | 30 | 40 | 50 | 60 | 70 | 80 | 90 |

c(%)も $Rmr(c)$ と同じ数列。$c:Rz$ に対する百分率。

表 13.5-2 粗さ曲線用カットオフ値 λc，触針先端半径 r_{tip}，及びカットオフ比 $\lambda c/\lambda s$ の関係

λc mm	λs μm	$\lambda c/\lambda s$	最大 r_{tip} μm	最大サンプリング間隔 μm
0.08	2.5	30	2	0.5
0.25	2.5	100	2	0.5
0.8	2.5	300	2[1]	0.5
2.5	8	300	5[2]	1.5
8	25	300	10[2]	5

注[1]　$Ra>0.5\mu$m 又は $Rz>3\mu$m の表面に対しては，通常，$r_{tip}=5\mu$m を用いても，測定結果に大きな差を生じさせない。
[2]　カットオフ値 λs が 2.5μm 及び 8μm の場合には，推奨先端半径をもつ触針の機械的フィルタ効果による減衰特性は，定義された通過帯域の外側にある。したがって，触針の先端半径又は形状の多少の誤差は，測定値から計算されるパラメータの値にはほとんど影響しない。
特別なカットオフ比が必要な場合には，その比を明示しなければならない。

表 13.6 表面粗さを指示する記号

指示記号 (A)	指示記号 (B)	意味
		除去加工の要否は問わず，単に粗さの値のみを示すとき。
		除去加工を要する面のとき。
		除去加工を許さない面のとき。

(注)(A)：要求事項のない場合の図示記号
　　(B)：表面性状の要求事項を指示した LE 図示記号

13章　表面性状の表示方法

　なお，前述のように（13-2頁参照）粗さパラメータのカットオフ値 λc は，指示された基準長さに等しくなければならない。

　つまり，基準長さ lp，lr，lw，のうち，粗さ曲線用の基準長さ lr およびうねり曲線用の基準長さ lw はそれぞれの輪郭曲線フィルタのカットオフ値 λc および λf に等しい。断面曲線用の基準長さ lp は，評価長さ ln に等しい。

　評価長さ ln は輪郭曲線の X 軸方向の長さで，1つ以上の基準長さを含む。評価長さの標準値は表13.2を参照されたい。ただし，うねりパラメータのための標準値は規定していない。

　表13.5-2の標準値であれば，高域フィルタのカットオフ値 λc を「−0.8」のように指示するだけでよい。粗さパラメータのための通過帯域の低域フィルタ及び広域フィルタの両方を管理したい場合には，カットオフ値の組合せをパラメータ記号に付ける。

　　例：0.008-0.8　　（JIS B 0031：2003）

13.3　表面粗さとうねりの図示方法（図示方法の設定）

　JIS B 0031：2003「製品の幾何特性仕様（GPS）―表面性状の図示方法」による。

（1）　表面粗さ

　文書表現と図面指示について：

　表13.6に示す記号の文書表現では①除去加工の有無を問わない場合の指示は，APA（Any Process Allowed），②除去加工をする場合の指示は MRR（Material Removal Required），③除去加工をしない場合の指示は NMR（No Material Removed）と図13.2のように記す。

図面標記：

　表面性状の許容限界値には，「16％ルール」または「最大値ルール」のどちらかを解釈する。

　標準ルールは16％ルールを適用する。したがって最大値ルールを適用する場合には，パラメータ記号の後に"max"を付ける。（16％ルールに関しては13-24頁参照）

　通過帯域，低域フィルタ又は高域フィルタのカットオフ値がない場合には，これらを指示する。次のように通過帯域は，ハイフン"―"で仕切られたフィ

13.3 表面粗さとうねりの図示方法（図示方法の設定）

MRR *Ra* 0.7 ; *Rz*1 3.3

(a) 文書表現

(b) 図面指示

> *Rz*1 の 1 は，5 つ以外の数の連続した基準長から評価された平均パラメータには，用いた基準長さの個数を粗さ記号の後に付けるので基準長さの個数は 1 個。

図 13.2-1 16％ルールを適用した場合のパラメータ記号（標準通過帯域）

MRR *Ra*max 0.7 ; *Rz*1max 3.3

(a) 文書表現   (b) 図面指示

図 13.2-2 最大値ルールを適用した場合のパラメータ記号（標準通過帯域）

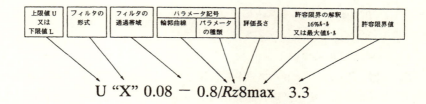

$$U\ \text{"X"}\ 0.08 - 0.8/Rz8\text{max}\ 3.3$$

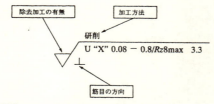

U は上限値，L は下限値を示す（図 13.5 参照）。

MRR 0.0025-0.8/*Rz* 3.0

(a) 文書表現   (b) 図面指示

図 13.3 表面性状要求事項に付けた通過帯域の指示

13章　表面性状の表示方法

```
         MRR  λc-12×λc/Wz3  125           λc-12×λc/Wz3  125
           (a)  文書表現                    (b)  図面指示
```
図13.4　粗さ曲線用のカットオフ値 λc を基にしたうねり曲線用通過帯域

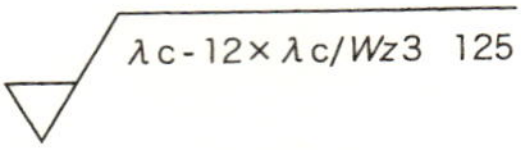

ルタのカットオフ値（単位 mm）によって指示し，低域フィルタのカットオフ値を最初に，高域フィルタのカットオフ値をハイフンの後に置く。

規格に定められている標準ルールであれば（例えば16％ルール）省略は可能である。

通過帯域を決める2つのフィルタのうち1つだけの指示でよい場合，指示されないフィルタは，標準のカットオフ値をもつフィルタとする。

　　例1．0.008-　　（低域フィルタ）　　｜標準長さだけの指示例｜
　　例2．-0.25　　 （高域フィルタ）

(2)　うねり曲線について

通過帯域の両側のカットオフ値を常に指示する。うねり曲線のための通過帯域のカットオフ値の指示は粗さ曲線用のカットオフ値 λc 及び設計者が決める数 n による指示 $n×λc$ である。

なお，λc：低域フィルタのカットオフ値（表13.2に示す粗さ基準長さ lr（mm）である）である。

　　　　$n×λc$：高域フィルタのカットオフ値

うねり曲線は基準長さの数を常にうねりパラメータ記号 W に指示する。

　　例：$Wz5$，$Wa3$

図13.4の例では基準長さの数を3として Wz の後に追加した。この例では基準長さは $12×λc$ である。

Ra，Rz，Rz_{JIS}，RSm などをある区間で表示するときは，その上限値（表示値の大きい方）及び下限値（表示値が小さい方）を表13.4から選んで併記する。例えば図13.5のように U Ra 0.9；L Ra 0.3 のように記す。

図13.2-1：16％ルールを適用した場合のパラメータ記号（標準通過帯域），
図13.2-2：最大値ルールを適用した場合のパラメータ記号（標準通過帯域），
図13.3：表面性状要求事項に付けた通過帯域の指示，図13.4：粗さ曲線用の

13. 3　表面粗さとうねりの図示方法（図示方法の設定）

MRR U *Ra*　0.9；L *Ra*　0.3

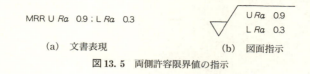

（a）　文書表現

（b）　図面指示

図 13. 5　両側許容限界値の指示

MRR 旋削 *Rz*　3.1

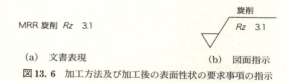

（a）　文書表現

（b）　図面指示

図 13. 6　加工方法及び加工後の表面性状の要求事項の指示

NMR Fe/Ni 15 p Cr r；*Rz*　0.6

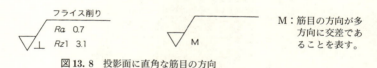

（a）　文書表現

（b）　図面指示

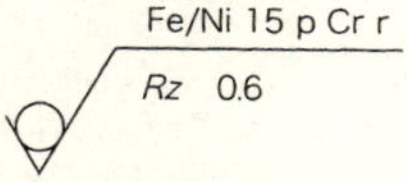

図 13. 7　表面処理及び表面性状の要求事項の指示

M：筋目の方向が多方向に交差であることを表す。

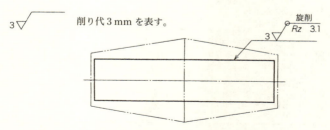

図 13. 8　投影面に直角な筋目の方向

削り代 3 mm を表す。

参考　対象面は，円筒面及び両端面である。

図 13. 9　全表面に削り代 3 mm を要求する部品の最終形状における表面性状要求事項の指示

13章 表面性状の表示方法

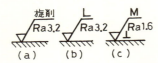

図 13.10 加工方法及び仕上面の筋目方向を表示する方法

表 13.7 加工方法記号（JIS B 0122：1978）

加工方法	記号	加工方法	記号
旋　削	L	ベルト研削	GBL
穴あけ(きりもみ)	D	ホーニング	GH
中ぐり	B	ラップ仕上げ	FL
フライス削り	M	リーマ仕上げ	FR
平　削　り	P	やすり仕上げ	FF
形　削　り	SH	鋳　　造	C
ブローチ削り	BR	ダイカスト	CD
のこ引き	SW	型　鍛　造	FD
歯　切　り	TC	プレス加工	P
研　　削	G	転　　造	RL

備考　JIS規格では他にも多くの加工方法記号を規定している。

表 13.8 筋目方向の記号（JIS B 0031：2003）

記号	意　味	説　明　図
=	加工による刃物の筋目の方向が記号を記入した図の投影面に平行 例：形削り面	
⊥	加工による刃物の筋目の方向が記号を記入した図の投影面に直角 例：形削り面（横から見る状態） 旋削、円筒研削面	
X	加工による刃物の筋目の方向が記号を記入した図の投影面に斜めで2方向に交差 例：ホーニング仕上げ面	
M	加工による刃物の筋目が多方向に交差又は無方向 例：ラップ仕上げ面，超仕上げ面，横送りをかけた正面フライス又はエンドミル削り面	
C	加工による刃物の筋目が記号を記入した面の中心に対してほぼ同心円状 例：正面削り面	
R	加工による刃物の筋目が記号を記入した面の中心に対して，ほぼ放射状	
P	筋目が，粒子状のくぼみ，無方向又は粒子状の突起 例　放電加工面，超仕上げ面，ブラスチング面	

13.4　表面粗さの図面記入法

カットオフ値 λc を基にしたうねり曲線用通過帯域，図 13.5：両側許容限界値の指示，図 13.6：加工方法及び加工後の表面性状の要求事項の指示，図 13.7：表面処理及び表面性状の要求事項の指示，図 13.8：投影面に直角な筋目の方向，図 13.9：全表面に削り代 3 mm を要求する部品の最終形状における表面性状要求事項の指示の例をそれぞれ示した。

　加工方法（表面処理を含む）を指示する場合は，図 13.10 に示すように指示記号の長い方の脚につけた横線の上側に表 13.7 に示す加工方法又はその記号若しくは JIS H 0404（電気メッキの記号による表示方法）に規定されている記号で記入する。切削などの加工によって仕上げた面には，刃物の筋目による種々な模様が残る。これを表すには表 13.8 に示す記号を用いて指示記号の右側に付記する（図 13.10(c)）。一般に表面粗さの値は筋目と直角な方向が最大となるから，通常はこの方向に粗さを測定する。なお，参考として Ra と旧 JIS 規格の仕上記号との関係を表 13.9 に示す。

13.4　表面粗さの図面記入法

　面の肌を指示する場合は，まず面の指示記号を書き，表面粗さの値，カットオフ値または規準長さ，加工方法記号，筋目方向の記号などを図 13.11 に示す位置に配置して表す。図 13.12 は参考として指示記号の寸法割合の例を示す。表面粗さのパラメータには Ra を主に使用する。表面粗さの数値は，表 13.4 に示す標準数の中から選んで指定する。

　図 13.13 表面性状の要求事項の向き，図 13.14 表面を表す外形線上に指示した表面性状の要求事項，図 13.15 引出線の 2 つの使い方，図 13.16 サイズ形体の寸法と併記した表面性状の要求事項，図 13.17 公差記入枠に付けた表面性状の要求事項，図 13.18 円筒形体の寸法補助線に指示した表面性状の要求事項，図 13.19 円筒及び角柱の表面の表面性状の要求値，図 13.20 大部分が同じ表面性状である場合の簡略図示（何も付けない），図 13.21 大部分が同じ表面性状である場合の簡略図示（一部異なった表面性状を付ける），図 13.22 指示スペースが限られた場合の表面性状の参照指示，図 13.23 図示記号だけによる場合の表面性状の簡略指示，図 13.24 表面処理前後の表面性状の要求事項の指示（表面処理の例）を示した。

13章 表面性状の表示方法

表 13.9 Ra と旧規格の仕上記号との関係（参考）

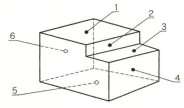

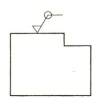

"部品一周の全周面"の表面性状の図示記号：図面に閉じた外形線によって表された部品（外殻形体）一周の全周面に，同じ表面性状が要求される場合には，左図のように表面性状の図示記号に丸記号を付ける。

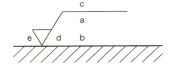

参考 図形に外形線によって表された全表面とは，部品の三次元表現（右図）で示されている6面である（正面及び背面を除く）。

(a) 図面上で外形線によって表された全表面（6面）に適用する表面性状の要求事項の例

a：通過帯域又は基準長さ，表面性状パラメータ
b：複数パラメータが要求されたときの二番目以降のパラメータ指示
c：加工方法
d：節目とその方向
e：削り代

参考 原国際規格にはないが，"a"～"e"の位置に指示する事項を記載した。

(b) 表面性状の要求事項を支持する"a"～"e"の位置

図 13.11 面の肌の指示記号の記入位置

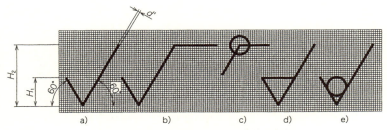

図 13.12 面の肌の指示記号の寸法割合（参考）

13.4 表面粗さの図面記入法

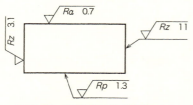

図 13.13　表面性状の要求事項の向き

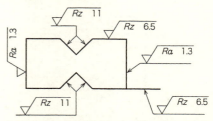

図 13.14　表面を表す外形線上に指示した表面性状の要求事項

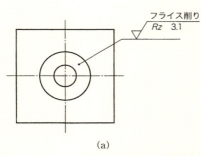

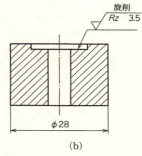

図 13.15　引出線の 2 つの使い方

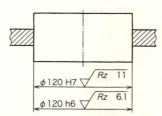

図 13.16　サイズ形体の寸法と併記した表面性状の要求事項

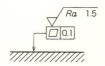

除去加工を要し，表面性状の算術平均粗さ Ra 1.5 で平面度公差 0.1 を示す。

図 13.17　公差記入枠に付けた表面性状の要求事項

13章　表面性状の表示方法

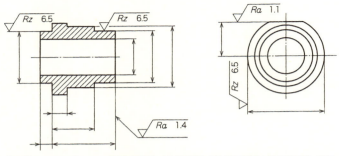

中心線によって表された円筒表面及び角柱表面（各表面が同一表面性状）では、表面性状の要求事項を1回だけ指示。

図 13. 18　円筒形体の寸法補助線に指示した表面性状の要求事項

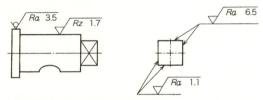

角柱の各表面に異なった表面性状が要求される場合には、角柱の各表面に対して個々に指示する。

図 13. 19　円筒及び角柱の表面の表面性状の要求値

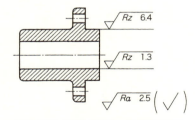

括弧で囲んだ何も付けない基本図示記号

図 13. 20　大部分が同じ表面性状である場合の簡略（何も付けない）

13.4 表面粗さの図面記入法

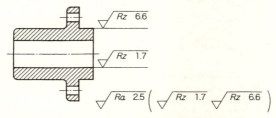

上記図 13.20 のように指示するか，又は，括弧で囲んだ部分に
異なった表面性状の要求事項

図 13.21 大部分が同じ表面性状である場合の簡略図示
（一部異なった表面性状を付ける）

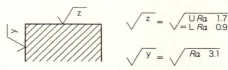

図 13.22 指示スペースが限られた場合の表面
性状の参照指示

(a) 加工法を問わない場合

(b) 除去加工をする場合

(c) 除去加工をしない場合

同じ表面性状の要求事項が部品の
大部分のとき

図 13.23 図示記号だけによる場合
の表面性状の簡略指示

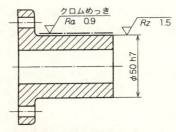

表面処理の前後の表面性状を指示する
必要のある場合

図 13.24 表面処理前後の表面性状の要求
事項の指示（表面処理の例）

13章　表面性状の表示方法

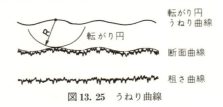

図 13.25　うねり曲線

13.5　転がり円うねり

JIS B 0610：2001「製品の幾何特性仕様（GPS）―表面性状：輪郭曲線方式―転がり円うねりの定義及び表示」による。

転がり円うねり測定曲線とは転がり円が実表面の断面曲線に倣って運動するときの円の中心の軌跡である。

JIS B 0610：1987 に制定されていた，ろ波うねり W_{CM} 及びろ波中心線うねり W_{CA} は削除され，JIS B 0601：2001 に最大高さうねり W_z，及び平均うねり W_a として新たに規定された（上記１.(3)及び２.(1)参照）。そこで JIS B 0610：2001 に転がり円うねりの定義及び表示として転がり円最大うねり W_{EM} または転がり円算術平均うねり W_{EA} が定義された。

実表面の断面曲線：対象物の表面（対象面）に直角な平面で対象面を切断したとき，その切り口に現れる輪郭。（図 13.25）

- 転がり円：実表面の断面曲線を倣うときに用いる一定半径の円。
- 転がり円うねり測定曲線：転がり円が実表面の断面曲線に倣って運動するときの円の中心に軌跡。
- 転がり円うねり測定断面曲線：転がり円うねり測定曲線をデジタル形式にしたもの。
- 転がり円うねり断面曲線：転がり円うねり測定断面曲線から円弧などの呼び形状の長波長成分を，最適化された最小二乗法によって除去して得られる曲線。
- 転がり円うねり曲線 $z(x)$：転がり円うねり断面曲線にカットオフ値 λf の高域（バイパス）フィルタを適用して求めた曲線。

転がり円うねり曲線 $z(x)$ は，ある半径の円板（転がり円）を断面曲線上に転がし，円の中心の軌跡から得たうねり曲線であり，転がり円うねり断面曲線

13.5 転がり円うねり

表 13.10 高域カットオフ値及び転がり円の曲率半径
(JIS B 0610:2001)
単位 mm

転がり円の曲率半径 r_{tip}	0.08	0.25	0.8
	2.5	8	25

表 13.11 基準長さ (JIS B 0610:2001)
単位 mm

基準長さ lw	0.25	0.8	2.5
	8	25	80

表 13.12 評価長さ (JIS B 0610:2001)
単位 mm

高域カットオフ値 λf	0.8　2.5　8　25　(標準値は 8)
評 価 長 さ ln	原則として $3\lambda f$ またはそれより大きい値をとる

表 13.13 転がり円最大高さうねりと転がり円算術平均うねりとその最大値 (JIS B 0610:2001)

転がり円うねり 名称	記号	転がり円うねりの求め方
転がり円最大高さうねり	W_{EM}	転がり円うねり曲線から基準長さ lw だけ抜き取った曲線を平均線に平行な二直線で挟んだときの二直線の縦方向間隔を μm 単位で表したもの。 lw:転がり円最大高さうねりを求めるための転がり円うねり断面曲線の長さ:基準長さ
転がり円算術平均うねり	W_{EA}	$$W_{EA}=\frac{1}{ln}\int_0^{ln}|Z(x)|dx$$ 評価長さ ln の転がり円うねり曲線 $Z(x)$ から,上の式で与えられる W_{EA} の値を μm 単位で表したもの。 ln:転がり円算術平均うねりを求めるための転がりうねり曲線の長さ 転がり円うねり曲線 $Z(x)$ 転がり円うねり断面にカットオフ値 λf の高域(バイパス)フィルタを適用して求めた曲線。λf の標準値は 8[mm] である。
転がり円最大高さうねりの最大値	W_{EMmax}	ここでいう最大値とは,対象面上でのランダムに設定した数箇所の位置における W_{EM} を平均した値であって,個々の W_{EM} の最大値ではない。
転がり円算術平均うねりの最大値	W_{EAmax}	ここでいう最大値とは,対象面上でのランダムに設定した数箇所の位置における W_{EA} を平均した値であって,個々の W_{EA} の最大値ではない。

にカットオフ値 λt の高域(ハイパス)フィルタを適用して求めた曲線である。転がり円の曲率半径 r_{tip} を表 13.10 に示す。また,基準長さ lw を表 13.11 に,高域カットオフ値 λf と評価長さ ln を表 13.12 に示す。

表 13.13 に,転がり円最大高さうねりと転がり円算術平均うねりをまとめた。

転がり円うねりの転がり円の半径,基準長さ,評価長さは表 13.10,表 13.11,表 13.12 による。

13章　表面性状の表示方法

表 13.14　転がり円うねりの呼び方　　　　　JIS B 0610 : 2001

転がり円うねりの名称	転がり円うねりの呼び方
転がり円最大高さうねり W_{EM}	転がり円最大高さうねり___μm　転がり円半径___mm　基準長さ___mm 又は___μmW_{CM} f_h___mm L___mm
転がり円算術平均 W_{EA}	転がり円算術平均___μm　転がり円半径___mm　高域カットオフ値___mm 又は___μmW_{EA} r_{tip}___mm λf___mm

表 13.15　転がり円算術平均うねりの最大値の記入例（JIS B 0610 : 2001）

文書及び図面	転がり断面円最大高さうねり又は転がり円算術平均うねりの最大許容値を指示する場合には，W_{EM} 又は W_{EA} の後に max を付けて W_{EMmax} 又は W_{EAmax} とする。	意味
文書表示	0.2μm W_{EAmax}　r_{tip} 2.5mm　λf 8mm　ln 8mm	転がり円の半径 r_{tip}=2.5[mm], 評価長さ ln=8[mm], 転がり円算術平均うねりの最大許容値 0.2[μm] 高域フィルタのカットオフ値 8[mm]
図面指示	$\sqrt{\perp 0.2 W_{EAmax*}}$　r_{tip}2.5　λf8　ln8	（各値は上に同じ。） 加工による条線の方向が記号を記入した図の投影面に直角。

　転がり円うねりの呼び方は表 13.14 に示す。転がり円算術平均うねりの最大許容値を指示する記入例を表 13.15 に示す。

13.6　表面性状の合否判定のルール

(1)　16％ルール

　「JIS B 0633：2001 製品の幾何特性仕様（GPS）―表面性状：輪郭曲線方式―表面性状評価の方式及び手順」より，16％ルールが存在する。以下は 16％ルールの説明である。

　表面性状の要求値が，パラメータの上限値によって指示されている場合には，粗さが最大に見える部分の一つの評価長さから切り取った全部の基準長さを用いて算出したパラメータの測定値のうち，図面又は製品技術情報に指示された要求値を超える数が 16％以下であれば，この表面は，要求値を満たすものと受け入られるものとする。

13.6 表面性状の合否判定のルール

　16％ルールは，測定値が正規分布するとき，「μ（平均値）＋σ（標準偏差）の上限値以下になっていれば，この表面は要求値を満たしたものとする」ことを規定している。

　つまり，1つの評価長さ（標準は基準長の5倍）から切り取った全部の基準長さを用いて算出したパラメータのうち，要求値を超える数が16％以下であれば合格とする。例えば，基準長さ5区間（評価長さの標準）で評価しているパラメータであれば，1区間だけ要求値を満たさなかった場合は20％（＝1区間/5区間）となり不合格となる。

　合格となるのは，
　a．最初の測定値が，指定された値（図面指示値）の70％を超えない。
　b．最初の3個の測定値が指定された値（図面指示値）を超えない。
　c．最初の6個の測定値のうち，2個以上が指定された値（図面指示値）を超えない。
　d．最初の12個の測定値のうち，3個以上が指示された値（図面指示値）を超えない。

　つまりμ（平均値）＋σ（標準偏差）がパラメータの上限値以下である。〔測定値が正規分布のとき〕

　要求値がパラメータの下限値によって指示されている場合には，1つの評価長さから切り取った全部の基準長さを用いて算出したパラメータの測定値のうち，図面又は製品技術情報に指示された要求値より小さくなる数が16％以下であれば，この表面は，要求を満たすものと受け入れられるものとする。

　下限値 L での16％ルールでは規格値を下回る基準長個数が測定基準長数の16％以下またはμ－σ値が規格値（下限値）以上のとき合格とする。

　なお，評価長さが基準長さの5倍にならない場合は5個の基準長さに下記の計算式で換算する。

$$\sigma_5 = \sigma_n \sqrt{\frac{n}{5}}$$

● 16％ルールを用いた場合には，パラメータの記号の次には粗さの単位μmの数値を記載するだけでよい（例 $Ra\,0.7$，$Rz\,3.3$，$Rz1\,3.3$）。
● 平均パラメータの算出に，標準個数5つの連続した基準長さを利用する場合

13章　表面性状の表示方法

には，粗さ記号に基準長さの個数を添付として付ける必要はない。5つ以外の数の連続した基準長から評価された平均パラメータには，用いた基準長さの個数を粗さ記号の後に付ける（例：$Rz1$，$Rz3$）← JIS B 0633 2001 製品の幾何特性仕様（GPS）―表面性状：輪郭曲線方式―表面性状評価の方式及び手順

(2)　最大値ルール

要求値が，パラメータの最大値によって指示されている場合，対象面全域で求めたパラメータの値のうち1つでも図面又は製品技術情報に指示された要求値を超えてはならない。

パラメータの最大許容値を指示するためには，パラメータの記号に"max"を付ける（例えば $Rz1_{max}$）。

13.7　その他のパラメータ（モチーフパラメータ及び負荷曲線に関連する表面性状）

モチーフパラメータ：JIS B 0631：2000「製品の幾何特性仕様（GPS）―表面性状：輪郭曲線方式―モチーフパラメータ」による。

モチーフパラメータ（AR, R, Rx, AW, W）について：

モチーフとは，断面曲線の凹凸の主要素をいい，モチーフから求めるパラメータをモチーフパラメータという。サンプル表面の包絡形状をもとに，表面の接触状況を評価するためのパラメータで，潤滑機構の滑りやガスケット等の接触評価，樹脂フィルムや特殊コーティングの表面性状解析を行うのに便利である。これは，高い局部の山は接触に関与し，2つの局部山の間にある低い山は接触に関与しないことから，局部の空隙や油溜まりの評価に適しているからである。

対象としている表面の特徴を抽出するモチーフ法によって粗さモチーフ及びうねりモチーフを断面曲線（測定断面曲線から短波長成分をカットオフ値 λs の低域フィルタによって除去した曲線）から決めるものであり，輪郭曲線フィルタとは関係なく，モチーフ深さ及びモチーフ長さからモチーフパラメータを求める。

粗さモチーフの平均長さ：評価長さで求めた粗さモチーフ長さ ARi の算術平均値 = AR

13.7 その他のパラメータ

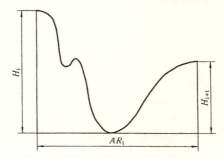

$T = \text{MIN}(H_j, H_{j+1})$ この図では，$T = H_{j+1}$

図13.26 粗さモチーフ（粗さモチーフ深さ Hj，粗さモチーフ長さ Ari）

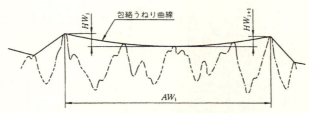

$T = \text{MIN}(HW_j, HW_{j+1})$ この図では，$T = HW_{j+1}$

図13.27 うねりモチーフ（うねりモチーフ深さ Hwj，粗さモチーフ長さ AWi）

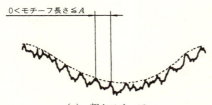
(a) 粗さモチーフ

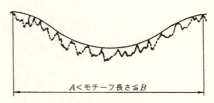
(b) うねりモチーフ

図13.28 モチーフの上限長さ

$$AR = \frac{1}{n}\sum_{i=1}^{n} ARi$$

粗さモチーフの平均深さ：評価長さで求めた粗さモチーフ深さ Hj の算術平均値 $= R$

13章　表面性状の表示方法

表 13.16　モチーフパラメータ推奨測定条件

$A^{(4)}$ mm	$B^{(4)}$ mm	測定長さ mm	評価長さ mm	$\lambda s^{(5)}$ μm	触針先端の最大半径　μm
0.02	0.1	0.64	0.64	2.5	2±0.5
0.1	0.5	3.2	3.2	2.5	2±0.5
0.5	2.5	16	16	8	5±1
2.5	12.5	80	80	25	10±2

注$^{(4)}$　他に指示がない場合には，標準として $A=0.5\,\text{mm}$，$B=2.5\,\text{mm}$ とする。
　$^{(5)}$　短波長成分を遮断する低減フィルタのカットオフ値。

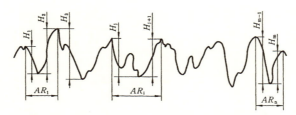

図 13.29　粗さモチーフ長さ ARi，粗さモチーフ深さ Hj

$$R=\frac{1}{m}\sum_{j=1}^{m}Hj$$

粗さモチーフの最大深さ：評価長さで求めた Hj の最大値 $=Rx$

うねりモチーフの平均長さ：評価長さで求めたうねりモチーフ長さ AWi の算術平均値 $=AW$

$$AW=\frac{1}{n}\sum_{i=1}^{n}AWi$$

うねりモチーフの平均深さ：評価長さで求めたうねりモチーフ深さ HWj の算術平均値 $=W$

$$W=\frac{1}{m}\sum_{j=1}^{m}Hwj$$

HWj の数は，AWj の数の2倍である（$m=2n$）。

図 13.26 粗さモチーフ，図 13.27 うねりモチーフ，図 13.28 モチーフの上限長さ，図 13.29 粗さモチーフ長さ ARi，粗さモチーフ深さ Hj，表 13.16 モチーフパラメータ推奨測定条件を示す。

13.8 負荷曲線に関連する表面性状

13.8 負荷曲線に関連する表面性状

負荷曲線パラメータ：Rpk, Rvk, Rpq, Rvq, Rmq (Ppq, Pvq, Pmq)：

特別な機能性が求められる気密性，潤滑性，等の表面性状の特性解析に用いられる。

負荷曲線に関する JIS 規格「JIS B 0671：製品の幾何特性仕様（GPS）－表面性状：輪郭曲線方式；プラトー構造面の特性評価－」による。

JIS B 0671-1：2002；第1部：フィルタ処理及び測定条件
JIS B 0671-2：2002；第2部：線形表現の負荷曲線による高さの特性評価
JIS B 0671-3：2002；第3部：正規確率紙上の負荷曲線による高さの特性評価

パラメータ Rpk 及び Rvk は，それぞれ"突出山部の断面積"又は"突出谷部の断面積"に等しくなる直角三角形に高さによって与えられる。このような性質は，ラップ加工面，研削加工面及びホーニング加工面によく見られる。

(1) JIS B 0671-2：2002；第2部：「線形表現の負荷曲線による高さの特性評価」より。（図 13.30）

(2) JIS B 0671-3：2002；第3部：「正規確率紙上の負荷曲線による高さの特性評価」より。（図 13.31）

この規格は，高さ方向の2つの不規則波形成分，すなわち，比較的粗い谷領域及び微細仕上げされたプラトー（高原あるいは台地状）領域をもつ表面特性の数値表現に関するものである。この種の表面は，シリンダライナ及び燃料噴射部品のように潤滑された摺動部に用いられる。

評価パラメータ：Rpq, Rvq, Rmq (Ppq, Pvq, Pmq)

13.9 表面性状，粗さパラメータやモチーフパラメータ等の指示の例

図示記号とその意味及び解釈を表 13.17 に示す。

13章　表面性状の表示方法

"突出山部の断面積"及び
"突出谷部の断面積"の
等面積直角三角形への変換

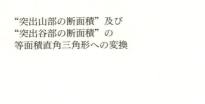
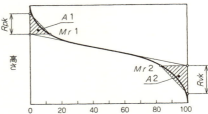

図 13.30　Rpk，Rvk の求め方

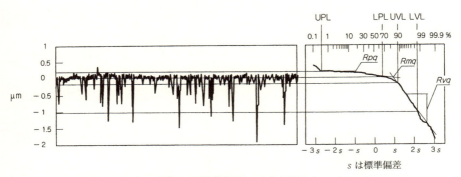

図 13.31　粗さ曲線及び正規確率紙上の負荷曲線並びにパラメータ
　　　　　Rpq，Rvq，Rmq の決定に用いる領域

13.9 表面性状，粗さパラメータやモチーフパラメータ等の指示の例

表 13.17 面性状の要求事項を指示した図示記号
(JIS B 0031：2003 製品の幾何特性仕様（GPS）―表面性状の図示方法)

参照番号	図示記号	意味及び解釈
B.2.1	Rz 0.5	除去加工をしない表面，片側許容限界の上限値，標準通過帯域，粗さ曲線，最大高さ，粗さ $0.5\,\mu\text{m}$，基準長さ lr の 5 倍の標準評価長さ，"16％ルール"（標準）（JIS B 0633 参照）
B.2.2	Rzmax 0.3	除去加工面，片側許容限界の上限値，標準通過帯域，粗さ曲線，最大高さ，粗さ $0.3\,\mu\text{m}$，基準長さ lr の 5 倍の標準評価長さ，"最大値ルール"（JIS B 0633 参照）
B.2.3	0.008-0.8/Ra 3.1	除去加工面，片側許容限界の上限値，通過帯域は 0.008-0.8 mm，粗さ曲線，算術平均粗さ $3.1\,\mu\text{m}$，基準長さ lr の 5 倍の標準評価長さ，"16％ルール"（標準）（JIS B 0633 参照）
B.2.4	-0.8/Ra3 3.1	除去加工面，片側許容限界の上限値，通過帯域は JIS B 0633 による基準長さ 0.8 mm（λs は標準値 0.0025 mm），粗さ曲線，算術平均粗さ $3.1\,\mu\text{m}$，基準長さ lr の 3 倍の評価長さ，"16％ルール"（標準）（JIS B 0633 参照）
B.2.5	U Ramax 3.1 L Ra 0.9	除去加工をしない表面，両側許容限界の上限値及び下限値，標準通過帯域，粗さ曲線，上限値；算術平均粗さ $3.1\,\mu\text{m}$，基準長さ lr の 5 倍の評価長さ（標準），"最大値ルール"（JIS B 0633 参照），下限値；算術平均粗さ $0.9\,\mu\text{m}$，基準長さ lr の 5 倍の評価長さ，"16％ルール"（標準）（JIS B 0633 参照）
B.2.6	0.8-25/Wz3 10	除去加工面，片側許容限界の上限値，通過帯域は 0.8-25 mm，うねり曲線，最大高さうねり $10\,\mu\text{m}$，基準長さ lw の 3 倍の評価長さ，"16％ルール"（標準）（JIS B 0633 参照）
B.2.7	0.008-/Ptmax 25	除去加工面，片側許容限界の上限値，通過帯域は粗さ曲線，$\lambda s=0.008$ mm で高域フィルタなし，断面曲線，断面曲線の最大断面高さ $25\,\mu\text{m}$，対象面の長さに等しい標準評価長さ，"最大値ルール"（JIS B 0633 参照）
B.2.8	0.0025-0.1//Rx 0.2	加工法を問わない表面，片側許容限界の上限値，通過帯域は $\lambda s=0.0025$ mm；$A=0.1$ mm，標準評価長さ 3.2 mm，粗さモチーフパラメータ：粗さモチーフの最大深さ $0.2\,\mu\text{m}$，"16％ルール"（標準）（JIS B 0633 参照）
B.2.9	/10/R 10	除去加工をしない表面，片側許容限界の上限値，通過帯域は $\lambda s=0.008$ mm（標準）；$A=0.5$ mm（標準），評価長さ 10 mm，粗さモチーフパラメータ：粗さモチーフの平均深さ $10\,\mu\text{m}$，"16％ルール"（標準）（JIS B 0633 参照）
B.2.10	W 1	除去加工面，片側許容限界の上限値，通過帯域は $A=0.5$ mm（標準）；$B=2.5$ mm（標準），評価長さ 16 mm（標準），うねりモチーフパラメータ：うねりモチーフの平均深さ 1 mm，"16％ルール"（標準）（JIS B 0633 参照）
B.2.11	-0.3/6/AR 0.09	加工法に無関係な表面，片側許容限界の上限値，通過帯域は $\lambda s=0.008$ mm（標準）；$A=0.3$ mm，評価長さ 6 mm，粗さモチーフパラメータ：粗さモチーフの平均長さ 0.09 mm，"16％ルール"（標準）（JIS B 0633 参照）

13章　表面性状の表示方法

13.10　図示例：JIS B 0031：2003 附属書 C より

要求事項とその図示例を示す。

図示例

参照番号	要求事項	図示例
C.1	両側許容限界の表面性状を指示する場合の指示 　―両側許容限界 　―上限値 $Ra=55\ \mu m$ 　―下限値 $Ra=6.2\ \mu m$ 　―両者とも"16%ルール"（標準）（JIS B 0633） 　―通過帯域 0.008-4 mm 　―標準評価長さ（5×4 mm＝20 mm）（JIS B 0633） 　―筋目は中心の周りにほぼ同心円状 　―加工方法：フライス削り	フライス削り U 0.008-4/Ra　55 C L 0.008-4/Ra　6.2 参考　原国際規格では，U 及び L が明確に理解できるこの例では U 及び L を省略してよいとなっているが，6.6.3 に従い迅速に判断できるように記号 U 及び L を付した。
C.2	1か所を除く全表面の表面性状を指示する場合の指示 1か所を除く全表面の表面性状 　―片側許容限界の上限値 　―$Rz=6.1\ \mu m$ 　―"16%ルール"（標準）（JIS B 0633） 　―標準通過帯域（JIS B 0633 及び JIS B 0651） 　―標準評価長さ（5×λc）（JIS B 0633） 　―筋目の方向：要求なし 　―加工方法：除去加工 1か所の異なる表面性状 　―片側許容限界の上限値 　―$Ra=0.7\ \mu m$ 　―"16%ルール"（標準）（JIS B 0633） 　―標準通過帯域（JIS B 0633 及び JIS B 0651） 　―標準評価長さ（5×λc）（JIS B 0633） 　―筋目の方向：要求なし 　―加工方法：除去加工	Rz 6.1 (✓) Ra 0.7
C.3	二つの片側許容限界の表面性状を指示する場合の指示 　―二つの片側許容限界の上限値 　　1）$Ra=1.5\ \mu m$　　5）$Rz\max=6.7\ \mu m$ 　　2）"16%ルール"（標準）（JIS B 0633）　6）"最大値ルール"（JIS B 0633） 　　3）標準通過帯域（JIS B 0633 及び JIS B 0651）　7）通過帯域―2.5 mm（λs は JIS B 0651） 　　4）標準評価長さ（5×λc）（JIS B 0633）　8）標準評価長さ（5×2.5 mm）（JIS B 0633） 　―筋目の方向：ほぼ投影面に直角 　―加工方法：研削	研削 Ra　1.5 ⊥ -2.5/Rzmax　6.7

13.10 図示例：JIS B 0031：2003 附属書Ｃより

参照番号	要求事項	図示例
C.4	閉じた外形線1周の全表面の表面性状を指示する場合の指示 　―片側許容限界の上限値 　―$Rz=1\ \mu\mathrm{m}$ 　―"16%ルール"（標準）（JIS B 0633） 　―標準通過帯域（JIS B 0633 及び JIS B 0651） 　―標準評価長さ（5×λc）（JIS B 0633） 　―筋目の方向：要求なし 　―表面処理：ニッケル・クロムめっき 　―表面性状の要求事項を閉じた外形線1周の全表面に適用	Fe/Ni 20 p Cr r Rz　1
C.5	片側許容限界及び両側許容限界の表面性状を指示する場合の指示 　―片側許容限界の上限値及び両側許容限界値 　　1）片側許容限界の Ra 　　　$Ra=3.1\ \mu\mathrm{m}$ 　　2）"16%ルール"（標準）（JIS B 0633） 　　3）通過帯域－0.8 mm（λs は JIS B 0651） 　　4）標準評価長さ（5×0.8＝4 mm）（JIS B 0633） 　　1）両側許容限界の Rz 　　2）上限値 $Rz=18\ \mu\mathrm{m}$ 　　3）下限値 $Rz=6.5\ \mu\mathrm{m}$ 　　4）両者の通過帯域－2.5 mm（λs は JIS B 0651） 　　5）両者の標準評価長さ（5×2.5＝12.5 mm） 　　6）"16%ルール"（標準）（JIS B 0633） 　　（明確に理解できる場合でも，U 及び L を指示するとよい。） 　―表面処理：ニッケル・クロムめっき	Fe/Ni 10 b Cr r -0.8/Ra　3.1 U -2.5/Rz　18 L -2.5/Rz　6.5
C.6	同じ寸法線上に表面性状の要求事項と寸法とを指示する場合の指示 キー溝側面の表面性状 　―片側許容限界の上限値 　―$Ra=6.5\ \mu\mathrm{m}$ 　―"16%ルール"（標準）（JIS B 0633） 　―標準評価長さ（5×λc）（JIS B 0633） 　―標準通過帯域（JIS B 0633 及び JIS B 0651） 　―筋目の方向：要求なし 　―加工方法：除去加工 面取り部の表面性状 　―片側許容限界の上限値 　―$Ra=2.5\ \mu\mathrm{m}$ 　―"16%ルール"（標準）（JIS B 0633） 　―標準評価長さ（5×λc）（JIS B 0633） 　―標準通過帯域（JIS B 0633 及び JIS B 0651） 　―筋目の方向：要求なし 　―加工方法：除去加工	2×45°　Ra 6.5　Ra 2.5 参考　この例の指示は，誤った解釈が生じない場合にだけ用いることができる。例えば，同じ表面性状をもつキー溝の両側面，面取部分など。

13章 表面性状の表示方法

参照番号	要求事項	図示例
C.7	表面性状と寸法とを指示する場合の指示 　―寸法線上に一緒に指示，又は 　―関連する寸法補助線と寸法線にそれぞれ分けて指示例示された三つの粗さパラメータの要求事項 　―片側許容限界の上限値 　―それぞれ $Ra=1.5\ \mu m$，$Ra=6.2\ \mu m$，$Rz=50\ \mu m$ 　―"16%ルール"（標準）（JIS B 0633） 　―標準評価長さ（$5\times\lambda c$）（JIS B 0633） 　―標準通過帯域（JIS B 0633 及び JIS B 0651） 　―筋目の方向：要求なし 　―加工方法：除去加工	
C.8	表面性状，寸法及び表面処理を指示する場合。この例は，順次施される三つの加工方法又は加工面を指示する。 第1段階加工 　―片側許容限界の上限値 　―$Rz=1.7\ \mu m$ 　―"16%ルール"（標準）（JIS B 0633） 　―標準評価長さ（$5\times\lambda c$）（JIS B 0633） 　―標準通過帯域（JIS B 0633 及び JIS B 0651） 　―筋目の方向：要求なし 　―加工方法：除去加工 第2段階加工 　―クロムめっき以外に表面性状の要求事項なし 第3段階加工 　―円筒表面の端から 50 mm の範囲だけに適用する片側許容限界の上限値 　―$Rz=6.5\ \mu m$ 　―"16%ルール"（標準）（JIS B 0633） 　―標準評価長さ（$5\times\lambda c$）（JIS B 0633） 　―標準通過帯域（JIS B 0633 及び JIS B 0651） 　―筋目の方向：要求なし 　―加工方法：研削	

13.11　2RCフィルタを適用した場合の中心線平均粗さ

13.11　2RCフィルタを適用した場合の中心線平均粗さ

JIS B 0601：2001以降は表面性状の計測はデジタルフィルタを用いるが，それ以前の2RCフィルタを用いる場合の注意点を記載している。

(1) カットオフ値（減衰率75％）

JISだけに適応させた規定である。（なお，JISだけに適応させた規定にすでに説明したRz_{JIS}がある。）

カットオフ値λ_{c75}：75は2RCフィルタ（アナログ）のカットオフ値での減衰率75％を表し，デジタルフィルタとは異なることを示す。λ_{c75}は次の6種類とする。

  0.08, 0.25, 0.8, 2.5, 8, 25　単位mm

(2) 中心線平均粗さ

中心線平均粗さはRa_{75}で表す。

粗さ曲線（75％）を用いて得られる次の算術平均高さで，μmによって表したもの。

$$Ra_{75}=\frac{1}{ln}\int_0^{ln}|Z(x)dx|$$

ここに，$Z(x)$：粗さ曲線（75％），ln：評価長さ

● 上限及び下限のλ_{c75}が等しいとき：λ_{c75}は0.8 mm。

  表示例　（6.3〜1.6）μm Ra_{75}

● 上限及び下限のλ_{c75}の標準値が異なるとき：λ_{c75}を2.5 mmとして測定したRa_{75}が25 μm以下であり，λ_{c75}を0.8 mmとして測定したRa_{75}が6.3 μm以上であることを意味する。

  表示例　（25〜6.3）μm Ra_{75}

(3) 2RCフィルタを用いた場合の転がり円算術平均うねりとその表示

パラメータ記号にW_{EA75}として位相補償フィルタによる場合と区別する。

14章　材料記号

　機械部品を設計する場合，材料の決定は重要な問題である。"適材適所"という言葉があるように，その使用目的に従って最も適応した材料を選ぶことが大切である。

　機械部品に用いられる材料のほとんどが金属材料である。JIS では，各種金属材料を鉄鋼（JIS G）と非鉄金属（JIS H）とに大別し，それぞれについて，材質，成分，形状，強さ，製造法，用途などについて詳細に規定している。いずれも種類が多く，材料の種別を普通名称で明確に表すことが面倒である。それで JIS では各材料に材料記号を付け，製図，仕様書及び材料注文書などで材料を指定する場合に，この材料記号を使用する。なお，JIS で材料記号が定められていない材料の場合は，その材料名をそのまま記入する。

14.1　材料記号の表し方

　JIS の鉄鋼材料の記号は，原則として3つの部分から構成されている。一例として，SS 400 及び SWRM 10 の材料記号について述べる。

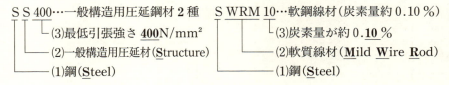

表14.1　材料記号の第1位の文字（材料名）

記号	材料名	備考	記号	材料名	備考
A	アルミニウム	Aluminium	S	鋼	Steel
AB	アルミニウム青銅	Aluminium Bronze	SACM	アルミニウムクロムモリブデン鋼	Aluminium Chromium Molybdenum Steel
B	青銅	Bronze	SCM	クロムモリブデン鋼	Chromium Molybdenum Steel
C	銅	Copper			
DCu	りん脱酸銅	Deoxidized Copper（元素記号）	SCr	クロム鋼	Chromium Steel
F	鉄	Ferrum	SMn	マンガン鋼	Manganese Steel
HBs	高力黄銅	High Strength Brags	SNC	ニッケルクロム鋼	Nickel Chromium Steel
M	マグネシウム	Magnesium	SNCM	ニッケルクロムモリブデン鋼	Nickel Chromium Molybdenum Steel
MCr	金属クロム	Metallic Chromium			
N	ニッケル	Nickel	W	ホワイトメタル	White Metal
PB	りん青銅	Phosphor Bronze	YBs	黄銅	Brass
Pb	鉛	元素記号	Z	亜鉛	Zinc

14章 材料記号

表14.2 材料記号の第2位の文字（規格名または製品名）

記号	名称	備考	記号	名称	備考
B	棒またはボイラ	Bar, Boiler	PM	ミガキ帯鋼	(ローマ字)
BC	チェーン用丸鋼	Bar Chain	PN	熱間圧延鋼板	(ローマ字)
BF	鍛造棒	Forging Bar	PT	ブリキ板	Tinplate
C	鋳造品	Casting	PV	圧力容器用鋼板	Pressure Vessel
CA	構造用合金鋼鋳造品	Alloy	S	一般構造用圧延材	Structural
CD	球状黒鉛鋳鉄品	Ductile	SC	冷間成形形鋼	Structural Cold Forming
CH	耐熱鋼鋳鋼品	Heat-Resisting	SD	異形棒鋼	Deformed
CMB	黒心可鍛鋳鉄品	Malleable Casting, Black	T	管	Tubing
CMP	パーライト可鍛鋳鉄品	Malleable Casting, Pearlite	TB	ボイラ・熱交換器用管	Boiler and Heat Exchange Tube
CMW	白心可鍛鋳鉄品	Malleable Casting, White	TH	高圧ガス容器用鋼管	High Pressure
F	鍛造品	Forging	TK	構造用炭素鋼鋼管	(ローマ字)
GP	ガス管	Gas Pipe	TKS	構造用合金鋼鋼管	(ローマ字＋Special)
GPW	水道用亜鉛めっき鋼管	Gas Pipe Water	TP	配管用管	Pipes
H	高炭素	High Carbon	TPA	配管用合金鋼管	Alloy
J	軸受材	(ローマ字)	TPG	圧力配管用炭素鋼鋼管	General
K	工具鋼	(ローマ字)	TPY	配管用アーク溶接鋼管	(ローマ字)
KH	高速度鋼	High Speed			
KS	合金工具鋼	Special	U	特殊用途鋼	Special-Use
KD	〃（ダイス鋼）	Die	UH	耐熱鋼	Heat-Resisting
			UJ	軸受鋼	(ローマ字)
KT	〃（鍛造型鋼）	(ローマ字)	UM	快削鋼	Machinability
			UP	ばね鋼	Spring
L	低炭素	Low Carbon	US	ステンレス鋼	Stainless
M	中炭素	Medium Carbon	V	リベット用圧延材	Rivet
M	耐候性鋼	Marine	W	線	Wire
MA	溶接構造用耐候性鋼	Marine Atomosphice	WO	オイルテンパー線	Oil Temper Wire
QV	圧力容器用調質型合金鋼	Quenched Vessel	WO-V	弁ばね用オイルテンパー線	Valve
P	板	Plate	WP	ピアノ線	Piano Wire
PC	冷間圧延鋼板	Cold Rolled	WRH	硬鋼線材	Hard Wire Rod
PG	亜鉛鉄板	Galvanized	WRM	軟鋼線材	Mild Wire Rod
PH	熱間圧延鋼板	Hot Rolled	WRS	ピアノ線材	Spring Wire Rod

　ここで第1位の文字は材質を表し，英語，又はローマ字の頭文字，もしくは化学元素記号が用いられる．表14.1に第1位の記号を示す．

　第2位の文字は規格名又は製品名を表す．板・棒・管・線・鋳造品などの製品の形状別の種類や用途を表した記号の組み合わせで，英語，又はローマ字の頭文字が用いられる．表14.2に第2位の記号を示す．ただし，ニッケルクロ

14.1 材料記号の表し方

表 14.3 材料記号の第 3 位の文字（材料の種類，製造方法，質別などを表す記号）

	記号	名称			記号	名称
形状を表すもの	A	形鋼 Angle		製造方法を表すもの	-T8	切削（8 は許容差の等級8級）Cutting
	B	棒 Bar			-EH	特硬質 Extra Hard
	F	平鋼 Flat		質別を表すもの	-H	硬質 Hard
	P	薄板 Plate			-1/2 H	半硬質
	W	線 Wire			-OL	軽軟質
	CP	冷延板 Cold Plate			-O	軟質
	CS	冷延帯 Cold Strip			-SH	ばね質 Spring
	HP	熱延板 Hot Plate			-ESH	特ばね質
	HS	熱延帯 Hot Strip			-F	製出のまま
	TB	熱伝達用管 Boiler and Heat Exchange Tube			-S	溶体化処理材
	TP	配管用管 Pipes			-AH	時効処理材
	WR	線材 Wire Rod			-TH	液体化処理後時効処理材
製造方法を表すもの	-A	アーク溶接鋼管 Arc Welding			-SR	応力除去材 Stress Relief Annealing
	-A-C	冷間仕上アーク溶接鋼管 Arc Welding, Cold		熱処理を表すもの	R	圧延のまま As Rolled
	-B	鍛接鋼管 Butt-Welding			A	焼なまし Annealing
	-B-C	冷間仕上鍛接鋼管 Butt-Welding, Cold			N	焼ならし Normalize
	-E	電気抵抗溶接鋼管 Electric Resistance Welding			NT	焼ならし焼戻し Normalized and Tempered
	-E-C	冷間仕上電気抵抗溶接鋼管 Electric Resistance Welding, Cold			Q	焼入焼戻し Quench and Temper
	-E-H	熱間仕上電気抵抗溶接鋼管 Electric Resistance Welding, Hot			TMC	熱加工制御 Trermo-Mechanical Control Process
	-S-C	冷間仕上継目無鋼管 Seamless, Cold			P	低温焼なまし Plate に SR
	-S-H	熱間仕上継目無鋼管 Seamless, Hot			S	固溶化熱処理 Solution Treatment
	-D9	冷間引抜き（9 は許容差の等級9級）Drawing			TN	試験片に焼ならし Test Normalize
					TNT	試験片に焼ならし焼戻し Test Normalized and Tempered
	-G7	研削（7 は許容差の等級7級）Grindig			SR	試験片に応力除去熱処理 Stress Relief Annealing

ム鋼 (SNC) のように添加元素の符号を付けるなどの例外はある。

　第 3 位の文字は，材料の種類番号の数字，最低引張強さ又は耐力などを表す。

　例外として，機械構造用鋼の場合は主要合金元素量コードと炭素量との組み合わせで表す。例えば，S 45 C 及び S 20 CK は機械構造用炭素鋼鋼材を表すが，45 C 及び 20 C は炭素含有量が約 0.45 ％ 及び約 0.20 ％ であることを表し，K ははだ焼用鋼であることを示している。

　鉄鋼材料の種類記号以外に形状や製造方法などを記号化する場合は種類記号に続けて，形状を表す符号，製造方法を表す符号，熱処理を表す符号，厳しい寸法許容差を表す符号などを付けて表す。表 14.3 に第 3 位の記号を示す。

　非鉄金属では，伸銅品，アルミニウム展伸材，銅及び銅合金鋳物を除くと，原則として前述の鉄鋼材料と同じように 3 つの部分から構成された金属記号を使用している。なお，金属記号の後に一を入れ，質別記号を付けるものもある。

　　例： MP 1－H 14　　………マグネシウム合金板

14章　材 料 記 号

　伸銅品の場合は，Cの後に4けたの数字を付けて表す。最初の3けたの数字はCDA（Copper Development Association）の合金記号で，最後の数字は，CDAと等しい基本合金には0，改良合金には1～9を用いる。アルミニウム展伸材の場合は，Aと4けたの数字（国際登録合金番号）を並べて表す。第1位の数字は，純アルミニウムについては1を，アルミニウム合金には添加元素によって2～9を用いる。数字の第2位は0～9を用い，基本合金は0，その改造合金は2～9を用いる。数字の第3位及び第4位は，純アルミニウムはその純度を小数点以下2けたで表し，合金には旧アルコアの呼び方を原則として付け，日本独自の合金については合金系列別，制定順に01から99までの番号で表す。また，4けたの数字に続いて材料の形状を示す記号（1～3個のローマ字）が付けられる。

　銅及び銅合金鋳物並びに銅合金連続鋳造鋳物については，CAC*と3けたの数字で表す。なお，銅合金連続鋳造鋳物の場合は，上記の記号数字の末尾にCを付ける**。数字の第1位は合金の種類を表し，1～8の数字が使用される。数字の第2位は予備で，すべて0である。数字の第3位は合金種類の中の分類を表している。この数字は旧規格の種類を表す数字と同じになっている。

14.2　金属材料記号例

　JIS規格のG（鉄鋼）部門及びH（非鉄金属）部門には数百に及ぶ各種材料について詳細に規定しているが，そのうちで比較的多く使用されている材料を抜粋し，表14.4（鉄鋼材料，JIS G）及び表14.5（非鉄金属材料，JIS H）に示す。表には，規格番号，名称，種類，材料記号及び引張強さなどを記入しているが，その他，化学成分，機械的性質，用途別など詳細については，それぞれのJIS規格を参照されたい。

14.3　非金属材料の記号

　非金属材料の材料記号や材料の表し方については関連JIS規格を参照されたい。

　　　例えば，プラスチックなどの化学製品…………JIS K（化学）

　　　　　　　セラミックスなど　　　　　…………JIS R（窯業）

---

*　CACは，Copper Alloy Castingの頭文字を示す。
**　Cは，Continuous castingの頭文字を示す。

14.3 非金属材料の記号

表14.4 鉄鋼材料の材料記号 (JIS G)

規格番号 JIS G (年度)	名称	種類, 備考	種類の記号	引張強さ (N/mm²)	規格番号 JIS G (年度)	名称	種類, 備考	種類の記号	引張強さ (N/mm²)
3101 (1995)	一般構造用圧延鋼材	板, 帯, 平, 棒	SS 330	330〜430			熱処理 焼入れ, 焼戻し	SF 540 B	540〜690
		板, 帯, 平, 棒, 形	SS 400	400〜510				SF 590 B	590〜740
			SS 490	490〜610				SF 640 B	640〜780
		同上40 mm以下	SS 540	540以上	3350 (1987)	一般構造用軽量形鋼	軽量形鋼	SSC 400	400〜540
3103 (1987)	ボイラ及び圧力容器用炭素鋼及びモリブデン鋼鋼板		SB 410	410〜550					
			SB 450	450〜590	3444 (1994)	一般構造用炭素鋼鋼管		STK 290	290以上
			SB 480	480〜620				STK 400	400以上
			SB 450 M	450〜590				STK 500	500以上
			SB 480 M	480〜620				STK 490	490以上
3104 (1987)	リベット用丸鋼		SV 330	330〜400				STK 540	540以上
			SV 400	400〜490	3445 (1988)	機械構造用炭素鋼鋼管 (引張強さはAの値を示す) (備考) A, B, Cの順に強さが増加する	11種 A	STKM 11 A	290以上
3106 (1999)	溶接構造用圧延鋼材 (記号の末尾がA及びBは鋼板, 鋼帯, 形鋼及び平鋼がある。他は平鋼がない)	板厚 200 mm以下	SM 400 A				12種 A,B,C	STKM 12	340以上
			SM 400 B	400〜510			13種 A,B,C	STKM 13	370以上
		100以下	SM 400 C				14種 A,B,C	STKM 14	410以上
		200以下	SM 490 A				15種 A,C	STKM 15	470以上
			SM 490 B	490〜610			16種 A,C	STKM 16	510以上
		100以下	SM 490 C				17種 A,C	STKM 17	550以上
		100以下	SM 490 YA	490〜610			18種 A,B,C	STKM 18	440以上
			SM 490 YB				19種 A,C	STKM 19	490以上
		100以下	SM 520 B	520〜640			20種 A	STKM 20 A	540以上
			SM 520 C		3452 (1997)	配管用炭素鋼鋼管	黒管(メッキなし)	SGP	290以上
		100以下	SM 570	570〜720			白管(亜鉛メッキ)	SGP-ZN	
3123 (1987)	みがき棒鋼	注)引張強さはφ5〜φ20 mmの値を示す。	SGD 290-D	380〜740	3454 (1988)	圧力配管用炭素鋼管		STPG 370	370以上
			SGD 400-D	500〜850				STPG 410	410以上
3131 (2010)	熱間圧延軟鋼板及び鋼帯	一般用	SPHC	270以上	3455 (1988)	高圧配管用炭素鋼管		STS 370	370以上
		絞り用	SPHD	270以上				STS 410	410以上
		深絞り用	SPHE	270以上				STS 480	480以上
			SPHF	270以上	3458 (1988)	配管用合金鋼鋼管	(7鋼種)	STPA 12 〜 STPA 26	380以上 〜 410以上
3141 (1996)	冷間圧延鋼板及び鋼帯	一般用	SPCC	270以上					
		絞り用	SPCD	270以上	3459 (1997)	配管用ステンレス鋼管	(29鋼種)	SUS 304 TP 〜 SUS 444 TP	520以上 〜 410以上
		深絞り用	SPCE	270以上					
3113 (2006)	自動車用構造用熱間圧延鋼板及び鋼帯		SAPH 310	310以上	3505 (1996)	軟鋼線材			炭素量(%)
			SAPH 370	370以上				SWRM 6	0.08以下
			SAPH 400	400以上				SWRM 8	0.10以下
			SAPH 440	440以上				SWRM 10	0.08〜0.13
3201 (1988)	炭素鋼鍛鋼品	熱処理 焼なまし, 焼ならし, 又は焼ならし, 焼戻し	SF 340 A	340〜440				SWRM 12	0.10〜0.15
			SF 390 A	390〜490				SWRM 15	0.13〜0.18
			SF 440 A	440〜540				SWRM 17	0.15〜0.20
			SF 490 A	490〜590				SWRM 20	0.18〜0.23
			SF 540 A	540〜640				SWRM 22	0.20〜0.25
			SF 590 A	590〜690					

14章　材料記号

表 14.4　（つづき）

規格番号 JIS G (年度)	名称	種類		種類の記号	引張強さ (N/mm²)	規格番号 JIS G (年度)	名称	種類		種類の記号	引張強さ (N/mm²)
3506 (1996)	硬鋼線材	(21 鋼種)		SWRH 27 〜 SWRH 82 B	炭素量(%) 0.24〜0.31 0.79〜0.86		ニッケルクロム鋼鋼材			SCM415H SCM631H SCM815H	
3522 (1991)	ピアノ線 (引張強さは線径 2mmの値を示す)	A 種		SWP-A	1810〜2010		ニッケルクロムモリブデン鋼鋼材			SNCM220H SNCM420H	
		B 種		SWP-B	2010〜2210	4102 (2000) 旧JIS規格	ニッケルクロム鋼鋼材 (引張り強さはJISの解説による)			SNC236	736以上
		V 種		SWP-V	1770〜1910			はだ焼用		SNC415	785以上
4051 (2016) 機械構造用炭素鋼鋼材 注) (N) は焼ならし品, (H) は焼入れ焼戻し品の引張強さの値を示す。(引張り強さはJISの解説による)		炭素量(%)								SNC631	834以上
		0.08〜0.13		S 10 C	314以上(N)			はだ焼用		SNC815	980.7以上
		0.10〜0.15		S 12 C	373以上(N)					SNC836	932以上
		0.13〜0.18		S 15 C		4103 (2000) 旧JIS規格	ニッケルクロムモリブデン鋼鋼材 (引張り強さはJISの解説による)			SNCM220	834以上
		0.15〜0.20		S 17 C	402以上(N)					SNCM240	883以上
		0.18〜0.23		S 20 C						SNCM415	883以上
		0.20〜0.25		S 22 C	441以上(N)					SNCM420	980.7以上
		0.22〜0.28		S 25 C						SNCM431	834以上
		0.25〜0.31		S 28 C	471以上(N)					SNCM439	980.7以上
		0.27〜0.33		S 30 C	539以上(H)					SNCM447	1030以上
		0.30〜0.36		S 33 C	510以上(N)					SNCM616	1177以上
		0.32〜0.38		S 35 C	569以上(H)					SNCM625	932以上
		0.35〜0.41		S 38 C	539以上(H)					SNCM630	1079以上
		0.37〜0.43		S 40 C	608以上(H)					SNCM815	1079以上
		0.40〜0.46		S 43 C	569以上(H)	4104 (2000) 旧JIS規格	クロム鋼鋼材 (引張り強さはJISの解説による)	はだ焼用		SCr415	785以上
		0.42〜0.48		S 45 C	686以上(H)					SCr420	834以上
		0.45〜0.51		S 48 C	608以上(H)					SCr430	785以上
		0.47〜0.53		S 50 C	735以上(H)					SCr435	883以上
		0.50〜0.56		S 53 C	647以上(H)					SCr440	932以上
		0.52〜0.58		S 55 C	785以上(H)					SCr445	980.7以上
		0.55〜0.61		S 58 C	647以上(N) 785以上(H)	4105 (2000) 旧JIS規格	クロムモリブデン鋼鋼材 (引張り強さはJISの解説による)	はだ焼用		SCM 415	834以上
	はだ焼用	0.07〜0.12		S 09 CK	392以上(H)					SCM 418	883以上
		0.13〜0.18		S 15 CK	490以上(H)					SCM 420	932以上
		0.18〜0.23		S 20 CK	539以上(H)					SCM 421	980.7以上
4052 (2016)	焼入性を保障した構造用鋼鋼材 (H 鋼)	マンガン鋼鋼材		SMₓ420H 〜 SMₓ443H	(4 鋼種)					SCM 430	834以上
				SMₓ21H	はだ焼用					SCM 432	883以上
		マンガンクロム鋼鋼材		SMₓC420H						SCM 435	932以上
				SMₓC443H	はだ焼用					SCM 440	980.7以上
		クロム鋼鋼材		SCᵣ415H 〜 SCᵣ440H	(5 鋼種)					SCM 445	1030以上
								はだ焼用		SCM 822	1030以上
		クロムモリブデン鋼鋼材		SCM415H 〜 SCM822H	(7 鋼種)	4202 (2005) 旧JIS規格	アルミニウムクロムモリブデン鋼鋼材	表面ちっ化用		SACM645	834以上

14-6

14.3 非金属材料の記号

表14.4 (つづき)

規格番号 JIS G (年度)	名称	種類	種類の記号	引張強さ (N/mm²)	規格番号 JIS G (年度)	名称	種類分	類類	種類の記号	引張強さ (N/mm²)
4303 (2012)	ステンレス鋼棒	オーステナイト系	SUS 201 ほか34鋼種	520以上				タングステン系	SKH 10	64以上
								粉末冶金工程モリブデン系	SKH 40	65以上
		オーステナイト・フェライト系	SUS329 J1 ほか2鋼種	590以上				モリブデン系	SKH 50*	63以上
		フェライト系	SUS 405 ほか6鋼種	410以上					SKH 51	64以上
									SKH 52	64以上
		マルテンサイト系	SUS 403 ほか13鋼種	590以上					SKH 53	64以上
									SKH 54	64以上
		析出硬化系	SUS 630 ほか1鋼種	熱処理により930以上～1310以上					SKH 55	64以上
									SKH 56	64以上
4401 (2009)	炭素工具鋼鋼材	炭素量(%)	種類の記号	熱間圧延焼なまし硬さ	適用				SKH 57	66以上
									SKH 58	64以上
		1.30～1.50	SK 140	34以下	刃やすり, 紙やすり等				SKH 59	66以上
		1.15～1.25	SK 120	31以下	ドリル, 鉄工やすり等	4404 (2015)	合金工具鋼鋼材	種類	種類の記号	炭素量(%)	適用
								8鋼種	SKS 11*	1.20～1.30	主として切削工具用
									SKS 2	1.00～1.10	
		1.00～1.10	SK 105	31以下	ハクソー, たがね等				SKS 21* 他	1.00～1.10	
		0.90～1.00	SK 95	27以下	木工用きり, たがね等		(注)* 次回JIS改正時に削除	4鋼種	SKS 4*	0.45～0.55	主として耐衝撃工具用
									SKS 41*	0.35～0.45	
		0.85～0.95	SK 90	27以下	プレス型, 針, ゲージ等				SKS 43*	1.00～1.10	
									SKS 44*	0.80～0.90	
		0.80～0.90	SK 85	—	刻印, プレス型, 帯のこ等				SKS 3	0.90～1.00	主として冷間金型用
								10鋼種	SKD 1	1.90～2.20	
		0.75～0.85	SK 80	—	刻印, プレス型, ぜんまい等				SKD 2	2.00～2.30	
									SKD 10	1.45～1.60	
									SKD 12 他	0.95～1.05	
		0.70～0.80	SK 75*	—	刻印, 丸のこ, プレス型等				SKD 5*	0.25～0.35	主として熱間金型用
								10鋼種	SKD 61	0.35～0.42	
		0.65～0.75	SK 70	—	刻印, スナップ, プレス型				SKD 62	0.32～0.40	
									SKT 4	0.50～0.60	
		0.60～0.70	SK 65	—	刻印, スナップ, プレス型, ナイフ等				SKT 6	0.40～0.50	
						4801 (2011)	ばね鋼鋼材	シリコンマンガン鋼鋼材	SUP 6	1226以上
		0.55～0.65	SK 60	—	刻印, スナップ, プレス型等				SUP 7	1226以上
								マンガンクロム鋼鋼材	SUP 9	1226以上
									SUP 9 A	1226以上
4403 (2015)	高速度工具鋼鋼材	分類	種類の記号	焼入れ焼戻し硬さHRC				クロムバナジウム鋼鋼材	SUP 10	1226以上
	(注)* 次回JIS改正時に削除	タングステン系	SKH 12	63以上				マンガンクロムボロン鋼鋼材	SUP 11 A	1226以上
			SKH 3	64以上				シリコンクロム鋼鋼材	SUP 12	1226以上
			SKH 4	64以上						

14章 材料記号

表14.4 （つづき）

規格番号 JIS G (年度)	名称	種類	種類の記号	引張強さ (N/mm²)
4801 (2011)	ばね鋼鋼材	クロムモリブデン鋼鋼材	SUP 13	1226以上
4804 (2008)	硫黄及び硫黄複合快削鋼鋼材		SUM 21 〜 SUM 43	(13鋼種)
4805 (2008)	高炭素クロム軸受鋼鋼材		SUJ 2 〜 SUJ 5	(4鋼種)
5101 (1991)	炭素鋼鋳鋼品	1種	SC 360	360以上
		2種	SC 410	410以上
		3種	SC 450	450以上
		4種	SC 480	480以上
5111 (1991)	構造用高張力炭素鋼及び低合金鋼鋳鋼品 注)記号末尾のAは焼ならし後焼戻しを，Bは焼入後焼戻しを表す．	高張力炭素鋼鋳鋼品 3種	SCC 3 A	520以上
			SCC 3 B	620以上
		5種	SCC 5 A	620以上
			SCC 5 B	690以上
		低マンガン鋼鋳鋼品 1種	SCMn 1 A	540以上
			SCMn 1 B	590以上
		2種	SCMn 2 A	590以上
			SCMn 2 B	640以上
		3種	SCMn 3 A	640以上
			SCMn 3 B	690以上
		5種	SCMn 5 A	690以上
			SCMn 5 B	740以上
	シリコンマンガン鋼鋳鋼品	2種	SCSiMn 2 A	590以上
			SCSiMn 2 B	640以上
	マンガンクロム鋼鋳鋼品	2種	SCMnCr 2 A	590以上
			SCMnCr 2 B	640以上
		3種	SCMnCr 3 A	640以上
			SCMnCr 3 B	690以上
		4種	SCMnCr 4 A	690以上
			SCMnCr 4 B	740以上
	マンガンモリブデン鋼鋳鋼品	3種	SCMnM 3 A	690以上
			SCMnM 3 B	740以上
	クロムモリブデン鋼鋳鋼品	1種	SCCrM 1 A	590以上
			SCCrM 1 B	690以上
		3種	SCCrM 3 A	690以上
			SCCrM 3 B	740以上
	マンガンクロムモリブデン鋼鋳鋼品	2種	SCMnCrM 2 A	690以上
			SCMnCrM 2 B	740以上
		3種	SCMnCrM 3 A	740以上
			SCMnCrM 3 B	830以上

規格番号 JIS G (年度)	名称	種類	種類の記号	引張強さ (N/mm²)
		ニッケルクロムモリブデン鋼鋳鋼品 2種	SCNCrM 2 A	780以上
			SCNCrM 2 B	880以上
5121 (2003)	ステンレス鋼鋳鋼品	(熱処理 T2ほか)	SCS 1〜 SCS 36N 43鋼種	620以上 (390以上〜750以上)
5501 (1995)	ねずみ鋳鉄品	(引張強さは鋳放し，直径30mmの値を示す)	FC 100	100以上
			FC 150	150以上
			FC 200	200以上
			FC 250	250以上
			FC 300	300以上
			FC 350	350以上

規格番号 JIS G (年度)	名称	種類	種類の記号	伸び (%)	引張強さ (N/mm²)
5502 (2001)	球状黒鉛鋳鉄品	種類	FCD 350-22	22以上	350以上
			FCD 350-22L	22以上	350以上
			FCD 400-18	18以上	400以上
			FCD 400-18L	18以上	400以上
			FCD 400-15	15以上	400以上
			FCD 450-10	10以上	450以上
			FCD 500-7	7以上	500以上
			FCD 600-3	3以上	600以上
			FCD 700-2	2以上	700以上
			FCD 800-2	2以上	800以上

規格番号 JIS G (年度)	名称	種類	種類の記号	伸び (%)	引張強さ (N/mm²)
5705 (2000)	可鍛鋳鉄品 注)記号欄の( )は，ISO規格と一致しないもので，将来改正される予定．引張強さは，試験片直径12mmの値を示す．	白心可鍛鋳鉄品	(FCMW 34-04)	4以上	340以上
			(FCMW 35-04)	4以上	350以上
			(FCMW 38-07)	7以上	380以上
			(FCMW 38-12)	12以上	380以上
			(FCMW 40-05)	5以上	400以上
			(FCMW 45-07)	7以上	450以上
		黒心可鍛鋳鉄品	FCMB 27-05	5以上	270以上
			FCMB 30-06	6以上	300以上
			(FCMB 31-08)	8以上	310以上
			(FCMB 32-12)	12以上	320以上
			(FCMB 34-10)	10以上	340以上
			FCMB 35-10	10以上	350以上
			FCMB 35-10S	10以上	350以上
		パーライト可鍛鋳鉄品	(FCMP 44-06)	6以上	440以上
			(FCMP 45-06)	6以上	450以上
			(FCMP 49-04)	4以上	490以上
			(FCMP 50-05)	5以上	500以上
			(FCMP 54-03)	3以上	540以上

14.3 非金属材料の記号

表14.5 非鉄金属材料記号（JIS H）

規格番号 JIS H (年度)	名称	種類	種類の記号	備考
3100 (2012)	銅及び銅合金の板並びに条 注）記号数字の後に、板にはP，条にはR，印刷用銅にはPPを付けて表す。	無酸素銅	C 1020	(P, R)
		タフピッチ銅	C 1100	(P, R)
		りん脱酸銅	C 1201ほか	2材種 (P, R)
		丹銅	C 2100ほか	4材種 (P, R)
		黄銅	C 2600ほか	4材種 (P, R)
		快削黄銅	C 3560ほか	2材種 (P, R)
		すず入り黄銅	C 4250	(P, R)
		リン入りアドミラルティ黄銅	C 4450	(R)
		ネーバル黄銅	C 4621ほか	2材種 (Pのみ)
		アルミニウム青銅	C 6140ほか	3材種 (Pのみ)
		白銅	C 7060ほか	2材種 (Pのみ)
		雷管用銅	C 2051	(Rのみ)
3130 (2012)	ばね用ベリリウム銅，チタン銅，りん青銅，ニッケルすず銅及び洋白の板並びに条 注）記号数字の後に，板にはP，条にはRを付けて表す。	ばね用ベリリウム銅	C 1700ほか	2材種
		ばね用チタン銅	C 1990	
		ばね用りん青銅	C 5210	2材種
		ばね用洋白	C 7701	
3250 (2015)	銅及び銅合金の棒 注）記号数字の後に，押出棒にはBE，引抜棒にはBD，鍛造棒にはBFを付けて表す。	無酸素銅	C 1020 BE, BD , BF	
		タフピッチ銅	C 1100 BE, BD , BF	
		りん脱酸銅	C 1201 BE, BD C 1220 BE, BD	
		黄銅	C 2600 BE, BD C 2700 BE, BD C 2800 BE, BD	
		快削黄銅	C 3601 BD C 3602 BE, BD , BF C 3603 BD C 3604 BE, BD , BF C 3605 BE, BD	
		鍛造用黄銅	C 3712 BE, BD , BF C 3771 BE, BD , BF	
		ネーバル黄銅	C 4622 BE, BD , BF C 4641 BE, BD , BF	
		アルミニウム青銅	C 6161 BE, BD BF	
3260 (2012)	銅及び銅合金の線	無酸素銅	C 1020 W	
		タフピッチ銅	C 1100 W	

規格番号 JIS H (年度)	名称	種類	種類の記号	引張強さ (N/mm^2)
		りん脱酸銅	C 1201 Wほか	2材種
		丹銅	C 2100 Wほか	4材種
		黄銅	C 2600 Wほか	4材種
		ニップル用黄銅	C 3501 W	
		快削黄銅	C 3601 Wほか	4材種
3300 (2012)	銅及び銅合金の継目無管 注）記号Tを普通級を示す。特殊級はTの後にSを付けて表す。	無酸素銅	C 1020 Tほか	
		タフピッチ銅	C 1100 Tほか	
		りん脱酸銅	C 1201 Tほか	2材種
		丹銅	C 2200 Tほか	2材種
		黄銅	C 2600 Tほか	3材種
		復水器用黄銅	C 4430 Tほか	4材種
		復水器用白銅	C 7060 Tほか	4材種

規格番号 JIS H (年度)	名称	種類	種類の記号	引張強さ (N/mm^2)
4000 (2014)	アルミニウム及びアルミニウム合金の板及び条。 A2014PC，A2024PC，A7075PCは合せ板。A5083PSは特殊級。	純アルミニウム	A 1085 Pほか	(9材種)
		Al-Cu 系合金	A 2014 Pほか	(9材種)
		Al-Mn 系合金	A 3003 Pほか	(7材種)
		Al-Mg 系合金	A 5005 Pほか	(16材種)
		Al-Mg-Si 系合金	A 6061 P	3材種
		Al-Zn 系合金	A 7075 Pほか	(7材種)
		Al-Fe 系合金	A 8021 Pほか	(3材種)
4040 (2015)	アルミニウム及びアルミニウム合金の棒及び線。 注(1) 普通級の押出材にはBE，引抜棒にはBD，引抜線にはWをつける。特殊級には更にその後にSをつける。	(純Al) BE, BD, W	A 1070 (1)	以下は，質別Oの強さを示す。
			A 1050	
			A 1100	
			A 1200	
		(Al-Cu) BD, W	A 2011	
		BE, BD	A 2014	245以下
		BE, BD, W	A 2017	245以下
		W	A 2117	
		BE, BD, W	A 2024	245以下
		(Al-Mn) BE, BD, W	A 3003	
		(Al-Mg) BE, BD, W	A 5052	245以下
		BD, W	A 5 N 02	
		BE, BD, W	A 5056	
		BE, BD, W	A 5083	355以下
		(Al-Mg-Si) BE, BD, W	A 6061	145以下
		BE	A 6063	
		(Al-Zn) BE	A 7003	
		BE	A 7N 01	245以下
		BE, BD	A 7075	275以下

14-9

14章 材料記号

表 14.5 （つづき）

規格番号 JIS H (年度)	名称	種類	種類の記号	引張強さ (N/mm²)
4080 (2015)	アルミニウム及びアルミニウム合金継目無管	種類，記号は上記 JIS H 4040 とほぼ同じ，これらの記号数字の後に，普通級の押出管には TE，引抜管には TD を付ける．また，特殊級には更にその後に S を付けて表す．		
4657 (2016)	チタン及びチタン合金の鍛造品 注(1) ELI: Extra Low Interstitial. (2) 270～483 の数字は引張強さの最低値を示す．	純チタン 1種	TF 270 (2)	～410
		2種	TF 340	～510
		3種	TF 480	～620
		4種	TF 550	～750
		11種～23種	TF 270Pd (13種類) TF 483 RN	270～410 483～630
		60種 (Ti-6 Al-4 V)	TAF 6400	895以上
		60E種 (Ti-6 Al-4 VELI(1))	TAF 6400 E	825以上
		61種 (Ti-3 Al-2.5 V)	TAF 3250	620以上
		61F種 (Ti-3 Al-2.5 V)	TAF 3250 F	650以上
		80種 (β Ti)	TAF 8000	640～900
5120 (2016)	銅及び銅合金鋳物 〔種類の欄に*印を記入した材料はJIS H 5121 (2016)（銅合金連続鋳造鋳物）の規格に銅合金連続鋳造鋳物として規定されている．この場合，種類の記号の末尾にCを付けて表す．（例）CAC301C CAC502C〕	銅鋳物 1種 2種 3種	Cu系	CAC101 CAC102 CAC103	175以上 155以上 135以上
		黄銅鋳物 1種 2種 3種	Cu-Zn系	CAC201 CAC202 CAC203	145以上 195以上 245以上
		高力黄銅鋳物 *1種 *2種 *3種 *4種	Cu-Zn-Mn-Fe-Al系	CAC301 CAC302 CAC303 CAC304	430以上 490以上 635以上 755以上
		青銅鋳物 *1種 *2種 *3種 *6種 *7種	Cu-Zn-Pb-Sn系	CAC401 CAC402 CAC403 CAC406 CAC407	165以上 245以上 245以上 195以上 215以上
		りん青銅鋳物 *2種A *2種B *3種A *3種B	Cu-Sn-P系	CAC502A CAC502B CAC503A CAC503B	195以上 295以上 245以上 265以上
		鉛青銅鋳物 2種 *3種 *4種 *5種	Cu-Sn-Pb系	CAC602 CAC603 CAC604 CAC605	195以上 175以上 165以上 145以上
		アルミニウム青銅鋳物 *1種 *2種 *3種 4種	Cu-Al-Fe系 Cu-Al-Fe-N-Mn系 Cu-Al-Fe-N-Mn系 Cu-Al-Mn-Fe-N系	CAC701 CAC702 CAC703 CAC704	440以上 490以上 590以上 590以上
		シルジン青銅鋳物 1種 2種 3種	Cu-Si-Zn系	CAC801 CAC802 CAC803	345以上 440以上 390以上

規格番号 JIS H (年度)	名称	種類	種類の記号	引張強さ (N/mm²)
5202 (2010)	アルミニウム合金鋳物〔引張強さは金型試験片の鋳造のまま（−F）の値を示す．ただし，AC5Aは焼なまし（−0），AC1BはT4処理材（−T4），AC9AとAC9BはT5処理材（−T5）の強さを示す．〕	1種B	Al-Cu-Mg系	AC 1 B	(330以上)
		2種A	Al-Cu-Si系	AC 2 A	180以上
		2種B		AC 2 B	150以上
		3種A	Al-Si系	AC 3 A	170以上
		4種A	Al-Si-Mg系	AC 4 A	170以上
		4種B	Al-Si-Cu系	AC 4 B	170以上
		4種C	Al-Si-Mg系	AC 4 C	150以上
		4種D	Al-Si-Mg-Cu系	AC 4 D	160以上
		5種A	Al-Si-Ni-Mg系	AC 5 A	180以上
		7種A	Al-Mg系	AC 7 A	210以上
		8種A	Al-Si-Cu-Ni-Mg系	AC 8 A	170以上
		8種B	Al-Si-Cu-Ni-Mg系	AC 8 B	170以上
		8種C	Al-Si-Cu-Mg系	AC 8 C	170以上
		9種A	Al-Si-Cu-Ni-Mg系	AC 9 A	(150以上)
		9種B	Al-Si-Cu-Ni-Mg系	AC 9 B	(170以上)

規格番号 JIS H (年度)	名称	種類	種類の記号	鋳型	引張強さ (N/mm²)
5203 (2006)	マグネシウム合金鋳物〔引張強さは鋳造のまま（−F）の値を示す．ただし，MC6，MC7とMC8とMC10はT5処理材（−T5），MC9とMC11とMC12とMC13とMC14はT6処理材（−T6）の強さを示す．鋳型の区分 砂：砂型 金：金型 精：精密〕	鋳物2種C	MC2C	砂,金,精	160以上
		鋳物2種E	MC2E	砂,金,精	160以上
		鋳物3種	MC3	砂,金,精	140以上
		鋳物5種	MC5	砂,金,精	140以上
		鋳物6種	MC6	砂	235以上
		鋳物7種	MC7	砂	270以上
		鋳物8種	MC8	砂,金,精	140以上
		鋳物9種	MC9	砂	240以上
		鋳物10種	MC10	砂,精	200以上
		鋳物11種	MC11	砂,精	190以上
		鋳物12種	MC12	砂,金,精	220以上
		鋳物13種	MC13	砂,金,精	250以上
		鋳物14種	MC14	砂,金,精	240以上
		鋳物ISO 1種	MgA16Zn3	砂	160以上
		鋳物ISO 2種A	MgA18Zn1	砂	140以上
		鋳物ISO 2種B	MgA18Zn1	砂	140以上
		鋳物ISO 3種	MgA19Zn1	砂,金	140以上
		鋳物ISO 4種	MgRE2Zn2Zr	砂	140以上

14 - 10

14.4 その他，追加された JIS 材料記号

表 14.5 （つづき）

規格番号 JIS H (年度)	名称	種類		種類の記号	引張強さ (N/mm²)	規格番号 JIS H (年度)	名称	種類	種類の記号	引張強さ (N/mm²)
5301 (1990)	亜鉛合金ダイカスト	1 種		ZDC 1	325 以上	5401 (1958)	ホワイトメタル	1 種 〜 10 種	WJ 1 〜 WJ 10	11 材種
		2 種		ZDC 2	285 以上					
5302 (2006)	アルミニウム合金ダイカスト	1 種	Al-Si 系	ADC 1						
		1 種 C	Al-Si 系	ADC 1 C						
		2 種	Al-Si 系	ADC 2						
		3 種	Al-Si-Mg 系	ADC 3	平均値 279					
		5 種	Al-Mg 系	ADC 5	平均値 (213)					
		6 種	Al-Mg-Mn 系	ADC 6	平均値 266					
		7 種	Al-Si 系	ADC 7						
		8 種	Al-Si-Cu-Mn 系	ADC 8						
		10 種	Al-Si-Cu 系	ADC 10						
		10 種 Z	Al-Si-Cu 系	ADC 10 Z	平均値 241					
		11 種	Al-Si-Cu 系	ADC 11						
		12 種	Al-Si-Cu 系	ADC 12	平均値 228					
		12 種 Z	Al-Si-Cu 系	ADC 12 Z						
		14 種	Al-Si-Cu-Mg 系	ADC 14	平均値 193					

※1 種 C の引張強さは記載なし（平均値 250 は 1 種の値）

14.4 その他，追加された JIS 材料記号

　その他「耐脱亜鉛連続鋳造」は 14-10 頁（JIS H 5121 : 2016）に記載されているように種類の記号の末尾に C を付けて表す。

　　例： CAC 301 C, CAC 502 C

　また，JIS H 5302 : 2006 にはアルミニウム合金ダイカストには 1 種〜14 種の他に Si 9 種, Si 12 Fe 種等 11 種が規定されている。

14章 材料記号

表14.6 JIS H の材料記号に 2012～2016 年までに追加された材料

規格番号 JIS H (年度)	名　称	種　類	種類の記号	規格番号 JIS H (年度)	名　称	種　類	種類の記号
JIS H 3100 (2012)	銅及び銅合金の板並びに条	ジルコニウム入り銅	C1510			押出棒	A6101
							A6005A
		鉄入り銅	C1921			押出棒/引抜棒	A6060
			C1940				A6262
		丹銅	C2100			押出棒	A7204
			C2200			押出棒/引抜棒	A7020
			C2300				A7049
JIS H 3130 (2012)	ばね用のベリリウム銅，チタン銅，リン青銅，ニッケル-すず銅及び洋白の板並びに条	ばね用低ベリリウム銅	C1751			押出棒	A7050
		ばね用ニッケル-すず銅	C7270	JIS H 4657 (2016)	チタン及びチタン合金一鍛造品	50 種	TAF1500
						60 種	TAF6400
JIS H 3250 (2015)	銅及び銅合金の棒	アルミニウム青銅	C6191	JIS H 5120 (2016)	銅及び銅合金鋳物	耐脱亜鉛黄銅鋳物11種	CAC203
			C6241				
		高力黄銅	C6782			同21 種	CAC221
			C6781			同31 種	CAC231
		ビスマス系鉛レス・カドミウムレス快削黄	C6801			同32 種	CAC232
			C6802			高力黄銅鋳物1 種	CAC301
			C6803			同鋳物2 種	CAC302
			C6804			同鋳物3 種	CAC303
		鉛レス・カドミウムレス快削黄銅	C6810			同鋳物4 種	CAC304
			C6820			青銅鋳物8 種	CAC408
		けい素系鉛レス・カドミウムレス快削黄銅	C6931			同 11 種	CAC411
			C6932			シルジン青銅鋳物4 種	CAC804
JIS H 3300 (2012)	銅及び銅合金の継目無管	高強度銅	C1565			ビスマス青銅鋳物1 種	CAC901
			C1862				
			C5010			同2 種	CAC902
			C5015			同3 種 B	CAC903B
JIS H 4040 (2015)	アルミニウム及びアルミニウム合金の棒及び線	押出棒/引抜棒	A1060			同4 種	CAC904
			A1050			同5 種	CAC905
		引抜棒	A2219			同6 種	CAC906
			A5041			ビスマスセレン青銅鋳物1 種	CAC911
			A5154				
		押出棒/引抜棒	A5754			同2 種	CAC911 CAC912
			A5086				

【追記】 JIS G 3134：2006　自動車用加工性熱間圧延高張力鋼板及び鋼帯

記号	引張強さ N/mm²	適用厚さ mm	備考
SPFH 490	490 以上	1.6 以上 6.0 以下	加工用
SPFH 540	540 以上		
SPFH 590	590 以上		
SPFH 540 Y	540 以上	2.0 以上 4.0 以下	高加工用
SPFH 590 Y	590 以上		

15章　ねじの製図

15.1　ねじの基本

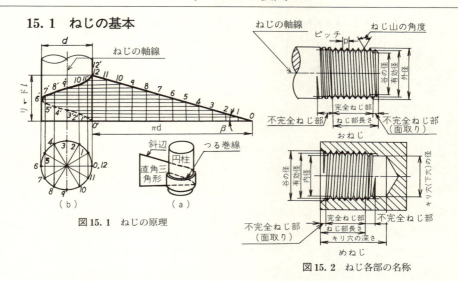

図15.1　ねじの原理

図15.2　ねじ各部の名称

　機械を構成している部分を分解していったとき，部品として分けて考えられる最小限度を機械要素という。機械要素には種々なものがあるが，そのうちで最も多く使用されているのがねじである。

　図15.1(a)のように，円柱に直角三角形の紙片を巻くとき，斜面は円柱の表面に図(b)の0′・6′・12′のようなつる巻状の曲線となる。この曲線に沿って円柱の表面に断面が一様な突起をつけたものをねじ，突起のことをねじ山という。

　ねじのらせんをつくる三角形の角βを**リード角**，ねじの1回転で軸方向に進む距離lを**リード**，隣り合った山の中心と中心の距離を**ピッチ**という。

　図15.2のように，円筒の外面に切られたねじを**おねじ**，内面に切られたねじを**めねじ**という。おねじの山の頂きに接する最大径を**おねじの外径**，おねじ又はめねじの谷底に接する直径を**谷の径**と呼び，めねじの山の頂に接する直径を**めねじの内径**と呼ぶ。また，ねじ溝の幅がねじ山の幅と等しくなるような直径を**ねじの有効径**という。ねじにおいて，山の頂と谷底とが完全なねじ山の断面形状をもつねじ部分を**完全ねじ部**，山形の不完全な部分を**不完全ねじ部**という。ねじにおいて「**ねじ部長さ**」とは，おねじの場合はおねじの端面から完全ねじの終わりまでの長さを指し，めねじの場合はめねじの入口から完全ねじの終わりまでの長さをいう（図15.2）。

15-1

15章 ねじの製図

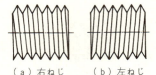

(a) 右ねじ　　(b) 左ねじ

図 15.3　ねじ山の巻き方向

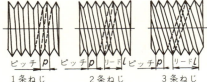

1条ねじ　　2条ねじ　　3条ねじ

図 15.4　1条ねじと多条ねじ

　ねじの用語については，JIS B 0101（ねじ用語）に規定されている。

　ねじ山の巻き方向は，ねじを端面から見て，ねじ山を時計回り（右回り）にたどると，その人から遠ざかるねじを**右ねじ**，時計と逆（左回り）の場合を**左ねじ**という（図 15.3）。ほとんどの機械部品には右ねじが使用される。また図 15.4 において，一般に使用されるねじの殆どはねじ山が 1 本であって，これを**1条ねじ**という（普通ねじといえば 1 条ねじのことである）。これに対してねじ山の本数が 2 本以上のものを**多条ねじ**と呼び，2 本のものを 2 条ねじ（リードがピッチの 2 倍に等しいねじ），3 本のものを 3 条ねじという。

15.2　ねじの種類

　ねじは，締付用（機械部品の取付けねじ），移動用又は動力伝達用（旋盤の親ねじや，ねじプレスのねじなど），気密用（管用ねじ），精密測定用（マイクロメータなど）及び距離の調節用などに使用される。それぞれ使用目的によって，ねじ山の形が異なるものが使われるが，いずれも形状・寸法は規格で統一されている。比較的多く用いられる標準ねじには次のものがある。

（1）三角ねじ

　山の形が正三角形に近いねじで，製作が容易なうえに，締付けたねじが自然に弛みにくい性質をもっているために，締付用ねじとして多く使用されている。代表的なものには，メートルねじ，ユニファイねじ，管用ねじがある。

ⅰ）メートル並目ねじ（付表 1，28-2 頁）

　並目ねじというのは，直径とピッチとの組合せが一般的で，最も普通に使用されているねじである。メートル並目ねじは，実際に流通している最大のピッチ（ねじ山）のメートル系ねじである。付表 1 に示すように，基準山形は，ねじ山の角度が 60°で，山頂及び谷底は平らで台形をしており，直径とピッチは mm で表す。JIS B 0205-1〜4（一般用メートルねじ―第 1 部〜第 4 部）に規定されており，規格の内容は ISO 68-1, 261, 262, 724 と一致している。

15.2 ねじの種類

ⅱ) ユニファイ並目ねじ（付表3，28-4頁）

このねじは，アメリカ，イギリス及びカナダの3国間で統一されたねじで，航空機その他，特に必要な場合に用いられる。付表3に示すように，山の角度は60°で，山頂は平らで谷底は丸められている。ピッチは1インチ当たりの山数で表す。JIS B 0206 に規定されており，ISO 263 に定められたインチねじの並目系列のねじと一致している。

ⅲ) ウイット並目ねじ

ねじ山の角度は55°で，おねじの山頂及び谷底は丸みをもっている。インチ系のねじで，ピッチは1インチ当たりの山数で表す。従来，わが国でも広く使用されていたが，1968年3月限りでこのねじのJIS規格が廃止された。

ⅳ) メートル細目ねじ（付表2，28-3頁）

細目ねじは，並目ねじに比べて，直径に対するピッチの割合が細かいねじである。山の高さが低いから薄肉の円筒部に使用することができ，また，リード角が小さいからよく締まるなどの特色がある。基準山形はメートル並目ねじと同じで，同じ JIS 規格に規定されている。並目ねじでは，同一呼び径に対するピッチが1種類であるのに対して，メートル細目ねじでは1種類以上のねじが規定されている。そのためにねじのサイズも数が多い。JIS B 0205-3 では，通常のねじ部品に使用するメートル並目ねじ及び細目ねじを選択する基準として，第1及び第2選択のねじサイズを規定している（第1選択を優先使用する）。

ⅴ) ユニファイ細目ねじ

このねじはユニファイ並目ねじと同じ山形であるが，直径に対するピッチが細かい（1インチ当たりの山数が多い）。JIS B 0208 に規定されている。

ⅵ) 管用（くだよう）ねじ（付表4，28-6頁，及び付表5，28-7頁）

管用ねじは主としてガス管などを接続するのに使用するねじで，通称，ガスねじとも呼ばれている。これには**管用平行ねじ（JIS B 0202）** と**管用テーパねじ（JIS B 0203）**（テーパはすべて1：16）の2種類がある。もともとインチ系のねじであるため，ねじ山の角度は55°で，ピッチは1インチ当たりの山数で表す。管用平行ねじは機械的結合を主目的とし，管用テーパねじはねじ部の耐気密性を主目的とする。後者には，テーパおねじ，テーパめねじ，平行めねじがある。

15章　ねじの製図

この管用ねじの呼びは，JIS G 3452 配管用炭素鋼鋼管（通称，ガス管）の管の呼びに基づいているので，実際の管の外径にも内径にも一致しない寸法である。例えば，呼び径1の管用平行ねじ（G1）は，外径が33.249 mmであり，ガス管の外径は34 mm，近似内径は27.6 mmである。

vii）　ミニチュアねじ

時計，光学機器，電気機器及び計測器等の精密機器に使用する呼び径が約1.4 mm以下のねじをいう。ねじ山の角度は60°で，JIS B 0201に規定されている。このねじはISOミニチュアねじと一致している。

（2）　**台形ねじ**（付表6, 28-9頁）

これは，山の頂と谷底の切り取りが大きい対称断面形の台形をなすねじで，後述の角ねじと同様に大きい力を伝達するのに適している。また，角ねじよりも製作が容易で精度もよく，旋盤の親ねじなど工作機械のテーブル移動用ねじ，バルブの弁棒のねじ，万力のねじ，ジャッキやプレスのねじ軸などに多く使用されている。JIS規格では，ねじ山の角度が30°の**メートル台形ねじ**（JIS B 0216）を規定している。このねじはISO規格と整合しており，直径とピッチはmmで表示している。

（3）　**特殊用途ねじ**

上に述べたねじ以外に特殊な用途のねじとしては，電線の保護に用いる鋼管を持続するための**電線管ねじ**（JIS C 8305）に**厚鋼電線管ねじ** CTG（山の頂角55°）と**薄鋼電線管ねじ** CTC（80°）がある。また，自転車やリヤカーなどに用いる**自転車ねじ**（JIS B 0225）の三角ねじがある。ねじ山の断面が特殊な形状のものでは，正方形に近い断面形で，大きい力のかかる部品の移動用に用いる**角ねじ**，のこぎりの歯のような断面形をもつ**のこ歯ねじ**がある。また，ねじ山の形がほぼ同じ大きさの山の丸みと谷の丸みとが連続している**電球ねじ**（JIS C 7709），台形ねじの山の頂及び谷底に大きい丸みを付けた**丸ねじ**がある。摩擦力が少なくて高精度なねじとしては，両ねじ間に精密球を入れた**ボールねじ**（JIS B 1192）がある。

15.3　ねじの表し方

ねじの表し方についてはJIS B 0123（ねじの表し方）に規定されている。ねじの種類を図面上に記入するには，ねじの呼び，ねじの等級及びねじ山の巻

15.3 ねじの表し方

表15.1 ねじの種類を表す記号及びねじの呼びの表し方の例

区分		ねじの種類		ねじの種類を表す記号	ねじの呼びの表し方の例	関連 JIS 規格
一般用のねじ	ピッチをmmで表すねじ	メートル並目ねじ		M	M 10	JIS B 0205-1～4
		メートル細目ねじ			M 10×1	JIS B 0205-1～4
		ミニチュアねじ		S	S 1.2	JIS B 0201
		メートル台形ねじ		Tr	Tr 40×7	JIS B 0216
	ピッチを山数で表すねじ	ユニファイ並目ねじ		UNC	(例1) No. 5-40 UNC (例2) 1 ½-6 UNC	JIS B 0206
		ユニファイ細目ねじ		UNF	(例1) No. 5-44 UNF (例2) 1 ½-12 UNF	JIS B 0208
		管用テーパねじ	テーパおねじ	R	R 1 ½	JIS B 0203
			テーパめねじ	Rc	Rc 1 ½	
			平行めねじ	Rp	Rp ½	
		管用平行ねじ[1]		G	(例1) (おねじの場合) G1½A (例2) (めねじの場合) G1½	JIS B 0202
特殊用途のねじ		電線管ねじ	薄鋼電線管ねじ	CTC	CTC 25	JIS C 8305
			厚鋼電線管ねじ	CTG	CTG 28	
		自転車ねじ	一般用	BC	(例1) BC ¾ (例2) BC 1.29	JIS B 0225
			スポーク用		BC 3.2	
		電球ねじ		E	E 10	JIS C 7709-0～3
		自動車用タイヤバルブねじ		V	10 V 1	JIS D 4207
		自動車用タイヤバルブねじ		CTV	CTV 5 山 24	JIS D 9422

注(1) おねじは，ねじの呼びの後に等級を表す記号（A又はB）を付ける。表の（例1）参照。
(2) JIS 規格にはないが，ウイットねじの場合は次のように表す。

  ウイット並目ねじ………W 呼び径(インチ)

   （例） W ½

  ウイット細目ねじ………W 呼び径(インチ) 山 1インチ当たりの山数

   （例） W ½ 山 18

き方向を次の要領で記入する。

| ねじの呼び |—| ねじの等級 |—| ねじ山の巻き方向 |

ただし，メートル台形ねじの場合は，ねじ山の巻き方向をねじの等級の前に記入する（15-7頁参照）。

（1） ねじの呼び

ねじの呼びは，ねじの種類を表す記号（表15.1），寸法を表す数字及びねじのピッチ又は1インチ（25.4 mm）当りのねじ山数（以下，"山数"と呼ぶ）

15章　ねじの製図

を用いて次のように表示する。

　ⅰ）　ピッチをミリメートルで表すねじの場合

| ねじの種類を表す記号 | ねじの呼び径を表す数字 | × | ピッチ |

　例えば，メートル細目ねじの場合，ねじの種類を表す記号は M（表 15.1）であり，ねじの呼び径（おねじの外径又はめねじの谷の径）が 12 mm，ピッチ 1.5 mm であれば "M 12×1.5" と表す。しかし，メートル並目ねじ及びミニチュアねじのように，同一呼び径に対してピッチがただ 1 つだけ規定されているねじでは，ピッチを省略して "M 12"，"S 0.5" とだけ表示する。また，多条ねじの場合は次のいずれかで表す。

・多条メートルねじの場合

| ねじの種類を表す記号 | ねじの呼び径を表す数字 | × L | リード | P | ピッチ |

・多条メートル台形ねじの場合

| ねじの種類を表す記号 | ねじの呼び径を表す数字 | × | リード | （P | ピッチ | ）

　ⅱ）　ピッチを山数で表すねじ（ユニファイねじを除く）の場合

| ねじの種類を表す記号 | ねじの直径を表す数字 ─ 山数 |

　この場合でも，管用ねじやウイット並目ねじのように，同一直径に対して山数がただ 1 つだけ規定されているねじでは，一般には山数を省略する。

　ⅲ）　ユニファイねじの場合

| ねじの直径を表す数字又は番号 ─ 山数 | ねじの種類を表す記号 |

　ユニファイ並目ねじの記号は UNC（Unified Coarse Screw Threads の略）と表し，ユニファイ細目ねじの記号は UNF（Unified Fine Screw Threads の略）と表す。ねじの種類を表す記号が後に書かれることに注意する。

　ねじの種類を表す記号及びねじの呼びの表し方の例を表 15.1 に示す。

　（2）　ねじ山の巻き方向

　ねじ山の巻き方向は次のように表す。右ねじの場合は一般には付けないが，必要な場合は "RH" で表す。左ねじの場合は必ず "LH" を付けて表す。

　（3）　ねじの公差域クラス*（等級）

　ねじは，その寸法公差の大小によって幾つかの公差域クラスに区分してい

注）　*公差域クラス……公差域の位置と公差等級との組合せに用いる用語。例えば，h 9，D 13 など。公差域クラスを寸法公差記号といってもよい。

15.3 ねじの表し方

表15.2 メートルねじの推奨する公差域クラス　　　　　(JIS B 0209-1)

はめあい区分	めねじ・おねじの別 はめあい長さ	めねじ			おねじ		
		S(短い)	N(並)	L(長い)	S(短い)	N(並)	L(長い)
精	はめあいの変動量が小さいことを必要とする精密ねじ用	4H	5H	6H		**4h**	
中	一般用	**5H**	6G **6H**	**7H**		6e, 6f 6g, 6h	
粗	熱間圧延棒や深い止まり穴にねじ加工をする場合のように，製造上困難が起こり得る場合		7H	8H		8g	

注　肉太文字で示した公差域クラスは，第1選択，細い文字の公差域クラスは第2選択である。なお，第3選択は記載を省略した。

る。表15.2は，メートルねじ（並目，細目）の推奨する公差域クラスを示す。個々のメートルねじの許容限界寸法と公差は，JIS B 0209-1～5（一般用メートルねじ―公差―第1部～第5部）を参照されたい。ユニファイねじでは，おねじを3A，2A，1A，めねじを3B，2B，1B（3が最も高精度）に分けている。また，管用平行ねじでは，有効径の寸法許容差によってA級及びB級に分けている（A級の方が高精度）。なお，ねじの等級を示す必要がない場合には省略してもよい。

　ねじの等級を表示する場合は，ねじの呼びの後へ―を付けて等級を表す記号と数字を記入する。また，めねじとおねじの等級が異なる場合は，この順に等級を並べて書き，その間に左下りの斜線を入れて表す。

（4）ねじの表し方の例

ⅰ）メートル台形ねじの表し方

15章 ねじの製図

ii） メートル台形ねじ以外のねじの表し方

ねじの呼び	ねじの等級	ねじ山の巻き方向	
M 10	6 H		……メートル並目ねじ，呼び径10 mm，公差域クラス（等級）6 Hのめねじ。
M 8×1	6 f		……メートル細目ねじ，呼び径8 mm，ピッチ1 mm，等級6fのおねじ。
M 30×L 4 P 2	6 g	LH	……左二条メートル細目ねじ，呼び径30 mm，ピッチ2 mm，リード4 mm，等級6 gのおねじ。
M 14	6 H/6 g		……メートル並目ねじ，呼び径14 mm，等級6 Hのめねじ及び6 gのおねじの組合せ。
R 1 $\frac{1}{2}$			……管用テーパおねじ R 1 $\frac{1}{2}$
G 1 $\frac{1}{2}$	A		……管用平行おねじ G 1 $\frac{1}{2}$，等級A
No. 6—32 UNC	2 A		……ユニファイ並目ねじ No. 6—32 UNC，等級2 Aのおねじ。
1/2—13 UNF	2 B	LH	……左一条ユニファイ細目ねじ，1/2—13 UNF，等級2 Bのめねじ。

15.4 ねじの製図法

　ねじの実形を正確に製図することは非常に面倒なうえに，正確な図が製作の際に必要でないことが多い。また，ねじは標準化が進んでいるので規格品を使用することが多く，そのときは実形を正確に描く必要がない。それでねじを図示するときは，特別な場合を除き JIS B 0002-1～3（製図—ねじ及びねじ部品—第1部～第3部）に従って略画する。この規格の第1部にはねじの実形図示方法と通常図示方法が規定されており，第3部にはねじの簡略図示方法が規定されている。また，第2部にはねじ関係部品である，ねじインサートの図示方法が規定されている。以下，これらの規定に基づいて述べる。

（1） ねじの実形図示

　ねじの実形図示は，図15.5に示すように，ねじを見た通りに図示したものである。この図示は，製品技術文書において，部品の説明用として使用する場合などに用いられる。ただし，ねじのつる巻線は直線で表し，ねじ山の形やピッチなどは厳密に尺度通りに描かなくてもよい。

　製図では，ねじの実形図示は絶対に必要な場合以外は使用しないようにし，後に述べる通常図示又は簡略図示を使用する。

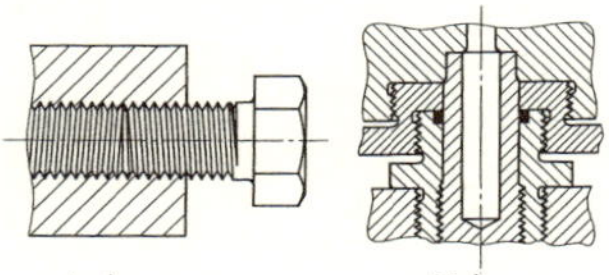

(a)　　　　　(b)

図 15.5　ねじの実形図示例

15.4　ねじの製図法

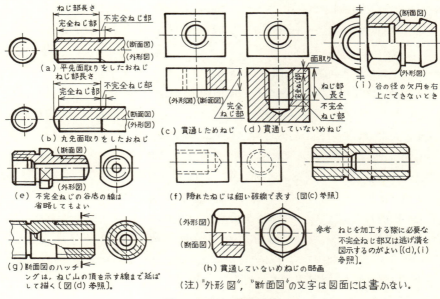

図15.6　ねじの通常図示法

(2)　ねじの通常図示

ねじの通常図示は，図15.6に示すように，ねじの形状を単純化して図示したもので，製図ではこの図示方法を使用するのが常である。ねじの種類，等級に関係なく次に示すように描く。

(i)　ねじ部が見える状態のときの表し方（図15.6）

a)　**ねじ山の頂を表す線**(おねじの外径，めねじの内径を表す線)……太い実線

b)　**ねじ山の谷底を表す線**(おねじ及びめねじの谷の径の線)……細い実線

c)　**ねじ山の頂と谷底とを表す線の間隔**……ねじ山の"ひっかかりの高さ"とできるだけ等しくするのがよいが，この間隔は，いかなる場合でも太線の太さの2倍又は0.7mmのうち，いずれか大きい方の値以上にする。

　　ただし，CADでは次のようにする。

　　　　呼び径8mm以上のねじ……一般に1.5mm

　　　　呼び径6mm以下のねじ……簡略図示法で描く（後述の(3)を参照）。

d)　**完全ねじ部と不完全ねじ部との境界線**……太い実線で次のように描く。

15章　ねじの製図

　　　おねじの外形図……山の頂から山の頂まで引く（図(a)，(b)，(e)）。
　　　おねじの断面図……山の頂から谷底まで（ひっかかりの高さのみ）引く（図(a)，(b)，(e)）。
　　　めねじの断面図……谷底から谷底まで引く（図(d)）。
　なお，貫通していないめねじの断面図を図(h)に示すように略画することがある。しかし，ねじを加工する際には，止まり穴（きり穴）と同じ深さまで完全ねじを切ることができないから，止まり穴の深さをねじ部長さよりも深くするか（図(d)）又は逃げ溝（図(i)）をつけた図を描くのがよい。

e)　**ねじを端面から見た図（側面図）**

　ねじ山の谷底（谷の径）の線は，細い実線で描くが，完全な円としないで，円周の1/4に等しい円弧を削除する。欠円にする箇所は，できるだけ右上の部分（凡そ，時計の3分から18分の位置がよい）とする（図(a)～(h)）。もし，欠円が右上にできないときは，直交する中心線に対して，他の位置（例えば左下）にしてもよい（図(i)）。

f)　**不完全ねじ部の谷底の線（面取りを除く）**

　不完全ねじ部の谷底の線は，省略可能であれば描かなくてもよい。もし，機能上必要な場合（図15.7(b)）又は不完全ねじ部の長さを指示するのに必要な場合（図15.9(b)）には，傾斜した細い実線で表す。なお，不完全ねじの長さを寸法通りに図示する必要がない場合は，軸線に対して30°に引くのが慣例である。

g)　**ねじの面取りの表し方**（図15.6）

　一般に，おねじの先端及びめねじの入口には面取りが施される。おねじの先端形状は，JIS B 1003（締結用部品—メートルねじをもつおねじ部品のねじ先）に11種類規定されているが，通常は端面を平らにして45°の面取りを施した**平先面取り**（図(a)），及び先端に丸みをつけた**丸先面取り**（図(b)）が多く用いられる。一方，めねじの入口は45°～60°の面取りが多い（図(d)）。いずれのねじも面取りの大きさは，ねじ山のひっかかりの高さと同じ又は僅かに大きくする。

　面取りを図示する場合は，これを品物の形状とみなして描く。ねじの正面図（日常の観念では，ねじを側面から見た図）において，おねじの面取り，

15.4 ねじの製図法

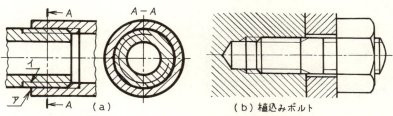

図 15.7　おねじとめねじのはめあい部の図示法

及び断面図で表しためねじの面取りは，外形線（太い実線）で描くことになるが（図(a)，(b)，(d)，(e)），めねじの面取りは，通常，図示を省略することが多い（図(c)，(e)，(i)）。面取りによって生じる不完全ねじ部と，完全ねじ部との境界を示す線は，前述のd)の場合と異なり，描かない（図(a)，(b)，(e)の断面図及び(d)）。

面取りの線は，ねじの端面から見た図（側面図，平面図）には，正面図に描かれている場合でも描かない（図(d)）。図が紛らわしくなるためである。

(ⅱ)　ねじ部が隠れている場合の表し方（図15.6）

隠れたねじを図示する場合は，ねじ山の頂の線，谷底の線，完全ねじと不完全ねじとの境界線，ぬすみ溝，きり穴及び面取りの線をすべて細い破線で表す（図(f)）。

(ⅲ)　おねじとめねじのはめあい部の図示法（図15.7）

この場合も(ⅰ)と(ⅱ)の図示法が適用される。ただし，常におねじの図を優先して表し，おねじのないめねじ部は本来のめねじ表示法に基づいて表す。また，めねじの端面（入口）を表す線は，おねじの山の頂（おねじの外径）を表す線で止める（図(a)）。なお，旧規格では，ひっかかりの高さ（図(a)のア－イ）だけ太い実線を引くことになっていたが，引かないように改められた。

(ⅳ)　ねじ部品の断面図に施すハッチング

ねじ部品の断面図にはハッチングを描く。ハッチングは，細い実線を使用して45°の方向に等間隔に引くが，その線はねじ山の頂を表す線まで引く（図15.6）。めねじにおねじがねじ込まれた状態を断面図で表すときは，両者のハッチングの方向又はピッチを変えて区別できるようにする（図15.7）。

15章 ねじの製図

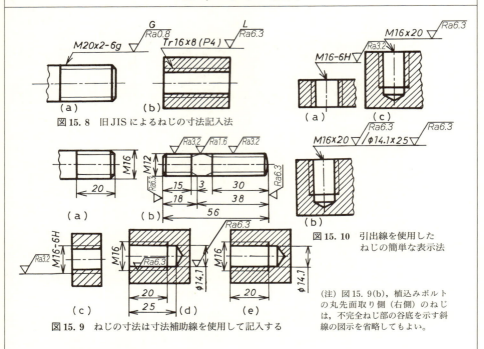

図15.8 旧JISによるねじの寸法記入法

図15.9 ねじの寸法は寸法補助線を使用して記入する

図15.10 引出線を使用したねじの簡単な表示法

(注) 図15.9(b),植込みボルトの丸先面取り側（右側）のねじは，不完全ねじ部の谷底を示す斜線の図示を省略してもよい。

（ⅴ） ねじの寸法記入

　ねじの種類や寸法は，15.3（ねじの表し方）に従って指示する。図面にねじの呼び方を指示する場合は，ねじの名称及び規格番号を省略する。しかし，ねじの種類の略号，呼び径又はサイズは必ず記入しなければならない。また，必要に応じて，リード，ピッチ，巻き方向，公差等級，ねじのはめあい長さ（S＝短，L＝長，N＝並），ねじの条数を追加記入する。

　図面にねじの寸法を記入する場合に，旧規格では，図15.8に示すように，おねじの山の頂又はめねじの谷の底を表す線から引き出した引出線を水平に折り曲げて，その上に記入していたが，現規格では，図15.9に示すように，一般の寸法と同様，寸法線及び寸法補助線を使用して記入するように改正された。ねじの呼び径 d は，おねじの山の頂（図(a)）又はめねじの谷底（図(d)）に対して記入し，ねじ部分の長さは"ねじ長さ"（完全ねじと面取りとの長さの和）で表す。不完全ねじ部の長さの寸法は，例えば，植込みボルト（図(b)）のように機能上必要で，かつ，そのために明確に図示する場合以外

15.4 ねじの製図法

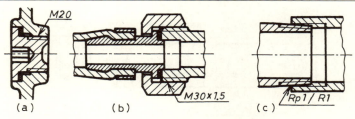

図 15.11　おねじとめねじのはめあい部の寸法記入法（旧JIS）

は記入しない（図(a)，(d)）。

　上に述べた，ねじの呼びを寸法線上に記入する方法は，引出線を使用する方法に比べて不都合なことが多い。そのため，めねじに対しては，図 15.10 に示すように，現 JIS 規格でも旧規格と同様の引出線を使用した簡単な表示の使用を認めている。図(a)及び(b)は，図 15.9(c)及び(d)とそれぞれ対応している。めねじと下穴とを同時に表示する場合は，図(b)に示すように，左下りの斜線の前にめねじの表示を，後に下穴の表示をする。このように，引出線を使用した表示法を用いると，ねじの呼び径以外に，ねじ部長さ，下穴寸法，公差等級やはめあいなど多くの事項を表示することができる。また，図中にこれらの事項を記入しないから，図が分かり易いばかりではなく，ねじの深さを示す図が無くても，深さ方向の情報を表示できるなど好都合である。この場合の引出線は，めねじの入口の中心線から引き出す。

　通常，貫通していないめねじにおいて，ねじ部長さの記入は必要であるが，止まり穴深さの記入は省略してもよい。もし，止まり穴深さを指定しない場合は，穴の深さをねじの長さの約 1.25 倍に描けばよい（図 15.10(c)）。

　おねじとめねじのはめあい部を描いた図において，両ねじの寸法を同時に示す場合は，寸法線の上下にめねじとおねじの呼びを記入することになるが，この方法では図が紛らわしくなる恐れがある。この場合は，図 15.11 に示すように，旧 JIS に従って，おねじの山の頂から引出線を出して記入する方法を使用した方が分かり易い。もし，めねじとおねじの種類が同じであれば図(a)及び(b)のように表し，ねじの種類が異なれば図(c)に示すように〝めねじの呼び″／〝おねじの呼び″と表す。管用テーパねじで，基準径の位置を示す必要があるときは，引出線を基準径の位置（図例では，めねじの入口）から出して，その呼び寸法を記入すればよい。

15章 ねじの製図

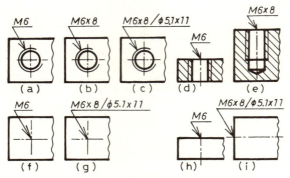

図 15.12　めねじの簡略図示における寸法記入例

（3）　ねじの簡略図示

　組立図中のねじのように，正確な形状や細部を図示する必要がないねじは簡略図示する。また，図面上で直径が 6 mm 以下の小径ねじの場合，及び同じ形状・寸法のねじが規則的に並んでいる場合は，図示や寸法記入を簡略化する。ねじ部品を簡略図示する場合は，その必要最小限の特徴だけを示す。簡略化の程度は，対象物の種類，図の尺度，及び関連する文書の目的などによって決める。

　ねじ部品の形状を簡略図示する場合は，ナット及びねじ頭部の面取りの角，ねじ先の形状，不完全ねじ部，及び逃げ（盗み）溝は描かない。また，おねじ側の端面から見た側面図は不必要である。ねじの頭の形状，ねじ回し用の穴などの形状又はナットの形状を示さねばならないときは，後に示す簡略図（表15.5～表15.7）の例に従って描けばよい。なお，表に示していないが，これらの特徴の組合せを使用してもよい。

　ねじの表示は，ねじ部品を簡略図示した場合でも，ねじの通常図示又は寸法記入（(2)(v)）によって，通常，示されるすべての必要な特徴を含む内容であることが要求される。図 15.12 は，めねじ穴の呼び寸法を表示する方法を示している。通常は，図(d)～(i)に示すように，矢印が穴入口の中心線を指す引出線を引き，これを水平に折り曲げてその上に記入する。しかし，めねじを軸方向から見た図で，ねじを表す円が描かれている場合は，図(a)～(c)に示すように，めねじの谷の径から引き出す。なお，図(f)及び(g)の図示法では，

15.5 ボルト及びナットの表示法

ねじ穴の方向性を表現できないので，これを補助する投影図を描くか又は注記をすることが必要である。

15.5 ボルト及びナットの表示法

ボルト及びナットは，機械部品の締付用として広く用いられている。図15.13は最も一般的な六角ボルトと六角ナットである。

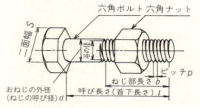

図15.13　六角ボルトと六角ナット

（1）六角ボルト

六角ボルトは，六角形の頭をもつボルトで，ボルトの中で最も多く用いられている。JIS B 1180（六角ボルト）には，付表7に示す**呼び径六角ボルト，有効径六角ボルト**及び**全ねじ六角ボルト**の3種類が規定されており，ボルトの等級，ねじの種類（メートル並目ねじ及びメートル細目ねじ（付表1及び3））と等級，材質，機械的性質及び形状・寸法を定めている。これらのボルトはISO規格に対応するものである。これら以外に従来から使用されていたがISOによらないボルトとして，六角ボルト（仕上げ；上，中，並）及び小形六角ボルト（仕上げ；上，中）がJIS規格の付属書に記載されている。なお，付表7では，使用ひん度の少ない並目ねじのⅡ欄と細目ねじのボルト及び付属書のボルトは記載を省略した。

ボルトの材料には，鋼（JIS B 1051（炭素鋼及び合金鋼製締結用部品の機械的性質—強度区分を規定したボルト，小ねじ及び植込みボルト—並目ねじ及び細目ねじ）の4（材料），表15.3参照），ステンレス鋼（JIS B 1054-1（耐食ステンレス鋼製締結用部品の機械的性質—第1部：ボルト，ねじ及び植込みボルト）の6（材料））及び非鉄金属（JIS B 1057（非鉄金属製ねじ部品の機械的性質）の5（機械的性質），銅合金及びアルミニウム合金）が使用される。

鋼製六角ボルト，ねじ及び植込みボルトの機械的性質による強度区分は，表15.4に示すように，小数点を付けた二けた又は三けたの数字によって表す（これを強度区分記号という）。その小数点前の数字は，引張強さ（N/mm²）の1/100を示し，小数点後の数字は降伏応力比（(呼び下降伏点又は0.2％耐力)／（呼び引張強さ）（いずれもN/mm²））の10倍の値を示している。小数点の前後の数字の積を10倍すると呼び降伏点又は0.2％耐力（N/mm²）に

15章 ねじの製図

表15.3 鋼製のボルト，ねじ及び植込みボルトの材料及び熱処理　　（JIS B 1051 : 2014 抜粋）

強度区分	材料及び熱処理	化学成分（溶鋼分析値，%）[a] C 最小	C 最大	P 最大	S 最大	B[b] 最大	焼戻し温度 °C 最低
4.6[c),d)]	炭素鋼又は添加物入り炭素鋼	—	0.55	0.050	0.060	—	—
4.8[d)]							
5.6[e)]		0.13	0.55	0.050	0.060		
5.8[d)]		—	0.55	0.050	0.060		
6.8[d)]		0.15	0.55	0.050	0.060		
8.8[f)]	添加物（例えば，B, Mn, Cr）入り炭素鋼，焼入焼戻し	0.15[e)]	0.40	0.025	0.025	0.003	425
	炭素鋼，焼入焼戻し	0.25	0.55	0.025	0.025		
	合金鋼[g)]，焼入焼戻し	0.20	0.55	0.025	0.025		
9.8[f)]	添加物（例えば，B, Mn, Cr）入り炭素鋼，焼入焼戻し	0.15[e)]	0.40	0.025	0.025	0.003	425
	炭素鋼，焼入焼戻し	0.25	0.55	0.025	0.025		
	合金鋼[g)]，焼入焼戻し	0.20	0.55	0.025	0.025		
10.9[f)]	添加物（例えば，B, Mn, Cr）入り炭素鋼，焼入焼戻し	0.15[e)]	0.40	0.025	0.025	0.003	425
	炭素鋼，焼入焼戻し	0.25	0.55	0.025	0.025		
	合金鋼[g)]，焼入焼戻し	0.20	0.55	0.025	0.025		
12.9[f),h),i)]	合金鋼[g)]，焼入焼戻し	0.30	0.50	0.025	0.025	0.003	425
12.9[f),h),i)]	添加物（例えば，B, Mn, Cr, Mo）入り炭素鋼，焼入焼戻し	0.28	0.50	0.025	0.025	0.003	380

注[a)] 疑義が生じた場合には，製品分析値を適用する。
[b)] ボロン（B）の含有量は，非有効ボロン（B）がチタン（Ti）及び/又はアルミニウム（Al）の添加によって制御される条件で，0.005 %まで許容する。
[c)] 冷間圧造によって製造する強度区分 4.6 及び 5.6 の製品は，要求される延性を確保するために，線材の状態又は冷間圧造の後に熱処理を行わなければならない場合がある。
[d)] これらの強度区分の材料には，快削鋼を用いてもよい。ただし，硫黄（S），りん（P）及び鉛（Pb）の最大含有量は次による。
　　S：0.34 %, P：0.11 %, Pb：0.35 %
[e)] 炭素（C）が 0.25 %（溶鋼分析値）以下のボロン鋼の場合には，マンガン（Mn）の含有量を，強度区分 8.8 のものに対しては 0.6 %以上，9.8 及び 10.9 のものに対しては 0.7 %以上にしなければならない。
[f)] これらの強度区分の材料は，焼戻し前の焼入れ状態で，ねじ部横断面の中心部分が約 90 %のマルテンサイト組織となるような十分な焼入れ性がなければならない。
[g)] この合金鋼には，次の合金元素を1種類以上含まなければならない。各元素の最小の含有量は，次による。
　　クロム（Cr）0.30 %, ニッケル（Ni）0.3 %, モリブデン（Mo）0.20 %, バナジウム（V）0.10 %
　　なお，上記の合金元素を 2～4種類組合せて含有させる場合で，個々の元素の含有量が上記の最小量より小さくなる場合には，鋼種区分の判別に用いる限界値は，組み合わせて用いる各元素に対する上記限界値の合計の 70 %とする。
[h)] りん酸塩皮膜処理を行った素材からボルトを製作する場合は，熱処理前に脱りん処理を行わなければならない。また，白色のりん濃化層がないことを適切な観察方法で確認しなければならない。
[i)] 強度区分 12.9/12.9 の製品を使用する場合には，注意が必要である。製造業者の技量，使用環境及び締付け方法を考慮しなければならない。環境によっては，めっきをしないおねじ部品でも，めっきをしたものと同様な遅れ破壊を生じるおそれがある。

15.5 ボルト及びナットの表示法

表15.4 鋼製ボルト，ねじ及び植込みボルトの機械的性質抜粋　　　（JIS B 1051 : 2014）

番号	機械的又は物理的性質		強度区分								
			4.6	4.8	5.6	5.8	6.8	8.8 $d \leq 16$ mm[a)]	8.8 $d > 16$ mm[b)]	9.8 $d \leq 16$ mm	10.9	12.9/ 12.9
1	引張強さ，R_m，MPa	呼び[c)]	400		500		600	800		900	1 000	1 200
		最小	400	420	500	520	600	800	830	900	1 040	1 220
2	下降伏応力，R_{eL}[d)]，MPa	呼び[c)]	240	—	300	—	—	—	—	—	—	—
		最小	240	—	300	—	—	—	—	—	—	—
3	0.2 %耐力，$R_{p0.2}$，MPa	呼び[c)]	—	—	—	—	—	640	640	720	900	1 080
		最小	—	—	—	—	—	640	660	720	940	1 100
4	フルサイズおねじ部品の0.0048 d 耐力，R_{pf}，MPa	呼び[c)]	—	320	—	400	480	—	—	—	—	—
		最小	—	340[e)]	—	420[e)]	480[e)]	—	—	—	—	—
5	保証荷重応力，S_p[f)]，MPa	呼び	225	310	280	380	440	580	600	650	830	970
	保証荷重応力比 $S_{p,nom}/R_{eL,min}$ $S_{p,nom}/R_{p0.2,min}$ $S_{p,nom}/R_{pf,min}$		0.94	0.91	0.93	0.90	0.92	0.91	0.91	0.90	0.88	0.88
6	機械加工試験片の破断伸び，A，%	最小	22	—	20	—	—	12	12	10	9	8

注[a)]　鋼構造用ボルトには，適用しない。
　[b)]　鋼構造用ボルトは，$d \geq$ M 12 とする。
　[c)]　呼びの値は，強度区分の表し方の目的だけに用いる。
　[d)]　下降伏応力 R_{eL} が求められない場合には，0.2 %耐力 $R_{p0.2}$ による。
　[e)]　強度区分 4.8，5.8 及び 6.8 の $R_{pf,min}$ は，調査中である。提示してある値は，保証荷重応力比を計算するためだけに表示している。これらの値は，試験値ではない。
　[g)]　おねじ部品のねじの先端で求められた硬さは，250 HV，238 HB 又は 99.5 HRB 以下とする。
　[h)]　表面硬さ及び生地金属硬さの両方の決定は HV 0.3 で求められているとき，表面硬さは，測定したねじの生地金属硬さよりもビッカース硬さで 30 ポイントを超えて大きくてはならない。
　[i)]　値は，試験温度 −20℃で求める。
　[j)]　$d \geq 16$ mm に適用する。
　[k)]　K_V の値は，調査中である。
　[l)]　受渡当事者間の協定によって JIS B 1041 の代わりに JIS B 1043 を適用してもよい。

なる（15-36頁参照）。

　ねじ部品の表面状態及び幾何公差は，JIS B 1021（締結用部品の公差—第1部：ボルト，ねじ，植込みボルト及びナット—部品等級 A，B 及び C）に規定されている。ねじ部品の表面粗さについては，部品等級 A，B 及び C（一般用）のねじ部品には規定がなく，部品等級 F（精巧機器用）のねじ部品のみに，ねじ部品の座面及び頭部の粗さが約 $Ra=1\,\mu m$ と規定されている。また，JIS B 1041（締結用部品—表面欠陥，第 1 部，一般要求のボルト，ねじ及び植込みボルト）の 3.5（工具きず）には，ねじの呼び径 5 mm 以上，部品等級 A

15章　ねじの製図

及びB，強度区分10.9以下のボルトに対して，機械加工によって発生した軸部，首下部又は座面の工具きずは，表面粗さ $Ra=3.2\mu m$ を超えてはならないことが規定されている。

　六角ボルトの呼び方は，規格番号（省略してもよい），種類，部品等級，ねじの呼び(d)×呼び長さ(l)，機械的性質の強度区分（鋼ボルトの場合は強度区分，ステンレスボルトの場合は鋼種区分，及び非鉄金属ボルトの場合は材質区分）及び指定事項（ねじ先の形状，表面処理など）の順に記す。

例：（付表7参照）

（呼び径六角ボルト・細目・鋼の場合）	JIS B 1180	呼び径六角ボルト	A	M 12×1.5×80−	8.8	(Ep−Fe/Zn 5/CM 2)
（有効径六角ボルト・ステンレスの場合）	（略）	有効径六角ボルト	B	M 8×60　−	A 2.70	
（全ねじ六角ボルト・並目・非鉄金属の場合）	（略）	全ねじ六角ボルト	A	M 10×50　−	CU 3	（丸先）
	‖	‖	‖	‖	‖	‖
	(規格番号)	(種類)	(部品等級)	呼び($d\times l$)	強度区分 鋼種区分 材質区分	(指定事項)

（2）植込みボルト

　植込みボルトは，両端に同じ呼びのねじを切った頭のないボルトで，JIS B 1173に規定されている（付表8）。植込み側の端は平先になっていて，これを締付部材の一方に切っためねじに強くねじ込む。他端は丸先になっていて，これにボルトの外径より少し大きい穴（これをすきま穴という）をあけた他方の締付部材をはめ込み，ナットを使用して部材を締付ける。材質及び機械的性質は六角ボルトと同じである。

　植込みボルトの呼び方は次の例に従う。

備考　呼び方の例に示す bm は，植込み側のねじ部長さ（不完全ねじを含む）を表し，1種 ($1.25d$)，2種 ($1.5d$)，3種 ($2d$) が規定されている。
　　ただし，d はねじの呼び径を示す。

例：

JIS B 1173	8×30	4.8	並	2種		並	
植込みボルト	16×1.5×50	8.8	並	2種		細	A 2 K
‖	‖	‖	‖	‖	‖	‖	‖
(規格番号又は規格名称)	(呼び径×l)	(強度区分)	(植込み側のピッチ系列)	(bmの種別)		(ナット側のピッチ系列)	(指定事項)

（3）六角穴付きボルト

　六角穴付きボルトは，頭部が円柱形で（その外周にローレットが切られていることが多い），その端面に六角形の穴があいているボルトである。六角穴に

15.5　ボルト及びナットの表示法

六角棒スパナをさし込んで回す。JIS B 1176（付表9）に規定されている。六角穴付きボルトの表し方は，ISO 規格に合せて簡略化された。

例：

六角穴付きボルト	JIS B 1176	—	M 6×30	—	10.9
‖	‖		‖		‖
（規格名称）	（規格番号）		（ねじの呼び ×呼び長さ）		（強度区分）

（4）　六角ナット

六角ナットは，外形が六角形をしたナットで，ナットのうちで最も多く使用されている。JIS B 1181（六角ナット）には，六角ナットの種類，部品等級（A，B，C），ねじの種類（メートル並目ねじ及び細目ねじ）と等級，材質，機械的性質及び形状・寸法などについて規定している。付表10にその抜粋を示す。規格では六角ナットを，ナットの呼び高さによって**六角ナット**（呼び高さが $0.8d$ 以上のもの。ただし，d はねじの呼び径）と**六角低ナット**（$0.8d$ 未満のもの）に分け，さらにスタイル及び面取りの有無によって分けて付表10 の表1に示す5種類に分類している。また，六角ナットは，使用する材料によって，鋼製ナット，ステンレス鋼製ナット及び非鉄金属（銅，銅合金，アルミニウム合金）製ナットに分かれる。その機械的性質は，JIS B 1052-2（炭素鋼及び合金鋼製締結用部品の機械的性質―第2部：強度区分を規定したナット―並目ねじ及び細目ねじ），JIS B 1054-2（耐食ステンレス鋼製締結用部品の機械的性質―第2部：ナット）及び JIS B 1057（非鉄金属製ねじ部品の機械的性質）にそれぞれ規定されている。鋼製ナットの場合は，機械的性質を強度区分で表している。この強度区分については，15-37頁を参照されたい。これに対して，ステンレス鋼製ナットの場合は，材料の組織（鋼種）区分とナットのスタイルによって強度区分を定めている。非鉄金属製ナットの場合は，材料の区分，ねじの呼び区分によって機械的性質を規定している。六角ナットの仕上げ程度については，JIS B 1042（締付用部品―表面欠陥，第2部：ナット）の 3.7（工具きず）に，ねじの呼び径 5～39 mm，部品等級 A 及び B のナットに対して，工具きずは表面粗さ $Ra=3.2\,\mu\mathrm{m}$ を超えてはならないことが規定されている。

なお，JIS B 1181 の付属書には，ISO の規格によらない六角ナット及び小

15章 ねじの製図

形六角ナットを規定しているが、これらはいずれ規格から除外されるので、使用しないのがよい。

　六角ナットの呼び方は、規格番号（省略してもよい）、種類、部品等級、ねじの呼び、機械的性質の強度区分（ステンレス鋼ナットの場合は鋼種と強度区分、及び非鉄金属ナットの場合は材質区分）及び指定事項を順に並べて表す。ただし、六角低ナットの面取りなしは、硬さ（HV 110 以上）以外に規定がないので強度区分を省略する。

例：

六角ナットースタイル1 並目・鋼の場合	JIS B 1181	六角ナットースタイル1	A	M 10	−8	Ep−Fe/Zn 5/CM 2
六角ナットースタイル1 細目・オーステナイト系 ステンレス鋼の場合	（略）	六角ナットースタイル1	B	M 20×1.5	A 2−70	座付き
六角ナットースタイル2 の場合	（略）	六角ナットースタイル2	A	M 8	−12	Ep−Fe/Zn 5/CM 2
六角低ナットー面取りなしの場合	（略）	六角低ナットー面取りなし	B	M 6	——	——
	‖	‖	‖	‖	‖	‖
	（規格番号）	（種類）	（部品等級）	（ねじの呼び）	（強度区分／材質区分）	（指定事項）

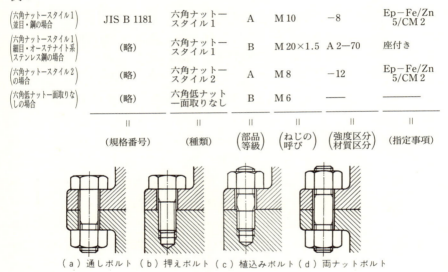

（a）通しボルト　（b）押えボルト　（c）植込みボルト　（d）両ナットボルト

図 15.14　ボルト・ナットの使用法

15.6　ボルト・ナットの製図法

（1）ボルト・ナットの使用法

　ボルト・ナットの使用法を図 15.14 に示す。図において、(a)は締付ける両部品にそれぞれすきま穴をあけて、この穴にボルトを通してナットで締付ける方法で、これを**通しボルト**という。(b)はナットを使用しない方法で、締付ける部品の一方にすきま穴をあけ、他方の部品にめねじを切っておき、これにボルトをねじ込んで締付ける方法である。これを**押えボルト**という。(c)は締付けるべき部品の一方にめねじを切って、これに植込みボルトの一端をかたく植

15.6 ボルト・ナットの製図法

表15.5 ボルト・ナットの通常図と簡略図の例

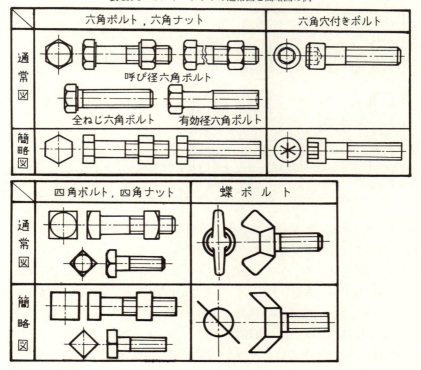

込み，他方の部品にはすきま穴をあけてこれにボルトを通し，ナットで締付ける方法である。これを**植込みボルト**という。(d)は締付ける両部品にすきま穴をあけておき，両端にねじを切った頭のないボルトを通して両端からナットで締付ける方法である。これを**両ナットボルト**と呼ぶ。

（2） **ボルト・ナットの製図法**

ボルト・ナットを製図する場合は，表15.5及び表15.6に示すような略図で描く。それぞれ上欄の図は，通常図示法（15.4(2)参照）で描いたもので，図形が実感を伴っているから，主として部品図のように詳細を表す図の場合に用いる。ヘクサロビュラ頭，左ねじは15-35頁参照。

下欄の図は，簡略図示法（15.4(3)参照）で描いたものである。組立図などでねじの形状や細部を図示する必要がない場合や，ねじが小さくて（図面上

15章 ねじの製図

表 15.6 ナットの通常図及び簡略図

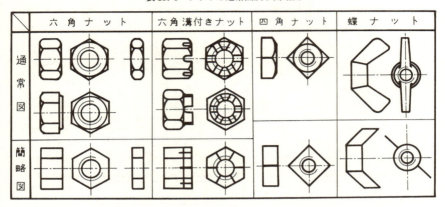

で直径が 6 mm 以下）形状が描きにくい場合などに使用する。各部の寸法割合は，蝶ボルト・ナットを除き，上欄の図と同じに描けばよいが，面取りや不完全ねじ部等は図例のように省略図示する。六角穴付きボルトの六角穴は，正面図では隠れて見えないけれども，六角穴に相当する線を太い実線で描く。また，側面図では太い実線で 60°間隔の線✕を円に接しないように描く。六角溝付ナットの溝は，1本の太い実線で表す。蝶ボルト及び蝶ナットの羽根の部分は，側面図では基本中心線に対して 45°の方向に引いた1本の太い実線で表す。

　図 15.15 は，六角ボルト及び六角ナットの比例寸法による略画法（通常図示）を示す（慣例によるもので，JIS 規格ではない）。この寸法割合いを知っていると，ねじの呼び径 d と長さ l とが分かれば，いちいち規格を見なくても六角ボルト・六角ナットを図示できるから便利である。図面は，実物と詳細寸法が少し異なるけれども，規格に従って種類と呼びを表示しておけば実用上支障がないことが多い。なお，参考として実物の形状を図(f)に示す。

　図 15.16 は，六角穴付きボルトの比例寸法による略画法（簡略図示）を示す。なお，ボルトの全長が短い場合は，軸部全体にねじが切られた図にする。

15.7　その他のねじ類の呼び方及び製図法

（1）小 ね じ

　比較的軸径が小さい頭付きねじ（六角形，四角形を除く）を小ねじと呼ぶ。

15.7　その他のねじ類の呼び方及び製図法

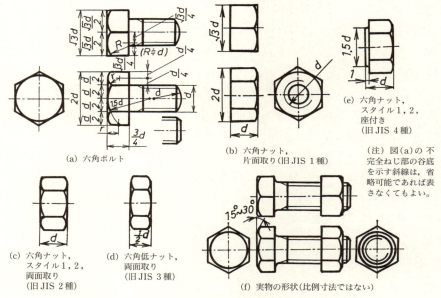

図 15.15　六角ボルト及び六角ナットの比例寸法による通常図示法

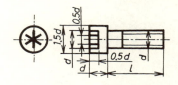

図 15.16　六角穴付きボルトの比例寸法による略画法

頭部には，すりわり溝又は十字穴をもっており，それぞれ，**すりわり付き小ねじ**及び**十字穴付き小ねじ**と呼ぶ。

　すりわり付き小ねじは，JIS B 1101（付表11）に規定されており，すりわり付きチーズ小ねじ，すりわり付きなべ小ねじ，すりわり付き皿小ねじ及びすりわり付き丸皿小ねじがある。また，JIS規格の付属書には，ISO規格によらないすりわり付き小ねじとして，なべ，皿，丸皿，トラス，バインド，丸，平及び丸平小ねじを規定しているが，将来規格から除外されるのでできるだけ使用しないのがよい。

　十字穴付き小ねじは，JIS B 1111（付表12）に規定されており，十字穴付

15章　ねじの製図

きなべ小ねじ，十字穴付き皿小ねじ及び十字穴付き丸皿小ねじがある。また，JIS規格の付属書には，ISO規格によらない十字穴付き小ねじとして，なべ，皿，丸皿，トラス，バインド及び丸小ねじを規定しているが，できるだけ使用しないのがよい。

　小ねじの材料，機械的性質及び表面欠陥については，六角ボルトの場合と同じである。また，ねじ用十字穴の形状・寸法についてはJIS B 1012（ねじ用十字穴）にH形とZ形とが規定されている。

　小ねじの呼び方は，規格番号（省略してもよい），小ねじの種類，部品等級，ねじの呼び径(d)×呼び長さ(l)，機械的性質の強度区分（ステンレス鋼の場合は鋼種区分，非鉄金属の場合は材質区分），十字穴の種類及び指定事項（表面処理の種類等）を順に示す。

例：

（鋼小ねじの場合）	**JIS B 1101**	すりわり付きなべ小ねじ － A	－M3×12－4.8		－A2K
（〃）	JIS B 1111	十字穴付きなべ小ねじ － A	－M5×20－4.8	－H	－A2K
（ステンレス小ねじの場合）		十字穴付き皿小ねじ － A	－M5×16－A2－50	－H	
（〃）		十字穴付きなべ小ねじ － A	－M6×25－A2－70	－Z	
（非鉄金属小ねじの場合）		十字穴付き丸皿小ねじ － A	－M6×20－CU2	－Z	－平先
	‖	‖　　　　　　　‖	‖	‖	‖
	（規格番号）	（小ねじの種類）（部品等級）	（$d×l$）（強度区分／鋼種区分／材質区分）	（十字穴の種類）	（指定事項）

（2）止めねじ

　止めねじは，ねじの先端，又はねじ部で機械部品間の動きを止めるねじである。例えば，ベルト車，歯車，ハンドルなどを軸に固定したり，圧入したブシュを止めるのに使用する（図15.17）。

　止めねじは頭部の形状によって，**すりわり付き止めねじ**（JIS B 1117，付表13），**四角止めねじ**（JIS B 1118，付表14）及び**六角穴付き止めねじ**（JIS B 1177）に分かれる。また，ねじ先の形状については，JIS B 1003（ねじ先の形状・寸法）で10種類が規定されているが，そのうち，平先，丸先，棒先，とがり先及びくぼみ先が多く使われている。

15.7　その他のねじ類の呼び方及び製図法

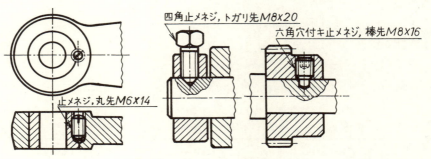

図 15.17　止めねじの使用例

止めねじの呼び方の例を次に示す。

例：

JIS B 1117	とがり先	M 6×12	−22 H		A 2 K
すりわり付き止めねじ	棒先	M 8×20	−A 1−50		
JIS B 1118	丸先	M 6×16	−14 H		
四角止めねじ	平先	M 12×40		S 12 C(滲炭)	
JIS B 1177	平先	M 5×12	−45 H		A 2 K
六角穴付止めねじ	平先	M 8×16	−A 2		
‖	‖	‖	‖	‖	‖
(規格番号又は規格名称)	(種類)	(呼び, $d×l$)	(強度区分記号)	(材料)	(指定事項)

（3）木　ね　じ

木材にねじ込むのに適した先端とねじ山をもった頭付きのねじで，先端のとがった部分はきりとタップの役目をする。十字穴付き木ねじ（JIS B 1112）と，すりわり付き木ねじ（JIS B 1135）とに分かれ，JIS規格では頭部の形状によって，それぞれ丸木ねじ，皿木ねじ，丸皿木ねじの3種類が規定されている。

呼び方の例を次に示す。なお，規格番号を省略した場合は，種類に"十字穴付き"，又は"すりわり付き"を冠する。

例：

15章　ねじの製図

JIS B 1112	丸木ねじ	2.4×10	SWRM 8
JIS B 1135	十字穴付き丸皿木ねじ	3.5×16	C 2700 W－1/8 H
	丸木ねじ	4.5×40	SWRM 10
	すりわり付き皿木ねじ	3.8×25	C 2700 W－1/8 H
‖	‖	‖	‖
(規格番号)	(頭部の形状による種類)	(呼び径×長さ *l*)	(材料)

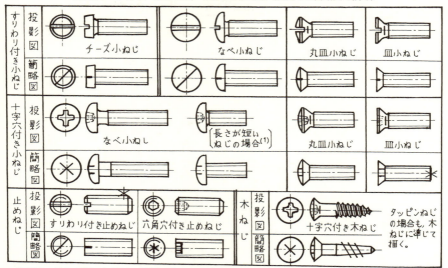

表 15.7　小ねじ，止めねじ，木ねじの簡略図（製図では簡略図で描く）

注(1)　長さが短いねじは，軸部の殆んどが完全ねじとなるから，簡略図では全ねじの図に描く。他の小ねじも同様。

（4）　小ねじ，止めねじ及び木ねじの製図法

　小ねじ，止めねじ及び木ねじは，通常，表 15.7 に示す簡略図で表す。いずれの場合も，すりわり付きねじでは，頭部の溝は，1本の太い実線で表し，端面から見た図ではこれを常に 45°の斜線として頭部の円，又は外径（止めねじの場合）に接するように描く。また，十字穴付きねじでは，端面から見た図の場合，頭部の十字溝は 1本の太い実線で，45°の方向に×印を記入して示す。その時×印は，ねじの頭を表す円に接しないように少し間をあけて描く。

　六角穴付き止めねじは，一方の端に六角レンチを差し込むための六角穴があいている。ねじの端面から見た図にこの穴を描く場合は，1本の太い実線で★

15. 8 座　　金

表15.8　小ねじと木ねじの比例寸法による簡略図示例

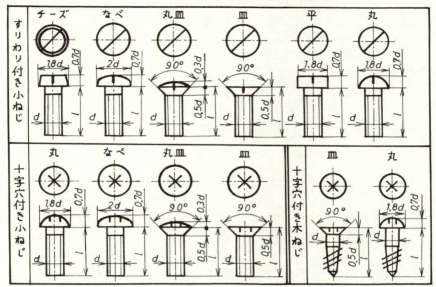

印を記入する。この＊印はおねじの谷の径に接しないように少し間をあけて描く。十字穴付き小ねじ，十字穴付き止めねじ及び六角穴付き止めねじの正面図では，外から穴の形が見えないが，十字穴及び六角穴に相当する線を太い実線で描く。

　木ねじの頭部の溝は，小ねじと同様に図示すればよい。ただし，木ねじの正面図では，ねじ山の谷の径の線は描かず，軸線に対して60°の方向に3本の太い実線を等間隔に引いて表す。

　表15.8は，小ねじと木ねじを比例寸法で略画する方法の例を示したものである。(JIS規格ではない)。ねじの呼び径 d （おねじの外径）が与えられれば容易に描くことができる。なお，l はねじの呼び長さを示す。

15. 8　座　　金

　座金はボルト・ナット類の座面と，締付け部との間に挟む板で，ねじの軸部を通す穴があいている。座面の保護，ボルト・ナットのゆるみ止めや洩れ止めに用いられる。形状，機能，用途から次のような種類のものがある。

　平座金——ボルト・ナット，小ねじなどに使用する平板状の座金で，外形は

15章　ねじの製図

表15.9　ばね座金の種類　　　　　　　　　（JIS B 1251 : 2001）

ばね座金の名称と略号		種類		記号	適用ねじ部品
ばね座金	SW	一般用		2号	一般用のボルト，小ねじ，ナット
		重荷重用		3号	一般用のボルト，ナット
皿ばね座金	CW	1種	軽荷重用	1L	一般用のボルト，小ねじ，ナット
			重荷重用	1H	
		2種	軽荷重用	2L	六角穴付きボルト
			重荷重用	2H	
歯付き座金	TW	内歯形		A	一般用のボルト，小ねじ，ナット
		外歯形		B	
		皿形		C	皿小ねじ
		内外歯形		AB	一般用のボルト，小ねじ，ナット
波形ばね座金	WW	重荷重用		3号	一般用のボルト，小ねじ，ナット

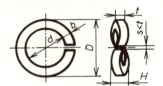

図15.19　波形ばね座金（WW）

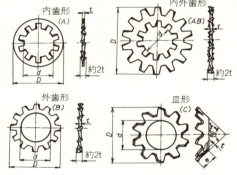

図15.18　歯付き座金（TW）

丸のものと四角のもの（角座金と呼ぶ）とがある。丸形のものは，平座金の中で最も多く使用され，JIS B 1256（付表15）に規定されている。

　平座金の呼び方の例を次に示す（呼びは，メートルねじの呼び径と一致する）。

例：（平座金の呼び方）

JIS B 1256	小形―部品等級 A	6×11	―	140 HV	亜鉛めっき
JIS B 1256	並形面取り―部品等級 A	10×20	―	140 HV	
JIS B 1256	並形―部品等級 C	12×24	―	100 HV	
‖	‖	‖		‖	‖
(規格番号)	(種類)	(呼び径×外径)		(硬さ区分)	(指定事項)

15-28

15.8 座　　　金

　ばね座金（広義）——ばね作用をもつ座金で，ねじのゆるみ止めに用いられる．JIS B 1251（ばね座金）には，ばね座金，皿ばね座金，歯付き座金及び波形ばね座金を規定している．ばね座金の種類を表15.9に示す．

　ばね座金（狭義，略号 SW）は，付表16に示すように，ばね用材料で作ったS字形の座金で，ばねの強さによって一般用（2号）と重荷重用（3号）の2種類が規定されている．

　皿ばね座金（CW）は，付表17に示すように，皿状をしたばね座金で，1種（一般用）と2種（六角穴付きボルト用）に分けられ，それぞれ軽荷重用（記号1L及び2L）と重荷重用（1H及び2H）が規定されている．

　歯付き座金（TW）は，回り止めの役目をする歯が設けてある座金で，内歯形（記号A），外歯形（B），皿形（C）及び内外歯形（AB）の4種類が規定されている．図15.18に歯付き座金の形状を示す．

　波形ばね座金（WW）は，ばね座金（狭義）を波形に曲げたもので，図15.19にその形状を示す．

　ばね座金（広義）の材料を表15.10に示す．ばね座金（広義）の製品名称ごとの呼び方は，規格番号（JIS B 1251）又は規格名称，製品名称又はその略号，種類又はその記号，呼び，材料の略号及び指定事項を順に示す．なお，呼びはいずれも使用するねじの呼び径で表す．表示例をつぎに示す．

例：

JIS B 1251	SW	2号	8	S	Ep-Fe/Zn 5/CM 2
ばね座金	ばね座金	2号	12	SUS	
JIS B 1251	CW	1種軽荷重用	10		Ep-Fe/Zn 5/CM 2
ばね座金	皿ばね座金	2H	20		
JIS B 1251	TW	内歯形	8	S	Ep-Fe/Zn 5/CM 2
ばね座金	歯付き座金	B	12	PB	
JIS B 1251	WW	3号	8	S	Ep-Fe/Zn 5/CM 2
ばね座金	波形ばね座金	3号	12	SUS	
‖	‖	‖	‖	‖	‖
規格番号又は規格名称	製品名称又はその略号	種類又はその記号	（呼び）	材料の略号	（指定事項）

　組立図において，締め付けられた状態のばね座金を図示するときは，平座金と区別するため図15.20に示すように，軸線に対して30°の方向に太い実線を引いておくのがよい．

15章 ねじの製図

表15.10 ばね座金の材料　　　　　　　　　　　(JIS B 1251 : 2001)

座金	材料
鋼製ばね座金 鋼製波形ばね座金	**JIS G 3506**のSWRH57(A, B), SWRH62(A, B), SWRH67(A, B), SWRH72(A, B), SWRH77(A, B)
鋼製皿ばね座金 鋼製歯付き座金	**JIS G 3311**のS50CM, S55CM, S60CM, S65CM, S70CM 又は**JIS G 4802**のS50C-CSP, S55C-CSP, S60C-CSP, S65C-CSP, S70C-CSP, SK5-CSP[1]
ステンレス鋼製ばね座金 ステンレス鋼製波形ばね座金	**JIS G 4308**のSUS304, 305, 316
りん青銅製ばね座金 りん青銅製波形ばね座金	**JIS H 3270**のC5191W
りん青銅製歯付き座金	**JIS H 3110**のC5191P-H又はC5212P-H

注(1)　皿ばね座金のみに使用。

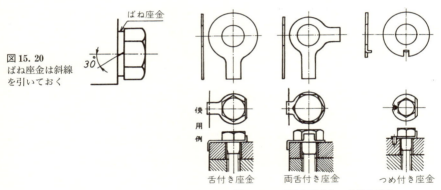

図15.20　ばね座金は斜線を引いておく

図15.21　舌付き座金とつめ付き座金

舌付き座金——舌付き座金は，丸い座金の一部を舌状に突き出した形の板で，その部分を折り曲げて回り止めとするものである。(図15.21)。

つめ付き座金——丸い座金の一部分を切り開いて，その部分を曲げて回り止めとした**つめ付き座金**（図15.21）と，角座金の四すみにつめを付けた**つめ付き角座金**の2種類がある。

15.9　ボルト穴及び座ぐり

ボルトや小ねじの軸部を通すボルト穴（すきま穴）には，機械加工穴，鋳抜き穴及び打抜き穴がある。また，ボルトの頭，小ねじの頭及びナットが当たる座面は，ねじの締付けを効果的にするために座ぐりを行うことが多い。ボルト

15.10　ねじインサートの図示

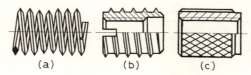

図15.22　ねじインサートの実形図

穴及び座ぐり径はいずれも JIS B 1001（ボルト穴径及び座ぐり径）に規定している。規格では，おねじの外径と穴径とのすきまによってボルト穴径を1級～4級（このうち4級は，すきまが最も大きく，主として鋳抜き穴に使用される）に区分し，穴の寸法を定めている。なお，座ぐりの表し方は，9-17頁を参照されたい。

めねじを立てたり，あるいはこれに準ずる加工を行う場合の**ねじ下穴**の直径については，JIS B 1004（ねじ下穴径）に規定している。

15.10　ねじインサートの図示
（1）　ねじインサート

アルミニウムやプラスチックのように軟らかい材料に切っためねじは，ねじの締付けと弛めを繰返したときにねじ山が傷み易く，また，強さが十分でないことが多い。これを防ぐために，軟らかい材料には直接所定のめねじを切らないで，内側に所定のめねじを設けた鋼製のねじインサートを材料内に挿入して，これが外れないように固定しておく。ねじインサートのJIS規格はない。

（2）　ねじインサートの製図法

ねじインサートの図示については，JIS B 0002-2（製図―ねじ及びねじ部品―第2部：ねじインサート）に規定されており，一般のねじの図示法と同様に実形，通常及び簡略の3つの図示法が示されている。

ｉ）　ねじインサートの実形図示

ねじインサートの実形図示は，図15.22に示すように，ねじインサートを見た通りに描く。この図は，例えば，カタログの中において図解をするような場合だけに使用し，製図には使用しないのがよい。なお，図(c)は，外面にローレット切りしたブシュタイプであるが，断面図ではローレット部にハッチングが描かれていないことに注意を要する（ISOに整合させるため）。

15章 ねじの製図

表15.11 実形図示，通常図示及び簡略図示の例

		実形図示	通常図示	簡略図示
インサート			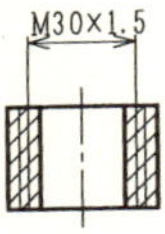 M30×1.5	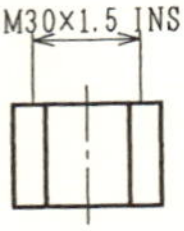 M30×1.5 INS
インサート装着状態	貫通穴	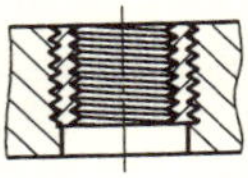	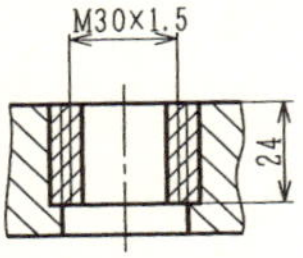 M30×1.5, 24	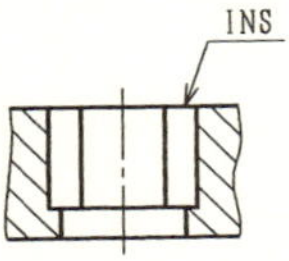 INS
	止まり穴		M30×1.5, 24, 30	M30×1.5 INS
インサート組立状態	貫通穴	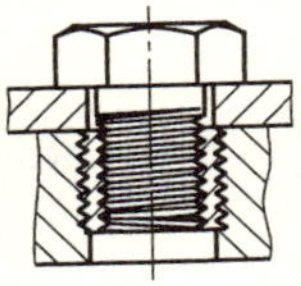	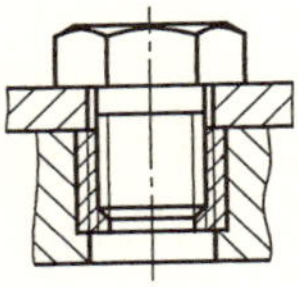	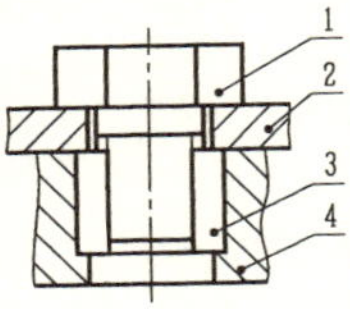 1, 2, 3, 4
	止まり穴	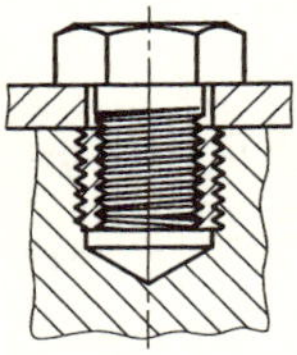	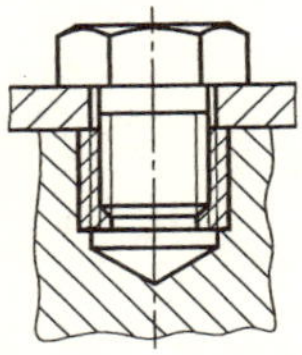	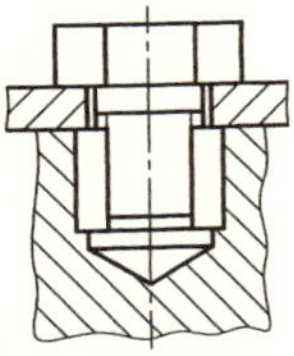

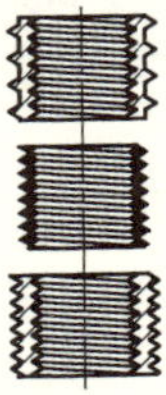

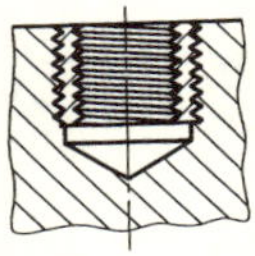

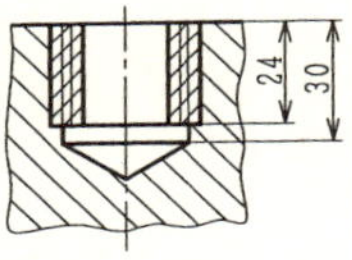

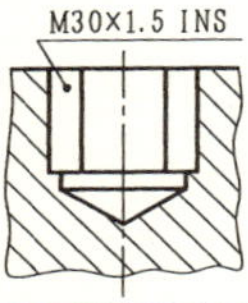

ii) ねじインサートの通常図示

　ねじインサートは，通常はこの図示法で描く。ねじインサートには種々な形のものがあって，それぞれ外観が大きく異なり，中にはブシュタイプのように外側にねじの無いものもある。しかし，これらを図示する場合は，すべて同じ方法で描く。通常図示の例を表15.11に示す。断面図では，インサートの外

15.10 ねじインサートの図示

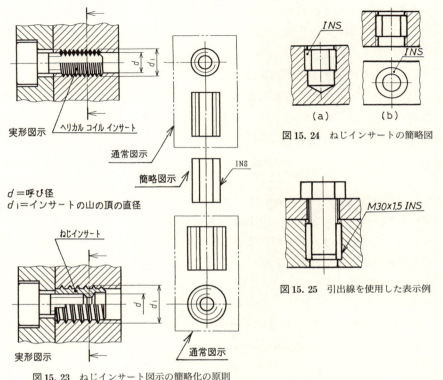

図 15.23 ねじインサート図示の簡略化の原則

図 15.24 ねじインサートの簡略図

図 15.25 引出線を使用した表示例

d＝呼び径
d_1＝インサートの山の頂の直径

側形状，及びめねじの山頂（めねじの内径）は太い実線で描く。外側形状の谷底を表す線は，めねじの谷底の線と同じように細い実線で表し，インサートを端面から見た図では，これらの細線は一般のねじの図と同じように円周の 1/4 を削除する（図 15.23）。

iii) **ねじインサートの簡略図示**

ねじインサートに対しては，可能な限り簡略図示を使用する。簡略図示では，図面の種類，及び関連文書の目的によって，インサートの必要最小限の特徴だけを描く。簡略化の原則を図 15.23 に示す。また，簡略図示が許される限度を表 15.11 に示す。

断面図の場合，ねじインサートの輪郭（外側及び内側の山の頂）は太い実線で描く。また，インサート自体にはハッチングを施さない（図 15.24）。イン

15-33

15章　ねじの製図

サートを端面から見た図では，外側及び内側の山頂は，太い実線で完全な円を描く。上述の組立てた状態の図には，めねじの呼び径を図示しないようにする（図 15.24）。

（3）　ねじインサートの表示法

ねじインサートは，該当する規格通りに表示する。そのような規格が利用できない場合には，ねじの呼び d×P（そのねじインサートを使用しようとするねじ）にインサートを表す記号 INS を付けて表す。

例　M 30×1.5 INS……メートル細目ねじ，呼び径 30 mm，ピッチ 1.5 mm のめねじをもつねじインサート

もし，並目ねじの場合は，表示にピッチ P を省略してもよい。また，その他，メーカ名，カタログ No. などの追加情報を付加してもよい。ねじインサートを表示する場合には，引出線を使用するか（図 15.25），又は通常の寸法と同様に指示してもよい（表 15.11）。もし，1 個のインサートが配置されているということだけを表せばよいときは，図 15.24 に示すように，略号 INS だけを表示すればよい。

15.11　その他（ヘクサロビュラ穴付きボルト等）

JIS B 1015「おねじ部品用ヘクサロビュラ穴」ヘクサロビュラ頭の規準形状の寸法による。

　座ぐり深さ c は，穴の番号 No.15 以下のものは 0.13 mm 以下，穴の番号 15 を超えるものは 0.25 mm 以下とする。沈み深さ t は，それぞれの製品規格による。穴底の形状は，沈み深さ t の許容限界を満足すれば，製造業者の任意とする。口元の広がり部の許容深さ f は表 15.12 による。

15.12　ボルトの左ねじの表示

　呼び径が 5 mm 以上の左ねじのおねじの部品には，図 15.24 のように頭部の状面又はねじ部の端面に識別記号を施す。六角ボルトの関しては左ねじの表示として矢印記号の代わりに同図右のように切欠きを施してもよい。

15.12　ボルトの左ねじの表示

表 15.12　ヘクサロビュラ穴と深さ

単位 mm

穴の番号 No.	呼び寸法[a] A	B
6	1.75	1.27
8	2.4	1.75
10	2.8	2.05
15	3.35	2.4
20	3.95	2.85
25	4.5	3.25
30	5.6	4.05
40	6.75	4.85
45	7.93	5.64
50	8.95	6.45
55	11.35	8.05
60	13.45	9.6
70	15.7	11.2
80	17.75	12.8
90	20.2	14.4
100	22.4	16

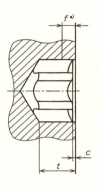
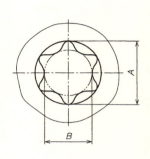

単位 mm

穴の番号 No.	6	8	10	15	20	25	30	40	45	50	55	60	70	80	90	100
口元の広がり部の許容深さ f	0.35	0.48	0.56	0.67	0.79	0.90	1.12	1.18	1.39	1.56	1.98	2.35	2.75	3.11	3.53	3.92

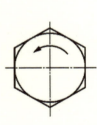

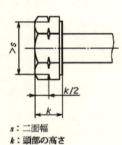

s：二面幅
k：頭部の高さ

図 15.24　ボルト左ねじの表示

15章 ねじの製図

15.13 ボルトの強度区分と表示
(1) ボルト頭表示の意味

左側4は引張強さ400MPaを表し,右側8は引張強さ80%が降伏強さであることを表す。つまり降伏強さ＝400 MPa×0.8＝320 MPa である。

図15.25　ボルト強度区分の表示

(2) 強度の区分

表15.13　ボルト強度区分

強度区分	4.6	4.8	5.6	5.8	6.8	8.8	9.8	10.9	12.9
呼び引張強さ [MPa＝N/mm²]	400	400	500	500	600	800	900	1000	1200
下降伏点 [MPa＝N/mm²]	240	320	300	400	480	640	720	900	1080

詳細は表15.4参照

(3) 強度区分のボルトへの表示方法（図15.26, 図15.27）

ねじの呼び径が5mm以上の全ての強度区分の製品に対して施さなければならない。表示は，できれば頭部の頂面に凹形又は凸形で，又は側面に凹形で施す。フランジ付きボルトの場合で，製造工程中に頭部の頂面に表示できないときはフランジ部に表示する。

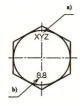

注a) 製造業者識別記号
　b) 強度区分

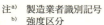

図15.26　ボルト強度区分の表示　　　図15.27　六角穴付きボルトに対する表示例

15.14 ナットの強度区分

表15.14 ナットのスタイル及び強度区分とねじの呼び径の範囲との関係（D はナットの呼び径）

強度区分	ナットのねじの呼び径 D の範囲		
	並高さナット（スタイル1）	高ナット（スタイル2）	低ナット（スタイル0）
04	—	—	M 5 ≦ D ≦ M 39 M 8×1 ≦ D ≦ M 39×3
05	—	—	M 5 ≦ D ≦ M 39 M 8×1 ≦ D ≦ M 39×3
5	M 5 ≦ D ≦ M 39 M 8×1 ≦ D ≦ M 39×3	—	—
6	M 5 ≦ D ≦ M 39 M 8×1 ≦ D ≦ M 39×3	—	—
8	M 5 ≦ D ≦ M 39 M 8×1 ≦ D ≦ M 39×3	M 5 ≦ D ≦ M 39 M 8×1 ≦ D ≦ M 39×3	—
9	—	M 5 ≦ D ≦ M 39	—
10	M 5 ≦ D ≦ M 39 M 8×1 ≦ D ≦ M 16×1.5	M 5 ≦ D ≦ M 39 M 8×1 ≦ D ≦ M 39×3	—
12	M 5 ≦ D ≦ M 16	M 5 ≦ D ≦ M 39 M 8×1 ≦ D ≦ M 16×1.5	—

15.14 ナットの強度区分 （JIS B 1052-2：2014）
（表15.14，表15.15，表15.16，表15.17）

並高さナット（スタイル1）及び高ナット（スタイル2）の強度区分は，組み合わせて使用することができるおねじ部品の最大の強度区分の左側の数字と同一の数字1つで表示する。例として，おねじ部品の最大強度区分5.8の場合は呼び引張強さ500 MPa，下降伏点500×0.8＝400 MPaであり，ナットの強度区分は，おねじの強度区分5.8の左側5をナットの強度区分としている。500 MPaまでのボルトの組み合わせまで可とする。

低ナット（スタイル0）の強度区分は，2つの数字を用いる。初めの1番目は並高さナット及び高ナットに比べて負荷能力が低下しており，そのため過大な負荷が作用したときねじ山のせん断破壊（ストリッピング）が起こることを示すため，0とする。2番目の数字は，熱処理された試験用マンドレルで試験する場合の保証荷重応力の公称値（単位 MPa＝N/mm^2）の 1/100 を意味する。

低ナットをダブルナットとして用いる場合は，並高さナット又は高ナットを組み合わせて使用する。組付け作業は，最初に低ナットで締付けを行い，次に低ナットに対して，並高さナットまたは高ナットを締め付ける。

15章　ねじの製図

表15.15　並高さナット（スタイル1）及び高ナット（スタイル2）とおねじ部品の強度区分との組み合わせ

ナットの強度区分	組み合わせて用いることのできるおねじ部品の最大強度区分
5	5.8
6	6.8
8	8.8
9	9.8
10	10.9
12	12.9/12.9

表15.16　並目ねじのナットの保証荷重試験力（JIS B 1052-2：2014）

ねじの呼び D	ピッチ P	保証荷重試験力[a]，N 強度区分							
		04	05	5	6	8	9	10	12
M5	0.8	5 400	7 100	8 250	9 500	12 140	13 000	14 800	16 300
M6	1	7 640	10 000	11 700	13 500	17 200	18 400	20 900	23 100
M7	1	11 000	14 500	16 800	19 400	24 700	26 400	30 100	33 200
M8	1.25	13 900	18 300	21 600	24 900	31 800	34 400	38 100	42 500
M10	1.5	22 000	29 000	34 200	39 400	50 500	54 500	63 300	67 300
M12	1.75	32 000	42 200	51 400	59 000	74 200	80 100	88 500	100 300
M14	2	43 700	57 500	70 200	80 500	101 200	109 300	120 800	136 900
M16	2	59 700	78 500	95 800	109 900	138 200	149 200	164 900	186 800
M18	2.5	73 000	96 000	121 000	138 200	176 600	176 600	203 500	230 400
M20	2.5	93 100	122 500	154 400	176 400	225 400	225 400	259 700	294 000
M22	2.5	115 100	151 500	190 900	218 200	278 800	278 800	321 200	363 600
M24	3	134 100	176 500	222 400	254 200	324 800	324 800	374 200	423 600
M27	3	174 400	229 500	289 200	330 500	422 300	422 300	486 500	550 800
M30	3.5	213 200	280 500	353 400	403 900	516 100	516 100	594 700	673 200
M33	3.5	263 700	347 000	437 200	499 700	638 500	638 500	735 600	832 800
M36	4	310 500	408 500	514 700	588 200	751 600	751 600	866 000	980 400
M39	4	370 900	488 000	614 900	702 500	897 900	897 900	1 035 000	1 171 000

注：低ナット（スタイル0）を用いる場合には，完全な負荷能力をもつナットに対する保証荷重試験力よりも低い力でねじ山がせん断破壊することを考慮する必要がある．

- 高ナット（スタイル2）：ナットの高さの最小値が約 $0.9D$ 又は $0.9D$ を超えるもの．
- 並高さナット（スタイル1）：ナットの高さの最小値が約 $0.8D$ 以上のもの．
- 低ナット（スタイル0）：ナットの高さの最小値が約 0.45 以上 $0.8D$ 未満のもの．なお，D：ナットのねじの呼び径，mm．

15.15 強度区分のナットへの表示

表15.17 細目ねじのナットの保証荷重試験力

ねじの呼び $D \times P$	保証荷重試験力[a], N 強度区分						
	04	05	5	6	8	10	12
M8×1	14 900	19 600	27 000	30 200	37 400	43 100	47 000
M10×1.25	23 300	30 600	44 200	47 100	58 400	67 300	73 400
M10×1	24 500	32 200	44 500	49 700	61 600	71 000	77 400
M12×1.5	33 500	44 000	60 800	68 700	84 100	97 800	105 700
M12×1.25	35 000	46 000	63 500	71 800	88 000	102 200	110 500
M14×1.5	47 500	62 500	86 300	97 500	119 400	138 800	150 000
M16×1.5	63 500	83 500	115 200	130 300	159 500	185 400	200 400
M18×2	77 500	102 000	146 900	177 500	210 100	220 300	—
M18×1.5	81 700	107 500	154 800	187 000	221 500	232 200	—
M20×2	98 000	129 000	185 800	224 500	265 700	278 600	—
M20×1.5	103 400	136 000	195 800	236 600	280 200	293 800	—
M22×2	120 800	159 000	229 000	276 700	327 500	343 400	—
M22×1.5	126 500	166 500	239 800	289 700	343 000	359 600	—
M24×2	145 900	192 000	276 500	334 100	395 500	414 700	—
M27×2	188 500	248 000	351 100	431 500	510 900	535 700	—
M30×2	236 000	310 500	447 100	540 300	639 600	670 700	—
M33×2	289 200	380 500	547 900	662 100	783 800	821 900	—
M36×3	328 700	432 500	622 800	804 400	942 800	934 200	—
M39×3	391 400	515 000	741 600	957 900	1 123 000	1 112 000	—

注：並目ねじに同じ

表15.18 並高さナット（スタイル1）及び高ナット（スタイル2）の強度区分の表示記号

強度区分	5	6	8	9	10	12
表示記号	5	6	8	9	10	12
数字による表示記号の代わりに用いる時計方式による表示記号[a]						

注[a] 12時の位置（基準マーク）は，製造業者の識別番号又は丸点で表示する。

15.15 強度区分のナットへの表示

（1）**強度区分**（表15.18）：並高さナット（スタイル1）及び高ナット（スタイル2）

低ナット（スタイル0）の強度区分の表示記号は，表15.19による。

低ナット（スタイル0）には，時計式表示を用いない。

15章　ねじの製図

表15.19　低ナット（スタイル0）の強度区分の表示記号

強度区分	04	05
表示記号	04	05

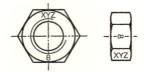

図15.28　数字による表示記号の例

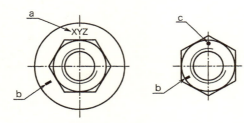

a　製造業者の識別記号
b　強度区分
c　丸点は製造業者の識別記号に代えてもよい。
図15.29　時計方式による表示記号（代替記号）の例

（2）**六角ナット**（図15.28，図15.29）

六角ナット（フランジ付きナット，プリベリング形などを含む）の場合には，強度区分及び製造業者識別記号を表示する。

表示は，すべての強度区分のナットに施す。

表示は，ナットの側面又は座面にくぼみ加工又は刻印で施すか，外周の面取り部に浮出しで施す。浮出しの場合，表面が座面より突き出してはならない。

フランジ付きナットで，製造工程中にナットの頂面に表示できない場合には，フランジ上面に施す。

15.16　左ねじのナットへの表記

左ねじのナットには，座面のいずれか1つの面に図15.30の矢印記号をくぼみ加工する。あるいは図15.31のように切欠きによる表示を用いてもよい。

15 - 40

15.16 左ねじのナットへの表記

図 15.30 左ねじの表示

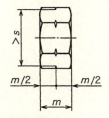

s　二面幅
m　ナットの高さ
図 15.31　切欠きによる
　　　　　左ねじの表示

16章　歯車の製図

16.1　歯車の種類

表16.1　歯車の種類(比較的多く使用されるもの)

2軸の相対位置	歯　車　名	切削加工方法の例（工作機械名）
2軸が平行	平歯車 内歯車 はすば歯車 やまば歯車 ラック	ホブ盤，歯車形削盤 歯車形削盤 ホブ盤，歯車形削盤 ホブ盤，歯車形削盤 フライス盤
2軸が交差	すぐばかさ歯車 はすばかさ歯車 まがりばかさ歯車	すぐばかさ歯車歯切盤 まがりばかさ歯車歯切盤
2軸が食い違い	ハイポイド歯車 ねじ歯車 ウォームギヤ	特殊歯切盤 ホブ盤，歯車形削盤 ウォーム……旋盤 ウォームホイール……ホブ盤

備考：上表のほか2軸が平行なものとして，楕円歯車，オーバル歯車，偏心歯車，ゼネバ歯車，間欠歯車などがある。また，2軸が交差するものとして，クラウン歯車，正面歯車などがある。

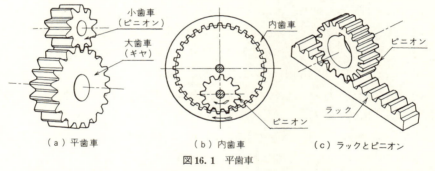

(a) 平歯車　　　(b) 内歯車　　　(c) ラックとピニオン
図16.1　平歯車

　歯車は，その形状と2軸の相対位置によって表16.1に示す種類に分かれる。

　ⅰ）　**平歯車**（図16.1）　　平歯車は，円筒の外周に軸線と平行な直線歯を設けたもので（図(a)），最も多く用いられる。この他に**内歯車**（図(b)）及び**ラック**（図(c)）がある。ラックは直径が無限大の歯車で，小歯車（**ピニオン**）とかみ合わせて回転運動を直線運動（またはその逆）に変える場合に使用する。

　ⅱ）　**はすば歯車**（図16.2）　　円筒の外周に軸線とある角度（**ねじれ角**と呼ぶ）をなす斜め方向に歯を設けた歯車で，一対の歯車はねじれ角が等しく，ねじれ方向が相反する。2軸は平行である。この歯車は，回転が円滑で振動・音響が少なく，大動力の伝達に適するが，スラスト力が生じる欠点がある。

　ⅲ）　**やまば歯車**（図16.3）　　ねじれ角が等しく，ねじれ方向が相反する

16-1

16章　歯車の製図

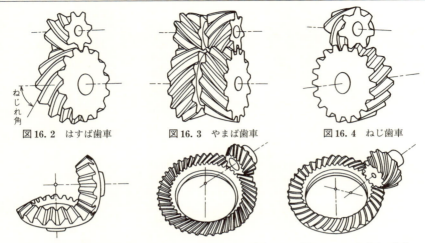

図 16.2　はすば歯車　　　図 16.3　やまば歯車　　　図 16.4　ねじ歯車

図 16.5　すぐばかさ歯車　　図 16.6　まがりばかさ歯車　　図 16.7　ハイポイド歯車

同径のはすば歯車2個を同軸に組み合わせた形の歯車で，歯すじが山形をしているのでこの名がある。この歯車は，はすば歯車の長所の他に，スラスト力を生じない特色をもつが，製作が困難で高価であるためにあまり使用されない。

　iv)　**ねじ歯車**　（図 16.4）　　単体でははすば歯車と同形であるが，かみ合い状態は2軸が平行ではなく，ある角度（**軸角**と呼ぶ）をもつ。軸角は90°のものが多く用いられる。

　v)　**かさ歯車**　　**すぐばかさ歯車**（図 16.5）は，円すい面の母線に一致する歯すじをもつ歯車で，2軸はある角度（**軸角**）をもって交差している。軸角は90°のものが多く使用される。また，特殊なかさ歯車として，円すい面の母線に対して斜めに歯を切った**はすばかさ歯車**，歯すじが曲線の**まがりばかさ歯車**（図 16.6），2軸が同一平面上で交差せず，平行でもない**ハイポイド歯車**（図 16.7），ピッチ円すい角が90°で，ピッチ面が平面になっている**クラウン歯車**（冠歯車）などがある。

　vi)　**ウォームとウォームホイール**　　かみ合う両歯車の軸が直角なねじ歯車において，小歯車の歯数を少なくしてねじ状にした一対の歯車を**ウォームギヤ**といい，このねじ状の歯車を**ウォーム**（いも虫），これにかみ合う歯車を**ウォームホイール**という（図 16.8）。歯数が2枚以上のウォームを**多条ウォーム**という。ウォームギヤは振動・音響が少なく，大きい速度比が得られるので減

16.2　歯車各部の名称

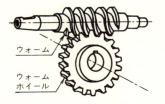

図16.8　ウォームとウォームホイール

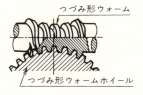

図16.9　つづみ形ウォームギヤ

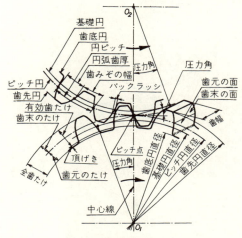

図16.10　歯車各部の名称

速装置に多く用いられる。

　特殊なウォームギヤとして，ウォームのピッチ曲面とウォームホイールのピッチ円筒を線接触させて負荷能力を大きくした**つづみ形ウォームギヤ**がある（図16.9）。

16.2　歯車各部の名称

　JIS B 0102（歯車用語）及びJIS B 0121（歯車記号）によれば歯車の各部の名称は図16.10に示すように定められている。

　歯車の歯形には，図16.11に示すように，インボリュート曲線を使用した**インボリュート歯形**と，サイクロイド曲線を使用した**サイクロイド歯形**が比較的多く使われる。それぞれの歯形を使用した歯車を**インボリュート歯車**及び**サイクロイド歯車**という。インボリュート歯車は，サイクロイド歯車に比べて互換性があり，製作が容易であるなど多くの特色をもっているので，現在使用されている歯車の殆どはインボリュート歯車である。インボリュート歯車において，両基礎円の共通接線と中心線との交点（ピッチ点）における歯形への接線と半径線とのなす角 α_p を**圧力角**（図16.11(a)）と呼び，20°が標準となっている。

　はすば，やまば，ねじ及びウォームの各歯車では，歯形基準平面が軸に直角

16-3

16章　歯車の製図

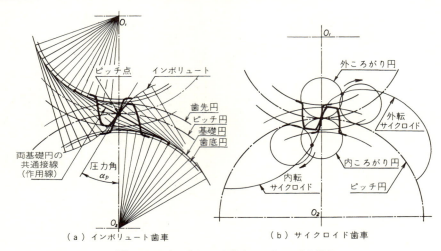

（a）インボリュート歯車　　　（b）サイクロイド歯車
図 16.11　インボリュート歯車とサイクロイド歯車

のものと歯すじに直角のものとがあり，前者を**軸直角歯形**，後者を**歯直角歯形**という。

16.3　歯の大きさ

　一対の歯車がかみ合うためには，両歯車の歯形と歯の大きさが同じでなければならない。歯車の歯の大きさを表す単位には，**モジュール，円ピッチ及びダイヤメトラルピッチ**があるが，通常はモジュールで表す。なお，ダイヤメトラルピッチはインチ式のため使用しない。また，かさ歯車の場合は，歯の大きさが外端部と内端部とで異なるが，常に外端部の値で表す。

　(1)　**モジュール**……m の記号で表す。

　モジュールは，メートル式歯車の歯の大きさを表す単位で，最も広く用いられている。モジュールは次の式で表される。

$$\text{モジュール (mm)} \quad m = \frac{\text{ピッチ円の直径 (mm)}}{\text{歯 数}} = \frac{d}{Z}$$

　モジュールの単位は mm であるが，特に単位を付記しないこともある。モジュールは標準歯車 (16.4 参照) では歯末のたけに等しく，モジュールが大きくなると歯が大きくなる。JIS B 1701-1～2（円筒歯車—インボリュート歯車歯形，第 1 部，第 2 部）では，インボリュート歯形の円筒歯車（平歯車やは

16-4

16.4 標準歯車と転位歯車

表16.2 モジュールの標準値 （JIS B 1701-2） 単位 mm

I	II	I	II	I	II	I	II	I	II	I	II
0.1		0.5		1		2.5		6		14		36
	0.15		0.55		1.125		2.75		(6.5)		16	40	
0.2		0.6			1.25	3			7		18		45
	0.25		0.7		1.375		3.5	8			20	50	
0.3			0.75	1.5		4			9		22		
	0.35	0.8			1.75		4.5	10			25		
0.4			0.9	2		5			11		28		
	0.45				2.25		5.5	12			32		

備考　できるだけ I 列のモジュールを用いることが望ましい。モジュール6.5は避ける。
　　　モジュールが1未満のものは，JISの付属書に規定されているが，ISO 54 には規定されていない。

すば歯車のように，基準面が円筒である歯車）の基準ラック歯形及びモジュールの標準値（表16.2）を規定している。歯車を設計する場合には，この表のI列のモジュールを優先して選ぶ。なお，すぐばかさ歯車の基準ラック及びモジュールについては，JIS B 1706-1～2（すぐばかさ歯車—第1部，第2部）に規定されている。

(2) **円ピッチ**……p の記号で表す。

メートル式歯車の歯の大きさを表す単位であるが，殆ど使用されない。

$$円ピッチ（mm）\quad p=\frac{ピッチ円の円周の長さ（mm）}{歯数}\quad \frac{\pi \cdot d}{Z}=\pi \cdot m$$

(3) **ダイヤメトラルピッチ**……P の記号で表す。

インチ式歯車の歯の大きさを表す単位で，この値が小さいほど歯は大きい。

$$ダイヤメトラルピッチ\ P=\frac{歯数}{ピッチ円直径（インチ）}\quad \frac{Z}{d'}=\frac{25.4}{m}$$

16.4 標準歯車と転位歯車

インボリュート曲線は，基礎円の直径が無限大になると直線となるから，インボリュート・ラックの歯形は直線である。インボリュート歯車では，歯の大きさが同じであっても歯数の多少によって歯形が異なるので，JIS規格では歯

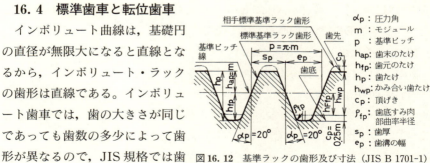

図16.12 基準ラックの歯形及び寸法 （JIS B 1701-1）

16章 歯車の製図

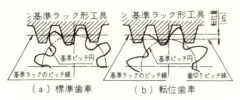

図 16.13 標準歯車と転位歯車

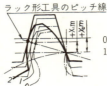

図 16.14 転位による歯形修正

数の影響を受けないラックの歯形を基準として定め，これとかみ合うすべての平歯車を規定している．このようなラックを**基準ラック**という．図 16.12 は JIS B 1701-1 に規定している基準ラックの形状を示す．

歯車は，歯切り方式によって**標準歯車**と**転位歯車**とに分かれる．図 16.13 において，基準ラック形工具（輪郭が基準ラックと同じ形状の歯車切削工具）のピッチ線を，被削歯車の基準ピッチ円に一致させて切削した歯車を標準歯車という．これに対して，工具のピッチ線を被削歯車の基準ピッチ円からある距離（これを**転位量**と呼ぶ）だけずらせて切削した歯車を転位歯車という．転位量を $x \cdot m$ とするとき，x を**転位係数**という．また，転位がピッチ円の外側にとられた場合を正の転位，内側にとられた場合を負の転位という．

図 16.14 は，歯数が少ない場合の標準歯車と，同歯数で正に転位した転位歯車とを示す．標準歯車では**切り下げ現象（アンダーカット）**が起こり，歯元がえぐられて強度が低下するが，正に転位すると，転位量が x_1m，x_2m と増加するに伴い，次第にインボリュート曲線の先の方を使用することになって，歯の厚さが厚くなり，切り下げを防止できる．また，正に転位するとピッチ円の直径が増加するので，両軸の中心間の距離も増加する．中心間の距離を標準歯車の場合と同じにするために，かみ合う大歯車を同じ転位量だけ負に転位した V-0 歯車（DIN 規格参照）も広く使用されている．

16.5 インボリュート歯車の寸法

表 16.3 はインボリュート平歯車の寸法割合を示す．

円筒歯車の精度については，JIS B 1702-1～3（円筒歯車—精度等級，第 1 部：歯車の歯面に関する誤差の定義及び許容値，第 2 部：両歯面かみ合い誤差及び歯溝の振れの定義並びに精度許容値）に規定されている．前者は，歯車単体の個別誤差を規定し，単一ピッチ誤差，累積ピッチ誤差，全歯形誤差，全歯

16.5 インボリュート歯車の寸法

表16.3 インボリュート平歯車の寸法（モジュール基準）

項　　目	標　準　歯　車	転　位　歯　車
モジュール (mm)	m (JIS B 1701-2 の標準値，表16.2 参照)	
基準圧力角 (°)	$\alpha_p = 20$	
歯　　数	Z_1, Z_2	
基準ピッチ円直径 (mm)	$d_1 = Z_1 m, \ d_2 = Z_2 m$	
歯　た　け [(1)(2)] (mm)	$h_p \geqq 2.25\,m$	
頂　げ　き (mm)	$c_p \geqq 0.25\,m$	
転　位　量 (mm)	0	$x_1 m, \ x_2 m$
歯末のたけ [(1)(2)] (mm)	$h_{ap} = m$	$h_{a1} = (1+x_1)m, \ h_{a2} = (1+x_2)m$
歯元のたけ [(1)(2)] (mm)	$h_{fp} = h_a + c_p \geqq 1.25\,m$	$h_{f1} = (1.25 - x_1)m$ $h_{f2} = (1.25 - x_2)m$
歯先円直径 (外径) [(1)(2)] (mm)	$d_{a1} = d_1 + 2h_{ap} = (Z_1 + 2)m$ $d_{a2} = (Z_2 + 2)m$	$d_{a1} = (Z_1 + 2 + 2x_1)m$ $d_{a2} = (Z_2 + 2 + 2x_2)m$
正面円弧歯厚 [(3)] (mm)	$s_p = \dfrac{p}{2} = \dfrac{\pi m}{2}$	$s_1 = \dfrac{p_1}{2} = \left(\dfrac{\pi}{2} \pm 2x_1 \tan\alpha_p\right)m$ $s_2 = \dfrac{p_2}{2} = \left(\dfrac{\pi}{2} \pm 2x_2 \tan\alpha_p\right)m$
中　心　距　離 (mm)	$a = \dfrac{d_1 + d_2}{2} = \dfrac{(Z_1 + Z_2)m}{2}$	$a_x = \dfrac{(Z_1 + Z_2)m}{2} + ym$ $= \dfrac{m(Z_1 + Z_2)}{2} \dfrac{\cos\alpha_p}{\cos\alpha_b}$ $y = \dfrac{Z_1 + Z_2}{2}\left(\dfrac{\cos\alpha_p}{\cos\alpha_b} - 1\right)$
噛合い圧力角 α_b	標準平歯車の場合 α_p (基準圧力角)	$\mathrm{inv}\,\alpha_b = 2\left(\dfrac{x_1 + x_2}{Z_1 + Z_2}\right)\tan\alpha_p + \mathrm{inv}\,\alpha_p$ $\mathrm{inv}\,\alpha_p = \tan\alpha_p - \alpha_p$

注(1)　外歯車同士のかみ合いだけに適用する。
　(2)　一対の歯車の転位係数が大きい場合には，この値より小さくすることがある。
　(3)　符号が正の場合は外歯車に適用し，負の場合は内歯車に適用する。
　$\mathrm{inv}\,\alpha_b$ の α_b はインボリュート関数表などから求める。

すじ誤差について：1998 では精度等級 0 級～12 級の 13 等級に分けて規定している。：2016 はこの誤差の許容値とは異なるので，JIS B 1702-1：2016 では，精度等級は 1 級～11 級の 11 等級に分けて規定し，許容値の計算式を設けている。後者は，両歯面かみ合い精度を規定し，両歯面全かみ合い許容値と，両歯面 1 ピッチかみ合い誤差許容値について 4 級～12 級の 9 等級，歯溝の振れ許容値についてそれぞれ 0 級～12 級の 13 等級に分けて規定している。また，円筒歯車のバックラッシについては標準情報 TR B 0006 に規定されている。JIS B 1702-3：2008（円筒歯車―精度等級―第 3 部：射出成型プラスチック歯車の歯面に関する誤差及び両歯面かみ合い誤差の定義並びに精度許容値）が設けられた。等級制度は P 4～P 12 級の 9 等級に分けて規定している。

16章　歯車の製図

　かさ歯車の等級については JIS B 1704（かさ歯車の精度）に規定されており，バックラッシについては JIS B 1705（かさ歯車のバックラッシ）に規定されている。また，円筒ウォームギヤの形状と寸法については JIS B 1723（円筒ウォームギヤの寸法）に規定されている。

16.6　歯車の図示法

　歯車を図示する方法については，JIS B 0003（歯車製図）で規定されている。この規格では主としてインボリュート歯車の平歯車，はすば歯車，やまば歯車，ねじ歯車，すぐばかさ歯車，まがりばかさ歯車，ハイポイドギヤ，ウォームとウォームホイールの8種類について図示法を規定しているが，これ以外の歯車（例えば鎖車やつめ車）にこの図示法を準用してもよい。歯車の略画法には，部品図に用いる通常図示法と，組立図や装置図に用いるために更に簡略化した簡略図示法とがある。

（1）　歯車の通常図示法

　歯車を図示する場合は，歯形形状に関係なく，次のように描く（図 16.15 参照）。

（ⅰ）　歯先円……太い実線で表す。

（ⅱ）　ピッチ円……外形図，断面図いずれの場合も細い一点鎖線で表す。

（ⅲ）　歯底円……外形図では細い実線で表す。ただし，正面図（軸に直角な方向から見た図）を断面図で図示する場合は，歯部を断面してはいけないことになっているので（8.3参照），歯底円を太い実線で表す。また，歯底円は省略してもよく，特にかさ歯車及びウォームホイールの側面図（軸方向から見た図）では，原則として歯底円を描かない。

（ⅳ）　歯すじ方向……通常3本の細い実線で表す（外形図）。

（2）　歯車のかみ合い部の図示法

　一対の歯車のかみ合い部の図示は，図 16.16 に示すように，歯先円を示す線は両歯車とも太い実線で表すが，正面図を断面図として表す場合は，かみ合い部の一方（いずれの歯車でもよい）の歯先円を示す線はかくれ線（細い破線又は太い破線）で表す。

（3）　平歯車の図示法

　平歯車は前述の通常図示法で描けばよい。しかし，組立図などには更に簡略

16.6　歯車の図示法

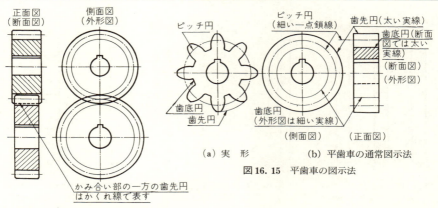

(a) 実形　　(b) 平歯車の通常図示法
図 16.15　平歯車の図示法

図 16.16　かみ合う一対の平歯車の図示法
　　　　　（通常図示法）

化した簡略図を使用することがある。かみ合っている一対の平歯車の簡略図は図 16.17 に示すように描く。この場合は歯底円を省略し，歯先円及びピッチ円の線のみで表すが，かみ合い側にはピッチ円の位置に太い実線を引き，歯先円を省略する（図(b)）。平歯車であることを明確に表すためには，図(a)のように歯すじを表す細い実線を 3 本引いておくのがよい。図で平歯車であることが明らかな場合はピッチ円の線を省略することもあるが（図(c)），円板などと紛らわしいので，できるだけピッチ円を描くのがよい。

　かみ合っている一連の平歯車列の簡略図では，側面図は図 16.18 に示すように，歯車の水平，垂直の中心線とピッチ円とで表すが，正面図は正しく投影して描くとかえって分かりにくくなる。このような場合は，互いにかみ合っている歯車軸の中心を結ぶ線で展開して図示するのがよい。この場合，正面図では各歯車の中心距離が，かみ合っている歯車のピッチ円の実距離で表されるので，各歯車の中心線の位置は側面図と一致しない。

（4）　はすば歯車及びやまば歯車の図示法

　はすば歯車及びやまば歯車を通常図示する場合は，平歯車と同様に描き，正面図には歯すじを表す 3 本の斜線を細い実線で描いておく。この線は実物と同じねじれ方向に引くが，その角度はねじれ角と等しくなくてもよい。なお，正面図を断面にして表した図の歯すじの線は，紙面より手前にある歯すじ方向を3 本の細い二点鎖線で表す。また，かみ合う一対のはすば歯車及びやまば歯車

16章　歯車の製図

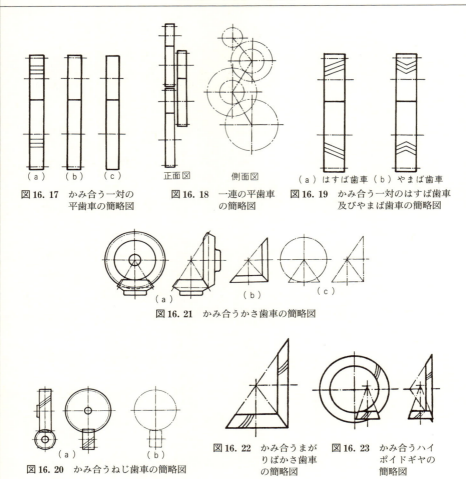

図16.17　かみ合う一対の平歯車の簡略図
図16.18　一連の平歯車の簡略図
図16.19　かみ合う一対のはすば歯車及びやまば歯車の簡略図
図16.21　かみ合うかさ歯車の簡略図
図16.20　かみ合うねじ歯車の簡略図
図16.22　かみ合うまがりばかさ歯車の簡略図
図16.23　かみ合うハイポイドギヤの簡略図

の簡略図（正面図）は図16.19に示すように描く。

内はすば歯車の歯すじ方向は3本の細い実線で表す（図16.27）。

（5）　ねじ歯車の図示法

　ねじ歯車を通常図示する場合は，はすば歯車と同じように描けばよい。装置図，組立図に用いられる簡略図の例を図16.20に示す。歯底円を省略したり（図(a)），さらに外径の線を省略して描く（図(b)）。歯すじの線は上述の（4）と同じである。

16.6　歯車の図示法

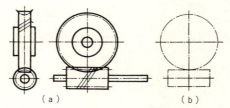

図16.24　かみ合うウォームおよびウォーム
ホイールの簡略図

（6）　かさ歯車の図示法

　すぐばかさ歯車の簡略図（外形図）を図16.21(a)に示す。側面図の歯先円のうち，正面図で隠された部分はかくれ線で表す。正面図ではピッチ円すい線を細い一点鎖線で描き，側面図には外端側のピッチ円の線を細い一点鎖線で描く。同図(b)(c)は装置図などに用いる簡略図である。

　まがりばかさ歯車及びハイポイド歯車の簡略図を図16.22及び図16.23に示す。歯すじを表す曲線を3本の細い実線で描いておく。

（7）　ウォーム及びウォームホイールの図示法

　図16.24(a)は，かみ合うウォーム及びウォームホイールの簡略図で，装置図，組立図などの場合はこのように図示する。ウォームとウォームホイールのかみ合い部は両者の歯先円（最大外形部を図示する）を太い実線で描く。ウォームホイールのピッチ円を表す円は，左に示した側面図のわん曲した歯の中央部の直径で描く。歯底円及びのどの直径を表す円は描かない。また，ウォーム及びウォームホイールの正面図には，歯すじを表す3本の細い実線を記入する。図(b)は更に簡略化して線図状に表した図である。

（8）　歯車の要目表

　歯車の略図のみでは，歯形，圧力角，モジュール，転位係数，歯数などが不明であるために歯車を製作することができない。それで歯車の部品図には，歯車の略図の近くに歯車の要目表を必ず併記しなければならない。

　歯車の図には主として歯車素材（歯切り前の機械加工を終了した材料）を製作するのに必要な寸法を記入し，要目表には歯車の歯切り，検査，組立てなどの際に必要な事項をまとめて記入する。

16章　歯車の製図

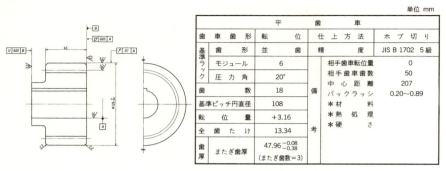

図16.25　平歯車の図示法と要目表の例

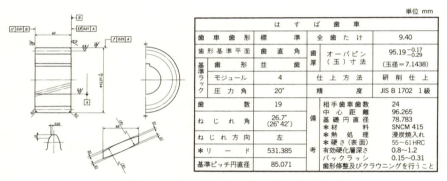

図16.26　はすば歯車の図示法と要目表の例

　図16.25～図16.33は各種歯車の通常図示及び要目表の例（ただし，粗さ記号は旧JISのまま）を示す。要目表中で*印を付けた事項は必要に応じて記入する。材料・熱処理・硬さなどは，必要に応じて備考欄又は図中に記入する。

　要目表の様式と大きさについてはJIS規格で定めていないので，図面や部品表などとのバランスを考慮して任意に書けばよい。

　図16.25～図16.33の図例では，歯車特有の寸法以外は記入が省略されている。また，寸法許容差が省略されている図もある。しかし，実際の図面には必要な寸法及び寸法許容差をすべて記入しておかなければならない。

　歯形の詳細及び寸法測定方法を明示する場合は，図16.34に示すように図面中に図示するとよい。（注：図中の表面性状の記号は旧JIS体のまま。）

16.6 歯車の図示法

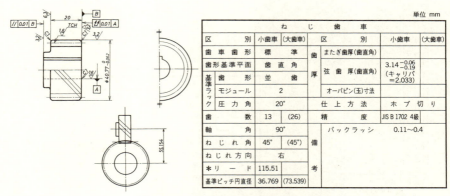

単位 mm

内 は す ば 歯 車				
歯 車 歯 形	標 準		全歯たけ	6.75
歯形基準平面	歯 直 角	歯厚	オーバピン(玉)寸法	283.219 +0.979/+0.221 (玉径=5.000)
基準ラック 歯 形	並 歯	^	^	^
モジュール	3		仕 上 方 法	ピニオンカッタ切り
圧 力 角	20°		精 度	JIS B 1702 5級
歯 数	84		備考	バックラッシ 0.15〜0.69
ねじれ角	29.6333° (29°38′)	^	*材 料	SCM 435
^	^	^	*熱 処 理	焼入れ焼戻し
*リ ー ド		^	*硬 さ	241〜302HB
ねじれ方向	図 示	^	^	^
基準ピッチ円直径	289.918	^	^	^

図 16.27 はすば内歯車の図示法と要目表の例

単位 mm

ね じ 歯 車					
区 別	小歯車	(大歯車)	区 別	小歯車	(大歯車)
歯 車 歯 形	標	準	歯厚 またぎ歯厚(歯直角)		
歯形基準平面	歯 直	角		弦 歯 厚(歯直角)	3.14 -0.06/-0.19 (キャリパ=2.033)
基準ラック 歯 形	並	歯		オーバピン(玉)寸法	
モジュール	2		仕 上 方 法	ホ ブ 切 り	
圧 力 角	20°		精 度	JIS B 1702 4級	
歯 数	13	(26)	備考 バックラッシ	0.11〜0.4	
軸 角	90°		^	^	^
ねじれ角	45°	(45°)	^	^	^
ねじれ方向	右	^	^	^	^
*リ ー ド	115.51	^	^	^	^
基準ピッチ円直径	36.769	(73.539)	^	^	^

図 16.28 ねじ歯車の図示法と要目表の例

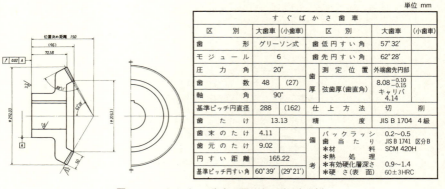

単位 mm

す ぐ ば か さ 歯 車					
区 別	大歯車	(小歯車)	区 別	大歯車	(小歯車)
歯 形	グリーソン式		歯底円すい角	57°32′	
モジュール	6		歯先円すい角	62°28′	
圧 力 角	20°		測 定 位 置	外端歯先円部	
歯 数	48	(27)	歯厚 弦歯厚(歯直角)	8.08 -0.10/-0.15 キャリパ 4.14	
軸 角	90°	^	^	^	^
基準ピッチ円直径	288	(162)	仕 上 方 法	切	削
歯 た け	13.13		精 度	JIS B 1704 4級	
歯末のたけ	4.11		備考 バックラッシ	0.2〜0.5	
歯元のたけ	9.02	^	歯 当 た り	JIS B 1741 区分B	
円 す い 距 離	165.22	^	*材 料	SCM 420H	
^	^	^	*熱 処 理		
基準ピッチ円すい角	60°39′	(29°21′)	*有効硬化層深さ	0.9〜1.4	
^	^	^	*硬 さ(表 面)	60±3HRC	

図 16.29 すぐばかさ歯車の図示法と要目表の例

16-13

16章 歯車の製図

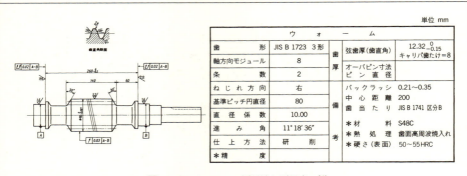

図16.30 ウォームの図示法と要目表の例

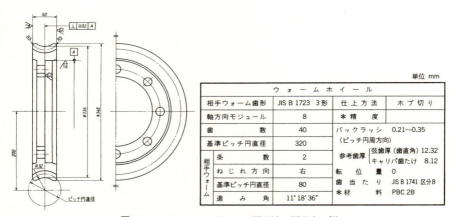

図16.31 ウォームホイールの図示法と要目表の例

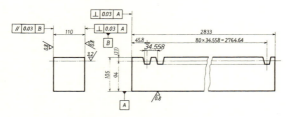

図16.32 ラックの図示法の例

16.6　歯車の図示法

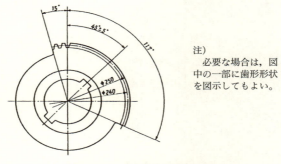

注）
　必要な場合は，図中の一部に歯形形状を図示してもよい。

図 16.33　セクタ歯車の図示法の例

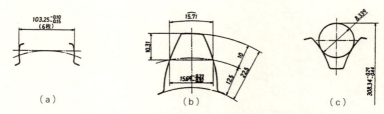

図 16.34　歯形の詳細及び寸法測定方法は図面中に図示する

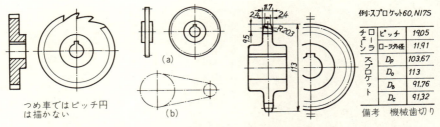

つめ車ではピッチ円は描かない

図 16.35　つめ車の図示法　　図 16.36　簡略化したスプロケットの図示法　　図 16.37　スプロケットの図示法と要目表の例

（9）　スプロケット及びつめ車などの図示法
　チェーンのスプロケット及びつめ車などのように，歯車と形状及び加工法が類似した部品の略図は，歯車の図示法に準じて描く（図 16.35～図 16.37）。

17章　ばねの製図

　ばねは，その弾性を利用してひずみエネルギーを蓄え，動力として利用したり，振動や衝撃を緩和したり，力を測定したり，圧力を制御する場合などに使用される。ばねには金属，ゴム，空気，液体など種々の材料が使用されるが，ここでは機械部品として最も多く使用されている金属製ばねを対象とする。

　金属ばねに使用する材料としては，ばね鋼，硬鋼線材，ピアノ線，ステンレス鋼，りん青銅などがある。ばね用語については JIS B 0103（ばね用語）に規定されており，ばねの設計基準については JIS B 2704（圧縮及び引張コイルばね設計基準），JIS B 2709（ねじりコイルばね設計基準），JIS B 2710（重ね板ばね設計基準）にそれぞれ規定されている。

　一般に使用されているばねの種類は次の通りである。

```
        ┌ コイルばね ┬ 圧縮コイルばね
        │          ├ 引張コイルばね
        │          └ ねじりコイルばね
        │ 重ね板ばね
        │ トーションバー
ばね ┤ 竹の子ばね
        │ 渦巻きばね
        │ 皿ばね
        └ その他のばね（止め輪，座金，スプリングピン）
```

これらのうちで比較的多く使用されるばねの製図法を次に述べる。

17.1　コイルばね

　コイルばねは線材をコイル状に巻いて作ったもので，ばねのうちで最も広く使用されている（図17.1）。素線（材料）の断面形状は円形のものが最も多く，ときには角形のものも使用される。コイルばねを力のかかり方によって分類すると，圧縮荷重を受ける**圧縮コイルばね**，引張荷重を受ける**引張コイルばね**，及びねじりモーメントを受ける**ねじりコイルばね**の3つになる。

　コイル端部の形状は，圧縮コイルばねでは，両端をコイル軸に直角な平面に平行に仕上げたものが多い。引張コイルばねは，通常，コイルの端部にフックをもつ。ねじりコイルばねは，コイルの中間または両端から腕が出ている。

　また，コイルバネを成形する際の温度から**熱間成形コイルばね**と**冷間成形コイルばね**とに分かれる。

17章　ばねの製図

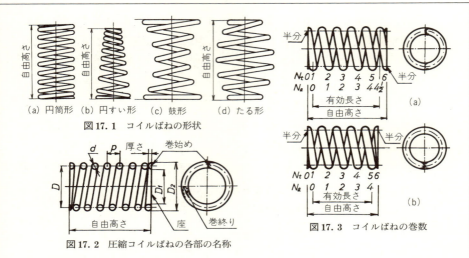

(a) 円筒形　(b) 円すい形　(c) 鼓形　(d) たる形
図17.1　コイルばねの形状

図17.2　圧縮コイルばねの各部の名称

図17.3　コイルばねの巻数

（1）ばね用語

圧縮コイルばねの各部の名称を図17.2に示す。図中の記号は次の通り。
d：材料の直径（角線の場合は一辺の長さを表す），D_1：コイル内径，D_2：コイル外径，$D\{=(D_1+D_2)/2\}$：コイル平均径，p：ピッチ。

コイルばねの巻数の表し方には次の3つの方法がある（図17.3）。

（a）　総巻数（N_t）：コイルの端から端まで座の部分を含めた巻数。

（b）　有効巻数（N_a）：ばねとして機能をはたす部分の巻数で，ばねの設計の際にばね常数の計算に用いる巻数。これを自由巻数に等しくとることも多い。

（c）　自由巻数（N_f）：無負荷のときに圧縮ばねの素線が互いに接していない部分の巻数。すなわち，総巻数から両端の座巻数を引いた巻数。

総巻数と有効巻数との関係は次の通りである。

（ⅰ）　圧縮ばねで先端のみ隣りのコイルに接し，整数巻きの場合
$$N_a = N_t - 2$$

（ⅱ）　圧縮ばねでコイル先端が次のコイルに接することなく，研削部分の長さが両端ともそれぞれ x_1 巻きの場合。
$$N_a = N_f - 2x_1$$

（ⅲ）　引張コイルばねの場合，ただしフック部を除く。
$$N_a = N_t$$

17.1 コイルばね

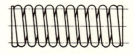 

図17.4　圧縮コイルばねの外形図　　　　図17.5　圧縮コイルばねの断面図

要目表

材料		SWOSC-V
材料の直径　mm		4
コイル平均径　mm		26
コイル外径　mm		30±0.4
総巻数		11.5
座巻数		各1
有効巻数		9.5
巻方向		右
自由高さ　mm		(80)
ばね定数　N/mm		15.3
指定	荷重　N	—
	荷重時の高さ　mm	—
	高さ [1]　mm	70
	高さ時の荷重　N	153±10%
	応力　N/mm²	190
最大圧縮	荷重　N	—
	荷重時の高さ　mm	—
	高さ [1]　mm	55
	高さ時の荷重　N	382
	応力　N/mm²	476
密着高さ　mm		(44)
コイル外側面の傾き　mm		4以下
コイル端部の形状		クローズドエンド (研削)
表面処理	成形後の表面加工	ショットピーニング
	防せい処理	防せい油塗布

注[1]　数値例は，高さを基準とした。
　　　その他の要目：セッチングを行う。
　　　用途又は使用条件：常温，繰返し荷重
　　　1 N/mm² = 1 MPa

図17.6　冷間成形圧縮コイルばねの図示例

ばね定数：ばねの強さを示す。ばねに単位の変形（たわみ又はモーメント）を与えるために必要な力又はモーメント。

（2）　コイルばねの図示法

ばねの図示法については，JIS B 0004（ばね製図）に定められている。これに規定されていないばねを図示する場合もこの規格を準用すればよい。

ばねの部品図は，歯車製図の場合と同様に，**図の近くに要目表を必ず併記し**なければならない。製作図として用いれる部品図では，実際形状に比較的近い略図で表す。しかし，装置図や組立図ではさらに簡略化した簡略図を使用する。コイルばねの図は次のように描く。

17章　ばねの製図

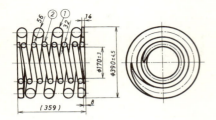

要目表			
照合 No.		①	②
材料		SUP11A	SUP 9 A
材料の直径 mm		56	32
コイル平均径 mm		334	202
コイル内径 mm		278	170±3
コイル外径 mm		390±4.5	234
総巻数		4.75	7.75
座巻数		各1	各1
有効巻数		2.75	5.75
巻方向		右	左
自由高さ mm		(359)	(359)
ばね定数 N/mm		1,086	
		883	203
指定	荷重 (1) N	88,260	
		71 760	16 500
	荷重時の高さ mm	277.5±4.5	
		277.5	277.5
	高さ mm	—	—
	高さ時の荷重 N		
	応力 N/mm²	435	321
試験	荷重 (1) N	131 360	
		106 800	24 560
	荷重時の高さ mm	238	
		238	238
	高さ mm		
	高さ時の荷重 N		
	応力 N/mm²	648	478
密着高さ mm		(238)	(232)
コイル外側面の傾き mm		6.3	6.3
硬さ HBW		388～461	
コイル端部の形状		クローズドエンド(テーパ後研削)	
表面処理	材料の表面加工	研削	
	成形後の表面加工	ショットピーニング	
防せい処理		黒色エナメル塗装	

注(1)　数値例は，荷重を基準とした。
　　　その他の要目：セッチングを行う。
　　　用途又は使用条件：常温，繰返し荷重
　　　1 N/mm² = 1 MPa

図17.7　二重コイルばねの図示例

（a）　コイルばねは原則として無負荷の状態で描く。
（b）　荷重とばねの高さ（長さ）またはたわみとの関係を示す必要がある場合は要目表に記入する（図17.7）。
（c）　要目表中に断りのないコイルばねは右巻きのものを表し，左巻きのばねの場合は"巻方向左"と記入する。
（d）　図中に記入しにくい事項は，一括して要目表に表示する。なお，図に記入した事項を重複して要目表に記入してもよい。
　図17.4は正面図を外形図で表し，図17.2は正面図を断面図で描いている。巻き方向が同じ（右巻き）であっても，外形図と断面図ではコイルのらせんを表す傾斜線の向きが逆になることに注意する必要がある。図17.6及び図17.7は圧縮コイルばねの図示例を示す。正面図において，コイルの部分は正しいらせん状に描く必要がなく，傾斜した直線で表せばよい。引張コイルばね（図17.8）及びねじりコイルばね（図17.9）の場合も同様である。

17.1 コイルばね

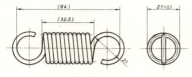

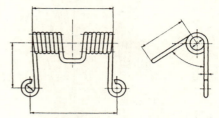

図17.9 ねじりコイルばね

要目表

材料	SW-C
材 料 の 直 径 mm	2.6
コ イ ル 平 均 径 mm	18.4
コ イ ル 外 径 mm	21±0.3
総 巻 数	11.5
巻 方 向	右
自 由 長 さ mm	(64)
ば ね 定 数 N/mm	6.28
初 張 力 N	(26.8)
指定 荷 重 N	―
指定 荷重時の高さ mm	―
指定 長 さ ([1]) mm	86
指定 長さ時の荷重 N	165±10%
指定 応 力 N/mm²	532
最大許容引張長さ mm	92
フ ッ ク の 形 状	丸フック
表面処理 成形後の表面加工	―
表面処理 防 せ い 処 理	防せい油塗布

注([1]) 数値例は，長さを基準とした。
備考 1. その他の要目：特になし
　　 2. 用途又は使用条件：常温，繰返し荷重
　　 3. 1 N/mm² ＝ 1 MPa

図17.8 引張コイルばねの図示例

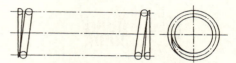

図17.10 圧縮コイルばねの中間部の省略図示例

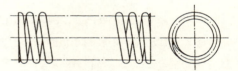

図17.11 圧縮コイルばねの中間部の省略図示例

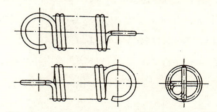

図17.12 引張コイルばねの中間部の省略図示例

　コイルばねの図には基本中心線（細い一点鎖線）の他にコイルの平均径（線径の中心）にも中心線を引く（図17.4～図17.13）。しかし，らせんに沿って線径の中心線を記入してはいけない。

　図17.10～図17.13はコイルの中間部を省略した図示法を示している。正面図が断面図，外形図いずれの場合も，両端部の近くは寸法通りに図示するが，中間の同一形状部分は省略して線径の中心線（コイルの平均径の線）を細い一点鎖線で表す。

　コイルばねの側面図は，いずれの場合も断面をせず，外形図として表す。

17章　ばねの製図

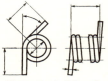
図17.13　ねじりコイルばねの中間部の省略図示法

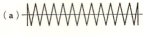
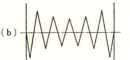
図17.14　圧縮コイルばねの簡略図

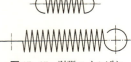
図17.15　引張コイルばねの簡略図

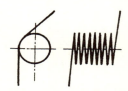
図17.16　ねじりコイルばねの簡略図

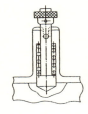
図17.17　組立図の中に圧縮コイルばねを描いた例

　テーパコイルばねのように，材料の線径が変化する場合は，コイルの形状を示す図の他に，材料の展開した形状を示す図を添えておくのがよい。この場合は，展開図の近くに"材料展開形状"と記入しておく。

　図17.14～図17.16は，単にばねの種類のみを表す場合の簡略図で，ばね材料の中心線を1本の太い実線で描く。図17.14(a)は圧縮コイルばね，図(b)はつづみ形圧縮コイルばねである。このような簡略図は，社内規格で定められているばねや，ばね製作専門工場の標準品を購入する際の注文図に用いられ，添付した要目表に詳細な指定を行うのが普通である。

　組立図や説明図では，コイルばねを線の断面だけで表してもよい。図17.17は圧縮コイルばねを他部品に組立てた状態を描いたもので，素線の断面だけを描き，断面の先方に見えるコイルのらせんを表す線は省略されている。

17.2　重ね板ばね

　重ね板ばねは鉄道車輌，自動車などに取り付けて，走行中の振動及び衝撃を緩和する目的で使用されるもので，帯状のばね板を2枚以上重ね合わせて作ったものである。JIS B 2710-1第1部：用語，-2第2部：設計方法，-3第3部：試験方法，-4第4部：製品仕様：2008（重ね板ばね）に規定されている。

　図17.18は，製作図に用いられる図例を示す。重ね板ばねは，**ばね板が水平の状態で描き，負荷時の形状は想像線で描く**（図17.18，図17.19）。

17.2 重ね板ばね

ばね板⑤〜⑪の端部形状

ばね板中央部のだぼ形状
A − A

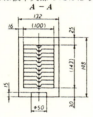

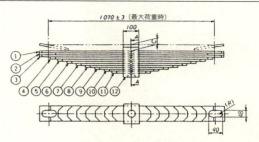

この図は，ばね水平時の場合を示す．

要目表

ばね板				
材料		SUP3		
寸法・形状	番号	長さ mm	板厚 mm	板幅 mm	断面形状
	1	1 190	13	100	JIS G 4801 Aタイプ
	2	1 190			
	3	1 190			
	4	1 050			
	5	950			
	6	830			
	7	710			
	8	590			
	9	470			
	10	350			
	11	250			

附属部品			
番号	名称	材料	個数
12	胴締め	S10C	1

荷重特性			
	荷重 N	反り Cmm	スパン mm	応力 N/mm²
無荷重時	0	38	−	0
標準荷重時	45 990	5	−	343
最大荷重時	52 560	0±3	1 070±3	392
試験荷重時	91 990	−	−	686

備考 1. その他の要目
 (1) ばね板の硬さ：331〜401 HBW
 (2) 1番目のばね板のテンション面及び胴締めに防せい塗装を施す．
 (3) 完成塗装：黒色塗装
 (4) ばね板間にグラファイトグリースを塗布する．
 2. 1 N/mm² ＝ 1 MPa

図 17.18 重ね板ばね（担いばね）の図示例

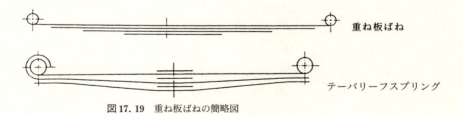

重ね板ばね

テーパリーフスプリング

図 17.19 重ね板ばねの簡略図

重ね板ばねは，ボルト・ナットや金具を取り付けた状態で描かれることが多いが，これらの部品については別に詳細図を描いておく．ばね板の寸法は規格

17章　ばねの製図

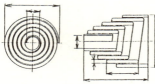
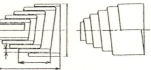

（a）正面図（断面図）　　b）正面図（外形図）
図17.20　竹の子ばねの図示法

図17.21　竹の子ばねの簡略図

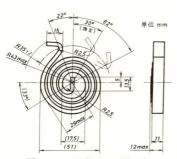

要目表

材　料		SWRH62A
板　厚	mm	3.4
板　幅	mm	11
巻　数		約3.3
全　長	mm	410
軸　径	mm	$\phi 14$
使用範囲	度	30〜62
指定	トルク N·m	7.9±4.0
	応　力 N/mm²	764
硬　さ	HRC	35〜43
表面処理		リン酸塩皮膜
備考　1 N/mm² = 1 MPa		

図17.22　渦巻ばねの図示法

図17.23　渦巻ばねの簡略図

化されているので，一般には組立てられた状態でその展開の長さを記入することが多い。社内規格などに定められているばね，または専門工場の標準品を注文する場合などのように，単にばねの種類，形状だけを表す場合は，図17.19に示すように，ばね板を太い1本の実線で描く。

17.3　竹の子ばね

　竹の子ばねは薄鋼板又は帯鋼を図17.20のように円すい状に巻いた圧縮ばねで，外観が竹の子状をしているのでこの名がある。小さい体積で比較的大きい荷重を支えることができ，板間の摩擦によって振動が減衰するので，車輌用緩衝ばねなどに用いられる。

　図17.20は竹の子ばねの図示法を示す。原則として**無負荷の状態で描く**。図(a)は正面図を断面図で描き，図(b)は外形図で描いている。この場合，断面図と外形図とでは，ねじれ線の傾斜の向きが逆になることに注意する。このばねを簡略化して描くときは，板の断面を極太の1本の実線で表す（図17.21）。

17.4　渦巻きばね

　渦巻きばねは，薄く細長い鋼帯を一平面内で渦巻き状に巻いたばねで，ばね

17.5 皿ばね

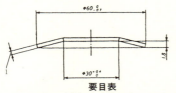

要目表

材料	SK5-CSP
内径 mm	$30^{+0.4}_{0}$
外径 mm	$60^{0}_{-0.7}$
板厚 mm	1
高さ mm	1.8
指定 たわみ mm	1.0
指定 荷重 N	766
指定 応力 N/mm²	1 100
最大 たわみ mm	1.4
最大 荷重 N	752
最大 応力 N/mm²	1 410
硬さ HV	400〜480
表面処理 成形後の表面加工	ショットピーニング
表面処理 防せい処理	防せい油塗布

備考 1 N/mm² = 1 MPa

図 17.24 皿ばねの図示法

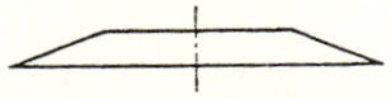

図 17.25 皿ばねの簡略図

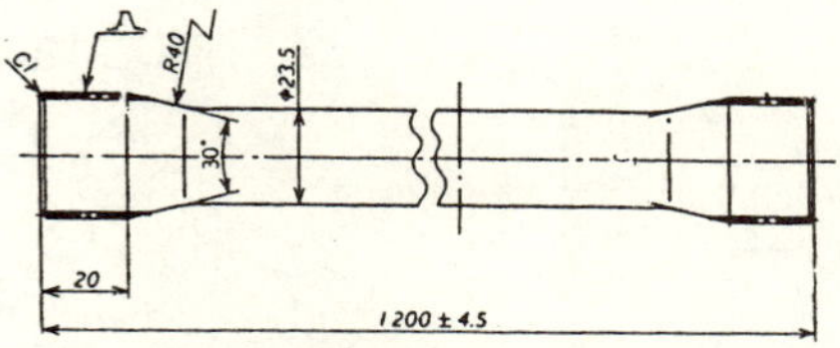

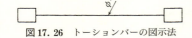

図 17.26 トーションバーの図示法

要目表

材料	SUP12
バーの直径 mm	23.5
バーの長さ mm	1 200±4.5
つかみ部の長さ mm	20
つかみ部の形状寸法 形状	インボリュートセレーション
つかみ部の形状寸法 モジュール	0.75
つかみ部の形状寸法 圧力角度	45
つかみ部の形状寸法 歯数	40
つかみ部の形状寸法 大径 mm	30.75
ばね定数 N·m/度	35.8±1.1
標準 トルク N·m	1 270
標準 応力 N/mm²	500
最大 トルク N·m	2 190
最大 応力 N/mm²	855
硬さ HBW	415〜495
表面処理 材料の表面加工	研削
表面処理 成形後の表面加工	ショットピーニング
表面処理 防せい処理	黒色エナメル塗装

備考 1. その他の要目：セッチングを行う。
(セッチング方向を指定する場合は，方向を明記する。)
2. 1 N/mm² = 1 MPa

図 17.27 トーションバーの簡略図

の力を蓄積して，これを原動力として用いる。巻き面が互いに接触するものは"ぜんまい"と呼ばれて，時計，玩具の動力源などに使用されている。

渦巻きばねの図は原則として**無負荷の状態で描く**。図示例を図 17.22 に示す。簡略図（図 17.23）では 1 本の太い実線で描くが，中間部の図示を省略したり，巻き締めた状態を想像線で描くこともある。また，ばね板の形状を展開図として描いておくと製作の際に役立つ。要目表にはトルクの値を明示しておく。

17.5 皿ばね

皿ばねは，底のない皿状のばねで，小形で比較的大きい負荷容量をもつために，座金，クラッチばね，プレスの緩衝ばねなどに使用される。単独で使用することもあるが，複数で並列，又は直列に組み合わせて使用すれば，ばねの強

17章　ばねの製図

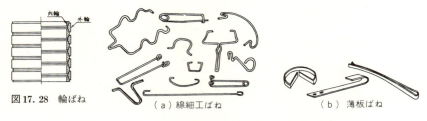

図17.28　輪ばね

（a）線細工ばね　　　　　（b）薄板ばね

図17.29　線細工ばねと薄板ばね

さを広く変化させることができる。皿ばねは図17.24に示すように原則として**無負荷の状態で描く**。また，簡略図では図17.25に示すように1本の太い実線で表す。なお，JIS B 2706（皿ばね）に定められているばねの場合は，規格番号（または規格名称）と種類及び呼びのみを記入しておけばよく，要目表を省略することができる。

　（例）　JIS B 2706　　L　　6　　または，皿ばね　　H　　10
　　　　　規格番号　　種類　呼び　　　　　規格名称　種類　呼び

17.6　トーションバー

　トーションバーは，ねじりを利用した棒状のばねで，自動車，鉄道車輛などの懸架装置に使用される。JIS B 2705（トーションバー）に規定されている。このばねを図示するときは，JIS B 0001（機械製図）に従って無負荷の状態で描けばよい（図17.26）。簡略図の場合は図17.27に示すように図示する。

17.7　その他のばね

　その他のばねについてはJIS B 0004に図示法が規定されていないので，前述の図示法に準じて描けばよい。**輪ばね**は1個1個が独立した輪状になっており，これを図17.28に示すように積み重ねて使用する。また，**線細工ばね**及び**薄板ばね**（図17.29）は，ばね用材料で作った線材及び薄板を適当な形に加工したばねである。この場合は1本の太い実線を使用して無負荷の状態で図示すればよい。

17.8　ばねの幾何公差の種類

　「ばねの製図JIS B 0004-002：2007 付属書A（参考）幾何公差の図示方法」による。

　ばねの幾何公差の例を次に示す。

17-10

17.8 ばねの幾何公差の種類

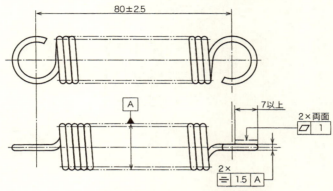

図17.30 引張コイルばねの幾何公差図示例

(1) 引張コイルばねの例

製品により異なるが引張コイルばねでは，コイル軸に対するフック軸の対称度，コイル軸と両フック軸の真直度等が重要である（図17.30参照）。

図17.30は次のことを意味している。

1) [A] コイル部外径の中心軸をデータム軸直線Aとする。

2) [≡|1.5|A] 両フックの中心平面は，それぞれデータム軸直線Aに対称で，矢の方向に1.5 mm離れた平行2平面間にあること。

3) [⌖|1] 両フックに一点鎖線で示した範囲が構成する面は，1 mm離れた平行2平面間に入る平面度をもつこと。

(2) 圧縮コイルばねの例

製品により異なるが圧縮コイルばねでは，座面の平面度，両座面の平行度，両座巻の同軸度，コイル軸と座面の直角度，コイル軸に対する座巻中心の位置度等が重要である（図17.31参照）。

図17.31は次のことを意味する。

1) [A] ばねの一方の座面に対する平面をデータム平面Aとする。

2) [∥|1|A] 他方の座面はデータム平面Aに平行で，1.0 mm間隔の平行2平面間にあること。

3) [⌖|0.2] 両座面は，それぞれ0.2 mm間隔の平行2平面間に入る平面度をもつこと。

17-11

17章　ばねの製図

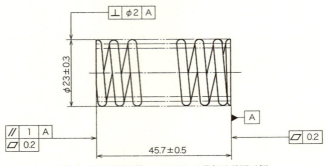

図 17.31　圧縮円筒コイルばねの幾何公差図示例

4)　⊥ φ2 A　コイル外形から得られる中心軸線は，データム平面 A に直角な φ2 mm の円筒公差域内になければならない。

18章　転がり軸受の製図

18.1　転がり軸受の種類

転がり軸受とは，軸と軸受部分を直接接触させず，図18.1に示すように，一対の円形軌道輪の間に玉又はころを入れて，転がり接触によって摩擦を少なくした軸受である。軸受の溝を転がる玉，又はころを**転動体**といい，玉を使用したものを**玉軸受**，ころを使用したものを**ころ軸受**という。ころ軸受のうちで，特に直径の細いころを使用した軸受を**針状ころ軸受**と呼ぶ。また，転動体は保持器によって，互いに接触しないように一定間隔に保たれている。

図18.1　転がり軸受の例

すなわち，転がり軸受は，軌道輪（内輪と外輪）・転動体（玉又はころ）保持器の3つの部分で構成されている。

軸受にかかる荷重により大別すると，軸に直角な荷重すなわちラジアル荷重用として**ラジアル軸受**があり，軸方向の荷重すなわちスラスト荷重用として**スラスト軸受**がある。いずれの軸受とも転動体に玉又はころが用いられ，玉を用いたものを**ラジアル玉軸受及びスラスト玉軸受**，また，ころを用いたものを**ラジアルころ軸受及びスラストころ軸受**という。

転がり軸受に対し，軸受面とジャーナル（軸の軸受にささえられている部分）とが油膜を挟んですべり運動をする**平軸受**又は**すべり軸受**があるが，転がり軸受は摩擦抵抗が少なく，機械の効率を著しく高めることができるので広く用いられている。

一般に玉軸受は比較的軽荷重で高速回転する軸の軸受に適し，摩擦抵抗が少ない特色を有するが，ころ軸受は比較的重荷重の低速回転用軸受に適し，耐衝撃性も大きい特色をもつ。ころがり軸受の材料には，JIS G 4805（高炭素クロム軸受鋼鋼材）が主として使用される。

転がり軸受は，転動体と軌道輪との相対的位置及び構造によって多くの形式に分かれる。表18.1はJIS B 1511（転がり**軸受総則**）で定められている軸受の代表的なものを示す。各転がり軸受の特徴をよく理解し，用途に適したものをカタログから選ぶことが必要である。

転がり軸受を使用しやすくするために，転がり軸受をあらかじめ軸受箱に組

18章 転がり軸受の製図

表 18.1 転がり軸受の形式

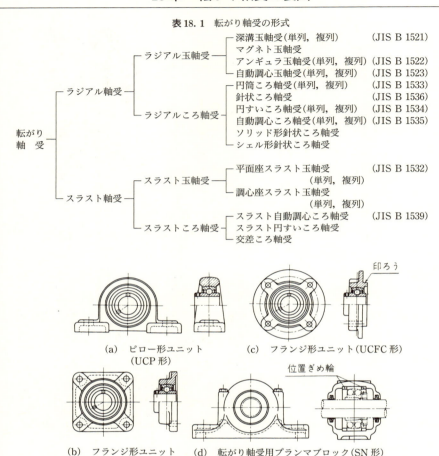

図 18.2 転がり軸受ユニットおよび転がり軸受用プランマブロック

み込み，自動調心形にしたものがある。これを**転がり軸受ユニット**という。

JIS B 1557（転がり軸受―インサート軸受ユニット）には，**ピロー形ユニット**（図 18.2(a)），**フランジ形ユニット**（図 18.2(b)，(c)），**テークアップ形ユニット及びカートリッジ形ユニット**が規定されている。また，同じ目的で作られたものに**プランマブロック**（図 18.2(d)）がある。これは 2 つ割りにした転がり軸受用ケースで，JIS B 1551（転がり軸受―プランマブロック軸受箱）に SN 形，SNK 形及び SD 形が規定されている。この中へ自動調心形玉軸受

18.2 転がり軸受の呼び番号

を入れて使用する。
18.2 転がり軸受の呼び番号
　転がり軸受の呼び番号については，JIS B 1513：1995（転がり軸受呼び番号）に規定している。呼び番号は基本番号（軸受系列記号と内径番号及び接触角記号とからなる）と補助記号（内部寸法記号，シール記号またはシールド記号，軌道輪形状記号，軸受の組み合わせ記号，ラジアル内部すきま記号，精度等級記号よりなる。）とからなる。

（1）基本番号
（a）軸受系列記号
　軸受系列記号は，軸受の形式と寸法系列からなり，次のように表す。

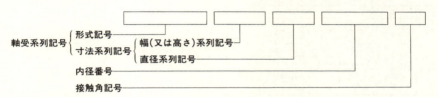

　形式記号（軸受の呼び番号の1けた目）は次の文字で表される。
例：

軸受形式		記号	軸受形式		記号
自動調心玉軸受	複列	1	アンギュラ玉軸受　単列		7
自動調心ころ軸受	複列	2	円筒ころ軸受[1]		N
円すいころ軸受	単列	3	ソリッド形針状ころ軸受	内輪付き	NA
深溝玉軸受	単列	6		内輪なし	RNA

注[1]　軸受の形式によってNの後に種々な記号が付く。（例）単列：NU，NJ，NFなど。複列：NN。

　寸法系列記号（直径記号―軸受の呼び番号の2けた目）は次の数字で表す。
　特別軽荷重形…0，1．軽荷重形…2．中荷重形…3．重荷重形…4．
（b）内径番号（軸受の呼び番号の3，4けた目）は軸受の内径寸法を表す（表18.2）。
（c）接触角記号
　玉と内外輪との接触点を結ぶ直線がラジアル方向となす角を接触角という。接触角記号は表18.3による。

18章　転がり軸受の製図

表18.2　内径番号

内径番号	軸受内径寸法（mm）
00	10
01	12
02	15
03	17
04	20
05	25

以下，内径460 mmまでは，内径寸法を5で割った数字が内径番号となる。その他内径番号1は内径寸法1 mm，8は8 mm等。

表18.3　接触角記号

軸受の形式	呼び接触角	接触角記号
単列アンギュラ玉軸受	10°を超え22°以下	C
	22°を超え32°以下	A[1]
	32°を超え45°以下	B
円すいころ軸受	17°を超え24°以下	C
	24°を超え32°以下	D

注[1]　省略することができる。

表18.4　補助記号

内部寸法		シール・シールド		軌道輪形状		軸受の組合せ		ラジアル内部すきま		精度等級	
記号	内容	記号	内容	記号	内容	記号	内容	記号	内容	記号	内容
J3	主要寸法及びサブユニットの寸法がISO355に一致するもの	UU	両シール付き	なし	内輪円筒穴	DB	背面組合せ	C2	C2すきま	なし	0級
		U	片シール付き	F	フランジ付き	DF	正面組合せ	CN	CNすきま	P6X	6X級
		ZZ	両シールド付き	K	内輪テーパ穴（基準テーパ比1/12）	DT	並列組合せ	C3	C3すきま	P6	6級
		Z	片シールド付き	K30	内輪テーパ穴（基準テーパ比1/30）			C4	C4すきま	P5	5級
				N	輪溝付き			C5	C5すきま	P4	4級
				NR	止め輪付き					P2	2級

（2）補助記号

補助記号は表18.4による。

（3）呼び番号の例

軸受の呼び番号は，基本番号の次に補助記号を書いて表す。以下に例を示す。

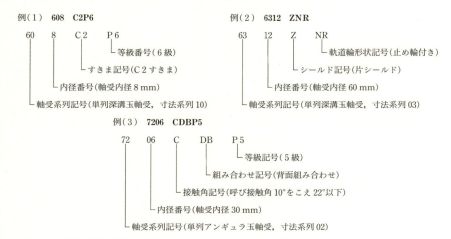

18.4　転がり軸受の略図法

18.3　転がり軸受の精度とはめあい

　転がり軸受の主要寸法と精度については，JIS B 1512-1～6：2011（転がり軸受—主要寸法），JIS B 1514-1～2：2017（転がり軸受—GPS及び公差値），JIS B 1514-3：2006 転がり軸受—軸受の公差及び JIS B 1536-1～5：2008（転がり軸受—針状ころ軸受—主要寸法及び精度）に規定されている。転がり軸受の精度は種類によって等級0級，(6X級)，6級，5級，4級，2級（の順に高精度）まで用意されているが，一般の機械に使用するものは殆どが0級である。

　転がり軸受を使用する場合に注意すべきことは，軸またはハウジングとのはめあいである。適正なはめあいでなければ，軸受の性能を十分に発揮させることができないだけでなく，故障発生の原因にもなる。それゆえ，JIS B 1566：2015（転がり軸受—取付関係寸法及びはめあい）には，各軸受の種類，等級，大きさ，荷重条件などによってはめあいの推奨値を規定している。

18.4　転がり軸受の略図法

　転がり軸受は，標準化，専門化が進んでいるので，ボルト・ナットなどと同じように，軸受専門メーカが製作した品物を購入して，これをそのまま使用することが多い。したがって，専門メーカで使用する製作図は通常の機械製図法で描くが，それ以外の図は軸受の形状や寸法を厳密，正確に描く必要がなく，使用する転がり軸受の種類，形式及び主要寸法がわかる程度に略画するのが普通である。JIS B 0005-1～2（製図—転がり軸受，第1部：基本簡略図示方法，及び第2部：個別簡略図示方法）には2種類の簡略図示法が規定されているので，目的及び用途によっていずれかの方法を選べばよいが，1つの図では混用してはいけない。これらの簡略図では，軸心を表す中心線のみを描き，他の中心線は省略する。なお，これらの簡略図よりも更に実形に近い略図を描く必要がある場合は，旧 JIS B 0005：1973 に規定されていた実形に近い略図（現規格にはない）を参考にするとよい。転がり軸受の正確な形状を示す必要があるときは，軸受の輪郭をその軸受の JIS 規格の寸法通りに描く。

（1）**基本簡略図示方法**（JIS B 0005-1）

　機器などの組立図の中に描かれる転がり軸受は，正確な形状及び詳細を図示する必要がないことが多い。この場合は，図18.3に示すように，図面に使用している外形線（太い実線）と同じ線を使用して軸受の輪郭を示す四角形を描

18章　転がり軸受の製図

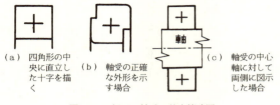

(a) 四角形の中央に直立した十字を描く　　(b) 軸受の正確な外形を示す場合　　(c) 軸の中心軸に対して両側に図示した場合

図18.3　転がり軸受の基本簡略図

図18.4　ハッチングをする場合は，転動体を除き同一方向のハッチングをする

表18.5　転がり軸受の個別簡略図示に使用する要素（JIS B 0005-2）

要素と説明	長い直線	長い円弧	長い直線又は円弧に直交し，各転動体のラジアル中心線に一致する短い直線。	円	長方形	細い長方形
				転動体を示す		
用い方	調心できない転動体の軸線を示す。	調心できる転動体の軸線，又は調心輪・調心座金を示す。	転動体の列数及び転動体の位置を示す。	玉	ころ	針状ころ，ピン

(注)　要素は，いずれも実線で表し，線の太さは外形線と同じにする。

き，その中央に直立した十字を輪郭に接しないように描く（図(a)）。もし，軸受の正確な外形を示す必要があるときは，輪郭を実際に近い形状に図示する（図(b)）。図(a)及び(b)は，軸受の中心軸の上側を示した図であるが，中心軸に対して両側を図示した場合を図(c)に示す。また，特別な注意を必要とする転がり軸受の組立図では，その要求事項を文書又は仕様書などで表す。

　この簡略図示法では軸受の断面にハッチングを施さない。もし，ハッチングを必要とする場合は，転動体を除いて同一方向のハッチングをする（図18.4）。

(2)　個別簡略図示方法（JIS B 0005-2）

　組立図のように，軸受の正確な形状及び詳細を示す必要がない場合に使用するが，軸受の荷重特性（荷重を受ける方向及び調心性の有無）及び軸受形体（軌道輪の数及び列数）の組合せを考慮した簡略図示法である。図面において，転がり軸受が入る場所は，内・外輪の有無に関係なく正方形又は長方形に描く。転がり軸受の形体は表18.5に示す要素で表し，荷重特性はこの要素を組合せて表す。個別簡略図示方法の例を表18.6に示す。表(a)～(c)の軸受は水平な軸受中心軸の上部を示し，表(d)の軸受は鉛直な軸受中心軸に関して示している。

　軸受中心軸に対して直角に図示するときは，図18.5に示すように，転動体

18.4 転がり軸受の略図法

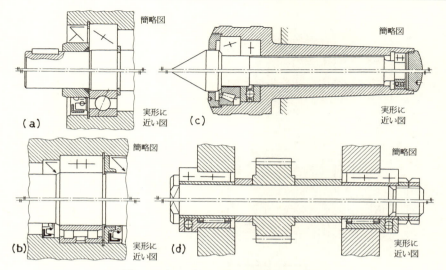

図18.6 転がり軸受の個別簡略図示法の使用例

は実際の形状（玉，ころ，針状ころなど）及び寸法にかかわらず円で表してもよい．

軸受を個別簡略図示法で描いた例を図18.6に示す．参考のため，下半分は実形に近い図を示している．なお，図中のオイルシールは，ISO 9222-2に従って簡略図示している．

図18.5 軸受の中心軸に対して直角に図示する方法．転動体を示す円は，転動体の実物の形状・寸法に関係なく描く

（3）実形に近い簡略図（参考）

（1）及び（2）で述べた簡略図では，軸受の正確な形状や詳細が分かりにくいから，用途によっては軸受の輪郭や内部構造の概略を示した，実形に近い簡略図が要求されることがある．このような簡略図は現JIS規格には規定されていないが，従来多く使用されていた旧規格（JIS B 0005：1973）の実形に近い簡略図を参考にするのがよい．その簡略図示方法を表18.7に示す．いずれの場合も軸受の輪郭をJIS B 1512通りの寸法で描き，他の部分は図形で軸受の形式が理解できる程度に描く．表中の1.2〜1.10は実形に近い簡略図示方法である．なお，軸受の記号を併用する簡略図示方法（2.1〜2.10）及び骨ぐみのみを表す簡略図示方法（3.1〜3.10）を参考に併記した．現規格の基本簡略

18章 転がり軸受の製図

表18.6 転がり軸受の個別簡略図示方法

(a) 玉軸受及びころ軸受

簡略図示方法	玉軸受の図例及び関連規格	適用	ころ軸受の図例及び関連規格	適用
		単列深溝玉軸受 (JIS B 1512) ユニット用玉軸受 (JIS B 1558)		単列円筒ころ軸受 (JIS B 1512)
		複列深溝玉軸受 (JIS B 1512)		複列円筒ころ軸受 (JIS B 1512)
		―		単列自動調心ころ軸受 (JIS B 1512)
		自動調心玉軸受 (JIS B 1512)		
		単列アンギュラ玉軸受 (JIS B 1512)		単列円すいころ軸受 (JIS B 1512)
		非分離複列アンギュラ玉軸受 (JIS B 1512)		―
		内輪分離複列アンギュラ玉軸受 (JIS B 1512)		内輪分離複列円すいころ軸受 (JIS B 1512)
				外輪分離複列円すいころ軸受

(b) 針状ころ軸受

簡略図示方法	図例及び関連規格	適用
		ソリッド形針状ころ軸受 (JIS B 1536)
		複列ソリッド形針状ころ軸受
		内輪なしシェル形針状ころ軸受 (JIS B 1512)
		内輪なし複列シェル形針状ころ軸受
		調心輪付き針状ころ軸受
		ラジアル保持器付き針状ころ (JIS B 1512)
		複列ラジアル保持器付き針状ころ

(c) コンバインド軸受

簡略図示方法	図例	適用
		ラジアル針状ころ軸受及びラジアル玉軸受
		内輪なし分離形ラジアル針状ころ軸受及びラジアル玉軸受
		内輪なしラジアル針状ころ軸受及びスラストラジアル玉軸受
		内輪なしラジアル針状ころ軸受及びスラスト円筒ころ軸受

18-8

18.4 転がり軸受の略図法

表 18.6 転がり軸受の個別簡略図示方法（つづき）
(d) スラスト軸受

簡略図示方法	適用	
	玉軸受の図例及び関連規格	ころ軸受の図例及び関連規格
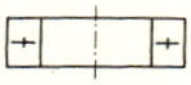	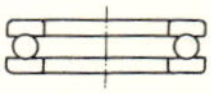 単式スラスト玉軸受（JIS B 1512）	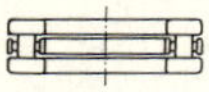 単式スラストころ軸受  スラスト保持器付き針状ころ（JIS B 1512）  スラスト保持器付き円筒ころ
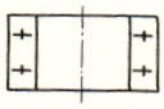	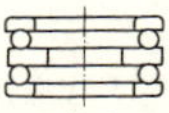 複式スラスト玉軸受（JIS B 1512）	―
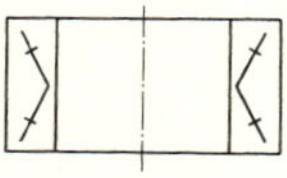	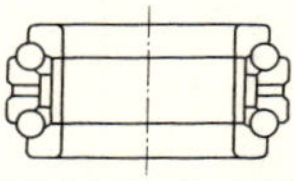 複式スラストアンギュラ玉軸受	―
	 調心座付き単式スラスト玉軸受	―
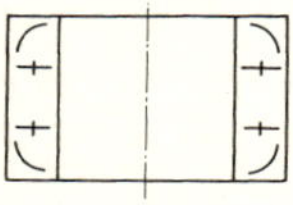	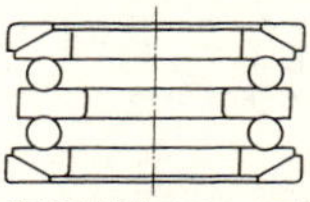 調心座付き複式スラスト玉軸受	―
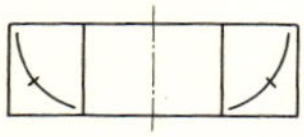	―	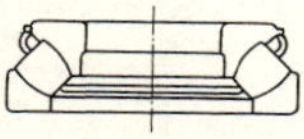 スラスト自動調心ころ軸受（JIS B 1512）

図示方法は 2.1 に相当し，個別簡略図示方法は 2.2～2.10 に代わるものと考えてよい。1.2～1.10 及び 3.1～3.10 に該当する簡略図示方法は現規格には規定されていない。

　転がり軸受を実形に近い簡略図示法で描く場合に，図 18.7～図 18.17 に示す比例寸法による作図法を使用すると好都合である（旧規格で参考に示していた図例）。図において，A*，B（ラジアル軸受の幅），T（円すいころ軸受の組立幅）及び H（スラスト軸受の高さ）は，JIS 規格に定められている軸受寸法である。

18章　転がり軸受の製図

表18.7　旧JIS規格の簡略図示方法（JIS B 0005：1973）

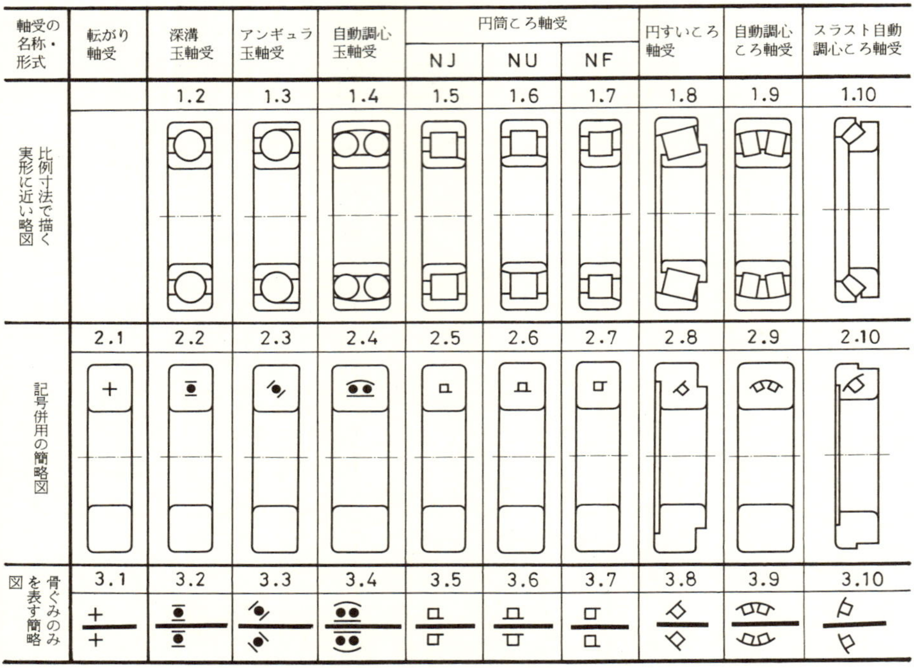

軸受の名称・形式	転がり軸受	深溝玉軸受	アンギュラ玉軸受	自動調心玉軸受	円筒ころ軸受 NJ	円筒ころ軸受 NU	円筒ころ軸受 NF	円すいころ軸受	自動調心ころ軸受	スラスト自動調心ころ軸受
比例寸法で描く実形に近い略図		1.2	1.3	1.4	1.5	1.6	1.7	1.8	1.9	1.10
記号併用の簡略図	2.1	2.2	2.3	2.4	2.5	2.6	2.7	2.8	2.9	2.10
骨くみのみを表す簡略図	3.1	3.2	3.3	3.4	3.5	3.6	3.7	3.8	3.9	3.10

　軸受の呼び番号を図中に記入する方法は，JIS規格に規定されていないが，記入を必要とする場合は，軸受の図の輪郭から引出し線を出してこれを水平に折り曲げ，水平線の上側に18.2(3)に従って記入すればよい。なお，引出し線の軸受に接する位置には矢印を付ける。

注)　*Aは次のようにして定められる。
（1）　深溝玉軸受，アンギュラ玉軸受，自動調心玉軸受，円筒ころ軸受，針状ころ軸受（内輪つき），円すいころ軸受，自動調心ころ軸受，単式平面座スラスト玉軸受及びスラスト自動調心ころ軸受の場合

$$A = \frac{D（軸受外径）- d（軸受内径）}{2}$$

（2）　針状ころ軸受（内輪なし）の場合

$$A = \frac{D（軸受外径）- d_r（ころ内接円径）}{2}$$

（3）　複式平面座スラスト玉軸受の場合

$$A = \frac{D（軸受外径）- d_e（軸受内径）}{2}$$

18.4 転がり軸受の略図法

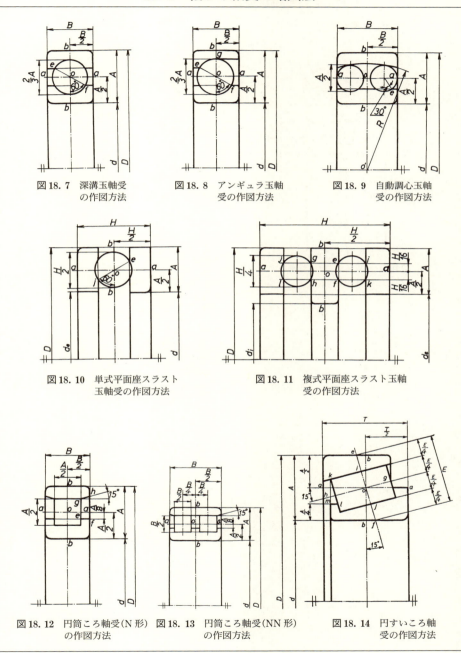

図18.7 深溝玉軸受の作図方法

図18.8 アンギュラ玉軸受の作図方法

図18.9 自動調心玉軸受の作図方法

図18.10 単式平面座スラスト玉軸受の作図方法

図18.11 複式平面座スラスト玉軸受の作図方法

図18.12 円筒ころ軸受(N形)の作図方法

図18.13 円筒ころ軸受(NN形)の作図方法

図18.14 円すいころ軸受の作図方法

18章 転がり軸受の製図

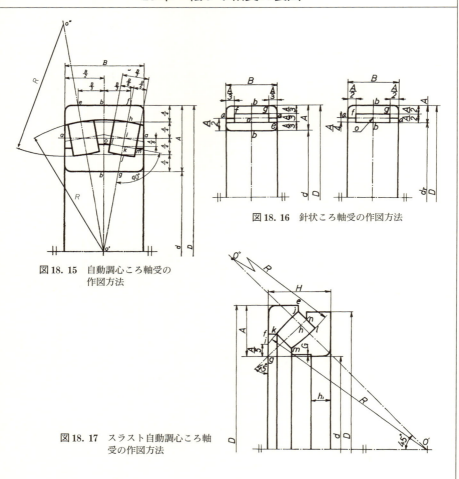

図 18.15 自動調心ころ軸受の作図方法

図 18.16 針状ころ軸受の作図方法

図 18.17 スラスト自動調心ころ軸受の作図方法

19章 溶接記号

19.1 溶接について

溶接は，融接，圧接及びろう接の3つに大別できる。融接は，接合する母材（溶接もしくは切断される金属）の一部を溶融し，溶融金属を生成，又は供給して接合するものである。圧接は，接合部を加熱，又は加熱せずに大きい圧力を加えて接合するものである。ろう接は，母材を溶融しないで，別種の溶融金属を間に入れて接合するものである。

現在実用されている溶接方法は数10種類に及んでいるが，一般に多く使用されている方法を表19.1に示す。

表19.1 溶接の種類

```
                          ┌ 被覆アーク溶接
               ┌ アーク溶接 ┤ イナートガスアーク溶接
               │          │ 炭酸ガスアーク溶接
               │          └ サブマージドアーク溶接
         ┌ 融接 ┤ ガス溶接
         │     │          ┌ テルミット溶接
         │     │          │ エレクトロスラグ溶接
         │     └ その他の融接 ┤ 電子ビーム溶接
         │                │ レーザビーム溶接
         │                └ プラズマアーク溶接
         │                          ┌ アプセット溶接
         │                          │ フラッシュ溶接
         │              ┌ 突合せ抵抗溶接 ┤ バットシーム溶接
         │              │              └ パーカッション溶接
  溶接 ┤     ┌ 抵抗溶接 ┤              ┌ スポット溶接
         │     │       └ 重ね抵抗溶接 ┤ プロジェクション溶接
         │     │                      └ シーム溶接
         │ 圧接 ┤          ┌ 鍛接
         │     │          │ 冷間圧接
         │     └ その他の圧接 ┤ 摩擦圧接
         │                │ 超音波圧接
         │                │ ガス圧接
         │                └ 高周波溶接
         │          ┌ 硬ろう接
         └ ろう接 ┤ 軟ろう接
                    └ ブレイズ溶接

       切断 ┤ ガス切断
             └ アーク切断
```

19-1

19章 溶接記号

表 19.2 溶接継手の種類

溶接部の種類	継 手 の 種 類
グループ溶接 (groove weld)	突合せ継手 (butt joint) へり継手 (edge joint)
すみ肉溶接 (fillet weld)	あて金継手 (strapped joint) { 片面あて金 / 両面あて金 } 重ね継手 (lap joint) { 単すみ肉 / 複すみ肉 } T継手 (T joint) 十字継手 (cruciform joint, cross-shaped joint) かど継手 (corner joint)
プラグ溶接 (せん溶接, slot or plug weld)	重ね継手 (lap joint)
ビード (bead) 又は 肉盛 (build up)	

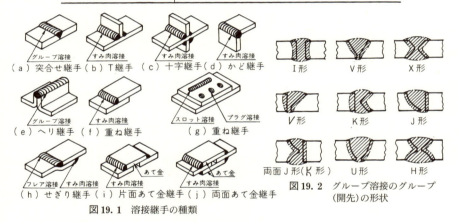

図 19.1 溶接継手の種類

図 19.2 グループ溶接のグループ(開先)の形状

溶接部(ここで,溶接とは,溶着金属と融合部とで形成されている溶着部分で,継手としての全体を指しているのではない)の形状は,(1)グループ,(2)すみ肉,(3)プラグ,スロット,(4)ビード,肉盛,(5)スポット,シームの5通りに分かれる。溶接継手の代表的なものを表19.2及び図19.1に示す。

　グループ溶接は,最も一般的な溶接法で,母材の厚さ方向全面にわたって十分に溶け込ませるとともに,内部欠陥が発生するのを防止するために,接合する2つの部材の端部に各種の形状をもったみぞを設けて,その部分に溶接金属を十分に溶け込ませ,盛り上げて接合する。このみぞをグループ(開先)という。開先の形状としては図19.2に示すようにI形,V形,両面V形(X形),レ形,

19.2 溶接記号及びその記入法

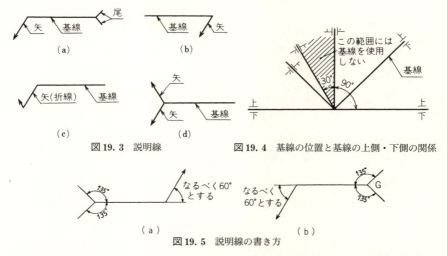

図 19.3 説明線

図 19.4 基線の位置と基線の上側・下側の関係

図 19.5 説明線の書き方

両面V形（K形），J形，両面J形，U形，両面U形（H形）など15種類ある。

19.2 溶接記号及びその記入法

溶接を図示する場合は，JIS Z 3021（溶接記号）の規格に従って記入する。JIS には，溶接部の形状を表す基本記号（表19.3）と，溶接部の表面形状，仕上寸法及び現場作業などを明示するための補助記号（表19.4）とを規定しており，これらの記号はすべての溶接法に適用することができる。

溶接部の記号表示方法は次のようにする。

（1） 溶接記号は説明線に記入する。溶接の寸法も記号に近い説明線に示す。

（2） 説明線は，基線（まっすぐな水平線）と，溶接部を指示する矢及び尾とで表す（図19.3）。基線を水平にできない場合は，図19.4に従って描く。また，基線を境にして上と下の2部分に分ける。この上下の区別は重要な意味をもっているので注意を要する。基線の一端から基線と60°の方向に線を出し，先端に矢印をつけて溶接部を指示する（これを矢と呼ぶ。図19.5）。矢は折れ線としてもよい（図19.6）。基線の他端には，溶接方法など特に指示する必要がある場合に尾をつける。尾は基線と45°に交わるように引き，尾の大きさは任意である（図19.5）。尾の中には記号だけでは不足な事項を記入する。溶接方法については，JIS 規格の解説の中に略号が示されているので，これを使用するのがよい。

19章 溶接記号

表19.3 溶接の基本記号

溶接部の形状			基本記号	基本記号の書き方（備考）
	両フランジ形		〜	2つの$\frac{1}{4}$円を向かい合わせて書く。
	片フランジ形		〜	$\frac{1}{4}$円とその円の半径に等しい直線を向かい合わせに書く。
	I 形		‖	基線に対し90度に平行線を書く（アプセット，フラッシュ，摩擦溶接等を含む）。
	V 形		∨	記号の角度は90度とする（アプセット，フラッシュ，摩擦溶接等を含む）。
グ	両面V形（X形）		×	記号の角度は90度とする。
ル	ﾚ 形		ﾚ	垂直線とそれに45度に交わる直線として頭をそろえる。記号のたての線は左側に書く（アプセット，フラッシュ，摩擦溶接等を含む）。
ー	両面ﾚ形（K形）		K	ﾚ形グルーブ溶接記号を基線に対称に書く。
ブ	J 形		ﾚ	$\frac{1}{4}$円を書き，足の長さは半径の約$\frac{1}{2}$とする。記号のたての線は左側に書く。
溶	両面J形		K	J形グルーブ溶接記号を基線に対称に書く。
接	U 形		∪	半円とし，足の長さは半径の約$\frac{1}{2}$とする。
	両面U形（H形）		⋈	U形グルーブ溶接記号を基線に対称に書く。
	フレアV形		〜	フレアV形は 2つの$\frac{1}{4}$円を向かい合わせに書く。
	フレアX形		)(	フレアX形は 2つの半円を向かい合わせに書く。
	フレアﾚ形		ﾚ	フレアﾚ形グルーブ溶接は直線と$\frac{1}{4}$円を書く。
	フレアK形		IC	フレアK形グルーブ溶接は直線と半円を書く。
すみ肉溶接	連続		△	直角二等辺三角形を書く。記号のたての線は左側に書く。
	断続	並列	△ L-P	直角二等辺三角形でL（溶接長さ）とP（ピッチ）を記入する。
		千鳥	△/△ L-P	両側のすみ肉が等しい場合は △/ の記号を用いてもよい。
プラグ又はスロット溶接			⊓	門形。垂直線は上底の$\frac{1}{2}$に書く。
ビード			⌒	弧の高さは半径の約$\frac{1}{2}$とする。
肉盛			⌒⌒	弧を2つ並べて書き，弧の高さは半径の約$\frac{1}{2}$とする。
スポット又はプロジェクション			○	○印とする。
シーム			⊖	○印に2本の平行線を描く。
スタッド			⊗	○印の中に×印を描く。
ヘリ			⊔	二枚の板のヘリをイメージした左図を描く。
ステイク			△	レーザーによる溶接であり鋭角の三角印を描く。

19.2 溶接記号及びその記入法

表 19.4 補助記号

区　　分	補助記号	備　　考
溶接部の表面形状　平　　ら と　　つ へ　こ　み	‾ ⌒ ⌣	基線の外に向かってとつとする 基線の外に向かってへこみとする
溶接部の仕上方法　チッピング 研　　摩 研　　削 切　　削 指定せず	C P G M F	研摩仕上げの場合 グラインダ仕上げの場合 機械仕上げの場合 仕上方法を指定しない場合
現場溶接 全周溶接 全周現場溶接	▶ ○ ⦿	全周溶接が明らかなときはこれを省略してもよい

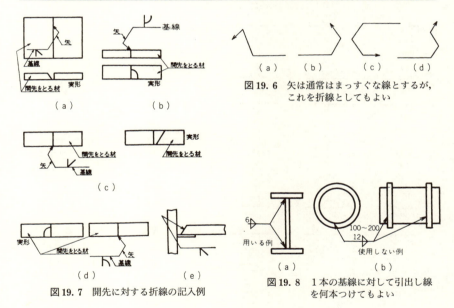

図 19.6 矢は通常はまっすぐな線とするが，これを折線としてもよい

図 19.7 開先に対する折線の記入例

図 19.8 1本の基線に対して引出し線を何本つけてもよい

V形，K形，J形，両面J形，フレアV形及びフレアK形溶接において，開先をとる面又はフレアのある面を指示する場合は，図19.7(a)～(e)に示すように開先をとる部材又はフレアのある部材の側に基線を引き，開先をとる面又はフレアのある面に矢（折れ線とする）の先を付ける。

19章 溶接記号

　矢は図 19.8(a)のように 1 本の基線に対して何本も付けることができる。しかし，その場合は基線の頭と尾の両方から引いてはいけない（図 19.8(b)）。

　（3）　溶接記号は，溶接する側が矢のある側又は手前側のときは基線の下側に，矢の反対側又は向こう側のときは基線の上側にそれぞれ基線に密着して記載する（図 19.9）。なお，すみ肉溶接，ビート，肉盛では，記号の底部は基線と一致させる（図 19.9(16)～(23)，(26)～(29)）。

　基線に対する記号の位置と溶接部の関係を図 19.10 に示す。すみ肉溶接に

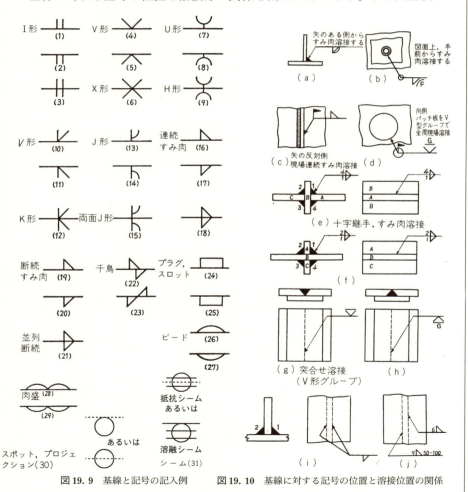

図 19.9　基線と記号の記入例　　図 19.10　基線に対する記号の位置と溶接位置の関係

19.2 溶接記号及びその記入法

よる十字継手の場合は図 19.10(e)に示すように 4 箇所溶接することになるが，左図では矢の側の溶接箇所 1 は基線の下に，矢の反対側の溶接箇所 4 は基線の上に書く（ただし，この場合の記号の横の数字 1 及び 4 は，後述する寸法又は強さではない）。右図で基線の下のすみの肉溶接記号は溶接箇所 1 を，基線の上のすみ肉記号は溶接箇所 4 を示しており，右図ではすみ肉溶接 2，3 を表すことはできない。また図 19.10(f)に示すように，板 B にリブ材 A，C を両側に付ける場合も図 19.10(e)と同様である。

図 19.10(g)は V 形グループの突合せ溶接を行った板に添板を重ねたものである。これは添板側から見て溶接部は破線で示されている。V 形グループが向こう側にとられているから，記号は基線の上に書かれる。

（4） 現場溶接，全周溶接及び全周現場溶接の補助記号は，基線と矢との交点に記載する（図 19.10(b)，(c)，(d)）。溶接部の表面形状を示す補助記号は，溶接の種類の記号の上に記入する（図 19.10(a)，(b)，(d)）。溶接部の仕上方法を示す補助記号は，溶接部の表面形状を示す記号の上に記入する（図 19.10(b)，(d)）。

（5） 溶接方法を特に指示する必要がある場合は，尾の部分に記入する。

（6） 溶接記号及び寸法を記載する位置は，次の通りである。

a) 溶接する側が矢の側又は手前側のときは図 19.11(a)のように記入する。

b) 溶接する側が矢の反対側又は向こう側のときは図 19.11(b)のように記入する。

c) 重ね継手部の抵抗溶接（スポットなど）のときは図 19.11(c)のように記入する。

（7） 溶接記号は，それだけでは寸法を明らかにしていないので，寸法は記号と同様に溶接する位置に従って，基線の上又は下に記載する。その記載場所は，その溶接記号に最も近い部分である。必要とする寸法は，突合せ溶接の場合は図 19.12 に示すように，開先の深さ S，ルート間隔 R，開先角度 A 及びルート半径 r（J 形，両面 J 形，U 形，H 形の場合，尾の部分に記入する）また，すみ肉溶接（図 19.13）では脚長 S，不等脚のときは小さい脚長 S_1×大きい脚長 S_2，溶接長さ L，断続溶接のときは 1 個の溶接長 L-ピッチ（溶接長さの中心から中心までの距離）P 及び n（溶接の数）である。また余盛の高さや

19章 溶接記号

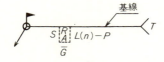

(a) 溶接する側が矢の側又は手前側のとき

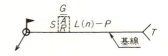

(b) 溶接する側が矢の反対側又は向側のとき

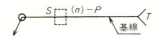

(c) 重ね継手部の抵抗溶接(スポット溶接など)のとき

溶接施工内容の記号例示

⊏⊐	基本記号
S	溶接部の断面寸法又は強さ(開先深さ,すみ肉の脚長,プラグ穴の直径,スロットみぞの幅,シームの幅,スポット溶接のナゲットの直径又は単点の強さなど)
R	ルート間隔
A	開先角度
L	断続すみ肉溶接の溶接長さ,スロット溶接のみぞの長さ又は必要な場合は溶接長さ
n	断続すみ肉溶接,プラグ溶接,スロット溶接,スポット溶接などの数
P	断続すみ肉溶接,プラグ溶接,スロット溶接,スポット溶接などのピッチ
T	特別指示事項(J形・U形等のルート半径,溶接方法,その他)
—	表面形状の補助記号
G	仕上方法の補助記号(グラインダ),その他Cチッピング,P研磨,M切削,F指示しない
⌐	全周現場溶接の補助記号
○	全周溶接の補助記号

図 19.11 溶接施工内容の記載方法

19.2　溶接記号及びその記入法

へこみの深さ D を表す場合は尾に記入する。なお，部分溶込みを指示する場合は開先の深さ S として図 19.13 に示す。突合せ溶接の詳細は 19-19 頁に記す。19-19 頁では開先深さは h と，$p=$溶込み深さ，$s=$溶接深さとする。

図 19.14 は寸法記載位置の記入例を示す。図(a)と(b)はすみ肉溶接の断続溶接を示し，図(c)と(d)は突合せ溶接を表す。この場合，開先角度のすぐ近くの外側に表面形状の記号を書き，更にその外側に仕上方法の記号を記入する。

表 19.5 は各種の溶接記号の記載例を示す。

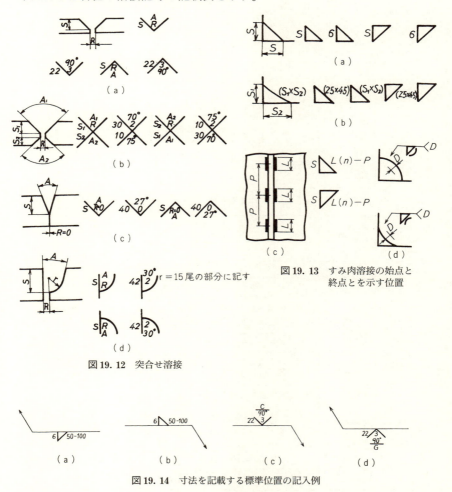

図 19.12　突合せ溶接

図 19.13　すみ肉溶接の始点と終点とを示す位置

図 19.14　寸法を記載する標準位置の記入例

19-9

19章 溶接記号

表19.5　各種の溶接記号の記入例（その1）

溶接部	実形	図示	溶接部	実形	図示
両フランジ形溶接	記号	八	V形溶接	記号	 ∨
矢の側又は手前側			矢の側又は手前側		
矢の反対側又は向側			矢の反対側又は向側		
片フランジ形溶接	記号	八	開先深さ16mm 開先角度60度 ルート間隔2mm	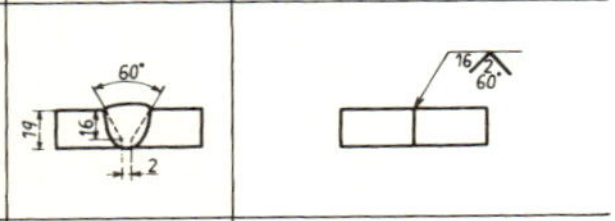	
矢の側又は手前側			裏あて金使用 板厚12mm 開先角度45度 ルート間隔4.8mm 仕上の方法切削	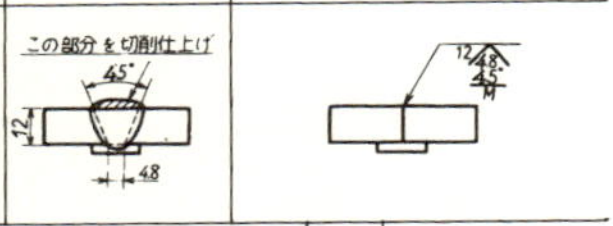	
矢の反対側又は向側			両面V形（X形）溶接	記号	×
I形溶接	記号	‖	両側		
矢の側又は手前側			開先深さ 矢の側16mm 矢の反対側9mm 開先角度 矢の側60° 矢の反対側90° ルート間隔3mm	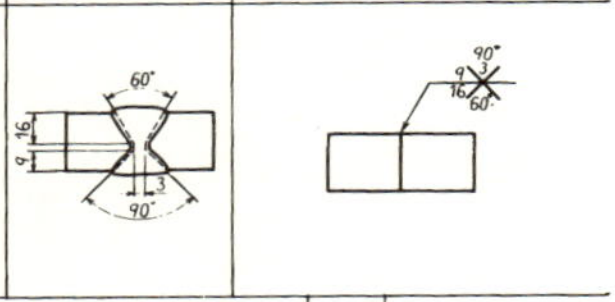	
矢の反対側又は向側			レ形溶接	記号	∨
両側			矢の側又は手前側		
ルート間隔2mmの場合			矢の反対側又は向側		
ルート間隔2mmの場合			T継手 裏あて金使用 開先角度45度 ルート間隔6.4mmの場合	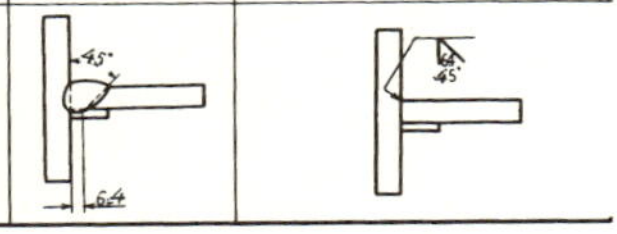	
摩擦溶接		摩擦溶接			

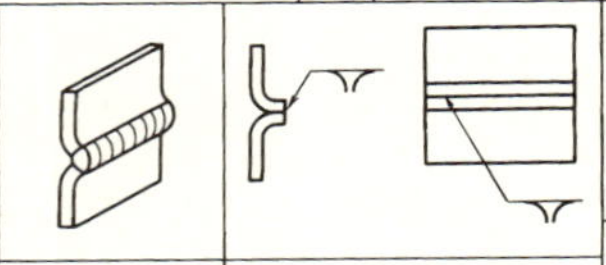

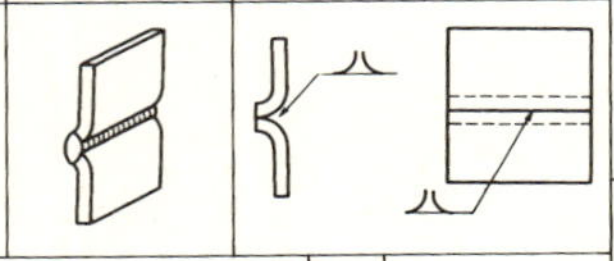

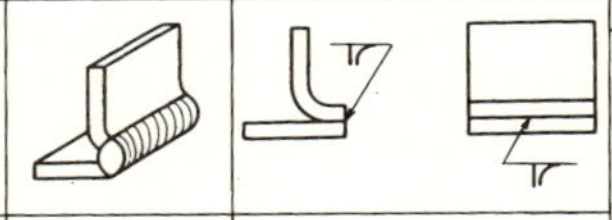

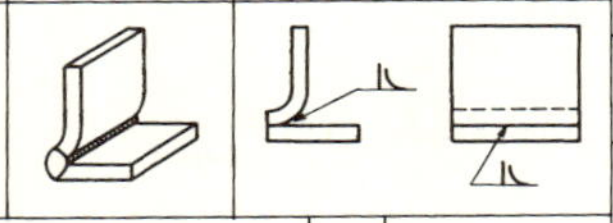

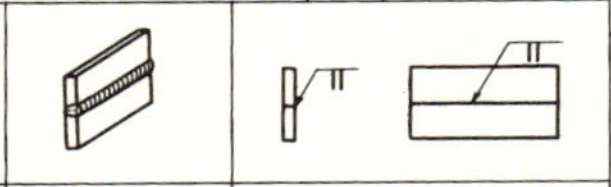

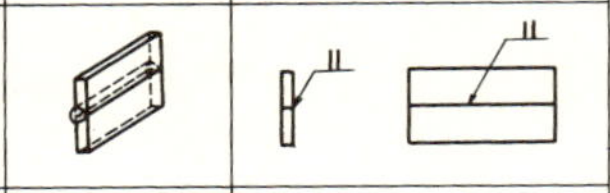

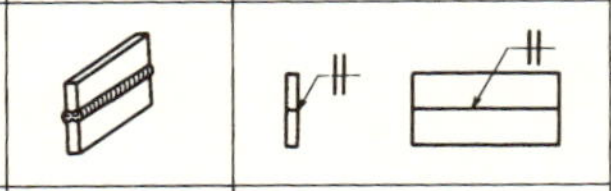

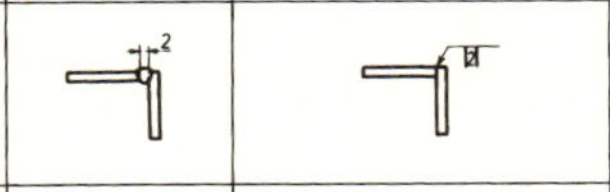

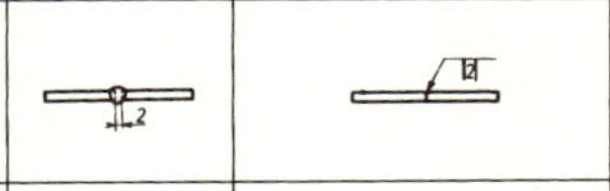

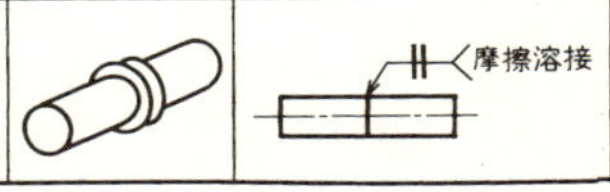

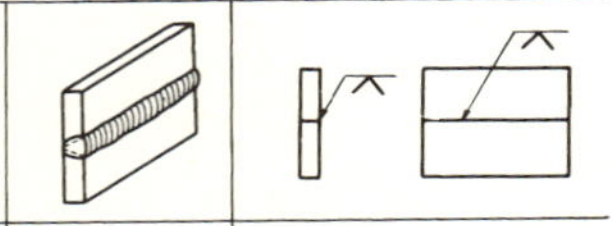

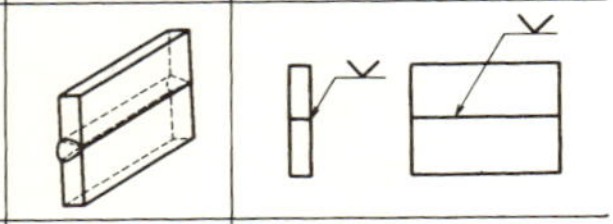

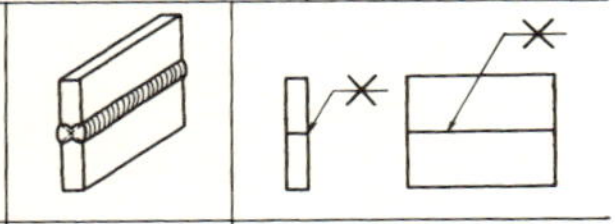

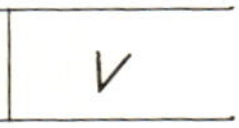

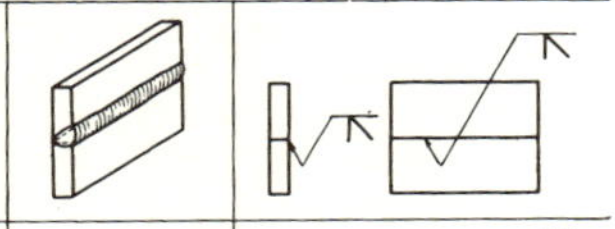

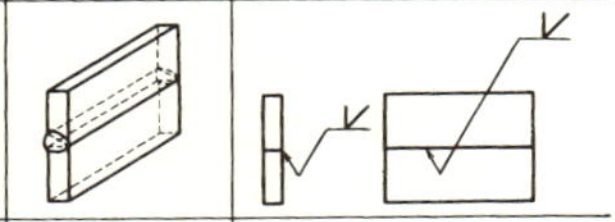

19-10

19.2 溶接記号及びその記入法

表19.5 各種の溶接記号の記入例(その2)

溶接部	実形	図示	溶接部	実形	図示
両面V形(K形)溶接		記号 K	両面J形溶接		記号 K
両側			両面		
矢の側 開先深さ16mm 開先角度45度 矢の反対側 開先深さ9mm 開先角度45度 ルート間隔 2mmの場合			開先深さ 24mm 開先角度 35度 ルート半径 13mm ルート間隔 3mm		
T継手 開先深さ 10mm 開先角度 45度 ルート間隔 2mmの場合			U形溶接		記号 Y
T継手 部分溶込み溶接 開先深さ7mm 開先角度45度 ルート間隔 0mmの場合			矢の側 又は 手前側		
			矢の反対側 又は 向側		
フラッシュ溶接 開先深さ3mm 開先角度45度 の場合			開先深さ 27mm の場合		
J形溶接		記号 レ	開先角度 25度 ルート半径 6mm ルート間隔 0mm の場合		
矢の側 又は 手前側			両面U形(H形)溶接		記号 X
矢の反対側 又は 向側			両側		
開先深さ 28mm 開先角度 35度 ルート半径 13mm ルート間隔 2mm			開先深さ 25mm 開先角度 25度 ルート半径 6mm ルート間隔 0mm		

19章 溶接記号

表19.5 各種の溶接記号の記入例（その3）

溶接部	実形	図示	溶接部	実形	図示
フレアV形 フレアX形 グルーブ溶接		記号	脚長 6mm の場合		
矢の側 又は 手前側			不等脚の場合 小さい脚の寸法を先に書きカッコでくくる		
矢の反対側 又は 向側			溶接長さ 500mm の場合		
両側			両側脚長 6mm の場合		
フレアレ形溶接		記号	両側脚長の異なる場合		
矢の側 又は 手前側			すみ肉溶接（断続）		記号
矢の反対側 又は 向側			矢の側 又は 手前側		
フレアK形溶接		記号	矢の反対側 又は 向側		
両側			両側		
すみ肉溶接（連続）		記号	並列溶接, 溶接長さ 50mm ピッチ 150mm の場合		
矢の側 又は 手前側					
矢の反対側 又は 向側					
両側					

19.2 溶接記号及びその記入法

表 19.5 各種の溶接記号の記入例(その4)

溶接部	実形	図示	溶接部	実形	図示
千鳥溶接, 手前側脚長 6 mm 向側脚長 9 mm 溶接長 50mm ピッチ 300mm			ビード		
			矢の側 又は 手前側		
			矢の反対側 又は 向側		
千鳥溶接, 両側脚長 6 mm 溶接長さ 50mm ピッチ 300mm			ルート間隔 0 mm の場合	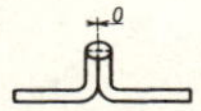	
			肉盛		記号
プラグ溶接		記号	肉盛の厚さ 6 mm 幅 50mm 長さ 100mm の場合		
矢の側 又は 手前側			スポット溶接		記号
矢の反対側 又は 向側			矢の側又は手前側に平面が平らな電極を用いる場合		 19-15頁参照
穴径 22mm ピッチ 100mm 開先角度 60度 溶接深さ 6mm の場合			矢の反対側又は向側に面が平らな電極を用いる場合		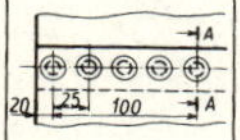 19-15頁参照
スロット溶接		記号	プロジェクション溶接		記号
矢の側 又は 手前側					
矢の反対側 又は 向側			矢は突起をもつシートを指す		
幅 22mm 長さ 50mm ピッチ 150mm 開先角度 0度 溶接深さ 6mm の場合				プロジェクション溶接	19-21頁参照

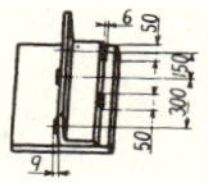

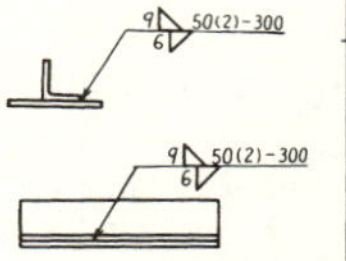

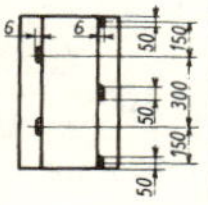

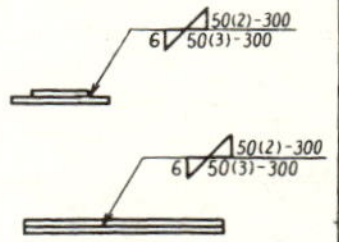

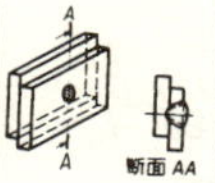

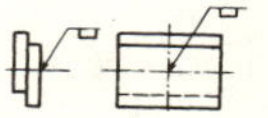

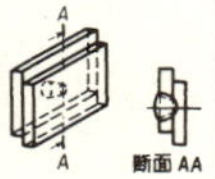

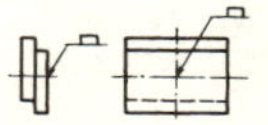

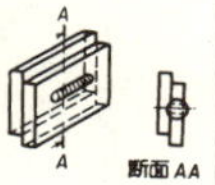

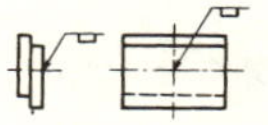

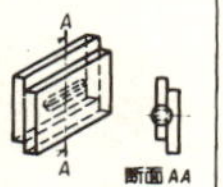

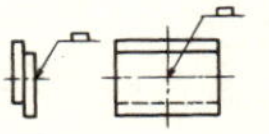

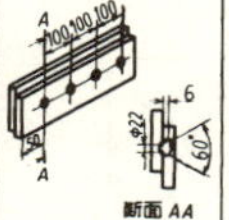

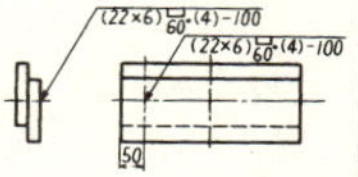

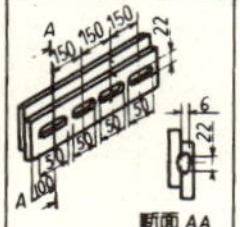

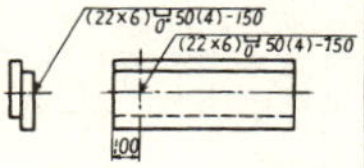

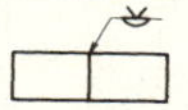

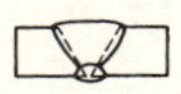

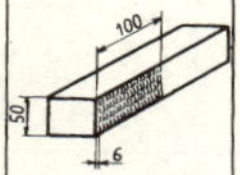

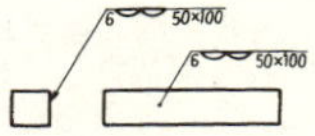

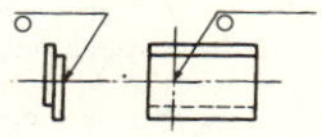

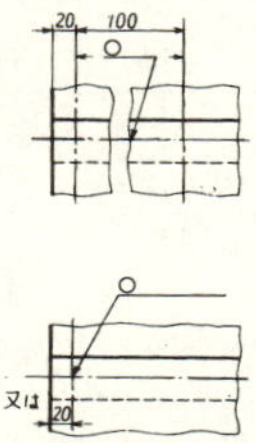

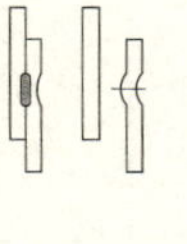

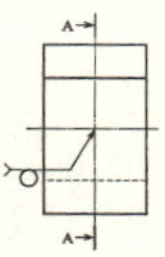

19 - 13

19章 溶接記号

表 19.5 各種の溶接記号の記入例（その 5）

溶接部	実形	図示	溶接部	実形	図示
抵抗シーム溶接		記号 ⊖	溶接部の仕上げ方法		記号 M
側に関係しない	断面 AA		円管の突合せ溶接部を切削仕上げする場合全周溶接であるが補助記号を省略した例	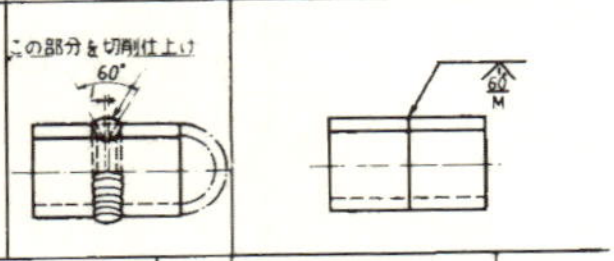	
溶融シーム溶接		記号 ⊖	現場・全周・全周現場溶接		記号 現場溶接 ／ 全周溶接 ○ 全周現場溶接 ⌀
矢の側又は手前側	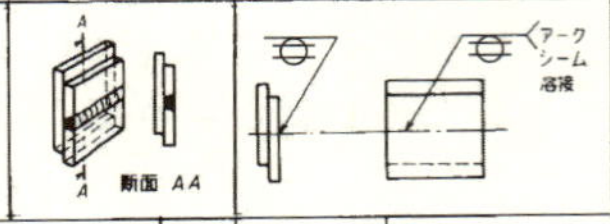 断面 AA	アークシーム溶接	現場連続すみ肉溶接の場合	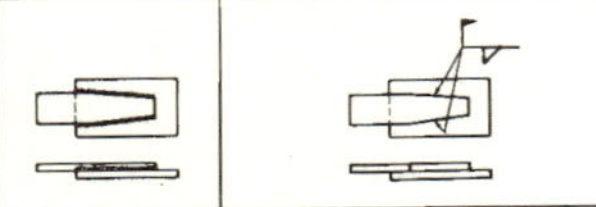	
溶接部の表面形状		記号 平ら ─ とつ ⌒ へこみ ⌣	全周連続すみ肉溶接円管の場合		
突合せ溶接すみ肉溶接の表面形状が平らの場合			全周現場連続すみ肉溶接の場合	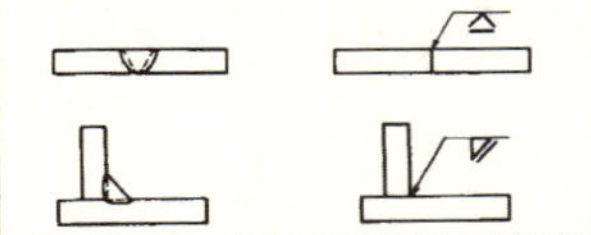	
突合せ溶接すみ肉溶接の表面形状がとつの場合			記号の組合せ		
			レ形溶接とビードの組合せ	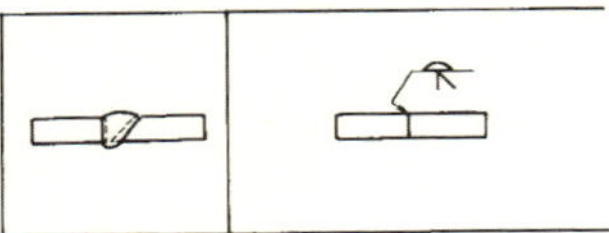	
すみ肉溶接の表面形状がへこみの場合			K形溶接とすみ肉溶接の組合せ	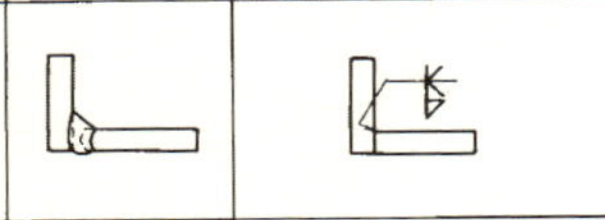	
溶接部の仕上げ方法		記号 チッピング C 研削 G 切削 M 研磨 P	レ形溶接とすみ肉溶接の組合せ	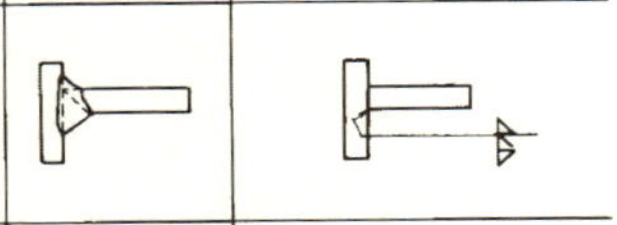	
突合せ溶接部をチッピング仕上げする場合	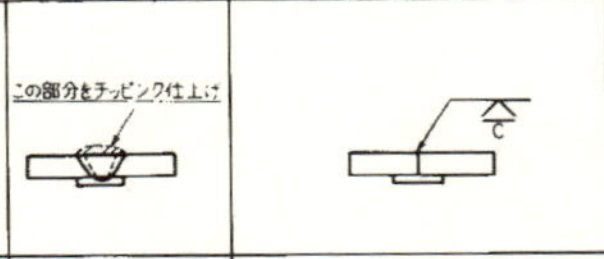 この部分をチッピング仕上げ		J形溶接とすみ肉溶接とビードの組合せ	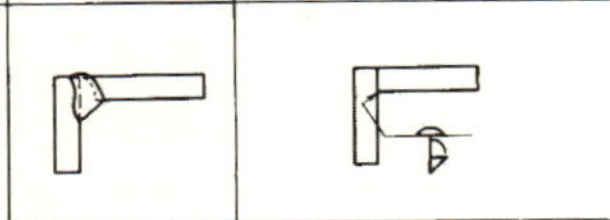	
不等脚すみ肉溶接部を研削仕上げで2mmへこみをつける場合	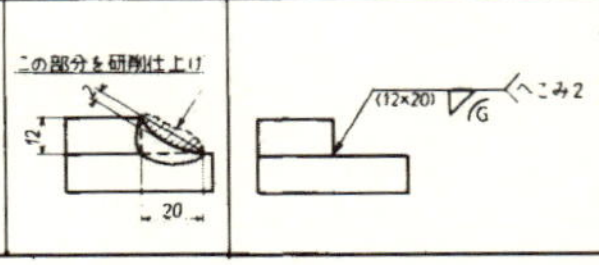 この部分を研削仕上げ	(12×20) へこみ2 ─20─	両面J形溶接とすみ肉溶接と研削仕上げ記号とへこみ記号の組合せ	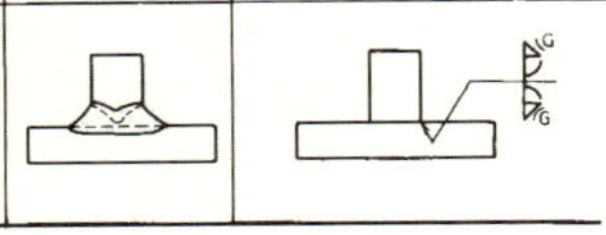	

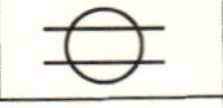

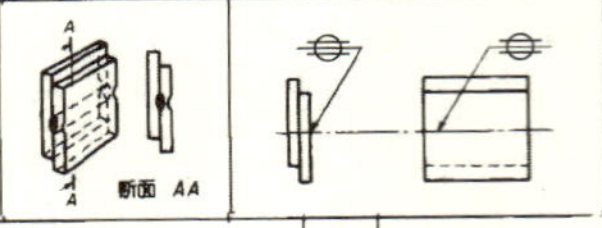

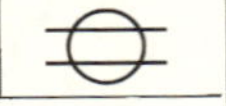

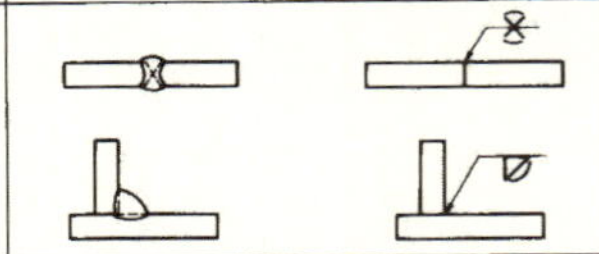

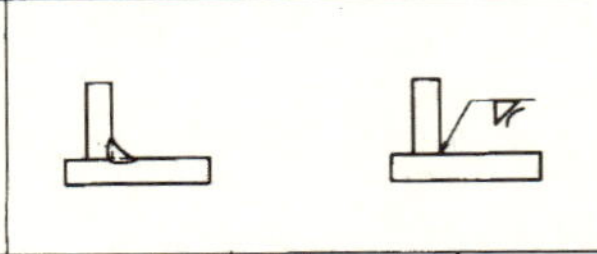

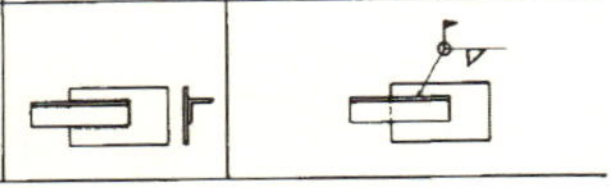

19-14

19.3 その他の溶接記号とまとめ

19.3 その他の溶接記号とまとめ

ここまでに記載できなかった記号（一部重複）や不備な記号を表19.6～表19.10に追加する。

表19.6　補助記号

No.	名称	図示 （破線は溶接前の開先を示す。）	記号 （破線は基線を示す。）	適用例 （破線は基線を示す。）
1	平ら[a]		 —	
2	凸形[a]	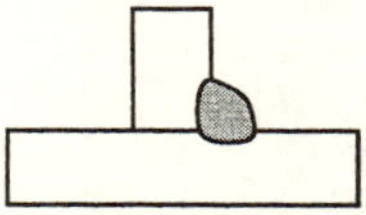	 ⌒	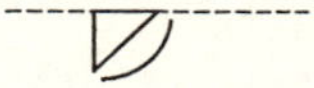
3	凹形[a]	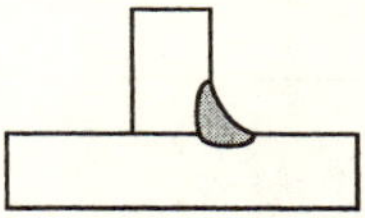	 ⌣	
4	滑らかな 止端仕上げ[b]	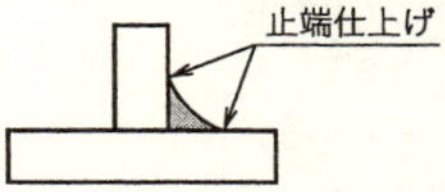 止端仕上げ	 ⌣	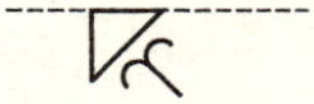
5	裏溶接[c),e] （V形開先溶接 後に施工する。）	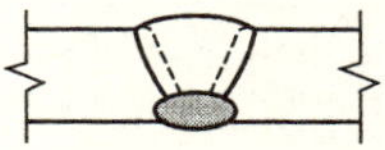		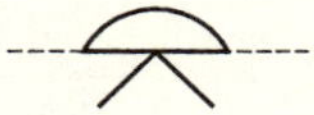
	裏当て溶接[c),e] （V形開先溶接 前に施工する。）	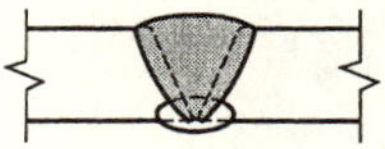		
6	裏波溶接[e] （フランジ溶 接・へり溶接を 含む。）	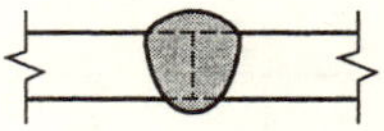		
7	裏当て[e]	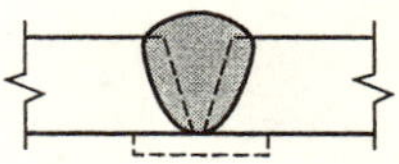		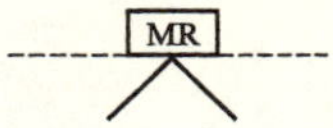
7a	取り外さない 裏当て[d),e]		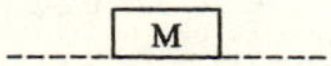 M	MR
7b	取り外す 裏当て[d),e]		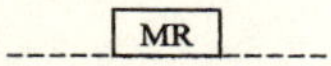 MR	
8	スペーサ			

19 - 15

19章 溶接記号

9	消耗インサート材[e]	インサート材設置状況 / 溶接後のビード	▭	
10	全周溶接		○	
11	二点間溶接		←→	A←→B
12	現場溶接[f]	なし	▶	
13		規定しない。		
14	チッピング	チッピングによる凹形仕上げ 2 / 12 / 20	C	12×20 へこみ2 C
15	グラインダ	グラインダによる止端仕上げ	G	G
16	切削	切削による平仕上げ 45° / 12 / 5	M	12 / 5 / 45° / M
17	研磨	研磨による凸形仕上げ	P	P

19.3 その他の溶接記号とまとめ

表19.7 スポット溶接及びシーム溶接記号

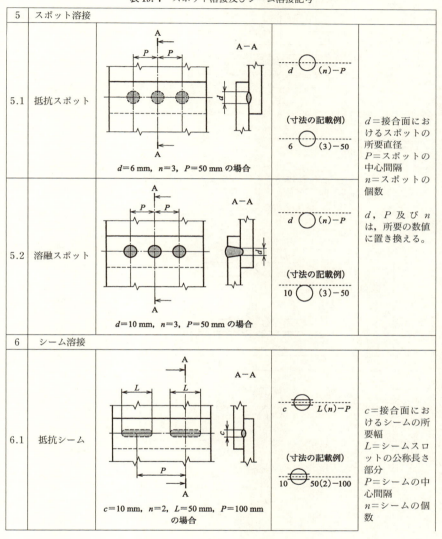

19章 溶接記号

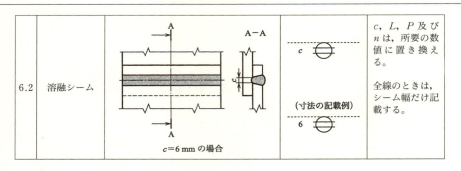

| 6.2 | 溶融シーム | | | c, L, P及びnは，所要の数値に置き換える。

全線のときは，シーム幅だけ記載する。 |

表 19.8 フランジ溶接及びへり溶接記号

No.	溶接の種類	図示 （破線は溶接前の継手を示す。）	記号
		突合せ継手	
1	へり溶接		5
2	フランジ溶接		
		角継手	
3	へり溶接		5
4	フランジ溶接		

19.3 その他の溶接記号とまとめ

表 19.9 突合せ溶接の部分溶け込みの指示記号

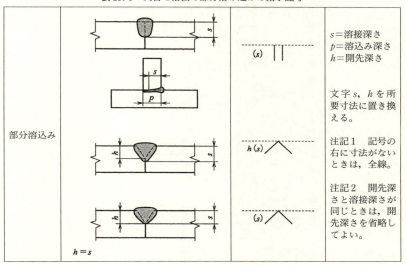

部分溶込み	図示	記号	説明
	(上図)	(s) ||	s=溶接深さ p=溶込み深さ h=開先深さ 文字 s, h を所要寸法に置き換える。 注記1 記号の右に寸法がないときは，全線。 注記2 開先深さと溶接深さが同じときは，開先深さを省略してよい。
		$h(s)$ ∧	
	$h=s$	(s) ∧	

表 19.10 矢の側及び反対側の例

(溶融スポット溶接，プラグ溶接，スロット溶接，溶融シーム溶接，ステイク溶接，抵抗スポット溶接，抵抗シーム溶接，プロジェクション溶接)

No.	溶接の種類	矢の側／反対側	図示 (破線は溶接前の開先を示す。)	記号
3a	溶融スポット溶接	矢の側		
3b	溶融スポット溶接	反対側		
4a	プラグ溶接	矢の側		d
4b	プラグ溶接	反対側	d	d

19章　溶接記号

5 a	スロット溶接	矢の側		
5 b	スロット溶接	反対側		
6 a	溶融シーム溶接	矢の側		
6 b	溶融シーム溶接	反対側		
6 c	ステイク溶接	矢の側		

19.3 その他の溶接記号とまとめ

6 d	ステイク溶接	反対側		
7	抵抗スポット溶接	側に関係しない。		
8	抵抗シーム溶接	側に関係しない。		
9	プロジェクション溶接	矢は突起をもつシートを指す。		

20章 配管製図

20.1 配 管 図

　管は，種々な動力装置及び制御装置，ならびに液体，気体などの輸送や移動装置に多く使用されている。管を配置することを**配管**といい，配管には弁やコックなどが取付けられる。配管の状態を図に示したものを**配管図**という。配管図には，管の種類，大きさ，配管の位置，取付方法などと，管に付属したポンプ，バルブ，管継手などの種類，大きさ及び位置を明らかにするものである。

　配管図面の書き方には2種類あって，1つはJIS B 0001（機械製図）に従って管及び関係部品の配置を描いた配管図であり，他は配管の系統のみを明示するために簡略化して描く配管系統図である。

　現場では主として配管図によって配管作業が行われ，図20.1にその一例を示す。一般に配管は一平面上に配置されることが少ないから，正面図のほかに側面図や平面図などを描いて，管の曲り方や付属部品の位置や向きなどを表すようにする。

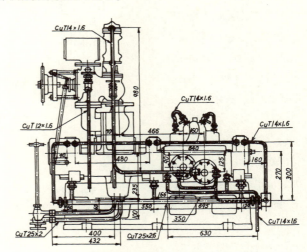

図20.1　配管図（ターボ給水ポンプ）

　また，配管図は1：50，1：100，1：200というような縮尺で描くことが多い。このような場合，縮尺通りの寸法にすると，管の外径を2本の線で描くことができないから，尺度を無視して，描きうる程度に細い2本の線で表してもよい。なお，直径の細い管は1本の実線で表す。もし管の太細を線の太細で区別する場合でも，その太さは尺度通りではない。ただし，配管図には，管の種類，呼び径，バルブ，コック，管継手などの種類と呼び及び各部の主要寸法などを記入しておく必要がある。

　最近は，CAD（1.3）によって配管図を描くことが多い（23　参照）。

20章 配管製図

20.2 配管系統図

配管系統図は，配管の系統を1つの図で表すもので，配管図を作成するための基礎としたり，現場の配管作業の系統確認などにも使用される。配管系統図は，後述（20.3）する略画法で表す。

配管系統図に計装関係や電気配線を一緒に表すことがある。この場合は，管と電線との区別を明確にする必要がある。計装品に対してはJIS Z 8204（計装用記号），電気配線に対してはJIS C 0617（電気用図記号）にそれぞれ図示記号が規定されている。図20.2に配管系統図の例を示す。

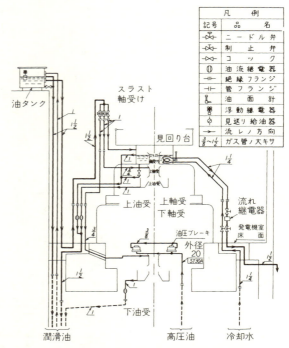

備考　図中の記号は，JIS規格と一部異なる。
図20.2　配管系統図の例

20.3　配管図示方法

JIS B 0011-1～3（配管の簡略図示方法）には，一般鉱工業に使用する図面に，配管及び関連部品等を記号で図示する場合に用いる簡略図示方法について規定している。

（1）　管の図示方法

管は，原則として1本の実線で図示する。また同一図面内では，管を表す線の太さは管の太さに関係なく同じ太さで描く。ただし，特に必要ある場合は，線の種類（実線，破線，鎖線，2本の平行線など）及びそれらの太さを変えて図示してもよい。この場合，線の種類の意味を図面上の見易い位置に明記す

20.3 配管図示方法

る。

管を破断して短縮図示する場合は,図 20.3 に示す破断線で表す。

(2) 配管系の仕様及び流体の種類・状態の表し方

配管系の仕様及び流体の種類・状態を表すには,図 20.4 に示す順序で,必要な項目のみを表示する。表示は,管を表す線の上側に,線に沿って図面の下側又は右側から読めるように記入する。図(c)のように引出線を用いて記入してもよい。

流体の流れの方向を示す場合は,図 20.5 に示すように矢印を記入する。

(3) 配管図示記号

管の接続状態,結合方式及び立体的表示記号,管継手の表示記号,管の末端部の表示記号,バルブ及びコックの表示記号及び計器類の表示記号を表 20.2 に示す。なお,等角図で立体的に図示してもよい。その場合のバルブ,フランジ及び配管付属品の図示方法の例を図 20.6 に示す。

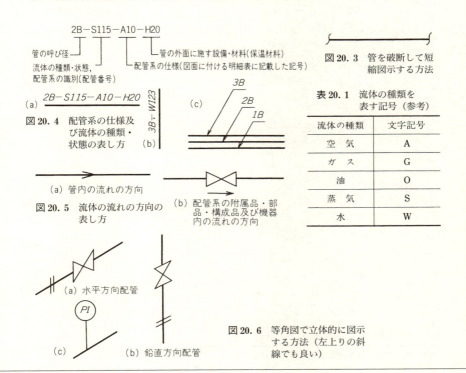

20章 配管製図

表20.2 管，管継手，バルブ，コック及び計器の図示記号例（JIS B 0011-1：1998.抜粋）

管及び管継手			図示記号	バルブ,コック及び計器		図示記号
管の接続状態の表示	接続していないとき			バルブ及びコック本体の表示	バルブ一般	
	接続しているとき	交差			仕切弁	
		分岐			玉形弁	
管の結合方式の表示	一般				逆止め弁	
	溶接式				ボール弁	
	フランジ式				バタフライ弁	
	受口式				アングル弁	
	ユニオン式				三方弁	
管の立体的表示	管Aが画面に直角に手前に立ち上がっている場合				安全弁	
	管Aが画面に直角に向こうに下がっている場合				コック一般	
	管Aが画面に直角に手前に立ち上がって，管Bに接続している場合				バルブ及びコックの閉じている状態の表示	閉 , C
	管Aから分岐した管Bが画面に直角に手前に立ち上がって曲がっている場合			操作部の表示	動力操作	
	管Aから分岐した管Bが画面に直角に向こうに下がって曲がっている場合				手動操作	
固定式管継手	エルボ及びベンド			計器の表示	圧力指示計	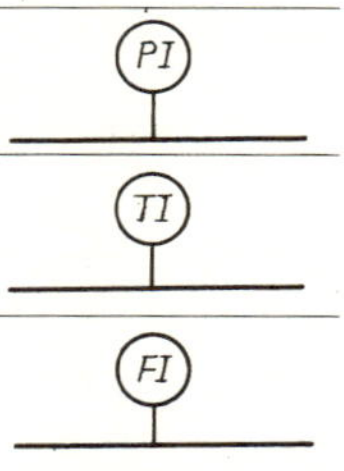 (PI)
	T				温度指示計	(TI)
	クロス				流量指示計	(FI)
	同心レジューサ				指示装置の表示	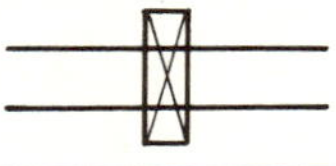
管可継動手式	伸縮管継手			（注）図示記号が2つ以上あるものは，いずれを使用してもよいが，同一図面では統一する。 　管が画面に垂直なとき，その部分だけを図示するには，次の図記号で表す。 　　⊙ 又は ⌀		
	たわみ管継手					
管の末端部	閉止フランジ					
	ねじ込み式キャップ及びねじ込み式プラグ					
	溶接式キャップ					

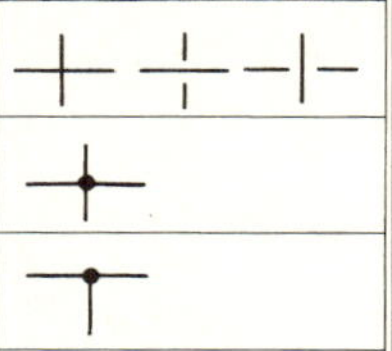

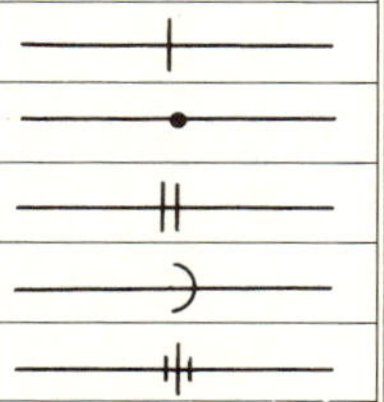

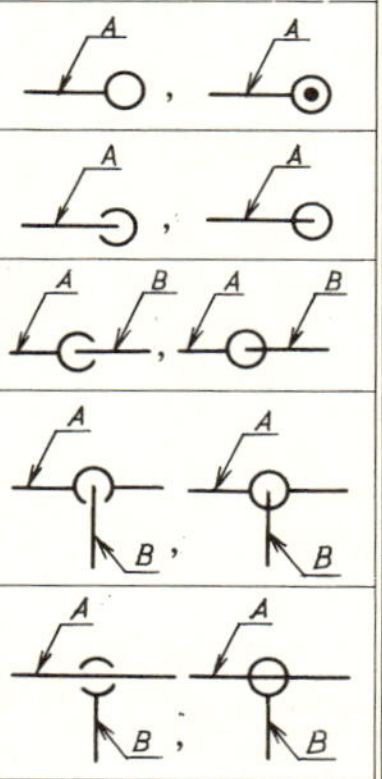

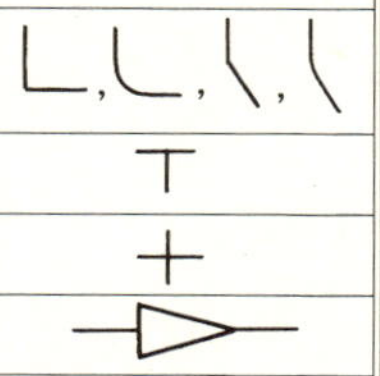

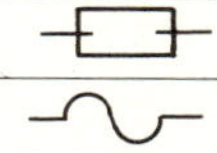

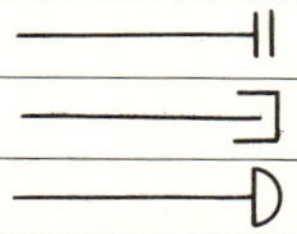

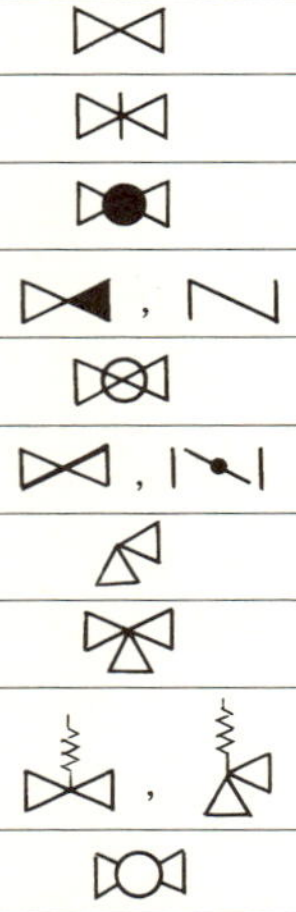

上記はJIS B 0011-1の附属書1（参考）に記載されており，規定の一部ではない。

20-4

20.5 真空装置用図記号

(4) 配管寸法の表し方

簡略図示した管に関する寸法は，特に指示がない限り，管の中心における寸法を示す。管の外径面からの寸法を示す場合は，管の線に沿って細く短い実線を描き，これに寸法線の端末記号を当てる。この場合，細い実線を描いた側の外径面までの寸法を意味する。配管の高低とこう配の表し方を図20.7〜8に示す。

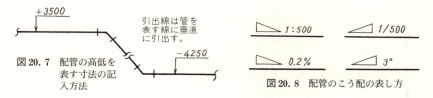

図20.7 配管の高低を表す寸法の記入方法

図20.8 配管のこう配の表し方

20.4 油圧及び空気圧用図記号

油圧や空気圧は動力源として使用したり，自動化，省力化などに広く使用されている。JIS B 0125（油圧及び空気圧用図記号）には，これらの機器及び装置の機能を図示するために使用する記号を規定している。表示は，表20.3に示す記号要素と表20.4に示す機能要素とを組合せて表す。なお，寸法 l は共通の基準寸法で，大きさは任意に定めればよい。記号は原則として通常の休止又は機能的な中立状態を示す。記号の書き方は，どの向きでもよいが，90°ごとの向きに書くのが望ましい。表20.5は管路の図示法を示す。

図20.9に油圧及び空気圧用図記号の図示例（トレーサ弁を用いた ならい制御回路の例）を示す。

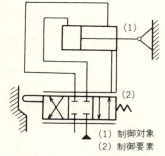

(1) 制御対象
(2) 制御要素

図20.9 トレーサ弁を用いたならい制御回路の例

20.5 真空装置用図記号

配管図面を応用したものに，真空装置の構成を示す図面がある。この場合の図記号は JIS Z 8207（真空装置用図記号）に規定されている。この規格は，真空ポンプ，トラップ，コンデンサ，バッフル，真空計，管路及びその接続，バルブ及びその他関係機器を示す図面に使用する図記号について定めている。

20章 配管製図

表 20.3 油圧・空気圧システム及び機器—図記号及び回路図—第1部：図記号（JIS B 0125-1：2007.抜粋）

番号	記号	用途	備考
1-1.1	———————	（1）主管路 （2）パイロット弁への供給管路 （3）電気信号線	・戻り管路を含む。 ・2・3.1 を付記して管路との区別を明確にする。
1-1.2	— — — — —	（1）パイロット操作管路 （2）ドレン管路 （3）フィルタ （4）バルブの過渡位置	・内部パイロット・外部パイロット
1-1.3	・・・・・・・	包囲線	・二つ以上の機能をもつユニットを表す包囲線
1-1.4		機械的結合	・回転軸、レバー、ピストンロッドなど。
1-2.1		エネルギー変換機器	・ポンプ、圧縮機、電動機など
1-2.2		（1）計測器 （2）回転継手	
1-2.3		（1）逆止め弁 （3）ローラ （2）リンク	・ローラ：中央に点を付ける。
1-2.3			⊙
1-2.4		（1）管路の接続 （2）ローラの軸	
1-3		回転角度が制限されるポンプ又はアクチュエータ	セミロータリポンプ又はモータ（揺動運動）
1-4.1		（1）制御機器 （2）電動機以外の原動機	・接続口が辺と垂直に交わる。
1-4.2		流体調整機器	・接続口が角と交わる。 ・フィルタ、ドレン分離器、ルブリケータ、熱交換器など。
1-5.1		（1）シリンダ （2）バルブ	・$m > 1$
1-5.2		ピストン	
1-6.1		油タンク（通気式）	・$m > 1$
1-6.2		油タンク（通気式）の局所表示	
1-6.3		（1）油タンク（密閉式） （2）空気圧タンク （3）アキュムレータ （4）補助ガス容器	

備　考　寸法 l は共通の基準寸法であって、その大きさは任意に定めてよい。
　　　　なお、必要上やむを得ない場合は、基準寸法を対象によって変えてもよい。

20.5 真空装置用図記号

表 20.4 油圧・空気圧システム及び機器―図記号及び回路図―第1部：図記号（JIS B 0125-1：2007.抜粋）

番号	記号	用途	備考
2-1			・液体エネルギーの方向 ・液体の種類 ・エネルギー源の表示
2-1.1	▶	油 圧	
2-1.2	▷	空気圧及びその他の気体圧	・大気中への排出を含む。
2-2.1		（1） 直線運動 （2） バルブ内の液体の経路と方向 （3） 熱流の方向	
2-2.2		回転運動	・矢印は軸の自由端から見た回転方向を示す。
2-2.3		可変操作又は調整手段	・適宜の長さで斜めに書く。 ・ポンプ，ばね，可変式電磁アクチュエータなど。
2-3.1		電 気	
2-3.2	⊥	閉路又は閉鎖接続口	閉路　接続口
2-3.3	∨	電磁アクチュエータ	
2-3.4		温度指示又は温度調整	
2-3.5	M	原 動 機	
2-3.6	∧∧	グリッパ用ばね	・山の数は，二山が望ましい。
2-3.7	∧∧∧	シリンダ用ばね	
2-3.8	⊃⊂	絞 り	
2-3.9	90°	チェック弁弁座	

表 20.5 油圧・空気圧システム及び機器―図記号及び回路図―第1部：図記号（JIS B 0125-1：2007.抜粋）

番号	名称	記号	備考
3-1.1	接 続		
3-1.2	交 差		・接続していない。
3-1.3	たわみ管路		・ホース（通常は可動部分に接続される。）

21章　センタ穴の図示方法

21.1　センタ穴

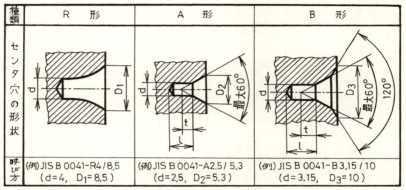

表21.1　センタ穴の簡略図示方法（JIS B 0041）

備考　lの寸法はセンタ穴ドリルの長さに基づくが，$l>t$．

　センタ穴は，軸の端面に設けた軸心を決める穴である。センタ穴に頂角60°のセンタ（図9.64参照）を挿入して軸を支え，機械加工や測定を行ったり，穴をあける際の案内にする。

　JIS 規格では，**センタ穴**（B 1011）及びセンタ穴をあける際に使用する**センタ穴ドリル**（B 4304）について，その種類や各部の形状・寸法などを規定している。

21.2　センタ穴の種類

　センタ穴の種類は，表21.1に示すように穴の形状によって分かれ，円弧形状をもつR形，面取りをもたないA形，面取りをもつB形が規定されている。センタ穴の各部の寸法は，パイロット穴径dを基準として規定している。

21.3　センタ穴の呼び方

　センタ穴の呼び方は，センタ穴ドリルのJIS規格に基づいており，つぎの順序で表す。

| JIS　規格番号 | センタ穴の種類の記号 | パイロット穴径 d (mm) | / | 座ぐりの穴径 $D_1 \sim D_3$ (mm) |

（例）　JIS B 0041 － A 2/4.25

　　　（$d=2$ mm，$D_2=4.25$ mm のA形センタ穴）

21-1

21章　センタ穴の図示方法

21.4　センタ穴の簡略図示方法

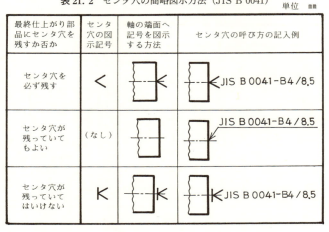

表21.2　センタ穴の簡略図示方法（JIS B 0041）　単位　mm

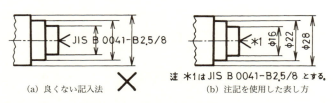

図21.1　センタ穴の呼び方の記入が他の寸法線をまたぐような場合〔図(a)〕は，図(b)のように＊を用いて注記するのがよい。

　JIS B 0041（製図—センタ穴の簡略図示方法）では，センタ穴を図示記号を用いて簡略図示する方法について規定している。ただし，規格に定めていない特殊なセンタ穴などの場合は，センタ穴の形状を具体的に図示し，寸法を記入して表す。

　センタ穴を最終仕上り部分に残すか否かによって表21.2に示す図示記号を軸の端面に記入する。ここで，センタ穴を「残してもよい（基本的な要求ではない）」場合は，関連 ISO 6411 に規定されていないために記号はない。また，センタ穴の呼び方を記入する場合は，センタ穴を「残す場合」と「残してはいけない場合」は，図示記号に並べて水平方行に記入する。この場合，中心線の付近にセンタ穴の呼び方を記入すると他の寸法線を跨ぐことになる場合は，図

21.4 センタ穴の簡略図示方法

表21.3 センタ穴の図示記号及び文字の寸法(参考)　単位 mm

外形線の太さ (b)	0.5	0.7	1	1.4	2	2.8
数字及びローマ字の大文字の高さ (h)	3.5	5	7	10	14	20
図示記号の線の太さ (d')	0.35	0.5	0.7	1	1.4	2
呼び方の文字の線の太さ (d)	個々の図面中の寸法の文字と同じ					
図示記号の高さ (H_1)	5	7	10	14	20	28
隣接した線同士の最小間隔	JIS Z 8316 による。0.7mm以上にする					

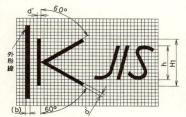

表21.4 推奨するセンタ穴の寸法　単位 mm

d 呼び	種類 JIS B 4304による				
	R形	A形		B形	
	D_1 呼び	D_2 呼び	t 参考	D_3 呼び	t 参考
(0.5)		1.06	0.5		
(0.63)		1.32	0.6		
(0.8)		1.70	0.7		
1.0	2.12	2.12	0.9	3.15	0.9
(1.25)	2.65	2.65	1.1	4	1.1
1.6	3.35	3.35	1.4	5	1.4
2.0	4.25	4.25	1.8	6.3	1.8
2.5	5.3	5.30	2.2	8	2.2
3.15	6.7	6.70	2.8	10	2.8
4.0	8.5	8.50	3.5	12.5	3.5
(5.0)	10.6	10.60	4.4	16	4.4
6.3	13.2	13.20	5.5	18	5.5
(8.0)	17.0	17.00	7.0	22.4	7.0
10.0	21.2	21.20	8.7	28	8.7

備考　括弧を付けて示した呼びのものは、なるべく用いない。

21.1に示すように、記号＊を用いて注記する方法で記入するのがよい。この方法はセンタ穴の軸線が水平でない場合などにも利用できる。「センタ穴が残ってもよい」場合は、軸の端面のセンタ穴の中心から引出線を出してこれを水平に折り曲げ、その上に記入する。引出し線の引出し端には矢印を付ける。

表21.3は、センタ穴の図示記号及び呼び方の文字を記入する場合の寸法割合いを示す。図形に使用している外形線の太さbを基準にして各寸法を定めている。なお、JIS B 0001では、b＝2.8mmの線は使用していない。

図面上に指示するセンタ穴の詳細な寸法を表21.4に示す。

22章　スプライン及びセレーションの図示法

22.1　スプライン及びセレーション

　スプライン（ボスと軸の軸方向移動可）及びセレーション（一般的にボスと軸とは固定）は，軸の外周及び穴の円周に多数の歯を等間隔に並べて切ったもので，主として原動軸から従動軸へトルクを伝達する継手として使用される。JIS規格では，JIS B 1601（角形スプライン——小径合わせ——寸法，公差及び検証方法），JIS B 1603（インボリュートスプライン——歯面合わせ——一般事項，諸元及び検査）に規定されている。スプライン及びセレーションは，歯あるいは溝の形状によって分かれるが，**インボリュートスプライン**（歯面の輪郭が，インボリュート曲線の歯または溝をもつスプライン継手の軸又は穴），**角形スプライン**（平行平面の歯または溝をもつもの）及び**セレーション**（歯面の輪郭が，一般に60°の圧力角の歯または溝をもつもので，インボリュートスプラインに比べて歯または溝の大きさが小さく，歯または溝の数が多い）が多く使用されている。

22.2　スプライン及びセレーションの図示法

　スプライン及びセレーションを通常の投影法で図示すると，製図に費やす労力に比べて，製作等の際に役立つ情報が少なく，図面をいたずらに煩雑化することになる。それでJIS B 0006（製図——スプライン及びセレーションの表し方）では，スプライン及びセレーションを表す方法並びに図記号について規定している。図示方法には，形状を忠実に図示する方法と，略画方法とに分かれるが，通常は後者の方法によることが多い。

　表22.1は角形スプライン及びインボリュートスプラインの**図記号**を示す。スプライン継手の種類は図記号で示す。また，図記号を描く場合の比率を図の右に示す。呼び方は，図22.1に示すように，スプライン継手の輪郭から引出線を引き出して指示する。

表22.1　スプライン継手の図記号とその寸法比率（JIS B 0006）

	図記号	図記号の比率及び寸法(付属書A(規定))					
							単位　mm
角形スプライン	⊓	数字・文字の高さ	3.5	5	7	10	14	20
インボリュートスプライン及びセレーション	∧	記号の線の太さ及び文字の線の太さ	0.35	0.5	0.7	1	1.4	2
		記号の高さ	3.5	5	7	10	14	20

22章　スプライン及びセレーションの図示法

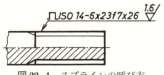

図 22.1　スプラインの呼び方及び面の肌の表示法

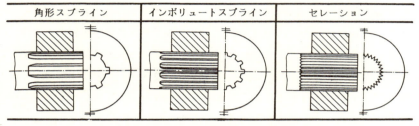

図 22.2　スプライン継手の完全な図示例

表 22.2　長手方向の図（正面図）で使用する線

区分		角形スプライン		インボリュートスプライン及びセレーション	
		軸側	穴側（ハブ側）	軸側	穴側（ハブ側）
外形図	歯先	太い実線	破線(1)	太い実線	破線(1)
	ピッチ円	—	—	細い一点鎖線	細い一点鎖線
	歯底	細い実線	破線(2)	(描かない)(3)	破線(2)
断面図	歯先	太い実線	太い実線	太い実線	太い実線
	ピッチ円	—	—	細い一点鎖線	細い一点鎖線
	歯底	太い実線	太い実線(2)	太い実線	太い実線(2)

注 (1)　端面側から見た図(側面図)では太い実線
　　(2)　端面側から見た図(側面図)では細い実線
　　(3)　組立図(スプラインつなぎ継手)では細い実線

　スプライン継手を忠実に図示した例を図22.2に示す。なお，図の場合は歯数が偶数であるために，側面図は対称図形になり，中心線の左側半分を省略図示している。このような忠実に描いた図は，通常の技術図面に必要ではなく，略画することが多い。スプライン継手を略画する場合は図22.3に示すように，スプライン継手の部分は歯が切ってない中実の部分として図示し，使用する線の種類及び太さは表22.2に示すように定められている。長手方向（正面図）の断面図では歯は切断してはいけない（8.3参照）ので，歯の部分は外形図の状態で表すことになり，歯底円が太い実線で表すことになる。また，インボリュートスプライン及びセレーションにはピッチ円を細い一点鎖線で描かね

22.2　スプライン及びセレーションの図示法

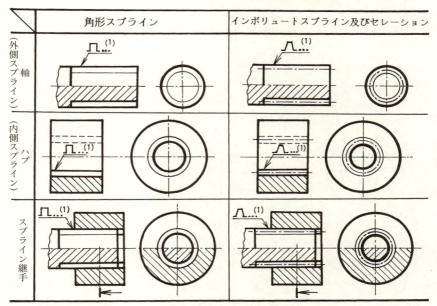

注(1)　必要な場合には，スプライン継手の呼び方を付記しなければならない。
図22.3　スプライン及びセレーションの略画法

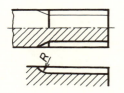

図22.4　スプラインの有効
　　　　長さ及び工具の逃
　　　　げの表し方

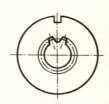

図22.5　歯の位置を
　　　　指示する方法

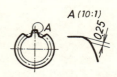

図22.6　歯の輪郭の詳細図

ばならない。
　スプラインを切った部分の有効長さは，太い実線で図示する。必要な場合には切削工具の逃げの形状を歯底の線と同じ線を用いて図示してもよい（図22.1，図22.4）。中心軸に直交する所定の平面に関して，歯の位置を指示する場合は，1枚又は2枚の歯を太い実線で描く（図22.5）。また，歯の輪郭の詳細を示す必要があるときは，太い実線で表す（図22.6）。面の肌を指示するときは，図22.1に示すように，引出線上に記入する。

22章　スプライン及びセレーションの図示法

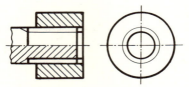

図 22.7　組立図の図示法

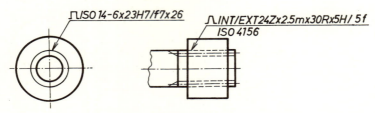

図 22.8　組立図における呼び方の表示

　スプラインを組立てた状態で図示する場合は，図 22.7 に示すように，軸の入っている部分は軸の図形が優先して表される。また，組立図に呼びを記入する場合は，図 22.8 に示すようにハブ及び軸の両方の呼び方を組み合わせる。

23章　CAD機械製図

23.1　CAD製図に関する規格

　近年，製図がCADによって行われることが多くなり，JIS B 3401（CAD用語）及びJIS B 3402（CAD製図）の両規格が1989年に制定され，更にB 3401は1993年にその一部が改正された。その後，JIS規格をISO関連規格に整合させる方針が決まり，これに伴ってJIS規格の内容の見直しが迫られるようになった。一方，産業界では，CAD製図が主流となり，2D CADから3D CADへと移行する準備段階に入ってきた。このような背景から，機械製図の分野におけるCAD製図規格を整備充実させる必要が生じてきた。それでJIS B 3402は，2000年に規格の名称が「**CAD機械製図**」と改められ，規格の内容もISO及びJIS B 0001（機械製図）などの規格と整合しながら，この規格だけで機械分野の図面が書けるようにするために大幅な改正が行われた。また，CAD製図をサポートする規格として，JIS Z 8313-5（製図―文字―第5部：CAD用文字，数字及び記号）が2000年に，JIS Z 8321（製図―表示の一般原則―CADに用いる線）が2003年にそれぞれ制定された。

　JIS B 3402:2000に規定されている図示法は，手書き製図を基本として作られたJIS B 0001:2010（機械製図）と基本的に殆ど同じであるが，この規格ではその他にCADによって行う製図特有の問題についても規定している。

　以上のことから，CADによって行う製図の場合であっても，JIS B 0001はもとより，この規格をサポートしている特殊な製図規格（JIS B 0002～JIS B 0006など）についても十分に理解していることが必要である。本章では，JIS B 3402に規定されている事柄のうちで，前章までに述べたJIS B 0001や特殊な製図規格と同じ内容の箇所については繰り返し説明することを避け，これらの規格に規定されていない事柄や，異なっている箇所についてJIS B 0001と対比しながら概要を説明する。

　なお，説明を簡略化するために，JIS B 3402「CAD機械製図」を「CAD製図」と呼び，JIS B 0001「機械製図」を「手書き製図」と呼ぶことにする。以下の文章では，「CAD製図」を中心として説明する。

23.2　図面の様式

（1）　図面の大きさ（3.1参照）

　図面の大きさ及び図面の様式は「手書き製図」と殆ど同じである。

23章 CAD機械製図

表23.2 線の要素の長さの例

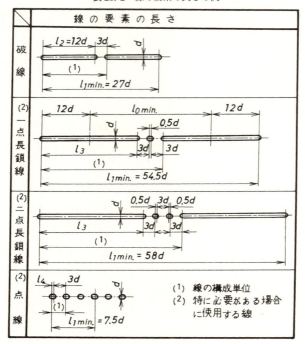

（2） 表題欄 (3.2参照)

　表題欄は「手書き製図」と殆んど同じであるが，「CAD製図」では表題欄の中にCADシステム名を記入することが定められている。また，図面に必要な3DのCADデータを関係付ける場合には，その管理番号を表題欄の中又はその付近に記入しておかねばならない。

（3） 尺　　度 (3.3参照)

　尺度の表し方は，「手書き製図」と殆ど同じであるが，図形が尺度に比例して描かれていない場合は，"非比例尺"と表示することが規定されている。

23.3　線 (4章参照)

　線については，JIS Z 8321（製図―表示の一般原則―CADに用いる線）及びJIS Z 8312（製図―表示の一般原則―線の基本原則）に従って詳細に規定されている。

23.3 線

表 23.1 線の基本形

呼び方 [対応英語(参考)]	線の基本形(線形)[1]
実線 [continuous line]	———————————
破線 [dashed line]	— — — — — — — — D B
一点鎖線 [long dashed short dashed line]	—— - —— - —— - —— E B C B
二点鎖線 [long dashed double-short dashed line]	—— - - —— - - —— E B C B C B
点線 [dotted line]	················· B A B
跳び破線 [dashed spaced line]	— — — — — D F
一点長鎖線 [long dashed dotted line]	—— · —— · —— E B A B
二点長鎖線 [long dashed double-dotted line]	—— · · —— · · —— E B A B A B
三点長鎖線 [long dashed triplicate-dotted line]	—— · · · —— · · · —— E B A B A B A B
一点短鎖線 [dashed dotted line]	— · — · — · — D B A B
一点二短鎖線 [double-dashed dotted line]	— — · — — · — — D B D B A B
二点短鎖線 [dashed double-dotted line]	— · · — · · — · · D B A B A B
二点二短鎖線 [double-dashed double dotted line]	— — · · — — · · — — D B D B A B A B
三点短鎖線 [dashed triplicate-dotted line]	— · · · — · · · — D B A B A B A B
三点二短鎖線 [double-dashed triplicate-dotted line]	— — · · · — — · · · — — D B D B A B A B A B

注 [1] ローマ字は，線の要素の長さを表 23.3 の記号で示している．

23章　CAD機械製図

表23.3　線の要素の長さ（JIS Z 8312：1999）

線の要素	長さ	記号
点	0.5d 以下	A
すき間	3d	B
極短線	6d	C
短線	12d	D
長線	24d	E
長すき間	18d	F

d＝線の太さ

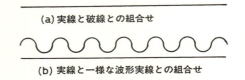

(a) 実線と破線との組合せ

(b) 実線と一様な波形実線との組合せ

図23.1　線の基本形を2本組合せた例

（1）　線の基本形とその用法（用途）（4.1参照）

製図に使用する線の太さの基準及び線の太さの比率（細線：太線：極太線）は「手書き製図」と同じである。

線の基本的な種類（形状）は，実線，破線，一点鎖線，二点鎖線で，その用法も「手書き製図」の場合（図4.1及び表4.2参照）と殆ど同じである。しかし，「CAD製図」では，その他の線についても規定している。もし，その他の線を用いる必要がある場合は，表23.1に示す，跳び破線，一点長鎖線，二点長鎖線，三点長鎖線，点線，一点短鎖線，二点短鎖線，二点二短鎖線，三点短鎖線，三点二短鎖線によるのがよいことを定めている。線の要素の長さを表23.2及び表23.3に示す。表中の d は使用する線の太さである。

「CAD製図」では，上述の線の用法（表4.2）において，中心線，基準線及びピッチ線を表すときに使用する細い一点鎖線は，細い一点長鎖線を使用してもよいことになっている。また，特殊なケースとして，線の基本形を2本組み合わせて，意味をもった線として使用することも許している（図23.1）。

（2）　線の表し方

線の表し方は，基本的には「手書き製図」と殆ど同じであるが，「CAD製図」では更につぎのような事が規定されている。

　　a）　線の太さの中心を，線の理論上描くべき位置に合わせる。
　　b）　平行な2本の線の最小間隔は，特別な指示（例えば，CAD製図情報を3次元データに利用する場合など）がない限り0.7mmとする。
　　c）　鎖線が交差する場合は，なるべく長線で交差させる。なお，一方が短線で交差してもよいが，短線同士で交差させないようにする。表23.4は，断続線を交差及び接続する場合の例を示している。「手書き製図」では，断

23.4 文　　字

表 23.4　断続線の交差及び接続

注）矢印は注意箇所を示す。

続線の交差などの表し方が詳細に明示されていないが（作図者の常識と考えられている），手書きの製図の場合でもこれらを守って図示しなければならない。

d)　点線を交差させるときは，点同士で交差させるようにする。

e)　線の色は，黒を標準としているが，もし，他の色を使用（又は併用）する場合は，それらの色の線が示す意味を図面上に注意書きしなければならない。また，複写したときに鮮明に現れない色の線は使用してはいけない。なお，異なる種類の線が重なる場合には，「手書き製図」と同じ優先順位（4.2 参照）により，優先する種類の線で描く。

23.4 文　　字（5 章参照）

「CAD 製図」に使用する文字については，JIS Z 8313-5（製図―文字―第 5 部：CAD 用文字，数字及び記号）に規定されている。文字の種類及び文字間隔は「手書き製図」と同じである（5.1，5.2 参照）。

漢字及び仮名は全角にし，ローマ字，アラビア数字及び小数点は半角を用いるのがよい。書体は「手書き製図」と同じである。書体にかかわらず，**量記号**

23章　CAD 機械製図

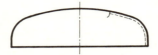

図 23.2　板厚が一定の大物板金などの図では、板厚を示すかくれ線を途中で省略してもよい

を表す場合は斜体とし，単位記号は直立体を用いることが定められている。

　文字の大きさは，呼びが2.5，3.5，5，7及び10mmの5種類と定めているが，漢字に対しても2.5mmを認めている点が「手書き製図」と異なっている。

　よう（拗）音や，つまる音（促音）などは，全角の0.7倍の大きさにすることが定められている。

　文章は，「手書き製図」と同様に左横書きであるが，和英で表記する場合には，和文を最初に，次に英文を書く。正本は和文である。

　仮名は，「手書き製図」では平仮名又は片仮名を使用することを定めているが，「CAD製図」では，平仮名を標準と規定している。ただし，動植物名，特に注意を喚起する用語（例えば，塗装の"ブツ"），付番のア，イ，ウ，……は片仮名で書く。また，外来語及び片仮名で表示することが規定されている用語（例えば，キリ，リーマ，イヌキなど）は，「手書き製図」の場合と同様に片仮名で書くことが定められている。

　また，英文の場合は，特別な理由がない限り，大文字で記述するようにする。

　数値と単位記号との間隔は，凡そ1/2字間隔をあけるようにする。ただし，角度単位の°，'，"は，数値との間隔を開けないで記入することが定められている。

23.5　図形の表し方（7章参照）

　図形の表し方は「手書き製図」と殆ど同じである。

　部品の主投影図は，「手書き製図」と同様に，加工法を考慮した向きに描くが，動く製品の主投影図の場合は，特に指定のない限り，進行方向が左側になるように描くことを規定している。

　図形は，「手書き製図」と同様に，かくれ線をできるだけ使用しないようにするが，板厚が一定の大物板金部品などにおいて，板厚を表すかくれ線を図示する場合は，かくれ線を部品全体に描かず，形状が読みとれる範囲で途中で線を省略してもよいことが定められている（図23.2）。

23.7 幾何公差の記入法

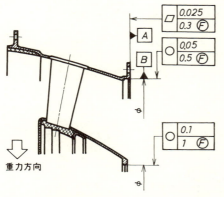
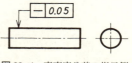

図23.4 真直度公差の指示例

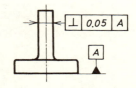

図23.3 非剛性部品の図示例（JIS B 0026 付属書A）

図23.5 真角度公差の指示例

　ハッチングは，「手書き製図」では，主たる中心線に対して45°に施すことが定められている（8.4参照）のに対し，「CAD製図」では45°，30°，75°の順に選ぶのがよいと規定している。

　剛性の低い部品を図示する場合は，重力方向で最もたわみの少ないように置いたときの状態で図示することが定められている。この場合，重力の方向を矢印を用いて図の近くに示すようにする（図23.3）。

23.6　寸法及び寸法公差の記入法（9章及び11章）

　寸法及び寸法公差の記入法は，「手書き製図」と殆ど同じであるが，寸法の許容限界の文字は，寸法数値の文字の大きさよりも一段落として記入してもよいことが規定されている。

23.7　幾何公差の記入法（12章参照）

　幾何公差は，JIS B 0021（製品の幾何特性仕様（GPS）―幾何公差表示方式―形状，姿勢，位置及び振れの公差表示方式）に定められた方法に従って，公差記入枠を用いて記入する（図23.4）。なお，関連形体に幾何公差を指示する場合は，JIS B 0022（幾何公差のためのデータム）によってデータムを指示する（図23.5）。

　はまり合う物体に対して最大実体公差方式を要求するときは，JIS B 0023（製図―幾何公差表示方式―最大実体公差及び最小実体公差方式）によって，公差記入枠の中の公差値又はデータム文字記号のすぐ後にⓂを指示する

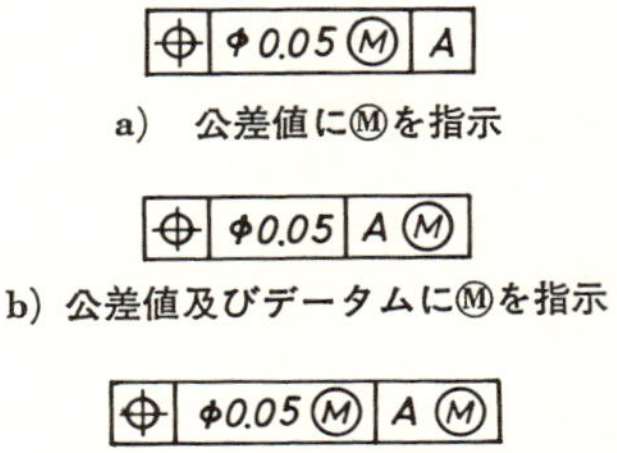

23章　CAD 機械製図

a)　公差値にⓂを指示

b)　公差値及びデータムにⓂを指示

c)　データムにもⓂを指示

図 23.6　位置度公差への指示例

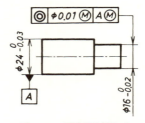

図 23.7　同軸度公差及びデータムにⓂを指示した例

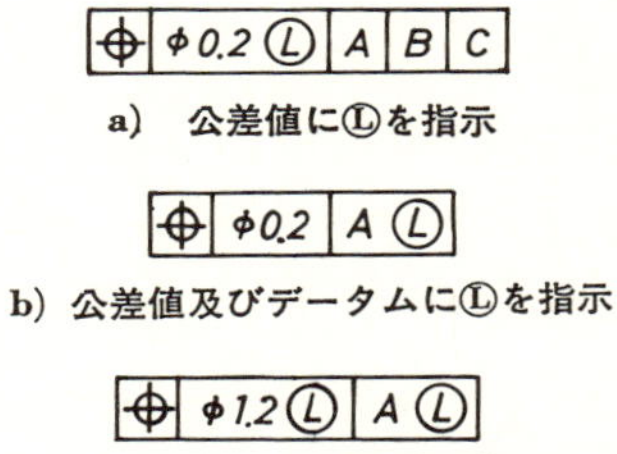

a)　公差値にⓛを指示

b)　公差値及びデータムにⓛを指示

c)　データムにもⓛを指示

図 23.8　位置度公差への指示例

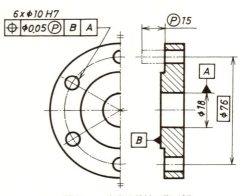

図 23.9　突出公差域の指示例

（図 23.6）。図 23.7 は，同軸度公差及びデータムに指示した一般的な例を示している。

　最小実体公差方式を要求する場合には，JIS B 0023 によって，公差値又はデータム文字記号のすぐ後に記号又はⓛを指示する（図 23.8）。

　突出した形体に対して，姿勢又は位置の公差を要求する場合には，JIS B 0029（製図―姿勢及び位置の公差表示方式―突出公差域）によって突出公差域を指示する（図 23.9）。

　通常の努力で得られる幾何公差を指示する場合には，表題欄の中又はその付近に JIS B 0419（普通公差―第 2 部：個々に公差の指示がない形体に対する幾何公差）による普通幾何公差等級を記号で指示する。

　　（例）　普通幾何公差 K 級の場合：JIS B 0419-K

23.10　照 合 番 号

23.8　表面性状の表し方

　表面粗さ，表面うねりなど表面の肌を指示する場合には，「手書き製図」と同じように図示する（13章参照）。

　金属の硬さを指示する場合は，ロックウェル硬さ（記号：HR，JIS Z 2245），ビッカース硬さ（記号：HV，JIS Z 2244）又はブリネル硬さ（記号：HB，JIS Z 2243）のいずれかによって表す。

　　（例）　ビッカース硬さのとき：HV 600

熱処理を指示する場合は，熱処理の方法，熱処理温度，後処理の方法などを表題欄の中もしくはその付近又は図中のいずれかに指示する。

　　（例）　油焼入れ焼戻しのとき：810°C～560°C，320°C～270°C，HV 410～480

　　（注）　JIS B 3402：2000では，上述の例に示したように，温度の単位として°Cを使用しているが，SI単位系を採用してケルビン（Kで表す）で表した方が良い。

23.9　溶接部の表し方（19章参照）

　溶接を指示する場合は，JIS Z 3021（溶接記号）によって，溶接の種類，溶接寸法，仕上げ方法，検査方法，その他要求事項などを必要に応じて指示する。

　溶接部や肉盛り部などの溶接加工部を指示するときは，「手書き製図」と同じように（図7.37(c)参照），溶接部分を塗りつぶして表してもよい。

23.10　照合番号（10章参照）

　照合番号は，「手書き製図」の場合と同じである。

24章　スケッチ

24.1　スケッチについて

機械や部品の実体を製図器や定規を用いないで，紙片や方眼紙にフリーハンドで鉛筆書きにした略図を**見取図**といい，見取図を描く作業を**スケッチ**という。

スケッチは，既存品と同一のものを作る場合や，損傷した部品を交換するために作る場合，又は既存品の改造とか新製品を開発する場合に行われる。

見取図には，製図をする場合に必要な情報がすべて記載されていることが必要で，品物の図形はもとより，寸法，仕上げ，材料などについても詳細に記入しておかねばならない。表24.1は，普通に使用するスケッチ用具の例を示す。

24.2　スケッチの手順

（1）　組　立　図

　（a）　組み合わせで出来ている品物は，分解前にフリーハンドで組立図を描き，各部の組み合わせ状態と取付け位置を明確にしておく。

　（b）　複雑なものは，いくつかの部分に分けて部分組立図を描く。

　（c）　組立状態の主要寸法(全長・高さ・幅，運動部の移動距離)を記入する。

　（d）　内部が不明のときは，まず外観図を描き，分解した後に内部構造を順次追記して組立図を完成させる。

（2）　分　解　作　業

　（a）　分解順序を考えて分解し，部品には基礎のものより順に番号を付す。

　（b）　組み合わせ部品や一対の歯車などには合印を記しておく。

（3）　部　品　図

　（a）　重要な箇所より順にフリーハンドで部品図を描く。

　（b）　各部の寸法を測定して記入する。

　（c）　ボルト・ナット，軸受などは略図や規格の呼びを記入する。

　（d）　仕上げ記号，はめあい，加工方法など注意事項を記入する。

　（e）　複雑な品物は，幾つかの部分に分割し，順に分解して部品図を作る。

（4）　表題欄と部品表

表題欄に必要事項を，部品表には，番号，品名，材質，個数，規格などを記入する。

（5）　検図と品物の組立

図示法，寸法，仕上げなどをチェックして品物を元の状態に組み立てる。

24章 スケッチ

表24.1 スケッチ用具

品　名	形　状	品　名	形　状
測定具 / パス / 外パス		トースカン	
測定具 / パス / 内パス		スケヤ（直角定規）	
測定具 / ノギス / ノギス		角度定規	
測定具 / ノギス / デップスノギス		角度ゲージ	
測定具 / ノギス / 歯形ノギス		Rゲージ	
測定具 / マイクロメータ / 外側マイクロメータ		隙間ゲージ	
測定具 / マイクロメータ / 内側マイクロメータ		ねじピッチゲージ	
ハイトゲージ		歯形ゲージ	
定盤		形取器	
		比較用粗さ標準片	

24.3 図形の描き方

24.3 図形の描き方

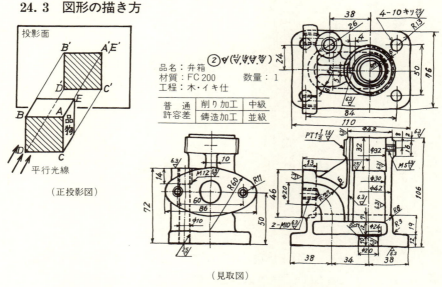

図24.1　フリーハンドによる見取図の例（表面粗さ記号は旧JIS）

（1）フリーハンドによる模写法

図形は尺度にとらわれずに，フリーハンドで品物の形状を正投影図で描く。断面図を適宜使用し，かくれ線はなるべく避けるのがよい（図24.1）。

（2）型取り法

複雑な品物は，フリーハンドで描きにくいため型取り法にするとよい。品物を用紙の上におき，外周の形状を鉛筆でなぞらえて写し取る（図24.2）。銅線を品物の輪郭に沿って曲げ，その形を紙に写し取る（図24.3）。なお，形取器を使用すると簡単に形状を写し取ることができる（図24.4）。

（3）プリント法

平面で複雑な輪郭のものは，形状をそのまま写すプリント法がよい。

品物の上に薄い用紙をのせ，上から鉛筆でこすって形状を写す（図24.5）。又は，品物の面に光明丹を薄く塗って，その上に紙をのせて布で軽くこすってプリントする。

品物のプリント面の一部に突出した箇所があるときは，その部分だけ紙を切り抜いてプリントすればよい。

24章　スケッチ

図 24.2　外形の写し取り

図 24.4　針金による型取り

図 24.3　形取器による型取り

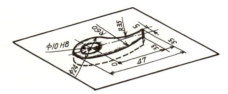

図 24.5　鉛筆による型取り

（4）　写真撮影法

　大きい品物や複雑な形状・構造の品物などは，適当な角度から数枚の写真を撮っておき，上述の方法と併用すれば効果的である。

24.4　寸法記入法

　見取図の寸法は製図の場合と同じ要領で記入する。まず基準となる箇所を定めて正確に測定し，基準部を考えた寸法記入をする。

　穴の寸法は，穴の中心位置の寸法と穴の直径を表示する。

　ねじは，ねじ山の種類，ピッチ，リード，ねじの呼び径などを記入する。

　歯車は，歯車の種類，歯形，歯数，外径を測定し，モジュールを算出する。

24.5　寸法公差・はめあい・仕上げ記号

　見取図の寸法には必要に応じて寸法許容差を記入する。種々な加工に対して寸法の普通公差の規格が定められているから，これを参考にする（11.6）。

　はめあい部の寸法は特に重要であるから，正確に測定すること。はまり合う部分の寸法は別々に記入すると両者に矛盾を生じることがあるので，両寸法をつき合わせて適当なすきまや，しめしろになるように調整する必要がある。

　表面粗さや表面うねりを指定する場合は，それぞれのJIS規格によって面の肌に関する指示記号（13.3）を記入する。表面粗さや表面うねりは，表面粗さ測定機で測定するか，または比較用表面粗さ標準片で比較測定する。この場合，品物の精度・機能を考えて表面粗さの数値を決めることが必要である。

25章 標 準 数

25 標 準 数

設計の際に，個々の数値を決める場合には，数値の創作をやめ，JIS Z 8601（標準数）で定められた**標準数**（表25.1）から選ぶようにすることが望ましい。標準数の使用によって，標準化，単純化が促進され，部品の互換性が増す。標準数の数列は，等比数列をもとに使用上便利なように丸めたものであって，R5，R10，R20，R40の**基本数列**と，R80の**特別数列**とからできている。例えば，R20は1から10までの間を20区分し，公比が$\sqrt[20]{10}$の数列である。

表25.2 基本数列及びおもな誘導数列

系列の種類	記号	公比(約)	つぎの値に対する増大の割合(%)
誘導数列	R 5/3	4	300
誘導数列	R 5/2	2.5	150
誘導数列	R 10/3	2	100
基本数列	R 5	1.6	60
誘導数列	R 20/3	$1.4≒\sqrt{2}$	40
基本数列	R 10	1.25	25
誘導数列	R 40/3	1.18	18
基本数列	R 20	1.12	12
誘導数列	R 80/3	1.09	9
基本数列	R 40	1.06	6

標準数を使用する場合には次の点を考慮する。

（1）基本数列の中からできるだけ増加率の大きい数列（R5，R10，……の順）を選び，その数値を使用する。端数のついた標準数もあるが，端数を除かずそのまま使用する。

（2）決めようとする範囲の全部を同一の数列からとることができないときは，幾つかの範囲に分けて，それぞれの範囲に最適の数列を選ぶ。

（3）基本数列，又は特別数列と異なった増加率にしたいときは，基本数列，又は特別数列の数値を2つ目ごと，3つ目ごと，……P個目ごとにとる。この数列を**誘導数列**といい，Pをピッチ数という。表25.2は，多く使用される基本数列及び誘導数列とその公比を示す。

（4）増加率が適当であっても，数値が満足しない場合は，増加率の小さい数列の数値を，適当な増加率の数列と同じとび方でとる。この数列を**変位数列**という。

（5）標準数を活用する場合には，まず数列適用の大まかな方針をたて，次に具体的に細部にまで標準数を適用するように段階的に進めていくことが望ましい。

その他，標準数による計算の法則など，標準数の使用法の詳細についてはJIS規格を参考にされたい。

25章 標準数

表25.1 標準数

(JIS Z 8601)

基本数列の標準数				配列番号			計算値	基本数列の常用対数（仮数）	標準数と計算値との差(%)	標準数に近似の定数	特別数列の標準数 R80		計算値
R5	R10	R20	R40	0.1以上1未満	1以上10未満	10以上100未満							
1.00	1.00	1.00	1.00	−40	0	40	1.0000	000	0		1.00	1.03	1.0292
			1.06	−39	1	41	1.0593	025	+0.07		1.06	1.09	1.0902
		1.12	1.12	−38	2	42	1.1220	050	−0.18		1.12	1.15	1.1548
			1.18	−37	3	43	1.1885	075	−0.71		1.18	1.22	1.2232
	1.25	1.25	1.25	−36	4	44	1.2589	100	−0.71	$\sqrt[3]{2}$	1.25	1.28	1.2957
			1.32	−35	5	45	1.3335	125	−1.01		1.32	1.36	1.3725
		1.40	1.40	−34	6	46	1.4125	150	−0.88	$\sqrt{2}$	1.40	1.45	1.4538
			1.50	−33	7	47	1.4962	175	+0.25		1.50	1.55	1.5399
1.60	1.60	1.60	1.60	−32	8	48	1.5849	200	+0.95		1.60	1.65	1.6312
			1.70	−31	9	49	1.6788	225	+1.26		1.70	1.75	1.7278
		1.80	1.80	−30	10	50	1.7783	250	+1.22		1.80	1.85	1.8302
			1.90	−29	11	51	1.8836	275	+0.87		1.90	1.95	1.9387
	2.00	2.00	2.00	−28	12	52	1.9953	300	+0.24		2.00	2.06	2.0535
			2.12	−27	13	53	2.1135	325	+0.31		2.12	2.18	2.1752
		2.24	2.24	−26	14	54	2.2387	350	+0.06		2.24	2.30	2.3041
			2.36	−25	15	55	2.3714	375	−0.48		2.36	2.43	2.4406
2.50	2.50	2.50	2.50	−24	16	56	2.5119	400	−0.47		2.50	2.58	2.5852
			2.65	−23	17	57	2.6607	425	−0.40		2.65	2.72	2.7384
		2.80	2.80	−22	18	58	2.8184	450	−0.65		2.80	2.90	2.9007
			3.00	−21	19	59	2.9854	475	+0.49		3.00	3.07	3.0726
	3.15	3.15	3.15	−20	20	60	3.1623	500	−0.39	π	3.15	3.25	3.2546
			3.35	−19	21	61	3.3497	525	+0.01		3.35	3.45	3.4475
		3.55	3.55	−18	22	62	3.5481	550	+0.05		3.55	3.65	3.6517
			3.75	−17	23	63	3.7584	575	−0.22		3.75	3.87	3.8681
4.00	4.00	4.00	4.00	−16	24	64	3.9811	600	+0.47		4.00	4.12	4.0973
			4.25	−15	25	65	4.2170	625	+0.78		4.25	4.37	4.3401
		4.50	4.50	−14	26	66	4.4668	650	+0.74		4.50	4.62	4.5973
			4.75	−13	27	67	4.7315	675	+0.39		4.75	4.87	4.8697
	5.00	5.00	5.00	−12	28	68	5.0119	700	−0.24		5.00	5.15	5.1582
			5.30	−11	29	69	5.3088	725	−0.17		5.30	5.45	5.4639
		5.60	5.60	−10	30	70	5.6234	750	−0.42		5.60	5.80	5.7876
			6.00	−9	31	71	5.9566	775	+0.73		6.00	6.15	6.1306
6.30	6.30	6.30	6.30	−8	32	72	6.3096	800	−0.15	2π	6.30	6.50	6.4938
			6.70	−7	33	73	6.6834	825	+0.25		6.70	6.90	6.8786
		7.10	7.10	−6	34	74	7.0795	850	+0.29		7.10	7.30	7.2862
			7.50	−5	35	75	7.4989	875	+0.01		7.50	7.75	7.7179
	8.00	8.00	8.00	−4	36	76	7.9433	900	+0.71	$\pi/4$	8.00	8.25	8.1752
			8.50	−3	37	77	8.4140	925	+1.02		8.50	8.75	8.6596
		9.00	9.00	−2	38	78	8.9125	950	+0.98		9.00	9.25	9.1728
			9.50	−1	39	79	9.4406	975	+0.63		9.50	9.75	9.7163

25 - 2

26章 演　習

演　習　1	線

問1. つぎの表中に，機械製図に使用する線の太さと，線の用途による名稱を書きなさい。

	線の太さによる種類		
	極太線	太　線	細　線
太さ(mm)			
線の形状による種類 — 実線			
破線			
一点鎖線			
二点鎖線			

問2. つぎの表中に線を描きなさい。ただし，機械製図で使用しない線は書かないこと。

	極太線	太　線	細　線
実線	(例) ――――――		
破線			
一点鎖線			
二点鎖線			

日付		番号		氏名	

26章 演習

| 演習 2 | 投 影 法（その１） |

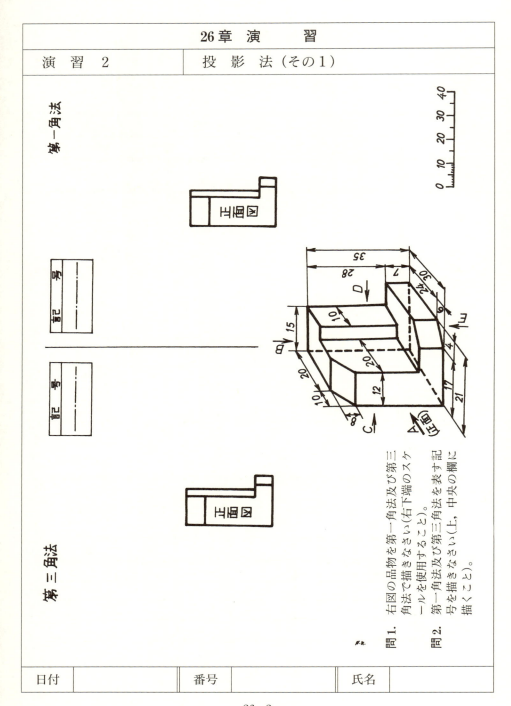

問 1. 右図の品物を第一角法及び第三角法で描きなさい（右下端のスケールを使用すること）。
問 2. 第一角法及び第三角法を表す記号を描きなさい（上，中央の欄に描くこと）。

| 日付 | | 番号 | | 氏名 | |

26-2

26章 演習

演習 3 　投影法（その2）

問1. 正面図、右側面図及び平面図を第三角法で描きなさい。（寸法は記入しなくてもよい）

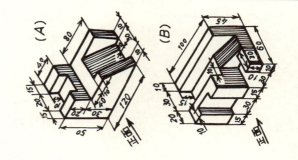

日付　　　番号　　　氏名

26章 演習

| 演 習 4 | 断 面 法（その1） |

問1. a図（断面図）を見て，b図に切断位置を記入しなさい（記号もつけること）。

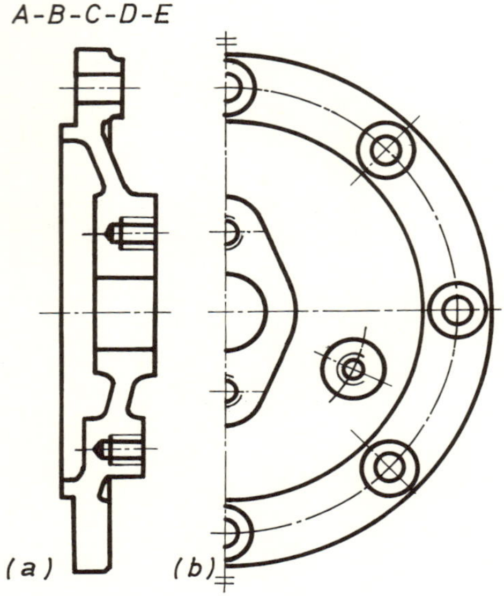

図1.

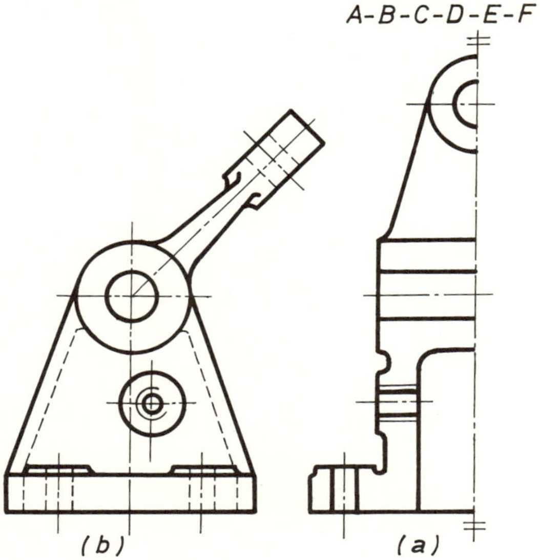

A-B-C-D-E

(a)　(b)

図2.

A-B-C-D-E-F

(b)　(a)

| 日付 | | 番号 | | 氏名 | |

26章 演　習

| 演　習　5 | 断　面　法（その2） |

問1. 図1に示す段車の正面図及び側面図を描きなさい（正面図は断面図にすること）。

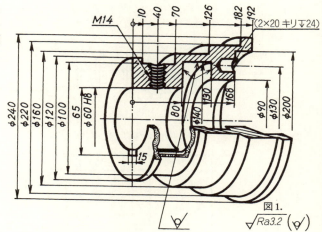

図1.

26章 演 習

| 演 習 6 | 中間部の省略図示。図形の表し方 |

問1. 中間部を省略する場合の破断線(断面の形状を表さない場合)を書きなさい。
ただし，図(a)と図(b)は別の破断線を使用すること。

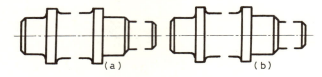

問2. 中間部を省略する場合の破断線(断面形状を表す場合)を書きなさい。

	側面図	外形図	断面図
丸棒			
管			
角棒			

問3. 下の図には多くの誤りがある。正しい図を空欄へ描きなさい。ただし，側面図は，対称図形のため，中心部から左半分を省略図示している。

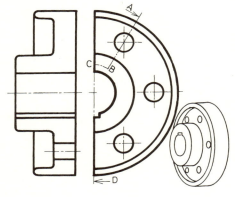

| 日付 | | 番号 | | 氏名 | |

26 - 6

26章 演習

演習 7　　寸法記入（その1）

問1.　(A)及び(B)図に示す品物には，それぞれ直径 10 mm，深さ 11 mm の錐穴が2つあいている。寸法引出線を用いて両図に寸法を記入しなさい。
　「錐の深さ」とはどの寸法を指すのか。(B)図に寸法線及び寸法補助線を使用して錐の深さの寸法を記入しなさい。
　また，錐の先端の頂角は何度か。これを製図で描くときは何度に描けばよいか空欄に解答しなさい。

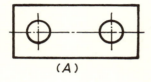 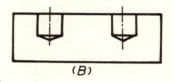

図1.

問2.　図2の(A)図を見て(B)図に面取りを記入しなさい（記号がある場合は記号を使用しなさい）。

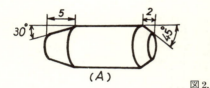 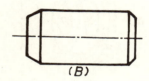

図2.

問3.　図3の(A)図に示す品物がある。テーパを(B)図中に記入しなさい。

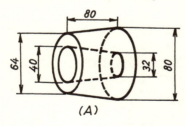 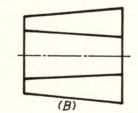

図3.

問4.　図4に円弧 AB，弦 CD 及び角 AOB の寸法を記入しなさい。ただし，円弧 AB の長さは 23 mm，弦 CD の長さは 14 mm，角 AOB は 40° とする。

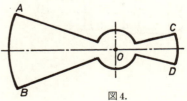

図4.

日付		番号		氏名	

26章 演習

| 演習 8 | 寸法記入（その2） |

問1. 図1の(A)には寸法記入法の誤りがある。(B)図に正しく寸法記入しない。

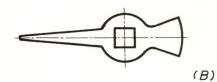

(B)　　　図1.

問2. 図2の(A)を見て(B)に寸法を記入しなさい。

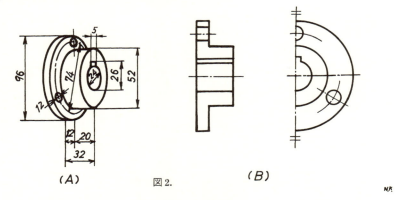

(A)　　図2.　　(B)

問3. 図3の寸法のうち，累進寸法記入法で表せるものは記入し直しなさい。また，仕上げ記号を整理して表しなさい。

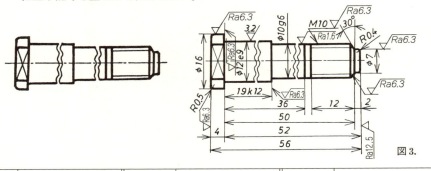

図3.

| 日付 | | 番号 | | 氏名 | |

26章 演習

演習 9　ねじの製図（その1）

問1. 図1の正面図に錐穴及びめねじを描きなさい。

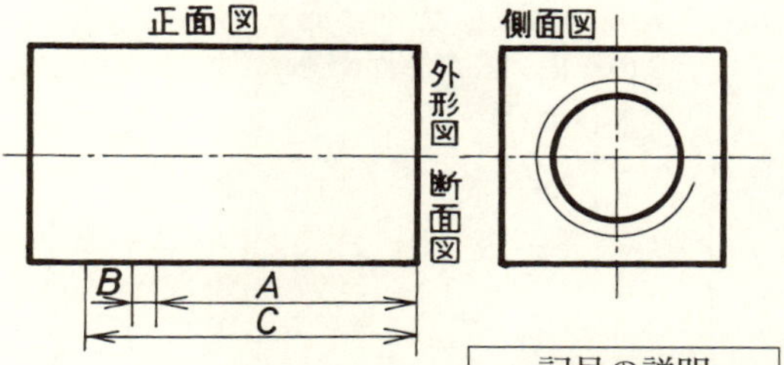

正面図　　側面図
外形図／断面図

図1. めねじ

記号の説明
A：完全ねじ部
B：不完全ねじ部
C：錐の深さ
D：不完全ねじ部（面取り部）
E：完全ねじ部
F：不完全ねじ部
G：ねじ部の長さ

問2. 図2の正面図におねじの線を描き，図を完成させなさい。

問3. 図2に六角ボルトの平面図(外形図)を描きなさい。

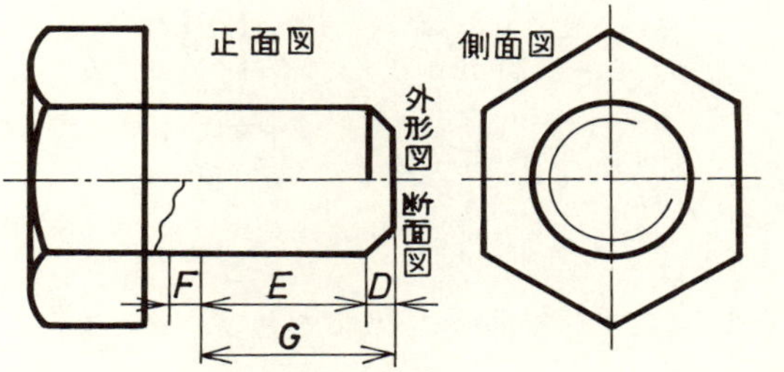

正面図　　側面図
外形図／断面図

図2. おねじ（六角ボルト）

問4. おねじの一部をめねじにねじ込んだ状態を図3に描きなさい。

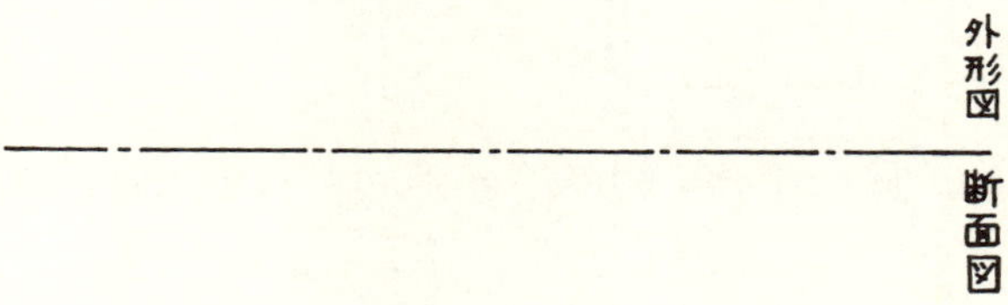

外形図／断面図

図3.

〔注意〕
　線の太さの区別をはっきりつけること。

N.K.

日付		番号		氏名	

26章 演 習

| 演 習 10 | ねじの製図（その２） |

問1. 六角ナット，スタイル２の正面図及び平面図を描きなさい。

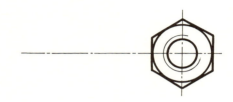

問2. 小ねじの平面図を描きなさい。また，「ねじの長さ」とはどの部分の長さを指すのか，それぞれの図に寸法を記入しなさい。ただし，ねじの長さを20mmとする。
（図は比例尺でない）。

 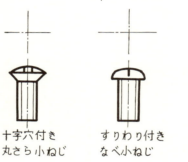 

十字穴付き　　　すりわり付き　　　すりわり付き
丸さら小ねじ　　なべ小ねじ　　　　さら小ねじ

問3. つぎの図を簡単に説明しなさい。

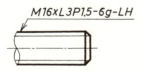

問4. 座ぐり，深座ぐり及びさらもみをそれぞれ図示説明しなさい。

26章 演 習

| 演 習 11 | 歯車製図及びばね製図 |

問1. 歯車を図示するにはどのような線を用いるか，つぎの表中に記入しなさい。

<table>
<tr><th colspan="2">各部の名称</th><th>図形</th><th colspan="2">使用する線</th></tr>
<tr><td colspan="2"></td><td></td><td>太さ</td><td>種類</td></tr>
<tr><td rowspan="8">歯車製図</td><td rowspan="2">歯先円</td><td>外形図</td><td>(例) 太線</td><td>(例) 実線</td></tr>
<tr><td>断面図</td><td></td><td></td></tr>
<tr><td rowspan="2">ピッチ円</td><td>外形図</td><td></td><td></td></tr>
<tr><td>断面図</td><td></td><td></td></tr>
<tr><td rowspan="2">歯底円</td><td>外形図</td><td></td><td></td></tr>
<tr><td>断面図</td><td></td><td></td></tr>
<tr><td rowspan="2">歯すじ方向を表わす線</td><td rowspan="2">外形図</td><td></td><td>(歯車名：　　　)</td></tr>
<tr><td></td><td>(歯車名：　　　)</td></tr>
<tr><td colspan="2"></td><td>断面図</td><td></td><td></td></tr>
</table>

問2. かみあう一対の歯車を図示する場合の線は上表(問1)とどこが違うか説明しなさい。

問3. つぎの各ばねを図示する場合，それぞれどのような荷重の状態で描くのか示しなさい。
　　a) コイルばね，b) 竹の子ばね，c) うず巻きばね，d) さらばね，
　　e) 重ね板ばね，

問4. つぎの表に示す圧縮コイルばねの正面図を描きなさい（断面図で，中間部を省略する）。

材料の直径 (mm)	6
コイル平均径 (mm)	36
有効巻数	10
総巻数	12
巻方向	右
自由高さ (mm)	110
取付時 荷重 (N)	280
取付時 高さ (mm)	100
ばね定数 (N/mm)	28.0

尺度：

| 日付 | | 番号 | | 氏名 | |

26章 演 習

演習 12　　ころがり軸受製図と材料記号

問1. 図1に示す系統図中に描かれているころがり軸受①〜⑤の形式名を書きなさい。(旧規格 JIS B 0005：1973)

(答) ①：＿＿＿＿＿＿＿＿＿＿＿
　　② ：＿＿＿＿＿＿＿＿＿＿＿
　　③ ：＿＿＿＿＿＿＿＿＿＿＿
　　④ ：＿＿＿＿＿＿＿＿＿＿＿
　　⑤ ：＿＿＿＿＿＿＿＿＿＿＿

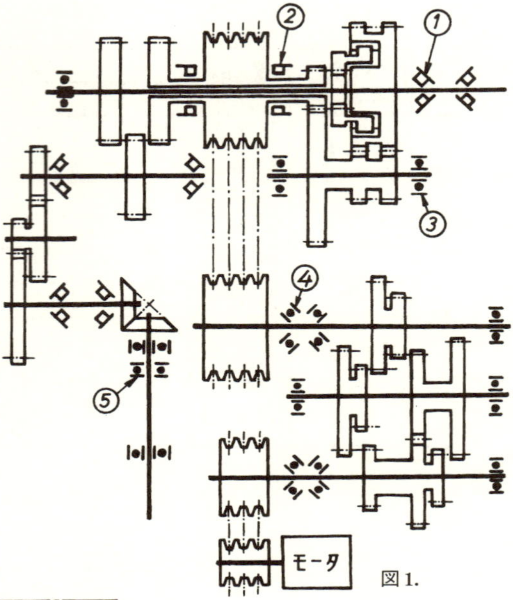

問2. 単列深みぞ形ラジアル玉軸受 6204（内径20，外径47，幅14）の正面図及び側面図を描きなさい（内部構造の概要を図示する略画）。

(答)

図1.

問3. つぎの材料名を書きなさい。

a). S 35 C　：＿＿＿＿＿＿＿＿＿＿
b). SS 400　：＿＿＿＿＿＿＿＿＿＿
c). SWRM 8 ：＿＿＿＿＿＿＿＿＿＿
d). SF 490 A ：＿＿＿＿＿＿＿＿＿＿
e). SUS 303 ：＿＿＿＿＿＿＿＿＿＿
f). SCM 435　：＿＿＿＿＿＿＿＿＿＿
g). FC 200　：＿＿＿＿＿＿＿＿＿＿
h). AC 2 B-F ：＿＿＿＿＿＿＿＿＿＿
i). C 3604 BD ：＿＿＿＿＿＿＿＿＿＿
j). CAC 403 ：＿＿＿＿＿＿＿＿＿＿

問4. 前問(問3)において，つぎの数字は何の値を示すのか説明しなさい。
　a). 問3.a) の 35 ：＿＿＿＿＿＿＿＿＿＿＿＿＿＿＿＿＿＿＿＿＿＿＿
　b). 問3.b) の 400：＿＿＿＿＿＿＿＿＿＿＿＿＿＿＿＿＿＿＿＿＿＿＿
　c). 問3.d) の 490：＿＿＿＿＿＿＿＿＿＿＿＿＿＿＿＿＿＿＿＿＿＿＿
　d). 問3.g) の 200：＿＿＿＿＿＿＿＿＿＿＿＿＿＿＿＿＿＿＿＿＿＿＿

N.K.

日付		番号		氏名	

26章 演習

演習 13 　　　公差とはめあい

問1. 図1は組立図の一部を示している。各部の軸と穴とのはめあいを表1に示すようにしたい。図中にその寸法を記入しなさい。ただし，はめあいは JIS B 0401-2 の基本サイズ公差クラスの中から選び，各サイズは図示サイズとはめあい記号とを用いて表しなさい。

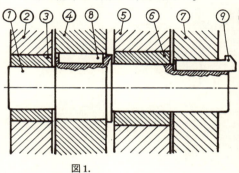

図1.

表1.

はめあい個所	図示サイズ	すきま または しめしろ
①と③	18	すきま 0.052～0.016
②と③	28	しめしろ 0.007～0.041
①と④	26	すきま 0.013～しめしろ 0.021
①と⑥	20	すきま 0.062～0.020
⑤と⑥	32	しめしろ 0.009～0.050
①と⑦	20	すきま 0.030～0

①：軸　②：フレーム　③：軸受
④：歯車　⑤：フレーム　⑥：軸受
⑦：ベルト車　⑧：キー　⑨：キー

問2. つぎの □ 中に適当な文字を入れなさい。

　JIS のはめあい方式では □ 基準式と □ 基準式の2方式を定めている。□ 基準式は一定の □ をもつ図示 □ を定め，これに対して穴径を加減して数種の必要な □ または □ を有するはめあいを規定する方式である。

　軸径 $20^{-0.2}_{-0.4}$，穴径 $20^{+0.3}_{+0.1}$ のとき，最大すきまは □ となり，最小すきまは □ となる。

　軸径 $15^{+0.029}_{+0.013}$，穴径 $15^{+0.018}_{0}$ のとき，最大しめしろは □ となり，最小しめしろは □ となる。

　はまり合う部品において，軸が上限寸法，穴が下限寸法となる条件を □（日本語名）□（Abbreviation）という。

問3. サイズの普通公差とは何か，簡単に述べなさい。また，これに関する JIS 規格の番号及び規格名を示しなさい。

（答）

26章 演習

演習 14　　形状精度及び位置の精度

問1. つぎの図に示す記号（あ～け）をそれぞれ簡単に説明しなさい。

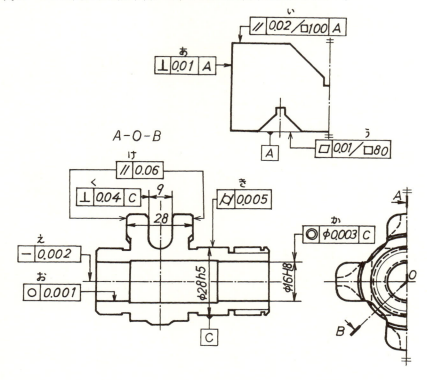

（答）
あ：
い：
う：
え：
お：
か：
き：
く：
け：

26章 演習

演習 15　表面粗さ及び表面うねり

問1. 図1(A)の仕上記号を整理して(B)に記入しなさい。

問2. 図2において，表面記号及び仕上記号に誤りがある場合は訂正記入しなさい。

問3. 図3〜図7の記号をそれぞれ簡単に説明しなさい。

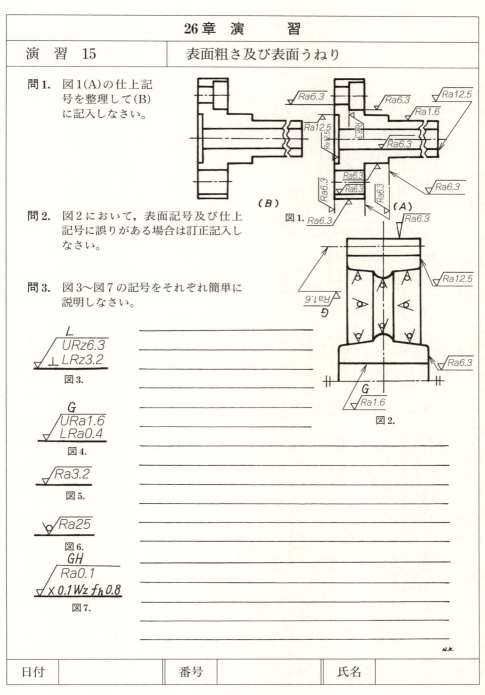

26章 演 習

演 習 16	溶 接 記 号

問1. 下図の①〜⑧の記号をそれぞれ簡単に説明しなさい。

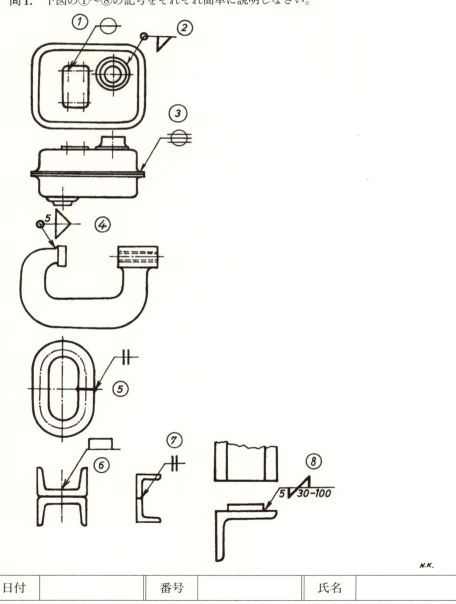

26章 演習

演習 17	展開図と投影図の練習

問1. 直円柱 A を平画面に垂直な半径 R の円柱面 ab で切った場合の展開図を描きなさい。
問2. 直円柱 A を平画面に垂直な平面 cd で切った場合の切り口の形状を、切断面に直角な方向に投影図示しなさい。

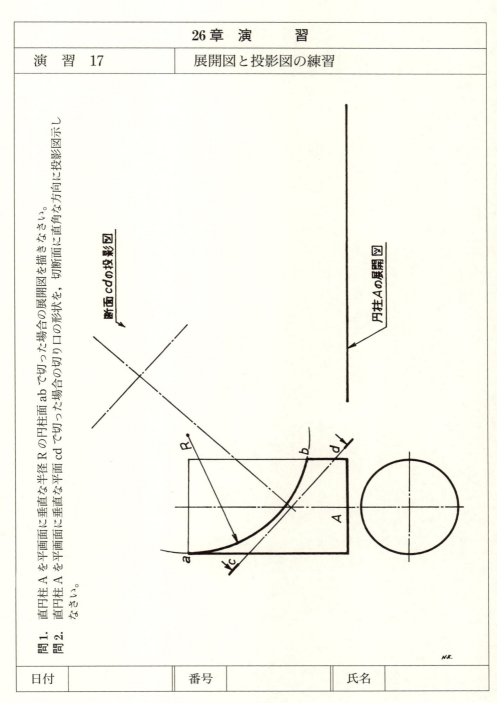

27章 図 例

付図1　Vブロック

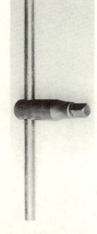

付図2　チャック用ハンドル

付図3　アングルプレート

付図4　平歯車

付図5　すぐばかさ歯車

付図6　フランジ形たわみ軸継手

27章 図 例

付図7　固定軸継手

付図8　プランマブロック

付図9　ねじ込み玉形弁

付図10　横万力

付図11　チェーンブロック

27章 図 例（文字の練習，Vブロック）

M-301

大学，高専，工学部，工学科，精密，機械，電気，
電子，材料，金属，管理，化学，システム，株式会社，部，課，
組立図，部品図，設計，製図，写図，査図，承認，図名，図番，要目表，品番，品名，
材質，個数，工程，備考，素材重量，完成品重量，尺度，投影法，第三角法，基準，
断面図，展開図，訂正，公差，寸法許容差，号，級，深さ，キリ，イヌキ，打ヌキ，
リーマ，呼び径六角ボルト，有効径六角ボルト，全ねじ六角ボルト，植込みボルト，
六角穴付きボルト，十字穴付き止めねじ，すりわり付き小ねじ，六角低ナット，
六角ナット，平座金，ばね座金，平行ピン，平歯車，軸継手，圧縮コイルばね，
巻方向，有効巻数，平目ローレット，テーパ，こう配，表面粗さ，切削，研削，
鋳造，鍛造，圧延，引抜き，押出し，滲炭，肌焼入れ，焼戻し，焼きならし，溶接，
あいうえおかきくけこさしすせそたちつてとなにぬねのはひふへほ
まみむめもやゆよらりるれろわをん
アイウエオカキクケコサシスセソタチツテト ナニヌネノハヒフヘホ
マミムメモヤユヨラリルレロワヲン
ABCDEFGHIJKLMNOPQRSTUVWXYZ
abcdefghijklmnopqrstuvwxyz
0123456789 ø □% 0123456789 ø □%
ABCDEFGHIJKLMNOPQRSTUVWXYZ
0123456789 ø □%, 0123456789 ø □%

注）（ ）内の数字は文字の大きさを示す。

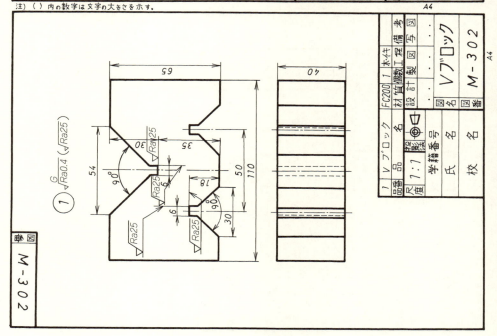

27章 図例（パッキン押工，チャック用ハンドル）

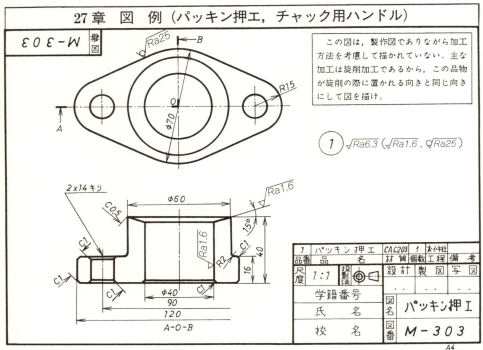

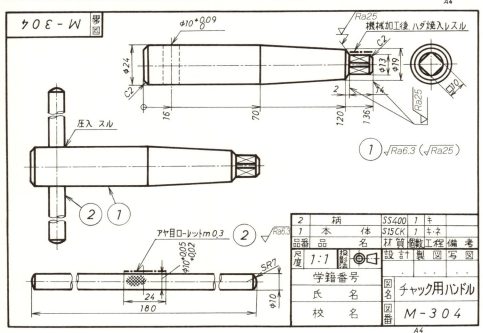

27章 図例（アングルプレート）

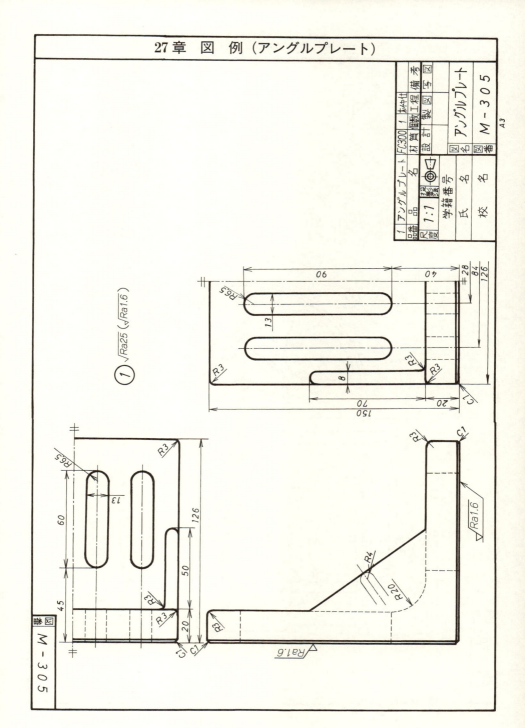

27章 図例（Vベルト車）

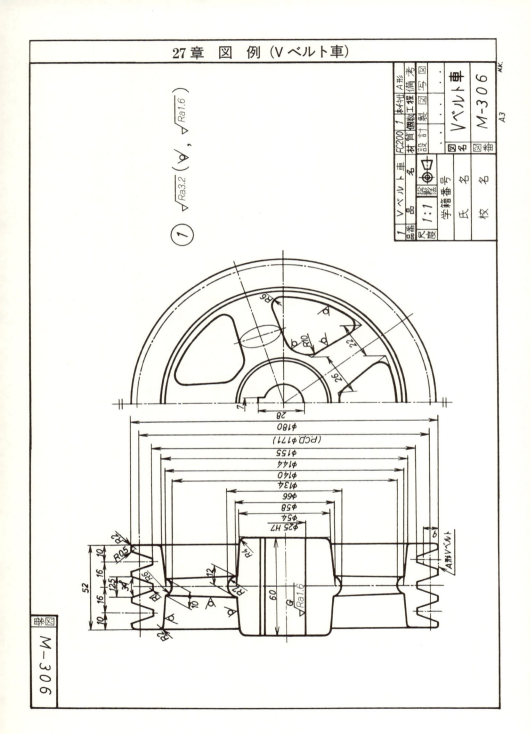

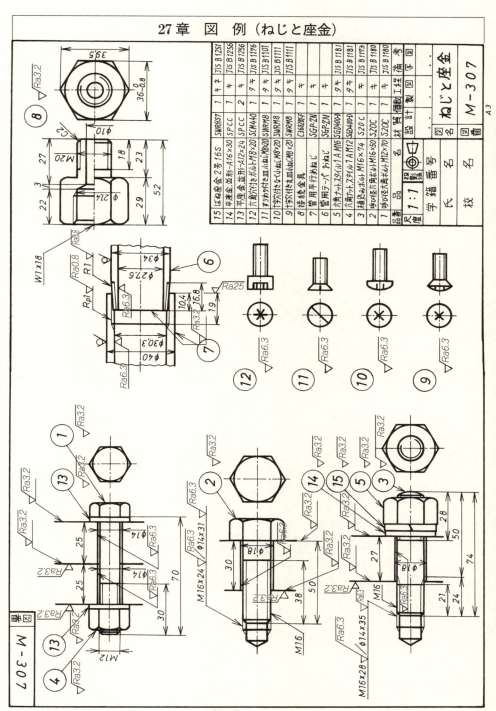

27章 図例（平歯車）

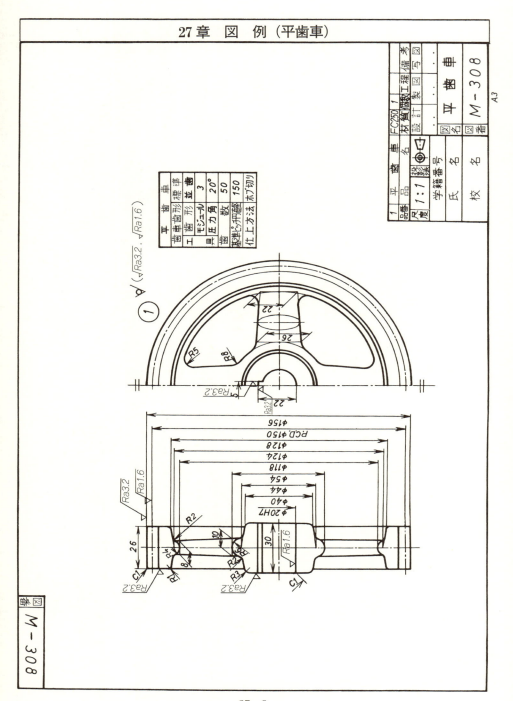

27章 図 例（すぐば かさ歯車）

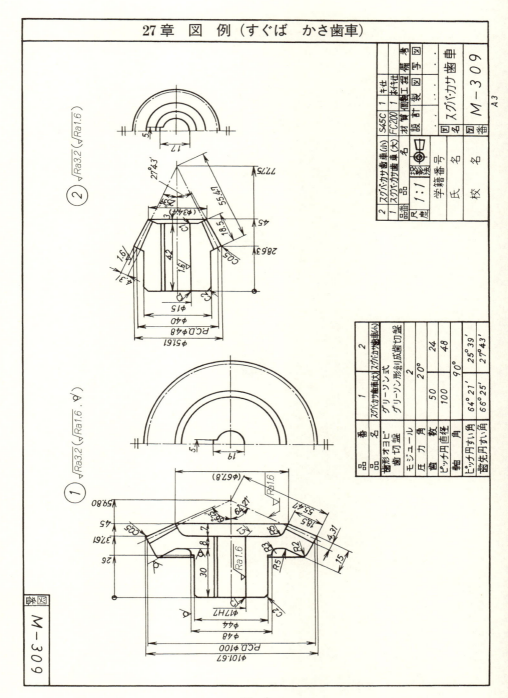

28章 付　　表

付表1　メートル並目ねじ（JIS B 0205-1〜4 : 2001）

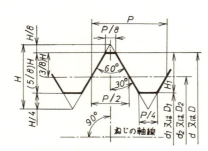

一般用メートルねじ——
ねじ部品用に選択したサイズ
$H = 0.866\,025\,404\,P$
$D = d$
$D_1 = d_1$
$D_2 = d_2$
$D_1 = D - 1.082\,5\,P$
$D_2 = D - 0.649\,5\,P$
$d_1 = d - 1.082\,5\,P$
$d_2 = d - 0.649\,5\,P$

太い実線は，基準山形を示す。

単位 mm

ねじの呼び径* D, d 第1選択	第2選択	ピッチ P	基準のひっかかりの高さ H_1	めねじ 谷の径 D / おねじ 外径 d	めねじ 有効径 D_2 / おねじ 有効径 d_2	めねじ 内径 D_1 / おねじ 谷の径 d_1
M 1		0.25	0.135	1.000	0.838	0.729
M 1.2		0.25	0.135	1.200	1.038	0.929
	M 1.4	0.3	0.162	1.400	1.205	1.075
M 1.6		0.35	0.189	1.600	1.373	1.221
	M 1.8	0.35	0.189	1.800	1.573	1.421
M 2		0.4	0.217	2.000	1.740	1.567
M 2.5		0.45	0.244	2.500	2.208	2.013
M 3		0.5	0.271	3.000	2.675	2.459
	M 3.5	0.6	0.325	3.500	3.110	2.850
M 4		0.7	0.379	4.000	3.545	3.242
M 5		0.8	0.433	5.000	4.480	4.134
M 6		1	0.541	6.000	5.350	4.917
	M 7	1	0.541	7.000	6.350	5.917
M 8		1.25	0.677	8.000	7.188	6.647
M 10		1.5	0.812	10.000	9.026	8.376
M 12		1.75	0.947	12.000	10.863	10.106
	M 14	2	1.083	14.000	12.701	11.835
M 16		2	1.083	16.000	14.701	13.835
	M 18	2.5	1.353	18.000	16.376	15.294
M 20		2.5	1.353	20.000	18.376	17.294
	M 22	2.5	1.353	22.000	20.376	19.294
M 24		3	1.624	24.000	22.051	20.752
	M 27	3	1.624	27.000	25.051	23.752
M 30		3.5	1.894	30.000	27.727	26.211
	M 33	3.5	1.894	33.000	30.727	29.211
M 36		4	2.165	36.000	33.402	31.670
M 39		4	2.165	39.000	36.402	34.670
M 42		4.5	2.436	42.000	39.077	37.129
	M 45	4.5	2.436	45.000	42.077	40.129
M 48		5	2.706	48.000	44.752	42.587
	M 52	5	2.706	52.000	48.752	46.587
M 56		5.5	2.977	56.000	52.428	50.046
	M 60	5.5	2.977	60.000	56.428	54.046
M 64		6	3.248	64.000	60.103	57.505

以下略（M 300 まである）
注* 第1選択欄を優先的に，必要に応じて第2選択欄の順に選ぶ。

付表2 メートル細目ねじ（JIS B 0205-1〜4 : 2001）

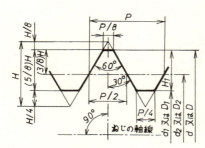

太い実線は，基準山形を示す。

一般用メートルねじ——
ねじ部品用に選択したサイズ
$H = 0.866\ 025\ 404\ P$
$D = d$
$D_1 = d_1$
$D_2 = d_2$
$D_1 = D - 1.082\ 5\ P$
$D_2 = D - 0.649\ 5\ P$
$d_1 = d - 1.082\ 5\ P$
$d_2 = d - 0.649\ 5\ P$

単位 mm

ねじの呼び寸法* D, d 第1選択	第2選択	ピッチ P	基準のひっかかりの高さ H_1	めねじ 谷の径 D / おねじ 外径 d	めねじ 有効径 D_2 / おねじ 有効径 d_2	めねじ 内径 D_1 / おねじ 谷の径 d_1
M 8		1	0.541	8.000	7.350	6.917
M 10		1.25	0.677	10.000	9.188	8.647
M 10		1	0.541	10.000	9.350	8.917
M 12		1.5	0.812	12.000	11.026	10.376
M 12		1.25	0.677	12.000	11.188	10.647
	M 14	1.5	0.812	14.000	13.026	12.376
M 16		1.5	0.812	16.000	15.026	14.376
	M 18	2	1.083	18.000	16.701	15.835
	M 18	1.5	0.812	18.000	17.026	16.376
M 20		2	1.083	20.000	18.701	17.835
M 20		1.5	0.812	20.000	19.026	18.376
	M 22	2	1.083	22.000	20.701	19.835
	M 22	1.5	0.812	22.000	21.026	20.376
M 24		2	1.083	24.000	22.701	21.835
	M 27	2	1.083	27.000	25.051	23.752
M 30		2	1.083	30.000	28.701	27.835
	M 33	2	1.083	33.000	31.701	30.835
M 36		3	1.624	36.000	34.051	32.752
	M 39	3	1.624	39.000	37.051	35.752
M 42		3	1.624	42.000	40.051	38.752
	M 45	3	1.624	45.000	43.051	41.752
M 48		3	1.624	48.000	46.051	44.752
	M 52	4	2.165	52.000	49.402	47.670
M 56		4	2.165	56.000	53.402	51.670
	M 60	4	2.165	60.000	57.402	55.670
M 64		4	2.165	64.000	61.402	59.670

以下略（M 300×4 まである）
注* 第1選択欄を優先的に，必要に応じて第2選択欄の順に選ぶ。

付表3 ユニファイ並目ねじ（JIS B 0206：1973）

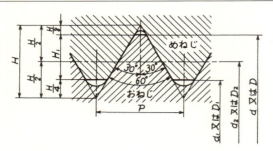

$$P=\frac{25.4}{n} \qquad H=\frac{0.866\,025}{n}\times 25.4 \qquad d=(d)\times 25.4 \qquad D=d$$

$$H_1=\frac{0.541\,266}{n}\times 25.4 \qquad d_2=\left(d-\frac{0.649\,519}{n}\right)\times 25.4 \qquad D_2=d_2$$

$$d_1=\left(d-\frac{1.082\,532}{n}\right)\times 25.4 \qquad D_1=d_1$$

ここに　n：25.4 mm についてのねじ山数

備　考　（　）の中の数値は，0.0001インチの位に丸めたインチの単位とする。

単位 mm

ねじの呼び *			ねじ山数 (25.4mm につき) n	ピッチ P (参考)	ひっかかりの高さ H_1	めねじ 谷の径 D / おねじ 外径 d	めねじ 有効径 D_2 / おねじ 有効径 d_2	めねじ 内径 D_1 / おねじ 谷の径 d_1
1	2	(参考)						
	No. 1-64 UNC	0.0730-64 UNC	64	0.3969	0.215	1.854	1.598	1.425
No. 2-56 UNC		0.0860-56 UNC	56	0.4536	0.246	2.184	1.890	1.694
	No. 3-48 UNC	0.0990-48 UNC	48	0.5292	0.286	2.515	2.172	1.941
No. 4-40 UNC		0.1120-40 UNC	40	0.6350	0.344	2.845	2.433	2.156
No. 5-40 UNC		0.1250-40 UNC	40	0.6350	0.344	3.175	2.764	2.487
No. 6-32 UNC		0.1380-32 UNC	32	0.7938	0.430	3.505	2.990	2.647
No. 8-32 UNC		0.1640-32 UNC	32	0.7938	0.430	4.166	3.650	3.307
No. 10-24 UNC		0.1900-24 UNC	24	1.0583	0.573	4.826	4.138	3.680
	No. 12-24 UNC	0.2160-24 UNC	24	1.0583	0.573	5.486	4.798	4.341
1/4-20 UNC		0.2500-20 UNC	20	1.2700	0.687	6.350	5.524	4.976
5/16-18 UNC		0.3125-18 UNC	18	1.4111	0.764	7.938	7.021	6.411
3/8-16 UNC		0.3750-16 UNC	16	1.5875	0.859	9.525	8.494	7.805
7/16-14 UNC		0.4375-14 UNC	14	1.8143	0.982	11.112	9.934	9.149
1/2-13 UNC		0.5000-13 UNC	13	1.9538	1.058	12.700	11.430	10.584
9/16-12 UNC		0.5625-12 UNC	12	2.1167	1.146	14.288	12.913	11.996
5/8-11 UNC		0.6250-11 UNC	11	2.3091	1.250	15.875	14.376	13.376
3/4-10 UNC		0.7500-10 UNC	10	2.5400	1.375	19.050	17.399	16.299
7/8-9 UNC		0.8750-9 UNC	9	2.8222	1.528	22.225	20.391	19.169

付表3 ユニファイ並目ねじ（つづき）

（つづき） 単位 mm

ねじの呼び *			ねじ山数 $\binom{25.4\,mm}{につき}$ n	ピッチ P (参考)	ひっかかりの高さ H_1	めねじ		
1	2	（参　考）				谷の径 d	有効径 D_2	内径 D_1
						おねじ		
						外径 d	有効径 d_2	谷の径 d_1
1-8 UNC		1.0000-8 UNC	8	3.1750	1.719	25.400	23.338	21.963
1⅛-7 UNC		1.1250-7 UNC	7	3.6286	1.964	28.575	26.218	24.648
1¼-7 UNC		1.2500-7 UNC	7	3.6286	1.964	31.750	29.393	27.823
1⅜-6 UNC		1.3750-7 UNC	6	4.2333	2.291	34.925	32.174	30.343
1½-6 UNC		1.5000-6 UNC	6	4.2333	2.291	38.100	35.349	33.518
1¾-5 UNC		1.7500-5 UNC	5	5.0800	2.750	44.450	41.151	38.951
2-4½ UNC		2.0000-4.5 UNC	4½	5.6444	3.055	50.800	47.135	44.689
2¼-4½ UNC		2.2500-4.5 UNC	4½	5.6444	3.055	57.150	53.485	51.039
2½-4 UNC		2.5000-4 UNC	4	6.3500	3.437	63.500	59.375	56.627
2¾-4 UNC		2.7500-4 UNC	4	6.3500	3.437	69.850	65.725	62.977
3-4 UNC		3.0000-4 UNC	4	6.3500	3.437	76.200	72.075	69.327
3¼-4 UNC		3.2500-4 UNC	4	6.3500	3.437	82.550	78.425	75.677
3½-4 UNC		3.5000-4 UNC	4	6.3500	3.437	88.900	84.775	82.027
3¾-4 UNC		3.7500-4 UNC	4	6.3500	3.437	95.250	91.125	88.377
4-4 UNC		4.0000-4 UNC	4	6.3500	3.437	101.600	97.475	94.727

注* 1欄を優先的に，必要に応じて2欄を選ぶ。参考欄に示すものは，ねじの呼びを十進式で示したものである。

付表4　管用平行ねじ（JIS B 0202 : 1999）

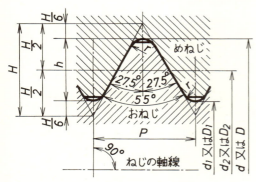

太い実線は，基準山形を示す．

$P = \dfrac{25.4}{n}$

$H = 0.960\,491\,P$

$h = 0.640\,327\,P$

$r = 0.137\,329\,P$

$d_2 = d - h$
$d_1 = d - 2h$
$D_2 = d_2$
$D_1 = d_1$

ねじの等級

おねじ……A級（ねじの有効径の寸法許容差がB級より小さい）及びB級．

めねじ……等級がない．

基準山形及び基準寸法

単位 mm

ねじの呼び	ねじ山数 (25.4mm につき) n	ピッチ P (参考)	ねじ山の高さ h	山の頂の丸み 谷の丸み r	おねじ 外径 d / めねじ 谷の径 D	おねじ 有効径 d_2 / めねじ 有効径 D_2	おねじ 谷の径 d_1 / めねじ 内径 D_1
G 1/16	28	0.9071	0.581	0.12	7.723	7.142	6.561
G 1/8	28	0.9071	0.581	0.12	9.728	9.147	8.566
G 1/4	19	1.3368	0.856	0.18	13.157	12.301	11.445
G 3/8	19	1.3368	0.856	0.18	16.662	15.806	14.950
G 1/2	14	1.8143	1.162	0.25	20.955	19.793	18.631
G 5/8	14	1.8143	1.162	0.25	22.911	21.749	20.587
G 3/4	14	1.8143	1.162	0.25	26.441	25.279	24.117
G 7/8	14	1.8143	1.162	0.25	30.201	29.039	27.877
G 1	11	2.3091	1.479	0.32	33.249	31.770	30.291
G 1⅛	11	2.3091	1.479	0.32	37.897	36.418	34.939
G 1¼	11	2.3091	1.479	0.32	41.910	40.431	38.952
G 1½	11	2.3091	1.479	0.32	47.803	46.324	44.845
G 1¾	11	2.3091	1.479	0.32	53.746	52.267	50.788
G 2	11	2.3091	1.479	0.32	59.614	58.135	56.656
G 2¼	11	2.3091	1.479	0.32	65.710	64.231	62.752
G 2½	11	2.3091	1.479	0.32	75.184	73.705	72.226
G 2¾	11	2.3091	1.479	0.32	81.534	80.055	78.576
G 3	11	2.3091	1.479	0.32	87.884	86.405	84.926
G 3½	11	2.3091	1.479	0.32	100.330	98.851	97.372
G 4	11	2.3091	1.479	0.32	113.030	111.551	110.072
G 4½	11	2.3091	1.479	0.32	125.730	124.251	122.772
G 5	11	2.3091	1.479	0.32	138.430	136.951	135.472
G 5½	11	2.3091	1.479	0.32	151.130	149.651	148.172
G 6	11	2.3091	1.479	0.32	163.830	162.351	160.872

備　考　表中の管用平行ねじを表す記号Gは，必要に応じ省略してもよい．
表し方　この規格の本体によるねじの表し方は，表に示すねじの呼びによる．ただし，おねじの場合は，ねじの呼びの後に等級を表す記号（A又はB）を付ける．左ねじは，末尾にLHを付ける．
　　　例：おねじの場合　G 1½ A，G 1½ B　　左ねじのおねじの場合　G 1 A LH
　　　　　めねじの場合　G 1½

付表5 管用テーパねじ（JIS B 0203 : 1999）

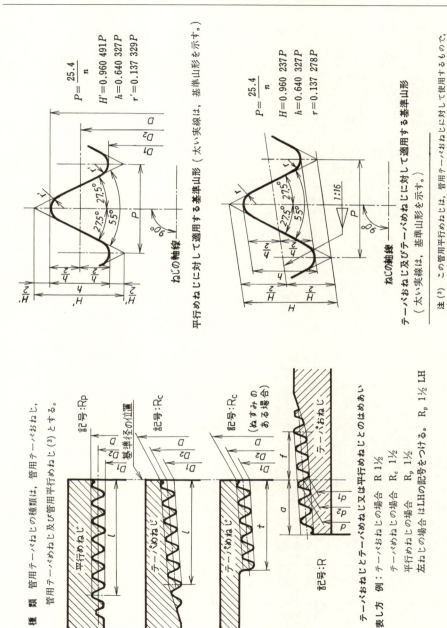

付表5 管用テーパねじ（つづき）

単位 mm

ねじの呼び	ねじ山数 (25.4 mmにつき) n	ピッチ P (参考)	山の高さ h	丸みr又はr'	基準径 おねじ 外径 d / めねじ 谷の径 D	基準径 おねじ 有効径 d_2 / めねじ 有効径 D_2	基準径 おねじ 谷の径 d_1 / めねじ 内径 D_1	基準の長さ a	管端から 軸線方向の許容差 ±b	めねじ 管端部 軸線方向の許容差 ±c	平行めねじとのD_2及びD_2の許容差 ±t	おねじ 基準径の位置から大径側に向かって f	有効ねじ部の長さ（最小） おねじ 不完全ねじ部がある場合 テーパねじ	有効ねじ部の長さ（最小） おねじ 不完全ねじ部がある場合 平行おねじ	めねじ 平行めねじ 管又は継手端から l' (参考)	不完全ねじ部がない場合 テーパねじ、平行ねじ t	配管用炭素鋼鋼管の寸法（参考） 外径	配管用炭素鋼鋼管の寸法（参考） 厚さ
R 1/16	28	0.9071	0.581	0.12	7.723	7.142	6.561	3.97	0.91	1.13	0.071	2.5	6.2	7.4	4.4	—	—
R 1/8	28	0.9071	0.581	0.12	9.728	9.147	8.566	3.97	0.91	1.13	0.071	2.5	6.2	7.4	4.4	10.5	2.0
R 1/4	19	1.3368	0.856	0.18	13.157	12.301	11.445	6.01	1.34	1.67	0.104	3.7	9.4	11.0	6.7	13.8	2.3
R 3/8	19	1.3368	0.856	0.18	16.662	15.806	14.950	6.35	1.34	1.67	0.104	3.7	9.7	11.4	7.0	17.3	2.3
R 1/2	14	1.8143	1.162	0.25	20.955	19.793	18.631	8.16	1.81	2.27	0.142	5.0	12.7	15.0	9.1	21.7	2.8
R 3/4	14	1.8143	1.162	0.25	26.441	25.279	24.117	9.53	1.81	2.27	0.142	5.0	14.1	16.3	10.2	27.2	2.8
R 1	11	2.3091	1.479	0.32	33.249	31.770	30.291	10.39	2.31	2.89	0.181	6.4	16.2	19.1	11.6	34	3.2
R 1¼	11	2.3091	1.479	0.32	41.910	40.431	38.952	12.70	2.31	2.89	0.181	6.4	18.5	21.4	13.4	42.7	3.5
R 1½	11	2.3091	1.479	0.32	47.803	46.324	44.845	12.70	2.31	2.89	0.181	6.4	18.5	21.4	13.4	48.6	3.5
R 2	11	2.3091	1.479	0.32	59.614	58.135	56.656	15.88	2.31	2.89	0.181	7.5	22.8	25.7	16.9	60.5	3.8
R 2½	11	2.3091	1.479	0.32	75.184	73.705	72.226	17.46	3.46	3.46	0.216	9.2	26.7	30.1	18.6	76.3	4.2
R 3	11	2.3091	1.479	0.32	87.884	86.405	84.926	20.64	3.46	3.46	0.216	9.2	29.8	33.3	21.1	89.1	4.2
R 4	11	2.3091	1.479	0.32	113.030	111.551	110.072	25.40	3.46	3.46	0.216	10.4	35.8	39.3	25.9	114.3	4.5
R 5	11	2.3091	1.479	0.32	138.430	136.951	135.472	28.58	3.46	3.46	0.216	11.5	40.1	43.5	29.3	139.8	4.5
R 6	11	2.3091	1.479	0.32	163.830	162.351	160.872	28.58	3.46	3.46	0.216	11.5	40.1	43.5	29.3	165.2	5.0

注 (4) この呼び方は、テーパおねじに対するもので、テーパめねじ及び平行めねじの場合、Rの記号をRc又はRpとする（表15.1参照）。

備考
1. ねじ山は中心軸線に直角とし、ピッチは中心軸線に沿って測る。
2. 有効ねじ部の長さとは、完全なねじ山の切られたねじ部の長さで、最後の数山だけは、その頂に管継手の面が残っていてもよい。
   また、管又は管継手の末端に面取りがしてあっても、この部分を有効ねじ部の長さに含める。
3. a、f又はtがこの表の数値によりがたい場合は、別に定める部品の規格による。

付表6　メートル台形ねじ（JIS B 0216-3 : 2013）

JIS B 0216-2 : 2013「メートル台形ねじ 第2部：全体系」による。

ねじの表し方：

一条メートル台形ねじは，文字 Tr に続けて，呼び径の値とピッチの値とを記号"×"で区切って表す。値の単位は，全て mm で表す。

　例：Tr 40×7

多条メートル台形ねじの場合は，Tr に続けて，呼び径の値と多条ねじのリードの値とを記号"×"で区切り，括弧で文字 P 及びピッチの値で表す。

　例：Tr 40×14（P 4）

（条数＝リード/ピッチ＝14/7 は，呼び径 40 mm の二条ねじを表す。）

左ねじのメートル台形ねじは，文字 LH をねじの表し方に追記する。

　例：Tr 40×14（P）LH

JIS B 0216-3 : 2013「第3部：基準寸法」より

$$H_1 = 0.5P, \quad H_4 = H_1 + a_c = 0.5P + a_c, \quad h_3 = H_1 + a_c = 0.5P + a_c$$

$$z = 0.25P = H_1/2$$

$$D_1 = d - 2H_1 = d - P, \quad D_4 = d + 2a_c$$

$$d_3 = d - 2h_3, \quad d_2 = D_2 = d - 2z = d - 0.5P$$

R_1 最大 $= 0.5a_c$, R_2 最大 $= a_c$

ここに，

　　a_c：めねじ又はおねじの谷底の隙間

　　D_4：めねじの谷の径，D_2：めねじの有効径，D_1：めねじの内径

　　d：おねじの外径（おねじの呼び径），

　　d_2：おねじの有効径，d_1：おねじの谷の径

　　H_1：（基準の）ひっかかりの高さ，H_4：めねじのねじ山高さ

　　h_3：おねじのねじ山高さ

　　P：ピッチ

付表6 メートル台形ねじ（つづき）

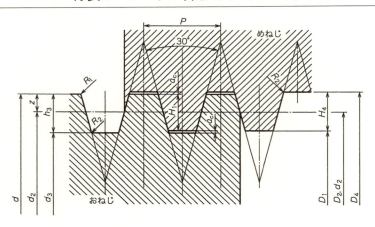

単位 mm

| 呼び径 D, d ||| ピッチ | 有効径 | めねじの | おねじの | めねじの |
1欄	2欄	3欄	P	$d_2 = D_2$	谷の径 D_4	谷の径 d_3	内径 D_1
8			1.5	7.250	8.300	6.200	6.500
	9		1.5	8.250	9.300	7.200	7.500
			2	8.000	9.500	6.500	7.000
10			1.5	9.250	10.300	8.200	8.500
			2	9.000	10.500	7.500	8.000
		11	2	10.000	11.500	8.500	9.000
			3	9.500	11.500	7.500	8.000
12			2	11.000	12.500	9.500	10.000
			3	10.500	12.500	8.500	9.000
		14	2	13.000	14.500	11.500	12.000
			3	12.500	14.500	10.500	11.000
16			2	15.000	16.500	13.500	14.000
			4	14.000	16.500	11.500	12.000
	18		2	17.000	18.500	15.500	16.000
			4	16.000	18.500	13.500	14.000
20			2	19.000	20.500	17.500	18.000
			4	18.000	20.500	15.500	16.000
	22		3	20.500	22.500	18.500	19.000
			5	19.500	22.500	16.500	17.000
			8	18.000	23.000	13.000	14.000
24			3	22.500	24.500	20.500	21.000
			5	21.500	24.500	18.500	19.000
			8	20.000	25.000	15.000	16.000
	26		3	24.500	26.500	22.500	23.000
			5	23.500	26.500	20.500	21.000
			8	22.000	27.000	17.000	18.000
28			3	26.500	28.500	24.500	25.000
			5	25.500	28.500	22.500	23.000
			8	24.000	29.000	19.000	20.000

28 - 10

付表6 メートル台形ねじ（つづき）

呼び径 D, d			ピッチ P	有効径 $d_2=D_2$	めねじの谷の径 D_4	おねじの谷の径 d_3	めねじの内径 D_1
1欄	2欄	3欄						
	30		3	28.500	30.500	26.500	27.000
			6	27.000	31.000	23.000	24.000
			10	25.000	31.000	19.000	20.000
32			3	30.500	32.500	28.500	29.000
			6	29.000	33.000	25.000	26.000
			10	27.000	33.000	21.000	22.000
	34		3	32.500	34.500	30.500	31.000
			6	31.000	35.000	27.000	28.000
			10	29.000	35.000	23.000	24.000
36			3	34.500	36.500	32.500	33.000
			6	33.000	37.000	29.000	30.000
			10	31.000	37.000	25.000	26.000
	38		3	36.500	38.500	34.500	35.000
			7	34.500	39.000	30.000	31.000
			10	33.000	39.000	27.000	28.000
40			3	38.500	40.500	36.500	37.000
			7	36.500	41.000	32.000	33.000
			10	35.000	41.000	29.000	30.000
	42		3	40.500	42.500	38.500	39.000
			7	38.500	43.000	34.000	35.000
			10	37.000	43.000	31.000	32.000
44			3	42.500	44.500	40.500	41.000
			7	40.500	45.000	36.000	37.000
			12	38.000	45.000	31.000	32.000
	46		3	44.500	46.500	42.500	43.000
			8	42.000	47.000	37.000	38.000
			12	40.000	47.000	33.000	34.000
48			3	46.500	48.500	44.500	45.000
			8	44.000	49.000	39.000	40.000
			12	42.000	49.000	35.000	36.000
	50		3	48.500	50.500	46.500	47.000
			8	46.000	51.000	41.000	42.000
			12	44.000	51.000	37.000	38.000

注記　めねじの内径 D_1 は，基準山形におけるおねじの谷の径 d_1 に等しい。
　　　以下略（Tr 300 まである）

付表7 六角ボルト (JIS B 1180 : 2014)

種類 (1) 呼び径六角ボルト：軸部がねじ部と円筒部とからなり，円筒部の径がほぼ呼び径のもの。
(2) 全ねじ六角ボルト：軸部全体がねじ部で円筒部がないもの。
(3) 有効径六角ボルト：軸部がねじ部と円筒部とからなり，円筒部の径がほぼ有効径のもの。

形状，寸法及び品質

ボルトの種類	(1) 部品等級	形状・寸法	ねじ (2) 種類	呼び径範囲 (mm)	(3) 公差域クラス	機械的性質 材料	鋼：強度区分 ステンレス鋼：鋼種区分 非鉄金属：材質区分	適用規格	(参考) 対応国際規格
呼び径六角ボルト	A	表1	並目	1.6～24(4)	6g	鋼	$d<3$ mm：受渡当事者間の協定	－	ISO 4014 :2011
			細目	8～24(4)			3 mm$\leq d \leq$39 mm：5.6, 8.8, 9.8, 10.9	JIS B 1051	
	B	表1	並目及び細目	16～64(5)			$d>39$ mm：受渡当事者間の協定	－	ISO 8765 :2011
全ねじ六角ボルト	A	表2	並目	1.6～24(4)		ステンレス鋼	$d\leq20$ mm：A2-70 20 mm$<d\leq$39 mm：A2-50	JIS B 1054 -1	ISO 4017 :2011
			細目	8～24(4)			$d>39$ mm：受渡当事者間の協定	－	
	B	表2	並目及び細目	16～64(5)		非鉄金属	JIS B 1057の3.(機械的性質)による。	JIS B 1057	ISO 8676 :2011
呼び径六角ボルト	C	表1		5～64	8g	鋼	$d\leq39$ mm：3.6, 4.6, 4.8	JIS B 1051	ISO 4016 :2011
全ねじ六角ボルト	C	表2	並目				$d>39$ mm：受渡当事者間の協定	－	ISO 4018 :2011
有効径六角ボルト	B	表3	並目	3～20	6g	鋼	全サイズ：5.8, 8.8	JIS B 1051	ISO 4015 :1979
						ステンレス鋼	全サイズ：A2-70	JIS B 1054 -1	
						非鉄金属	JIS B 1057の3.(機械的性質)による。	JIS B 1057	

注 (1) 部品等級A，B及びCは，JIS B 1021による。
(2) ねじの種類は，JIS B 0205及びJIS B 0207による。
(3) ねじの等級は，JIS B 0209及びJIS B 0211による。
なお，電気めっきを施した場合の最大許容寸法は，JIS B 0209又はJIS B 0211の等級4hの最大許容寸法とする。
(4) ねじの呼び径が16～24 mmのもので，呼び長さが10d (dは，ねじの呼び径)または150 mmのいずれかを超えるものは，部品等級Bによる。
(5) ねじの呼び径が16～24 mmのもので，呼び長さが150 mm以下のものは，部品等級Aによる。

材料
(1) 鋼ボルトの材料は，JIS B 1051の4.(材料)による。
(2) ステンレスボルトの材料は，JIS B 1054-1の4.(化学成分)による。
(3) 非鉄金属ボルトの材料は，JIS B 1057の4.(材料)による。

製品の呼び方

例							
(呼び径六角ボルト 並目・鋼の場合)	JIS B 1180	呼び径六角ボルト	A	M 12×80	－10.9	(Ep-Fe/Zn 5/CM 2)	
(呼び径六角ボルト 並目・ステンレスの場合)	(略)	呼び径六角ボルト	A	M 12×1.5×80	－A 2-70	－	
(有効径六角ボルト 並目・鋼の場合)	(略)	有効径六角ボルト	B	M 10×50	－5.8	(Ep-Fe/Zn 5/CM 2)	
(全ねじ六角ボルト 細目・非鉄金属の場合)	(略)	全ねじ六角ボルト	A	M 8×1×40	－CU 2	(丸先)	
	‖	‖	‖	‖	‖	‖	
	(規格番号)	(種類)	(部品等級)	(ねじの呼び×呼び長さ)	(強度区分 鋼種区分 材質区分)	(指定事項)	

付表7 六角ボルト（つづき）

表1.1 呼び径六角ボルト（並目，部品等級 A，B，C）の形状・寸法（抜粋）

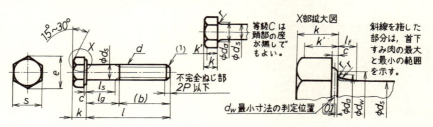

並目ねじの I 欄のみを示す。同 II 欄及び細目ねじ I，II 欄は略

単位 mm

			M 3	M 4	M 5	M 6	M 8	M 10	M 12	M 16	M 20	M 24	M 30	M 36	M 42	M 48
	並目ねじ呼び d															
	並目ピッチ P		0.5	0.7	0.8	1	1.25	1.5	1.75	2	2.5	3	3.5	4	4.5	5
b	(参考)	$l \leq 125$ mm	12	14	16	18	22	26	30	38	46	54	66	—	—	—
		$125 < l \leq 150$ mm	—	—	—	—	—	—	—	44	52	60	72	84	96	108
c	最小		0.15	0.15	0.15	0.15	0.15	0.15	0.2	0.2	0.2	0.2	0.2	0.3	0.3
	最大		0.4	0.4	0.5	0.5	0.6	0.6	0.6	0.8	0.8	0.8	0.8	0.8	1	1
d_a	等級 A，B，	最大	3.6	4.7	5.7	6.8	9.2	11.2	13.7	17.7	22.4	26.4	33.4	39.4	45.6	52.6
	等級 C	最大			6	7.2	10.2	12.2	14.7	18.7	24.4	28.4	35.4	42.4	48.6	56.6
d_s	等級 A B	基準寸法＝最大	3	4	5	6	8	10	12	16	20	24	30	36	42	48
		等級 A，最小	2.86	3.82	4.82	5.82	7.78	9.78	11.73	15.73	19.67	23.67				
		等級 B，最小								15.57	19.48	23.48	29.48	35.38	41.38	47.38
	等級 C	基準寸法＝最大			5.48	6.48	8.38	10.58	12.7	16.7	20.84	24.84	30.84	37	43	49
		最小			4.52	5.52	7.42	8.42	11.3	15.3	19.16	23.16	29.16	35	41	47
d_w	等級 A	最小	4.57	5.88	6.88	8.88	11.63	14.63	16.63	22.49	28.19	33.61				
	等級 B，C	最小			6.74	8.74	11.47	14.47	16.47	22	27.7	33.25	42.75	51.11	59.95	69.45
e	等級 A	最小	6.01	7.66	8.79	11.05	14.38	17.77	20.03	26.75	33.53	39.98				
	等級 B，C	最小			8.63	10.89	14.2	17.59	19.85	26.17	32.95	39.55	50.85	60.79	71.3	82.6
l_f		最大	1	1.2	1.4	2	3	4	6	8	10
k	基準寸法＝呼び		2	2.8	3.5	4	5.3	6.4	7.5	10	12.5	15	18.7	22.5	26	30
	等級 A，	公差	±0.125	±0.15	±0.18	±0.215	±0.42			
	等級 B，	公差						±0.29	±0.35	±0.42		
	等級 C，	公差			±0.375	±0.45	±0.75	±0.9	±1.05
k'	等級 A，	最小	1.31	1.87	2.35	2.8	3.61	4.35	5.12	6.87	8.6	10.35				
	等級 B，	最小								8.51	10.26	12.8	15.46	17.91	20.71
	等級 C，	最小			2.19	2.54	3.45	4.17	4.94	6.48	8.12	9.87	12.36	15.02	17.47	20.27
r		最小	0.1	0.2	0.25	0.4	0.6	0.8	1	1.2	1.6
s	基準寸法＝最大		5.5	7	8	10	13	17	18	24	30	36	46	55	65	75
	等級 A，	最小	5.32	6.78	7.78	9.78	12.73	15.73	17.73	23.67	29.67	35.38				
	等級 B，C	最小			7.64	9.64	12.57	15.57	17.57	23.16	29.16	35	45	53.8	63.1	73.1

注 (¹) 部品等級 A……面取り先。ただし，M 4 以下は，あら先でもよい。（JIS B 1003 参照）
部品等級 B……面取り先。
部品等級 C……先端の形状は任意とする。ただし，めねじへの食付きは良好なこと。

付表7 六角ボルト（つづき）

表1.2 呼び径六角ボルト（並目，部品等級 A，B，C）の形状・寸法（つづき）

単位 mm

ねじの呼び	並目ねじ I 欄		M3		M4		M5		M6		M8		M10		M12		呼び長さ(基準寸法)
ボルト長さ l		ls 及び lg														
呼び長さ(基準寸法)	最小	最大	ls 最小	lg 最大	ls 最小	lg 最大	ls 最小	lg 最大	ls 最小	lg 最大	ls 最小	lg 最大	ls 最小	lg 最大	ls 最小	lg 最大	
20	19.58	20.42	5.5	8	←部品等級 A						l がこの区間にあるボルトは，**表2**による。						20
25	24.58	25.42	10.5	13	7.5	11	5	9			太い実線は，部品等級 A の範囲を示す。						25
30	29.58	30.42	15.5	18	12.5	16	10	14	7	12	太い破線は，部品等級 C の範囲を示す。						30
35	34.5	35.5			17.5	21	15	19	12	17	ただし，ls 及び lg の値は異なる。						35
40	39.5	40.5			22.5	26	20	24	17	22	11.75	18	部品等級 C ↓				40
45	44.5	45.5	↑部品等級 A (太い実線)				25	29	22	27	16.75	23	11.5	19			45
50	49.5	50.5					30	34	27	32	21.75	28	16.5	24	11.25	20	50
55	54.4	55.6							32	37	26.75	33	21.5	29	16.25	25	55
60	59.4	60.6							37	42	31.75	38	26.5	34	21.25	30	60
65	64.4	65.6									36.75	43	31.5	39	26.25	35	65
70	69.4	70.6									41.75	48	36.5	44	31.25	40	70
80	79.4	80.6									51.75	58	46.5	54	41.25	50	80
90	89.3	90.7											56.5	64	51.25	60	90
100	99.3	100.7											66.5	74	61.25	70	100
110	109.3	110.7											71.25	80			110
120	119.3	120.7								部品等級 C → (太い破線)		81.25	90			120
130	129.2	130.8															130
140	139.2	140.8															140
150	149.2	150.8															150
160	158	162															160
180	178	182															180
200	197.7	202.3															200
220	217.7	222.3															220
240	237.7	242.3															240
260	257.4	262.6															260
280	277.4	282.6															280
300	297.4	302.6															300
320	317.15	322.85															320
340	337.15	342.85															340
360	357.15	362.85															360
380	377.15	382.85															380
400	397.15	402.85															400
420	416.85	423.15															420
440	436.85	443.15															440
460	456.85	463.15															460
480	476.85	483.15															480
500	496.85	503.15															500

備考 1. 並目ねじの I 欄のみを示す。同 II 欄及び細目ねじ I，II 欄は略。なお，ねじの呼びの表し方は，JIS B 0123 によっている。
2. ねじの呼びに対して推奨する呼び長さ（l）は，太線の枠内とする。
3. 太線枠内の最大の呼び長さより長いボルトのねじ部長さ（b）の公差は，受渡当事者間の協定によるが，JIS B 1021 によるのがよい。
4. lg 最大及び ls 最小は，次による。lg 最大＝呼び長さ（l）− b，ls 最小＝lg 最大−5P （P＝並目ピッチ）
5. この表で規定する da 及び r の値は，JIS B 1005 によっている。

付表7 六角ボルト（つづき）

表1.2 呼び径六角ボルト（並目，部品等級 A，B，C）の形状・寸法（つづき）

単位 mm

ねじの呼び	並目ねじ I 欄		M16		M20		M24		M30		M36		M42		M48		呼び長さ（基準寸法）
ボルト長さ l			\multicolumn{16}{c	}{ls 及び lg}
呼び長さ（基準寸法）	最小	最大	ls 最小	lg 最大	ls 最小	lg 最大	ls 最小	lg 最大	ls 最小	lg 最大	ls 最小	lg 最大	ls 最小	lg 最大	ls 最小	lg 最大	
20	19.58	20.42	\multicolumn{16}{l	}{l がこの区間にあるボルトは，**表2**による。}	20
25	24.58	25.42															25
30	29.58	30.42															30
35	34.5	35.5															35
40	39.5	40.5															40
45	44.5	45.5															45
50	49.5	50.5															50
55	54.4	55.6															55
60	59.4	60.6															60
65	64.4	65.6	17	27			部品等級 A										65
70	69.4	70.6	22	32													70
80	79.4	80.6	32	42	21.5	34			部品等級 B		太線は，部品等級 A の範囲を示す。太い破線は，部品等級 C の範囲を示す。ただし，ls 及び lg の値は異なる。						80
90	89.3	90.7	42	52	31.5	44	21	36									90
100	99.3	100.7	52	62	41.5	54	31	46									100
110	109.3	110.7	62	72	51.5	64	41	56	26.5	44							110
120	119.3	120.7	72	82	61.5	74	51	66	36.5	54							120
130	129.2	130.8	76	86	71	86	55	70	40.5	58							130
140	139.2	140.8	86	96	75.5	88	65	80	50.5	68	36	56					140
150	149.2	150.8	96	106	85.5	98	75	90	60.5	78	46	66					150
160	158	162	106	116	95.5	108	85	100	70.5	88	56	76	41.5	64			160
180	178	182			115.5	128	105	120	90.5	108	76	96	61.5	84			180
200	197.7	202.3			135.5	148	125	140	110.5	128	96	116	81.5	104	67	92	200
220	217.7	222.3	部品等級 B（中間の太さの実線）				132	147	117.5	135	103	123	88.5	111	74	99	220
240	237.7	242.3					152	167	137.5	155	123	143	108.5	131	94	119	240
260	257.4	262.6	部品等級 A（太い実線）						157.5	175	143	163	128.5	151	114	139	260
280	277.4	282.6							177.5	195	163	183	148.5	171	134	159	280
300	297.4	302.6							197.5	215	183	203	168.5	191	154	179	300
320	317.15	322.85									203	223	188.5	211	174	199	320
340	337.15	342.85									223	243	208.5	231	194	219	340
360	357.15	362.85									243	263	228.5	251	214	239	360
380	377.15	382.85	備考 1．並目ねじの I 欄のみを示す。同 II 欄及び細目ねじ I，II 欄は略。										248.5	271	234	259	380
400	397.15	402.85	なお，ねじの呼びの表し方は，JIS B 0123 によっている。										268.5	291	254	279	400
420	416.85	423.15	2．ねじの呼びに対して推奨する呼び長さ（l）は，太線の枠内とする。										288.5	311	274	299	420
440	436.85	443.15	3．太線枠内の最大の呼び長さより長いボルトのねじ部長さ（b）の公差は，受渡当事者間の協定によるが，JIS B 1021 によるのがよい。												294	319	440
460	456.85	463.15													314	339	460
480	476.85	483.15	4．lg 最大及び ls 最小は，次による。lg 最大＝呼び長さ（l）− b，ls 最小＝lg 最大 − 5P（P＝並目ピッチ）												334	359	480
500	496.85	503.15	5．この表で規定する da 及び r の値は，JIS B 1005 によっている。														500

付表7 六角ボルト（つづき）

表2 全ねじ六角ボルト（並目，部品等級 A，B，C）の形状・寸法（抜粋）

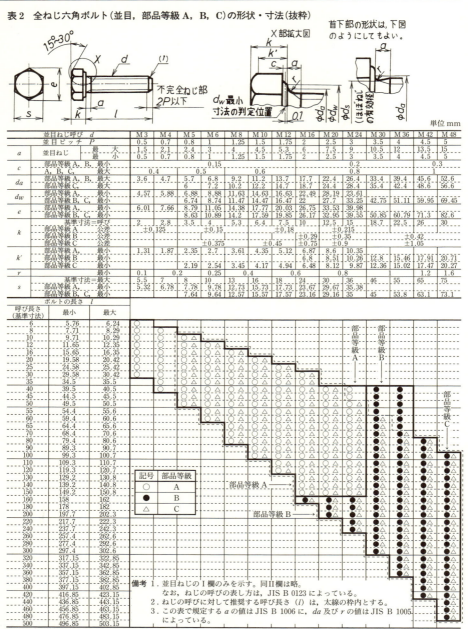

備考 1. 並目ねじの I 欄のみを示す。同 II 欄は略。
2. ねじの呼びの表し方は，JIS B 0123 によっている。
3. ねじの呼びに対して推奨する呼び長さ（l）は，太線の枠内とする。
4. この表で規定する a の値は JIS B 1006 に，d_a 及び r の値は JIS B 1005 によっている。

注 ([1]) 部品等級 A……面取り先。
部品等級 B……面取り先。ただし，M 4 以下は，あら先でもよい。
部品等級 C……先端の形状は任意とする。ただし，めねじへの食付きは良好なこと。

28-16

付表7　六角ボルト（つづき）

表3　有効径六角ボルト（並目，部品等級B）の形状・寸法

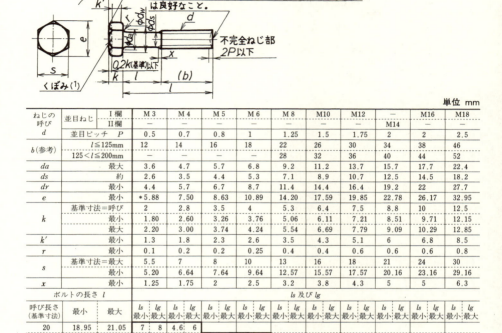

単位 mm

ねじの呼び d	並目ねじ	I欄 II欄	M 3	M 4	M 5	M 6	M 8	M10	M12	— M14	M16	M18
	並目ピッチ P		0.5	0.7	0.8	1	1.25	1.5	1.75	2	2	2.5
b(参考)	$l \leq 125$mm		12	14	16	18	22	26	30	34	38	46
	$125 < l \leq 200$mm		—	—	—	—	28	32	36	40	44	52
da		最大	3.6	4.7	5.7	6.8	9.2	11.2	13.7	15.7	17.7	22.4
ds		約	2.6	3.5	4.4	5.3	7.1	8.9	10.7	12.5	14.5	18.2
dr		最小	4.4	5.7	6.7	8.7	11.4	14.4	16.4	19.2	22	27.7
e		最小	*5.88	7.50	8.63	10.89	14.20	17.59	19.85	22.78	26.17	32.95
k	基準寸法＝呼び		2	2.8	3.5	4	5.3	6.4	7.5	8.8	10	12.5
		最小	1.80	2.60	3.26	3.76	5.06	6.11	7.21	8.51	9.71	12.15
		最大	2.20	3.00	3.74	4.24	5.54	6.69	7.79	9.09	10.29	12.85
k'		最小	1.3	1.8	2.3	2.6	3.5	4.3	5.1	6	6.8	8.5
r		最小	0.1	0.2	0.2	0.25	0.4	0.4	0.6	0.6	0.6	0.8
s	基準寸法＝最大		5.5	7	8	10	13	16	18	21	24	30
		最小	5.20	6.64	7.64	9.64	12.57	15.57	17.57	20.16	23.16	29.16
x		最小	1.25	1.75	2	2.5	3.2	3.8	4.3	5	5	6.3

ボルトの長さ l			ls 及び lg																	
呼び長さ (基準寸法)	最小	最大	ls 最小	lg 最大	ls 最小	lg 最大	ls 最小	lg 最大	ls 最小	lg 最大	ls 最小	lg 最大	ls 最小	lg 最大	ls 最小	lg 最大	ls 最小	lg 最大	ls 最小	lg 最大	ls 最小	lg 最大
20	18.95	21.05	7	8	4.6	6														
25	23.95	26.05	12	13	9.6	11	7.4	9	5	7										
30	28.95	31.05	17	18	14.6	16	12.4	14	10	12	5.5	8								
35	33.75	36.25			19.6	21	17.4	19	15	17	10.5	13								
40	38.75	41.25			24.6	26	22.4	24	20	22	15.5	18	11	14						
45	43.75	46.25					27.4	29	25	27	20.5	23	16	19	11.5	15				
50	48.75	51.25					32.4	34	30	32	25.5	28	21	24	16.5	20	12	16		
55	53.5	56.5							35	37	30.5	33	26	29	21.5	25	17	21	13	17
60	58.5	61.5							40	42	35.5	38	31	34	26.5	30	22	26	18	22
65	63.5	66.5									40.5	43	36	39	31.5	35	27	31	23	27	14	19
70	68.5	71.5									45.5	48	41	44	36.5	40	32	36	28	32	19	24
80	78.5	81.5									55.5	58	51	54	46.5	50	42	46	38	42	29	34
90	88.25	91.75											61	64	56.5	60	52	56	48	52	39	44
100	98.25	101.75											71	74	66.5	70	62	66	58	62	49	54
110	108.25	111.75													76.5	80	72	76	68	72	59	64
120	118.25	121.75													86.5	90	82	86	78	82	69	74
130	128	132															86	90	82	86	73	*78
140	138	142															96	100	92	96	83	88
150	148	152																	102	106	93	98

注 (1) くぼみの有無及びくぼみを付ける場合のその形状は，使用者から特に指定がない限り製造業者の任意とする。

備考 1. ねじの呼びは，I 欄のものを優先する。
　　　　なお，ねじの呼び表し方は，JIS B 0123 によっている。
　　2. ねじの呼び径に対して推奨する呼び長さ (l) は，太線の枠内とする。
　　3. 太線枠の外の区域にあるボルトのねじ部長さ (b) の公差は，受渡当事者間の協定によるが，JIS B 1021 によるのがよい。
　　4. lg 最大及び ls 最小の値は，次による。lg 最大 ＝ 呼び長さ (l) － b，ls 最小 ＝ lg 最大 － $2P$ （P ＝ 並目ピッチ）

28-17

付表8 植込みボルト (JIS B 1173 : 2010)

材　料　JIS 規格では材質名を規定していないが，表15.4 (JIS B 1051) に示す機械的性質のうちで，強度区分 4.8, 8.8, 9.8 及び 10.9 の 4 種類を定めているから，これを満足する材料を使用する。通常は炭素鋼又は合金鋼を使用することが多い。

製品の呼び方

なお，ナット側ねじの等級を特に必要とする場合は，ナット側ピッチ系列のあとに付け加える。

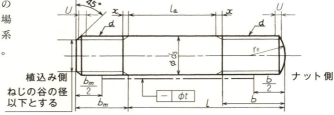

植込み側　ねじの谷の径以下とする　　　ナット側

植込ボルトの形状・寸法

単位 mm

呼び径 (d)		4	5	6	8	10	12	(14)	16	(18)	20
ピッチ P	並目ねじ	0.7	0.8	1	1.25	1.5	1.75	2	2	2.5	2.5
	細目ねじ	—	—	—	—	—	1.25	1.25	1.5	1.5	1.5
d_s	基準寸法	4	5	6	8	10	12	14	16	18	20
	許容差	0 / −0.18			0 / −0.22			0 / −0.27			0 / −0.40
b	基準寸法	14	16	18	22	26	30	34	38	42	46
	許容差	+1.4 / 0	+1.6 / 0	+2.0 / 0	+2.5 / 0	+3 / 0	+3.5 / 0	+4 / 0	+4 / 0	+5 / 0	+5 / 0
b_m　1種	基準寸法	—	—	—	—	12	15	18	20	22	25
	許容差	—	—	—	—	+1.1 / 0			+1.3 / 0		
b_m　2種	基準寸法	6	7	8	11	15	18	21	24	27	30
	許容差	+0.75 / 0	+0.9 / 0		+1.1 / 0			+1.3 / 0		+1.6 / 0	
b_m　3種	基準寸法	8	10	12	16	20	24	28	32	36	40
	許容差	+0.9 / 0		+1.1 / 0		+1.3 / 0		+1.6 / 0			
r_e (約)		5.6	7.0	8.4	11	14	17	20	22	25	28

$l > 125$ mm は省略

付表8 植込みボルト（つづき）

単位 mm

呼び径 (d)		4	5	6	8	10	12	(14)	16	(18)	20
呼び長さ	12	○*	○*	○*							
	14	○*	○*	○*							
	16	○*	○*	○*	○*						
	18	○	○*	○*	○*						
l	20	○	○	○	○*	○*					
	22	○	○	○	○*	○*	○*				
	25	○	○	○	○*	○*	○*	○*			
	28	○	○	○	○	○*	○*	○*			
	30	○	○	○	○	○*	○*	○*			
	32	○	○	○	○	○	○*	○*	○*	○*	
	35	○	○	○	○	○	○*	○*	○*	○*	○*
	38	○	○	○	○	○	○	○*	○*	○*	○*
	40	○	○	○	○	○	○	○*	○*	○*	○*
	45		○	○	○	○	○	○	○*	○*	○*
	50			○	○	○	○	○	○	○*	○*
	55				○	○	○	○	○	○	○
	60					○	○	○	○	○	○
	65					○	○	○	○	○	○
	70					○	○	○	○	○	○
	80					○	○	○	○	○	○
	90					○	○	○	○	○	○
	100					○	○	○	○	○	○
	110									○	○
	120									○	○
	140									○	○
	160									○	○

許容差: 呼び長さ 12〜18 は ±0.35、20〜30 は ±0.42、32〜50 は ±0.5、55〜80 は ±0.6、90〜120 は ±0.7、140〜160 は ±0.8。

備 考
1. 呼び径に（ ）を付けたものは，なるべく用いない。
2. x 及び u は不完全ねじ部の長さで，2ピッチ以下とする。
3. 各呼び径に対して推奨する呼び長さ（l）は太線のわく内とする。
4. 推奨する呼び長さのうち＊印を付けた l の場合は，ナット側ねじ部長さを表 A に示す $d+2P$（d はねじの呼び径，P はピッチで，並目の値を用いる）の値より小さくしてはならない。また，これらの円筒部長さは原則として表 A の l_a 以上とする。

表 A

単位 mm

ねじの呼び径 (d)	4	5	6	8	10	12	14	16	18	20
$d+2P$	5.4	6.6	8	10.5	13	14	18	20	23	25
l_a	1		2		2.5		3		4	

5. 植込みの長さ（b_m）は，1種，2種，3種のうち，いずれかを指定する。
6. 植込み側のねじ先は平先，ナット側は丸先とする。

付表9　六角穴付きボルト（JIS B 1176 : 2014）

形状・寸法

単位 mm

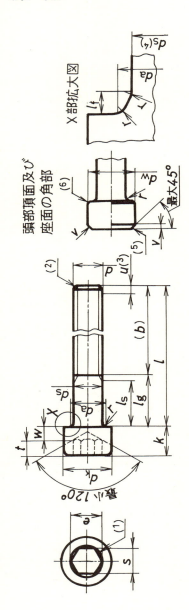

表1

ねじの呼び(d)		M1.6	M2	M2.5	M3	M4	M5	M6	M8	M10	M12	(M14)(10)	M16	M20	M24	M30
p(1)	（参考）	0.35	0.4	0.45	0.5	0.7	0.8	1	1.25	1.5	1.75	2	2	2.5	3	3.5
b(8)		15	16	17	18	20	22	24	28	32	36	40	44	52	60	72
d_k	最大(9)	3.00	3.80	4.50	5.50	7.00	8.50	10.00	13.00	16.00	18.00	21.00	24.00	30.00	36.00	45.00
	最大(10)	3.14	3.98	4.68	5.68	7.22	8.72	10.22	13.27	16.27	18.27	21.33	24.33	30.33	36.39	45.39
	最小	2.86	3.62	4.32	5.32	6.78	8.28	9.78	12.73	15.73	17.73	20.67	23.67	29.67	35.61	44.61
d_a	最大	2	2.6	3.1	3.6	4.7	5.7	6.8	9.2	11.2	13.7	15.7	17.7	22.4	26.4	33.4
d_s	最大	1.60	2.00	2.50	3.00	4.00	5.00	6.00	8.00	10.00	12.00	14.00	16.00	20.00	24.00	30.00
e	最小(11)	1.73	1.73	2.3	2.87	3.44	4.58	5.72	6.86	9.15	11.43	13.72	15.73	19.44	21.73	25.15
h	最大	0.34	0.51	0.51	0.51	0.6	0.6	0.68	1.02	1.02	1.45	1.45	1.45	2.04	2.04	2.89
k	最大	1.60	2.00	2.50	3.00	4.00	5.00	6.00	8.00	10.00	12.00	14.00	16.00	20.00	24.00	30.00
	最小	1.46	1.86	2.36	2.86	3.82	4.82	5.7	7.64	9.64	11.57	13.57	15.57	19.48	23.48	29.48
r	最小	0.1	0.1	0.1	0.1	0.2	0.2	0.25	0.4	0.4	0.6	0.6	0.6	0.8	0.8	1
s	呼び	1.5	1.5	2	2.5	3	4	5	6	8	10	12	14	17	19	22
	最大(12)	1.545	1.545	2.045	2.56	3.071	4.084	5.084	6.095	8.115	10.115	12.142	14.142	17.23	19.275	22.275
	最大(13)	1.560	1.560	2.060	2.58	3.080	4.095	5.140	6.140	8.175	10.175	12.212	14.212	17.23	19.275	22.275
	最小	1.520	1.520	2.020	2.52	3.020	4.020	5.020	6.020	8.025	10.025	12.032	14.032	17.05	19.065	22.065
t	最小	0.7	1	1.1	1.3	2	2.5	3	4	5	6	7	8	10	12	15.5
v	最大	0.16	0.2	0.25	0.3	0.4	0.5	0.6	0.8	1	1.2	1.4	1.6	2	2.4	3
d_w	最小	2.72	3.48	4.18	5.07	6.53	8.03	9.38	12.33	15.33	17.23	20.17	23.17	28.87	34.81	43.61
w	最小	0.55	0.55	0.85	1.15	1.4	1.9	2.3	3.3	4	4.8	5.8	6.8	8.6	10.4	13.1

M 36〜M 64 は省略

付表9 六角穴付きボルト（l, l_s, l_g）（JIS B 1176 : 2014）

表2

単位 mm

ねじの呼び(d)		M1.6	M2	M2.5	M3	M4	M5	M6	M8	M10	M12	(M14)	M16	M20	M24	M30	ねじの呼び(d)	
l (")		l_s 最小 / l_g 最大															l (")	
呼び長さ	最小 / 最大																最小 / 最大	呼び長さ
2.5	2.3 / 2.7																2.3 / 2.7	2.5
3	2.8 / 3.2																2.8 / 3.2	3
4	3.76 / 4.24																3.76 / 4.24	4
5	4.76 / 5.24		2 / 4														4.76 / 5.24	5
6	5.76 / 6.24																5.76 / 6.24	6
8	7.71 / 8.29			5.75 / 8	4.5 / 7												7.71 / 8.29	8
10	9.71 / 10.29				9.5 / 12	6.5 / 10	4 / 8										9.71 / 10.29	10
12	11.65 / 12.35					11.5 / 15	9 / 13	6 / 11	5.75 / 12								11.65 / 12.35	12
16	15.65 / 16.35					16.5 / 20	14 / 18	11 / 16	10.75 / 17	5.5 / 13							15.65 / 16.35	16
20	19.58 / 20.42						19 / 23	16 / 21	15.25 / 22	10.5 / 18	10.25 / 19						19.58 / 20.42	20
25	24.58 / 25.42						24 / 28	21 / 26	20.75 / 27	15.5 / 23	15.25 / 24	10 / 20	11 / 21				24.58 / 25.42	25
30	29.58 / 30.42							26 / 31	25.75 / 32	20.5 / 28	20.25 / 29	15 / 25	16 / 26	15.5 / 28			29.58 / 30.42	30
35	34.5 / 35.5							31 / 36	30.75 / 37	25.5 / 33	25.25 / 34	20 / 30	21 / 31	20 / 31			34.5 / 35.5	35
40	39.5 / 40.5								35.75 / 42	30.5 / 38	30.25 / 39	25 / 35	26 / 36	25.5 / 35.5	15 / 30		39.5 / 40.5	40
45	44.5 / 45.5								40.75 / 47	35.5 / 43	35.25 / 44	30 / 40	31 / 41	30.5 / 41	20 / 35		44.5 / 45.5	45
50	49.5 / 50.5								45.75 / 52	40.5 / 48	40.25 / 49	35 / 45	36 / 46	35.5 / 46	25 / 40		49.5 / 50.5	50
55	54.4 / 55.6									50.5 / 58	45.25 / 54	40 / 50	41 / 51	40.5 / 51	30 / 45		54.4 / 55.6	55
60	59.4 / 60.6									55.5 / 63	55.25 / 64	50 / 60	46 / 56	45.5 / 56	35 / 50	20.5 / 38	59.4 / 60.6	60
65	64.4 / 65.6									60.5 / 68	52.25 / 74	60 / 70	56 / 66	55.5 / 65.5	45 / 60	30.5 / 48	64.4 / 65.6	65
70	69.4 / 70.6										75.25 / 84	70 / 80	66 / 76	65.5 / 75.5	55 / 70	40.5 / 58	69.4 / 70.6	70
80	79.4 / 80.6											80 / 90	76 / 86	75.5 / 85.5	65 / 80	50.5 / 68	79.4 / 80.6	80
90	89.3 / 90.7											90 / 100	86 / 96	85.5 / 95.5	75 / 90	60.5 / 78	89.3 / 90.7	90
100	99.3 / 100.7												96 / 106	95.5 / 108	85 / 105	70.5 / 88	99.3 / 100.7	100
110	109.3 / 110.7												106 / 116	115.5 / 128	105 / 120	90.5 / 108	109.3 / 110.7	110
120	119.3 / 120.7													135.5 / 148	125 / 140	110.5 / 128	119.3 / 120.7	120
130	129.2 / 130.8																129.2 / 130.8	130
140	139.2 / 140.8																139.2 / 140.8	140
150	149.2 / 150.8																149.2 / 150.8	150
160	159.2 / 160.8																159.2 / 160.8	160
180	179.2 / 180.8																179.2 / 180.8	180
200	199.075 / 200.925																199.075 / 200.925	200

M 36～M 64 は省略

付表9 六角穴付きボルト(つづき)

注$(^1)$ 六角穴の口元には、わずかな丸み又は面取りがあってもよい。
$(^2)$ 面取り先とする。ただし、M4以下は、あら先でもよい。JIS B 1003 参照。
$(^3)$ 不完全ねじ部 $u \leqq 2P$。
$(^4)$ d_sは、l_{smin}が規定されているものに適用する。
$(^5)$ 頭部頂面の角部は、丸み又は面取りとし、製造業者側の任意とする。
$(^6)$ 頭部座面の角部は、丸み又は面取りとし、ばり返りなどがあってはならない。
$(^7)$ P は、ねじのピッチ。
$(^8)$ 破線から下の長さのものに適用する。
$(^9)$ ローレットがない頭部に適用する。
$(^{10})$ ローレットがある頭部に適用する。
$(^{11})$ $e_{min} = 1.14\, s_{min}$
$(^{12})$ 強度区分12.9に適用する。
$(^{13})$ その他の強度区分に適用する。
$(^{14})$ 一般に流通している呼び長さの範囲は、太い階段線の間とし、破線から上のものは全ねじとし、首下部における不完全ねじ部の長さは $3P$ 以内とする。
破線から下の長さは、l_g 及び l_s の値を示し、次の式による。
$l_{gmax} = l_{nom} - b$　　$l_{smin} = l_{gmax} - 5P$
$(^{15})$ ねじの呼びに括弧を付けたものは、なるべく用いない。

首下丸みの最大値
$l_{tmax} = 1.7\, r_{max}$

$$r_{max} = \frac{d_{emax} - d_{smax}}{2}$$

r_{min}は、表1による。

製品仕様及び引用規格

表3 製品仕様及び引用規格

材料		鋼	ステンレス鋼	非鉄金属
ねじ	公差	強度区分12.9は、5g 6g (**附属書1参照**);他の強度区分は6g		
	引用規格	JIS B 0205, JIS B 0209, JIS B 0215		
機械的性質	強度区分	<M3:受渡当事者間の協定 ≧M3 及び ≦M39: 　8.8, 10.9, 12.9 >M39:受渡当事者間の協定	≦M24: 　A 2-70, A 4-70$(^{17})$ >M24 及び ≦M39: 　A 2-50, A 4-50$(^{17})$ >M39:受渡当事者間の協定	規定されたすべての材料
	引用規格	JIS B 1051$(^{16})$	JIS B 1054-1	JIS B 1057
公差	部品等級	A		
	引用規格	JIS B 1021		
仕上げ		黒色酸化皮膜 (熱的又は化学的) 電気めっきの要求がある場合は、JIS B 1044による。	生地のまま ― 	生地のまま 電気めっきの要求がある場合は、JIS B 1044による。
		他の電気めっきの要求がある場合又はその他の表面処理が必要な場合は、受渡当事者間の協定による。		
		表面欠陥の限界は、 JIS B 1041 及び JIS B 1043による。	―	
受渡し		受入検査手順は、JIS B 1091による。		

注$(^{16})$ 引張試験ができないボルトは、硬さの要求を満たさなければならない。
$(^{17})$ 棒材から削出しで造られるステンレス鋼製のボルトは、M12以下のものにはA 1-70、M 12を超えるものにはA 1-50を用いてもよいが、製品の表示は、それぞれの強度区分に沿って行うのがよい。

製品の呼び方

例　ねじの呼びがM5、呼び長さ $l = 20$ mm 及び強度区分12.9の六角穴付きボルトの呼び方は、次による。

六角穴付きボルト　　**JIS B 1176**－M 5×20－12.9

付表10 六角ナット（JIS B 1181 : 2014）

形状・寸法及び品質

表1 六角ナットの形状・寸法及び品質　　　単位 mm

ナットの種類	(1)部品等級	形状・寸法	ねじ (2)種類	ねじ 呼び径範囲(mm)	(3)等級	材料	機械的性質 鋼：強度区分／ステンレス鋼：鋼種区分／非鉄金属：材質区分	適用規格	(参考)対応国際規格
六角ナット―スタイル1	A	表2	並目	1.6～16	6 H	鋼	$d < 3$ mm：受渡当事者間の協定	―	ISO 4032 :2012
							3 mm $\leq d \leq$ 16 mm：並目ねじ：6,8,10／細目ねじ：6,8,10	JIS B 1052	
			細目	8～16			16 mm $< d \leq$ 39 mm：並目ねじ：6,8,10／細目ねじ：6,8		
							$d > 39$ mm：受渡当事者間の協定	―	ISO 8673 :2012
	B	表2	並目及び細目	18～64		ステンレス鋼	$d \leq 20$ mm：A 2-70／20 mm $< d \leq$ 39 mm：A 2-50	JIS B 1054-2	
							$d > 39$ mm：受渡当事者間の協定		
						非鉄金属	**JIS B** 1057 の 3.（機械的性質）による。	**JIS B 1057**	
六角ナット―スタイル2	A	表2	並目	5～16	6 H	鋼	全サイズ：並目ねじ：9, 12／細目ねじ：8, 10, 12	JIS B 1052	ISO 4033 :2012
			細目	8～16					
	B	表2	並目及び細目	18～36		鋼	全サイズ：並目ねじ：9, 12／細目ねじ：10	JIS B 1052	ISO 8674 :2012
六角ナット	C	表3	並目	5～64	7 H	鋼	$d \leq 16$ mm：5／16 mm $< d \leq$ 39 mm：4.5／$d > 39$ mm：受渡当事者間の協定	JIS B 1052	ISO 4034 :2012
六角低ナット―両面取り	A	表4	並目	1.6～16	6 H	鋼	$d < 3$ mm：硬さ HV 140～290	―	ISO 4035 :2012
							3 mm $\leq d \leq$ 39 mm：04, 05	JIS B 1052	
			細目	8～16			$d > 39$ mm：受渡当事者間の協定	―	
	B	表4	並目及び細目	18～64		ステンレス鋼	$d \leq 20$ mm：A 2-70／20 mm $< d \leq$ 39 mm：A 2-50	JIS B 1054-2	ISO 8675 :2012
							$d > 39$ mm：受渡当事者間の協定		
						非鉄金属	**JIS B** 1057 の 3.（機械的性質）による。	**JIS B 1057**	
六角低ナット―面取りなし	B	表5	並目	1.6～10	6 H	鋼	全サイズ：硬さ HV 110 以上	―	ISO 4036 :2012

注 (1) 部品等級 A，B 及び C は，JIS B 1021 による。
　 (2) ねじの種類は，JIS B 0205 及び JIS B 0207 による。
　 (3) ねじの等級は，JIS B 0209 及び JIS B 0211 による。
　　　なお，電気めっきを施したものについても表1の等級の許容域内になければならない。

部品の呼び方

例

（六角ナット―スタイル1　並目・鋼の場合）	JIS B 1181	六角ナット―スタイル1	A	M 10	― 8	Ep-Fe/Zn 5/CM 2
（六角ナット―スタイル1　細目・ステンレスの場合）	（略）	六角ナット―スタイル1	B	M 20×1.5	A 2-70	座付き
（六角ナット―スタイル2　の場合）	（略）	六角ナット―スタイル2	A	M 8	―12	Ep-Fe/Zn 5/CM 2
（六角低ナット―面取り　なしの場合）	（略）	六角低ナット―面取りなし	B	M 6	―	―
	‖	‖	‖	‖	‖	‖
	（規格番号）	（種類）	（部品等級）	（ねじの呼び）	（強度区分／性状区分／材質区分）	（指定事項）

付表10 六角ナット（つづき）

表2 六角ナット・スタイル1，2（部品等級A, B）形状・寸法

特別な指示がない限り
ナットは座付きとしない

単位 mm

並目ねじの呼び d		1.6	M 2	M2.5	M 3	(M3.5)	M 4	M 5	M 6	M 8	M10	M12	(M14)	M16	M20	部 品 等 級 B M24	M30	M36
並目ピッチ P		0.35	0.4	0.45	0.5	0.6	0.7	0.8	1	1.25	1.5	1.75	2	2	2.5	3	3.5	4
c	最 大	0.2	0.2	0.3	0.4	0.4	0.4	0.5	0.5	0.6	0.6	0.6	0.6	0.8	0.8	0.8	0.8	0.8
	最 小	0.1	0.1	0.1	0.15	0.15	0.15	0.15	0.15	0.15	0.15	0.15	0.15	0.2	0.2	0.2	0.2	0.2
d_a	最小(基準寸法)	1.6	2	2.5	3	3.5	4	5	6	8	10	12	14	16	20	24	30	36
d_w	最 小	1.84	2.3	2.9	3.45	4	4.6	5.75	6.75	8.75	10.8	13	15.1	17.3	21.6	25.9	32.4	38.9
e	最 小	2.27	3.07	4.07	4.57	5.07	5.88	6.88	8.88	11.63	14.63	16.63	19.64	22.49	27.7	33.25	42.75	51.11
	最 小	3.41	4.32	5.45	6.01	6.58	7.66	8.79	11.05	14.38	17.77	20.03	23.35	26.75	32.95	39.55	50.85	60.79
s	最大(基準寸法)	3.2	4	5	5.5	6	7	8	10	13	16	18	21	24	30	36	46	55
	最 小	3.02	3.82	4.82	5.32	5.82	6.78	7.78	9.78	12.73	15.73	17.73	20.67	23.67	29.16	35	45	53.8
スタイル1	m 最大(基準寸法)	1.3	1.6	2	2.4	2.8	3.2	4.7	5.2	6.8	8.4	10.8	12.8	14.8	18	21.5	25.6	31
	m 最 小	1.05	1.35	1.75	2.15	2.55	2.9	4.4	4.9	6.44	8.04	10.37	12.1	14.1	16.9	20.2	24.3	29.4
	m' 最 小	0.84	1.08	1.4	1.72	2.04	2.32	3.52	3.92	5.15	6.43	8.3	9.68	11.28	13.52	16.16	19.44	23.52
	m" 最 小	0.74	0.95	1.23	1.51	1.79	2.03	3.08	3.43	4.51	5.63	7.26	8.47	9.87	11.83	14.14	17.01	20.58
スタイル2	m 最大(基準寸法)							5.1	5.7	7.5	9.3	12	14.1	16.4	20.3	23.9	28.6	34.7
	m 最 小							4.8	5.4	7.14	8.94	11.57	13.4	15.7	19	22.6	27.3	33.1
	m' 最 小							3.84	4.32	5.71	7.15	9.26	10.72	12.56	15.2	18.08	21.84	26.48
	m" 最 小							3.36	3.78	5	6.26	8.1	9.38	10.99	13.3	15.82	19.11	23.17

備考 1. ねじの呼びに括弧を付けたものは、なるべく用いない。
2. ナットの形状は、指定がない限り両面取りとし、座付きは注文者の指定による。なお、座付きはし部の面取りは、"両面取り"に準じる。
3. 細目ねじ M8×1, M10×1, (M10×1.25), M12×1.5, (M12×1.25), (M14×1.5), M16×1.5, (M20×2), M24×2, M30×2, (M20×1.5), M36×3の寸法は、同じ呼び径の並目ねじと同じ。
4. 部品等級 B の (M18), (M22), (M27), (M33) 及び (M39) 〜 M64 は省略した。

付表10 六角ナット（つづき）

表3 六角ナット（部品等級C）の形状・寸法

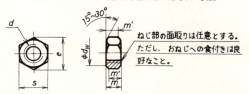

単位 mm

ねじの呼び d		M5	M6	M8	M10	M12	(M14)	M16	M20	M24	M30	36
ピッチ P		0.8	1	1.25	1.5	1.75	2	2	2.5	3	3.5	4
d_w	最 小	6.7	8.7	11.5	14.5	16.5	19.2	22	27.7	33.3	42.8	51.1
e	最 小	8.63	10.89	14.20	17.59	19.85	22.78	26.17	32.95	39.55	50.85	60.79
m	最 大	5.6	6.1	7.9	9.5	12.2	13.9	15.9	19	22.3	26.4	31.5
	最 小	4.4	4.6	6.4	8	10.4	12.1	14.1	16.9	20.2	24.3	29
m'	最 小	3.5	3.7	5.1	6.4	8.3	9.7	11.3	13.5	16.2	19.4	23.2
s	最大(基準寸法)	8	10	13	16	18	21	24	30	36	46	55
	最 小	7.64	9.64	12.57	15.57	17.57	20.16	23.16	29.16	35	45	53.8

備 考 1. ねじの呼びに括弧を付けたものは、なるべく用いない。
　　　 2. (M 18), (M 22), (M 27), (M 33)及び(M 39)〜M 64は省略した。

表4 六角低ナット・両面取りの形状・寸法

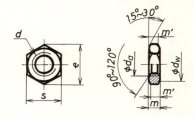

単位 mm

部品等級			部品等級 A									部品等級 B			
並目ねじの呼び d		M1.6	M2	M2.5	M3	(M3.5)	M4	M5	M6	M8	M10	M12	(M14)	M16	M20	M24	M30	M36
並目ピッチ P		0.35	0.4	0.45	0.5	0.6	0.7	0.8	1	1.25	1.5	1.75	2	2	2.5	3	3.5	4
d_a	最小(基準寸法)	1.6	2	2.5	3	3.5	4	5	6	8	10	12	14	16	20	24	30	36
	最 大	1.84	2.3	2.9	3.45	4	4.6	5.75	6.75	8.75	10.8	13	15.1	17.3	21.6	25.9	32.4	38.9
d_w	最 小	2.27	3.07	4.07	4.57	5.07	5.88	6.88	8.88	11.63	14.63	16.63	19.64	22.49	27.7	33.25	42.75	51.11
e	最 小	3.41	4.32	5.45	6.01	6.58	7.66	8.79	11.05	14.38	17.77	20.03	23.35	26.75	32.95	39.55	50.85	60.79
m	最 大	1	1.2	1.6	1.8	2	2.2	2.7	3.2	4	5	6	7	8	10	12	15	18
	最 小	0.75	0.95	1.35	1.55	1.75	1.95	2.45	2.9	3.7	4.7	5.7	6.42	7.42	9.10	10.9	13.9	16.9
m'	最 小	0.6	0.76	1.08	1.24	1.4	1.56	1.96	2.32	2.96	3.76	4.56	5.14	5.94	7.28	8.72	11.1	13.5
s	最大(基準寸法)	3.2	4	5	5.5	6	7	8	10	13	16	18	21	24	30	36	46	55
	最 小	3.02	3.82	4.82	5.32	5.82	6.78	7.78	9.78	12.73	15.73	17.73	20.67	23.67	29.16	35	45	53.8

備 考 1. ねじの呼びに括弧を付けたものは、なるべく用いない。
　　　 2. 細目ねじ M 8×1, M 10×1, (M 10×1.25), M 12×1.5, (M 12×1.25), (M 14×1.5), M 16×1.5の寸法は、同じ呼び径の並目ねじと同じ。
　　　 3. 等級Bの M 42, M 48, M 56, M 64は省略した。

表5 六角低ナット・面取りなし(部品等級B)の形状・寸法

単位 mm

並目ねじの呼び d		M1.6	M2	M2.5	M3	(M3.5)	M4	M5	M6	M8	M10
並目ピッチ P		0.35	0.4	0.45	0.5	0.6	0.7	0.8	1	1.25	1.5
e	最 小	3.28	4.18	5.31	5.88	6.44	7.50	8.63	10.89	14.20	17.59
m	最 大	1	1.2	1.6	1.8	2	2.2	2.7	3.2	4	5
	最 小	0.6	0.8	1.2	1.4	1.6	1.8	2.3	2.72	3.52	4.52
s	最 大	3.2	4	5	5.5	6	7	8	10	13	16
	最 小	2.9	3.7	4.7	5.2	5.7	6.64	7.64	9.64	12.57	15.57

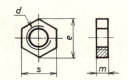

備 考 1. ねじの呼びに括弧を付けたものは、なるべく用いない。

付表11 すりわり付き小ねじ (JIS B 1101 : 2017)

小ねじの品質

区　分	鋼小ねじ	ステンレス小ねじ	非鉄金属小ねじ
ねじの等級	JIS B 0205, JIS B 0209 の 6g		
機械的性質	強度区分 JIS B 1051 の 4.8, 5.8	鋼種区分 JIS B 1054 の A2-50, A2-70	材質区分 JIS B 1057
公　差	JIS B 1021 の A		
表面処理	一般には施さない。特に必要とする場合は、注文者が指定する。電気メッキを施す場合は JIS B 1044 による。		
表面欠陥	特に指定のない限り JIS B 1041 による。		

形状・寸法

表1

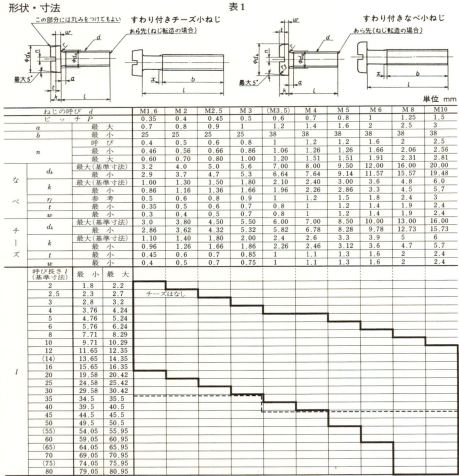

単位 mm

ねじの呼び d		M1.6	M2	M2.5	M3	(M3.5)	M4	M5	M6	M8	M10
ピッチ P		0.35	0.4	0.45	0.5	0.6	0.7	0.8	1	1.25	1.5
a	最大	0.7	0.8	0.9	1	1.2	1.4	1.6	2	2.5	3
b	最小	25	25	25	25	38	38	38	38	38	38
n	呼び	0.4	0.5	0.6	0.8	1	1.2	1.2	1.6	2	2.5
	最小	0.46	0.56	0.66	0.86	1.06	1.26	1.26	1.66	2.06	2.56
	最大	0.60	0.70	0.80	1.00	1.20	1.51	1.51	1.91	2.31	2.81
なべ d_k	最大(基準寸法)	3.2	4.0	5.0	5.6	7.00	8.00	9.50	12.00	16.00	20.00
	最小	2.9	3.7	4.7	5.3	6.64	7.64	9.14	11.57	15.57	19.48
k	最大(基準寸法)	1.00	1.30	1.50	1.80	2.10	2.40	3.00	3.6	4.8	6.0
	最小	0.86	1.16	1.36	1.66	1.96	2.26	2.86	3.3	4.5	5.7
r_f	参考	0.5	0.6	0.8	0.9	1	1.2	1.5	1.8	2.4	3
t	最小	0.35	0.5	0.6	0.7	0.8	1	1.2	1.4	1.9	2.4
w	最小	0.3	0.4	0.5	0.7	0.8	1	1.2	1.4	1.9	2.4
チーズ d_k	最大(基準寸法)	3.0	3.80	4.50	5.50	6.00	7.00	8.50	10.00	13.00	16.00
	最小	2.86	3.62	4.32	5.32	5.82	6.78	8.28	9.78	12.73	15.73
k	最大(基準寸法)	1.10	1.40	1.80	2.00	2.4	2.6	3.3	3.9	5	6
	最小	0.96	1.26	1.66	1.86	2.26	2.46	3.12	3.6	4.7	5.7
t	最小	0.45	0.6	0.7	0.85	1	1.1	1.3	1.6	2	2.4
w	最小	0.4	0.5	0.7	0.75	1	1.1	1.3	1.6	2	2.4

呼び長さ l (基準寸法)	最小	最大
2	1.8	2.2
2.5	2.3	2.7
3	2.8	3.2
4	3.76	4.24
5	4.76	5.24
6	5.76	6.24
8	7.71	8.29
10	9.71	10.29
12	11.65	12.35
(14)	13.65	14.35
16	15.65	16.35
20	19.58	20.42
25	24.58	25.42
30	29.58	30.42
35	34.5	35.5
40	39.5	40.5
45	44.5	45.5
50	49.5	50.5
(55)	54.05	55.95
60	59.05	60.95
(65)	64.05	65.95
70	69.05	70.95
(75)	74.05	75.95
80	79.05	80.95

備考　1. ねじの呼びに括弧を付けたものは，なるべく用いない。
2. ねじの呼びに対して推奨するねじ長さ (l) は，太線の枠内とし，点線の位置より短い呼び長さのものは，注文者から指定がない限り全ねじとする。
なお，呼び長さに括弧を付けたものは，なるべく用いない。
3. ねじのない部分 (円筒部) の径は，一般にはほぼねじの有効径とするが，ほぼねじの呼び径にしてもよい。ただし，その直径は，ねじ外径の最大値より小でなければならない。
4. ねじ先の形状は，ねじ転造の場合はあら先，ねじ切削の場合は面取り先とし，その他のねじ先を必要とする場合は，注文者が指定する。ただし，ねじ先の形状・寸法は，原則として **JIS B 1003** による。

付表11 すりわり付き小ねじ（つづき）

表2

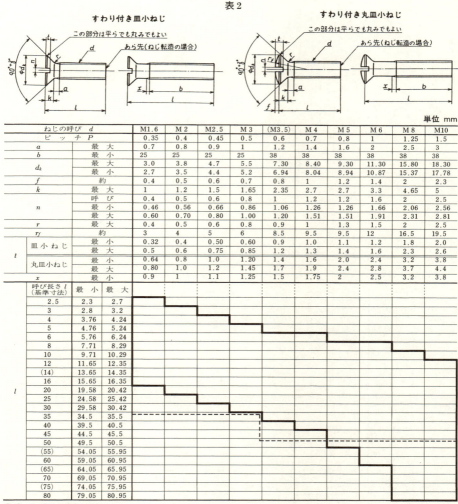

単位 mm

ねじの呼び d			M1.6	M2	M2.5	M3	(M3.5)	M4	M5	M6	M8	M10
ピッチ P			0.35	0.4	0.45	0.5	0.6	0.7	0.8	1	1.25	1.5
a		最 大	0.7	0.8	0.9	1	1.2	1.4	1.6	2	2.5	3
b		最 小	25	25	25	25	38	38	38	38	38	38
d_k		最 大	3.0	3.8	4.7	5.5	7.30	8.40	9.30	11.30	15.80	18.30
		最 小	2.7	3.5	4.4	5.2	6.94	8.04	8.94	10.87	15.37	17.78
f		約	0.4	0.5	0.6	0.7	0.8	1	1.2	1.4	2	2.3
k		最 大	1	1.2	1.5	1.65	2.35	2.7	2.7	3.3	4.65	5
n		呼 び	0.4	0.5	0.6	0.8	1	1.2	1.2	1.6	2	2.5
		最 小	0.46	0.56	0.66	0.86	1.06	1.26	1.26	1.66	2.06	2.56
		最 大	0.60	0.70	0.80	1.00	1.20	1.51	1.51	1.91	2.31	2.81
r		最 大	0.4	0.5	0.6	0.8	0.9	1	1.3	1.5	2	2.5
r_f		約	3	4	5	6	8.5	9.5	9.5	12	16.5	19.5
t	皿小ねじ	最 小	0.32	0.4	0.50	0.60	0.9	1.0	1.1	1.2	1.8	2.0
		最 大	0.5	0.6	0.75	0.85	1.2	1.3	1.4	1.6	2.3	2.6
	丸皿小ねじ	最 小	0.64	0.8	1.0	1.20	1.4	1.6	2.0	2.4	3.2	3.8
		最 大	0.80	1.0	1.2	1.45	1.7	1.9	2.4	2.8	3.7	4.4
x		最 大	0.9	1	1.1	1.25	1.5	1.75	2	2.5	3.2	3.8

l	呼び長さ l (基準寸法)	最 小	最 大
	2.5	2.3	2.7
	3	2.8	3.2
	4	3.76	4.24
	5	4.76	5.24
	6	5.76	6.24
	8	7.71	8.29
	10	9.71	10.29
	12	11.65	12.35
	(14)	13.65	14.35
	16	15.65	16.35
	20	19.58	20.42
	25	24.58	25.42
	30	29.58	30.42
	35	34.5	35.5
	40	39.5	40.5
	45	44.5	45.5
	50	49.5	50.5
	(55)	54.05	55.95
	60	59.05	60.95
	(65)	64.05	65.95
	70	69.05	70.95
	(75)	74.05	75.95
	80	79.05	80.95

備考　1. 表1の備考と同じ。

小ねじの呼び方
例　（鋼小ねじの例）　　　　　JIS B 1101　すりわり付きなべ小ねじ　−A−　M3×12　−4.8　　−A2K
　　（ステンレス小ねじの例）　　　　　　　すりわり付き皿小ねじ　　−A−　M5×16　−A2-50
　　（非鉄金属小ねじの例）　　　　　　　　すりわり付き丸皿小ねじ　−A−　M6×20　−CU2　　−平先
　　　　　　　　　　　　　　　　‖　　　　　　‖　　　　　　　　　　‖　　‖　　　　‖　　　　　‖
　　　　　　　　　　　　　　　（規格番号）　（小ねじの種類）　　　　（部品　（d×l）　（強度区　（指定
　　　　　　　　　　　　　　　　　　　　　　　　　　　　　　　　　　等級）　　　　　分記号）　事項）

付表 12 十字穴付き小ねじ (JIS B 1111 : 2017)

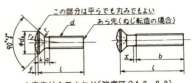
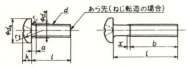
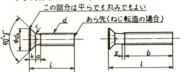

[皿小ねじ（強度区分8.8用）は M1.6 が規定されていない。]

単位 mm

	ねじの呼び	d		M1.6	M2	M2.5	M3	(M3.5)	M4	M5	M6	M8	M10
	ピッチ	(P)		0.35	0.4	0.45	0.5	0.6	0.7	0.8	1.0	1.25	1.5
	a		最大	0.7	0.8	0.9	1.0	1.2	1.4	1.6	2.0	2.5	3.0
	b		最小	25	25	25	25	38	38	38	38	38	38
	d_a		最大	2	2.6	3.1	3.6	4.1	4.7	5.7	6.8	9.2	11.2
	d_k (実寸法)		呼び(最大)	3.2	4.0	5.0	5.6	7.00	8.00	9.50	12.00	16.00	20.00
			最小	2.9	3.7	4.7	5.3	6.64	7.64	9.14	11.57	15.57	19.48
	k		呼び(最大)	1.30	1.60	2.10	2.40	2.60	3.10	3.70	4.60	6.00	7.50
			最小	1.16	1.46	1.96	2.26	2.46	2.92	3.52	4.30	5.70	7.14
なべ小ねじ	r		最小	0.1	0.1	0.1	0.1	0.1	0.2	0.2	0.25	0.4	0.4
	r_f		約	2.5	3.2	4	5	6	6.5	8	10	13	16
	十字穴 H形	m	参考	1.7	1.9	2.7	3.0	3.9	4.4	4.9	6.9	9.0	10.1
		$q^{(1)}$	最大	0.95	1.2	1.55	1.8	1.9	2.4	2.9	3.6	4.6	5.8
			最小	0.70	0.9	1.15	1.4	1.4	1.9	2.4	3.1	4.0	5.2
	十字穴 Z形	m	参考	1.6	2.1	2.5	2.8	3.9	4.3	4.7	6.7	8.8	9.9
		$q^{(1)}$	最大	0.90	1.42	1.50	1.75	1.93	2.34	2.74	3.46	4.50	5.69
			最小	0.65	1.17	1.25	1.50	1.48	1.89	2.29	3.03	4.05	5.24
	d_k (実寸法)		呼び(最大)	3.0	3.8	4.7	5.5	7.30	8.40	9.30	11.30	15.80	18.30
			最小	2.7	3.5	4.4	5.2	6.94	8.04	8.94	10.87	15.37	17.78
	k		呼び(最大)	1.0	1.2	1.5	1.65	2.35	2.7	2.7	3.3	4.65	5.0
	r		最大	0.4	0.5	0.6	0.8	0.9	1.0	1.3	1.5	2.0	2.5
皿小ねじ、丸皿小ねじ	r_f		約	3	4	5	6	8.5	9.5	9.5	12	16.5	19.5
	十字穴 H形	m	参考	1.6	1.9	2.9	3.2	4.4	4.6	5.2	6.8	8.9	10.0
		$q^{(1)}$	最大	0.9	1.2	1.8	2.1	2.4	2.6	3.2	3.5	4.6	5.7
			最小	0.6	0.9	1.4	1.7	1.9	2.1	2.7	3.0	4.0	5.1
	十字穴 Z形	m	参考	1.6	1.9	2.8	3.0	4.1	4.4	4.9	6.6	8.8	9.8
		$q^{(1)}$	最大	0.95	1.20	1.73	2.01	2.20	2.51	3.05	3.45	4.60	5.64
			最小	0.70	0.95	1.48	1.76	1.75	2.06	2.60	3.00	4.15	5.19
	十字穴の番号			0			1		2		3	4	

呼び長さ l	最小	最大
3	2.8	3.21
4	3.76	4.24
5	4.76	5.24
6	5.76	6.24
8	7.71	8.29
10	9.71	10.29
12	11.65	12.35
(14)	13.65	14.35
16	15.65	16.35
20	19.58	20.42
25	24.58	25.42
30	29.58	30.42
35	34.5	35.5
40	39.5	40.5
45	44.5	45.5
50	49.5	50.5
(55)	54.05	55.95
60	59.05	60.95

注 $(^1)$ q は，十字穴のゲージ沈み深さを示す。

備考
1. ねじの呼びに括弧を付けたものは，なるべく用いない。
2. ねじの呼びに対して推奨する呼び長さ(l)は，太線の枠内とし，破線の位置より短い呼び長さのものは，注文者から指定がない限り全ねじとする。
   なお，l に括弧を付けたものは，なるべく用いない。
3. ねじがない部分（円筒部）の径は，一般にほぼねじの有効径とするが，ほぼねじの呼び径にしてもよい。ただし，その直径は，ねじ外径の最大値より小さくなければならない。
4. ねじ先の形状は，ねじ転造の場合はあら先，ねじ切削の場合は面取り先とし，その他のねじ先を必要とする場合は，注文者が指定する。ただし，ねじ先の形状・寸法は，原則として JIS B 1003 (ねじ先の形状・寸法) による。

付表 13 すりわり付き止めねじ（JIS B 1117 : 2010）

材料及び熱処理

材料による区分	強度区分 性状区分	熱処理	材 料
鋼止めねじ	14H	—	JIS B 1053 の 3（材料及び熱処理）による。
	22H	焼入焼戻し(1)	
	—	浸炭焼入焼戻し	材料については指定がない場合は，JIS G 3539 の SWCH 12K～20K 又は JIS G 4051 の S12C～S20C のによるのがよい。
ステンレス止めねじ	A1－50	—	JIS B 1054-3 による。

注(1) 製品が強度区分 22H の機械的性質を満足する調質鋼を用いた場合は，焼入焼戻しを省略してもよい。

形状・寸法

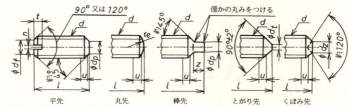

平先　　　丸先　　　棒先　　　とがり先　　くぼみ先

u: 不完全ねじ部（2P 以下）

単位 mm

ねじの呼び d			M1	M1.2	(M1.4)	M1.6	M2	M2.5	M3	(M3.5)	M4	M5	M6	M8	M10	M12
ねじのピッチ P			0.25	0.25	0.3	0.35	0.4	0.45	0.5	0.6	0.7	0.8	1	1.25	1.5	1.75
	d_f	役						ねじの谷の径								
n	呼び		0.2	0.2	0.25	0.25	0.25	0.4	0.4	0.5	0.6	0.8	1	1.2	1.6	2
	最小		0.26	0.26	0.31	0.31	0.31	0.46	0.46	0.56	0.66	0.86	1.06	1.26	1.66	2.06
	最大		0.4	0.4	0.45	0.45	0.45	0.6	0.6	0.7	0.8	1	1.2	1.51	1.91	2.31
t	最小		0.3	0.4	0.4	0.56	0.64	0.72	0.8	0.96	1.12	1.28	1.6	2	2.4	2.8
	最大		0.42	0.52	0.52	0.74	0.84	0.95	1.05	1.21	1.42	1.63	2	2.5	3	3.6
先端部	平先	d_p	最大（基準寸法）	0.5	0.6	0.7	0.8	1	1.5	2	2.2	2.5	3.5	4	5.5	7	8.5
			最小	0.25	0.35	0.45	0.55	0.75	1.25	1.75	1.95	2.25	3.2	3.7	5.2	6.64	8.14
	棒先	d_p	最大（基準寸法）				0.8	1	1.5	2	2.2	2.5	3.5	4	5.5	7	8.5
			最小				0.55	0.75	1.25	1.75	1.95	2.25	3.2	3.7	5.2	6.64	8.14
		z	最大（基準寸法）				0.55	0.75	1.25	1.5	1.75	2	2.5	3	4	5	6
			最小						1.05	1.25	1.5	1.75	2	2.25	2.75	3.25	4.3	5.3	6.3
	とがり先	d_t	最大	0.1	0.12	0.14	0.16	0.2	0.25	0.3	0.35	0.4	0.5	1.5	2	2.5	3
	くぼみ先	d_z	最大（基準寸法）				0.8	1	1.2	1.4	1.7	2	2.5	3	5	6	7
			最小				0.55	0.75	0.95	1.15	1.45	1.75	2.25	2.75	4.7	5.7	6.64
	丸先	r_e	約	1.4	1.7	2	2.2	2.8	3.5	4.2	4.9	5.6	7	8.4	11	14	17

呼び長さ（基準寸法）	最大	最小	
2	1.8	2.2	
2.5	2.3	2.7	
3	2.8	3.2	
4	3.7	4.3	
5	4.7	5.3	
6	5.7	6.3	
8	7.7	8.3	
10	9.7	10.3	
12	11.6	12.4	
(14)	13.6	14.4	
16	15.6	16.4	
20	19.6	20.4	
25	24.6	25.4	
30	29.6	30.4	
35	34.5	35.3	
40	39.5	40.5	
45	44.4	45.5	
50	49.5	50.5	
55	54.4	55.6	
60	59.4	60.6	

備考 1. ねじの呼びに括弧をつけたものは，なるべく用いない。
　　 2. ねじの呼びに対して推奨する呼び長さ（l）は，太線の枠内とする。ただし，l に括弧を付けたものは，なるべく用いない。なお，この表以外の l を特に必要とする場合は，注文者が指定する。

呼び方　（例）	JIS B 1117	とがり先	M 6×12	－22 H		A 2 K
	すりわり付き止めねじ	棒先	M 8×20	－A 1－50		
	すりわり付き止めねじ	平先	M10×25		S 12 C（浸炭）	平先
	‖	‖	‖	‖	‖	‖
	(規格番号又は 規格名称)	(種類)	(d×l)	(強度区 分記号)	(材料)	(指定事項)

付表14 四角止めねじ（JIS B 1118 : 2010）

材料

材料による区分	強度区分 性状区分	熱処理	止めねじの材料及び熱処理 材料		
鋼止めねじ	14 H	—	JIS B 1053 の 3.（材料及び熱処理）による。	参考	SUM 3, SWCH 12 K ～ 20 K, S 12 C ～ S 20 C
	22 H	焼入焼戻し(1)			SWCH 40 K ～ 45 K, S 40 C ～ S 45 C
	—	浸炭焼入焼戻し	受渡当事者間の協定による。ただし、材料について特に指定がない場合は、JIS C 3539 の SWCH 12 K ～ 20 K 又は JIS C 4051 の S 12 C ～ S 20 C によるのがよい。		
ステンレス止めねじ	A1 - 50	—	JIS B 1054-3 による。		

注(1) 製品が強度区分22Hの機械的性質を満足する調質鋼を用いた場合は、製品の焼入焼戻しを省略してもよい。

形状・寸法

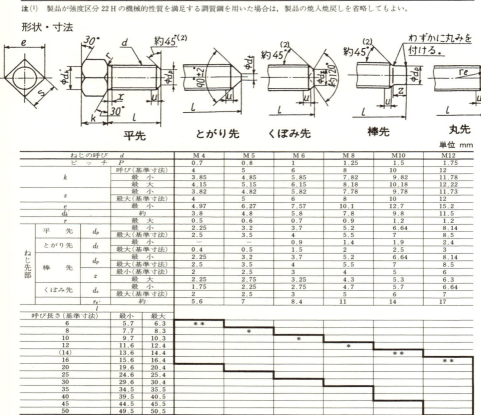

平先　とがり先　くぼみ先　棒先　丸先

単位 mm

ねじの呼び d				M 4	M 5	M 6	M 8	M10	M12
ピッチ P				0.7	0.8	1	1.25	1.5	1.75
k			呼び（基準寸法）	4	5	6	8	10	12
			最小	3.85	4.85	5.85	7.82	9.82	11.78
			最大	4.15	5.15	6.15	8.18	10.18	12.22
s			最小	3.82	4.82	5.82	7.78	9.78	11.73
			最大（基準寸法）	4	5	6	8	10	12
e			最小	4.97	6.27	7.57	10.1	12.7	15.2
d_a			最大	3.8	4.8	5.8	7.8	9.8	11.5
r			最大	0.5	0.6	0.7	0.9	1.2	1.2
ねじ先部	平先	d_p	最小	2.25	3.2	3.7	5.2	6.64	8.14
			最大（基準寸法）	2.5	3.5	4	5.5	7	8.5
	とがり先	d_t	最大（基準寸法）	0.4	0.5	1.5	2	2.5	3
	棒先	d_p	最小	2.25	3.2	3.7	5.2	6.64	8.14
			最大（基準寸法）	2.5	3.5	4	5.5	7	8.5
		z	最小	2	2.5	3	4	5	6
			最大	2.25	2.75	3.25	4.3	5.3	6.3
	くぼみ先	d_z	最小	1.75	2.25	2.75	4.7	5.7	6.64
			最大（基準寸法）	2	2.5	3	5	6	7
		re'	約	5.6	7	8.4	11	14	17
l									
呼び長さ（基準寸法）	最小	最大							
6	5.7	6.3		**					
8	7.7	8.3			*				
10	9.7	10.3				*			
12	11.6	12.4					*		
(14)	13.6	14.4						**	
16	15.6	16.4							**
20	19.6	20.4							
25	24.6	25.4							
30	29.6	30.4							
35	34.5	35.5							
40	39.5	40.5							
45	44.5	45.5							
50	49.5	50.5							

注(2) 45°の角度は、ねじの谷の径より下の傾斜部に適用する。

備考　1. 不完全ねじ部長さは、首下 (x) は約 $2P$、ねじ先 (u) は $2P$ 以下とする。
　　　2. ねじの呼びに対して推奨する呼び長さ (l) は、太線の枠内とする。ただし、l に括弧を付けたものは、なるべく用いない。
　　　**はとがり先及び棒先に、*は棒先に用いない。

呼び方 例

JIS B 1117	とがり先	M 6×12	-22 H		A 2 K(3)
四角止めねじ	棒先	M 8×20	-A 1-50		
四角止めねじ	平先	M10×25		S 12 C（浸炭）	
‖	‖	‖	‖	‖	‖
(規格番号又は規格名称)	(種類)	($d×l$)	(強度区分記号)	(材料)	(指定事項)

注(3) A2K は、JIS B 1044 の付属書 D（ねじ部品の電気めっきのためのコード体系）の記号による。

付表15　平座金（JIS B 1256 : 2008）

平座金の種類

表1　平座金の種類

種類	適用するのに望ましいねじ部品の例	適用するねじの呼び径範囲	対応国際規格
小形―部品等級A	すりわり付きチーズ小ねじ（JIS B 1101） 六角穴付きボルト（JIS B 1176）	1.6～36 mm	ISO 7092
並形―部品等級A	二面幅（JIS B 1002）をもつ六角ボルト，及び六角ナット	5～36 mm	ISO 7089
並形面取り―部品等級A			ISO 7090
特大形―部品等級C	すりわり付き小ねじ（JIS B 1101） 十字穴付き小ねじ（JIS B 1111） 六角穴付きボルト（JIS B 1176）		ISO 7094
大形―部品等級A又はC		3～36 mm	ISO 7093
並形―部品等級C		1.6～64 mm	ISO 7091

製品の呼び方　平座金の呼び方は，規格番号，種類，呼び径×外径[1]，硬さ区分及び指定事項（表面処理など）で表す。外径は，基準寸法の最大値を示す。

例：
JIS B 1256	小形―部品等級A	5×9	140 HV	亜鉛めっき
JIS B 1256	並形―部品等級A	8×16	140 HV	
JIS B 1256	並形面取り―部品等級A	8×16	140 HV	
JIS B 1256	並形―部品等級C	10×20	100 HV	
JIS B 1256	大形―部品等級A	12×37	A 140	
JIS B 1256	特大形―部品等級C	20×72	100 HV	
‖	‖	‖	‖	‖
（規格番号）	（種類）	（呼び径×外径）	（硬さ区分）	（指定事項）

形状・寸法及び製品の仕様

付表 15 平座金（つづき）

表2 小形、並形、並形面取り―部品等級Aの形状・寸法

単位 mm

小形―部品等級A
並形―部品等級A
並形面取り―部品等級Aの形状・寸法

$$t = \begin{cases} Ra1.6 \\ Ra3.2 \\ Ra6.3 \end{cases}$$ for $\begin{cases} h \leq 3 \\ 3 < h \leq 6 \\ h > 6 \end{cases}$

呼び径 (ねじの呼び径と同じ)	小形―部品等級A 内径 d_1 基準寸法 (最小)	小形―部品等級A 内径 d_1 最大	小形―部品等級A 外径 d_2 基準寸法 (最大)	小形―部品等級A 外径 d_2 最小	小形―部品等級A 厚さ h 基準寸法	小形―部品等級A 厚さ h 最大	小形―部品等級A 厚さ h 最小	並形―部品等級A 外径 d_2 基準寸法 (最大)	並形―部品等級A 外径 d_2 最小	並形―部品等級A 厚さ h 基準寸法	並形―部品等級A 厚さ h 最大	並形―部品等級A 厚さ h 最小	呼び径 (ねじの呼び径と同じ)	並形面取り―部品等級A 外径 d_2 基準寸法 (最大)	並形面取り―部品等級A 外径 d_2 最小	並形面取り―部品等級A 厚さ h 基準寸法	並形面取り―部品等級A 厚さ h 最大	並形面取り―部品等級A 厚さ h 最小
1.6	1.7	1.84	3.5	3.2	0.3	0.35	0.25	4	3.7	0.3	0.35	0.25	1.6					
2	2.2	2.34	4.5	4.2	0.3	0.35	0.25	5	4.7	0.3	0.35	0.25	2					
2.5	2.7	2.84	5	4.7	0.5	0.55	0.45	6	5.7	0.5	0.55	0.45	2.5					
3	3.2	3.38	6	5.7	0.5	0.55	0.45	7	6.64	0.5	0.55	0.45	3					
3.5	3.7	3.88	7	6.64	0.5	0.55	0.45	8	7.64	0.5	0.55	0.45	3.5					
4	4.3	4.48	8	7.64	0.5	0.55	0.45	9	8.64	0.8	0.9	0.7	4					
5	5.3	5.48	9	8.64	1	1.1	0.9	10	9.64	1	1.1	0.9	5	10	9.64	1	1.1	0.9
6	6.4	6.62	11	10.57	1.6	1.8	1.4	12	11.57	1.6	1.8	1.4	6	12	11.57	1.6	1.8	1.4
8	8.4	8.62	15	14.57	1.6	1.8	1.4	16	15.57	1.6	1.8	1.4	8	16	15.57	1.6	1.8	1.4
10	10.5	10.77	18	17.57	1.6	1.8	1.4	20	19.48	2	2.2	1.8	10	20	19.48	2	2.2	1.8
12	13	13.27	20	19.48	2	2.2	1.8	24	23.48	2.5	2.7	2.3	12	24	23.48	2.5	2.7	2.3
14	15	15.27	24	23.48	2.5	2.7	2.3	28	27.48	2.5	2.7	2.3	14	28	27.48	2.5	2.7	2.3
16	17	17.27	28	27.48	2.5	2.7	2.3	30	29.48	3	3.3	2.7	16	30	29.48	3	3.3	2.7
20	21	21.33	34	33.38	3	3.3	2.7	37	36.38	3	3.3	2.7	20	37	36.38	3	3.3	2.7
24	25	25.33	39	38.38	4	4.3	3.7	44	43.38	4	4.3	3.7	24	44	43.38	4	4.3	3.7
30	31	31.39	50	49.38	4	4.3	3.7	56	55.26	4	4.3	3.7	30	56	55.26	4	4.3	3.7
36	37	37.62	60	58.8	5	5.6	4.4	66	64.8	5	5.6	4.4	36	66	64.8	5	5.6	4.4

付表15 平座金（つづき）

表3 並形，特大形―部品等級Cの形状・寸法

並形―部品等級C

特大形―部品等級C

単位 mm

呼び径 (ねじの呼び 径と同じ)	並形―部品等級C							特大形―部品等級C						
	内径 d_1		外径 d_2		厚さ h			内径 d_1		外径 d_2		厚さ h		
	基準寸法 (最小)	最大	基準寸法 (最大)	最小	基準寸法	最大	最小	基準寸法 (最小)	最大	基準寸法 (最大)	最小	基準寸法	最大	最小
5	5.5	5.8	10	9.1	1	1.2	0.8	5.5	5.8	18	16.9	2	2.3	1.7
6	6.6	6.96	12	10.9	1.6	1.9	1.3	6.6	6.96	22	20.7	2	2.3	1.7
8	9	9.36	16	14.9	1.6	1.9	1.3	9	9.36	28	26.7	3	3.6	2.4
10	11	11.43	20	18.7	2	2.3	1.7	11	11.43	34	32.4	3	3.6	2.4
12	13.5	13.93	24	22.7	2.5	2.8	2.2	13.5	13.93	44	42.4	4	4.6	3.4
14	15.5	15.93	28	26.7	2.5	2.8	2.2	15.5	15.93	50	48.4	4	4.6	3.4
16	17.5	17.93	30	28.7	3	3.6	2.4	17.5	18.21	56	54.1	5	6	4
20	22	22.52	37	35.4	3	3.6	2.4	22	22.84	72	70.1	6	7	5
24	26	26.52	44	42.4	4	4.6	3.4	26	26.84	85	82.8	6	7	5
30	33	33.62	56	54.1	4	4.6	3.4	33	34	105	102.8	6	7	5
36	39	40	66	64.1	5	6	4	39	40	125	122.5	8	9.2	6.8

表4 小形，並形，並形面取り―部品等級A，及び並形，特大形―部品等級Cの製品仕様

材料の区分[1]		小形―部品等級A	並形―部品等級A	並形面取り―部品等級A	並形―部品等級C 特大形―部品等級C
			鋼		オーステナイト系ステンレス鋼		鋼
機械的 性質	硬さ区分	140HV	200HV	300HV[2]	A140	A200	A350	100HV
	硬さHV	140以上	200～300	300～400	140以上	200～300	350～400	100以上
公差（JIS B 1022）					部品等級Aによる。			部品等級Cによる。
表面状態					一般には，表面処理を施さない。特にめっきその他の表面処理を必要とする場合は，注文者が指定する。なお，電気めっきを施す場合は，JIS B 1044による。			

注 [1] 非鉄金属及びその他の材料については，受渡当事者間の協定による。
  [2] 焼入焼戻しを施す。
備考 上表の形状・寸法及び製品仕様は，ISO 7092：1983に一致している。

付表15 平座金（つづき）

表5 大形一部品等級A又はCの形状・寸法

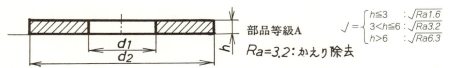

Ra=3.2：かえり除去

単位 mm

呼び径(4)	内径 d_1 基準寸法（最小） 部品等級 A	内径 d_1 基準寸法（最小） 部品等級 C	内径 d_1 最大 部品等級 A	内径 d_1 最大 部品等級 C	外径 d_2 基準寸法（最大） 部品等級 A及びC	外径 d_2 最小 部品等級 A	外径 d_2 最小 部品等級 C	厚さ h 基準寸法 部品等級 A及びC	厚さ h 最大 部品等級 A	厚さ h 最大 部品等級 C	厚さ h 最小 部品等級 A	厚さ h 最小 部品等級 C
3	3.2	—	3.38	—	9	8.64	—	0.8	0.9	—	0.7	—
3.5	3.7	—	3.88	—	11	10.57	—	0.8	0.9	—	0.7	—
4	4.3	—	4.48	—	12	11.57	—	1	1.1	—	0.9	—
5	5.3	—	5.48	—	15	14.57	—	1.2	1.4	—	1	—
6	6.4	—	6.62	—	18	17.57	—	1.6	1.8	—	1.4	—
8	8.4	—	8.62	—	24	23.48	—	2	2.2	—	1.8	—
10	10.5	—	10.77	—	30	29.48	—	2.5	2.7	—	2.3	—
12	13	—	13.27	—	37	36.38	—	3	3.3	—	2.7	—
14	15	—	15.27	—	44	43.38	—	3	3.3	—	2.7	—
16	17	—	17.27	—	50	49.38	—	3	3.3	—	2.7	—
20	21	22	21.53	22.52	60	59.26	58.1	4	4.3	4.6	3.7	3.4
24	25	26	22.52	26.84	72	71.26	70.1	5	5.6	6	4.4	4
30	31	33	31.62	34	92	91.13	89.8	6	6.6	7	5.4	5
36	37	39	37.62	40	110	109.13	107.8	8	9	9.2	7	6.8

表6 大形一部品等級A又はCの製品仕様

材料の区分(1)		鋼	オーステナイト系ステンレス鋼
機械的性質	硬さ区分	部品等級A：140HV 部品等級C：100HV	A140
機械的性質	硬さHV	部品等級A：140以上 部品等級C：100〜200	140以上
公差		JIS B 1022の部品等級A及びCによる。 呼び径16 mm以下　　：部品等級A 呼び径16 mmを超え：部品等級C	JIS B 1022の部品等級Aによる。
表面状態		一般には，表面処理を施さない。特にめっきその他の表面処理を必要とする場合は，注文者が指定する。 　なお，電気めっきを施す場合は，JIS B 1044による。	

28 - 34

付表 16　ばね座金（JIS B 1251 : 2001）

ばね座金の種類，略号，記号及び適用ねじ部品

ばね座金の略号

座金	略号	種類		記号	適用ねじ部品
ばね座金	SW	一般用		2号	一般用のボルト，小ねじ，ナット
		重荷重用		3号	一般用のボルト，ナット
皿ばね座金	CW	1種	軽荷重用	1L	一般用のボルト，小ねじ，ナット
			重荷重用	1H	
		2種	軽荷重用	2L	六角穴付きボルト
			重荷重用	2H	
歯付き座金	TW	内歯形		A	一般用のボルト，小ねじ，ナット
		外歯形		B	
		皿形		C	皿小ねじ
		内外歯形		AB	一般用のボルト，小ねじ，ナット
波形ばね座金	WW	重荷重用[2]		3号	一般用のボルト，小ねじ，ナット

注（[2]）　波形ばね座金3号の使用限度は，強度区分8.8の鋼ボルトまでとする。

ばね座金の材料 SWRH 57（A，B）

ばね座金の材料

座金		材料
ばね座金	鋼製	SWRH 57（A，B），SWRH 62（A，B），SWRH 67（A，B），SWRH 72（A，B），SWRH 77（A，B）
	ステンレス鋼製	SUS 304，305，316
	りん青銅製	C 5191 W
皿ばね座金	鋼製	S 50 CM，S 55 CM，S 60 CM，S 65 CM，S 70 CM，S 50 C‐CSP，S 55 C‐CSP，S 60 C‐CSP，S 65 C‐CSP，S 70 C‐CSP，SK 5‐CSP
歯付き座金	鋼製	S 50 CM，S 55 CM，S 60 CM，S 65 CM，S 70 CM，S 50 C‐CSP，S 55 C‐CSP，S 60 C‐CSP，S 65 C‐CSP，S 70 C‐CSP
	りん青銅製	C 5191 P‐H，C 5212 P‐H
波形ばね座金	鋼製	SWRH 57（A，B），SWRH 62（A，B），SWRH 67（A，B），SWRH 72（A，B），SWRH 77（A，B）
	ステンレス鋼製	SUS 304，305，316
	りん青銅製	C 5191 W

付表16 ばね座金（つづき）

ばね座金
製品の呼び方

例	JIS B 1251	SW	2号	8	S	Ep-Fe/Zn 5/CM 2
	ばね座金	ばね座金	2号	12	SUS	
	∥	∥	∥	∥	∥	∥
	規格番号又は規格名称	製品名称又はその略号	種類又はその記号	(呼び)	材料の略号	(指定事項)

ばね座金の形状・寸法

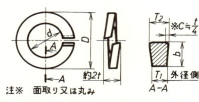

注※ 面取り又は丸み

単位 mm

呼び	内径 d		断面寸法（最小）				外径 D（最大）		圧縮試験後の自由高さ		試験荷重 kN
	基準寸法	許容差	2号		3号		2号	3号	2号（最小）	3号（最小）	
			幅 b × 厚さ(1) t		幅 b × 厚さ(1) t						
2	2.1	+0.25 / 0	0.9×0.5		—		4.4	—	0.85	—	0.42
2.5	2.6		1.0×0.6		—		5.2	—	1.0	—	0.69
3	3.1	+0.3 / 0	1.1×0.7		—		5.9	—	1.2	—	1.03
(3.5)	3.6		1.2×0.8		—		6.6	—	1.35	—	1.37
4	4.1		1.4×1.0		—		7.6	—	1.7	—	1.77
(4.5)	4.6	+0.4 / 0	1.5×1.2		—		8.3	—	2.0	—	2.26
5	5.1		1.7×1.3		—		9.2	—	2.2	—	2.94
6	6.1		2.7×1.5		2.7×1.9		12.2	12.2	2.5	3.2	4.12
(7)	7.1		2.8×1.6		2.8×2.0		13.4	13.4	2.7	3.35	5.88
8	8.2	+0.5 / 0	3.2×2.0		3.3×2.5		15.4	15.6	3.35	4.2	7.45
10	10.2		3.7×2.5		3.9×3.0		18.4	18.8	4.2	5.0	11.8
12	12.2	+0.6 / 0	4.2×3.0		4.4×3.6		21.5	21.9	5.0	6.0	17.7
(14)	14.2		4.7×3.5		4.8×4.2		24.5	24.7	5.85	7.0	23.5
16	16.2		5.2×4.0		5.3×4.8		28.0	28.2	6.7	8.0	32.4
(18)	18.2	+0.8 / 0	5.7×4.6		5.9×5.4		31.0	31.4	7.7	9.0	39.2
20	20.2		6.1×5.1		6.4×6.0		33.8	34.4	8.5	10.0	49.0
(22)	22.5	+1.0 / 0	6.8×5.6		7.1×6.8		37.7	38.3	9.35	11.3	61.8
24	24.5		7.1×5.9		7.6×7.2		40.3	41.3	9.85	12.0	71.6
(27)	27.5	+1.2 / 0	7.9×6.8		8.6×8.3		45.3	46.7	11.3	13.8	93.2
30	30.5		8.7×7.5		—		49.9	—	12.5	—	118
(33)	33.5		9.5×8.2		—		54.7	—	13.7	—	147
36	36.5	+1.4 / 0	10.2×9.0		—		59.1	—	15.0	—	167
(39)	39.5		10.7×9.5		—		63.1	—	15.8	—	197

注 (^{1}) $t = \dfrac{T_1 + T_2}{2}$

この場合，$T_2 - T_1$ は，$0.064 b$ 以下でなければならない。ただし，b はこの表で規定する最小値とする。

備考 呼びに括弧を付けたものは、なるべく用いない。

28-36

付表 16 ばね座金（つづき）

```
例   JIS B 1251      CW         1 種軽荷重用      10      Ep-Fe/Zn 5/CM 2
        ばね座金      皿ばね座金       2 H           20
          ‖            ‖            ‖           ‖            ‖
       〔規格番号〕  〔製品名称〕  〔 種類 〕   （呼び）   （指定事項）
皿ばね座金  又は       又は       又は
       〔規格名称〕  〔その略号〕  〔その記号〕
```

1 種

単位 mm

呼び	内径 d 基準寸法	許容差	外径 D 基準寸法	許容差	軽荷重 (1 L) 厚さ t 基準寸法	許容差	基準高さ H	試験後の高さ H′ (最小)	試験荷重 kN	重荷重 (1 H) 厚さ t 基準寸法	許容差	基準高さ H	試験後の高さ H′ (最小)	試験荷重 kN
3	3.2	+0.2 0	7	0 −0.25	0.5	±0.035	0.75	0.6	1.03	—	—	—	—	—
4	4.3		9		0.7	±0.045	0.95	0.8	1.77	—	—	—	—	—
5	5.3		10		0.8	±0.05	1.1	0.9	2.94	—	—	—	—	—
6	6.4	+0.25 0	12.5	0 −0.30	1	±0.055	1.35	1.15	4.12	1.2	±0.065	1.55	1.3	8.24
8	8.4		17		1.4	±0.07	1.85	1.6	7.45	1.8	±0.085	2.15	1.95	14.7
10	10.5	+0.30 0	21	0 −0.40	1.8	±0.085	2.3	2	11.8	2.2	±0.10	2.65	2.4	23.5
12	13		24		2.2	±0.10	2.7	2.45	17.7	2.5		3.05	2.7	34.3
16	17		30		2.8		3.5	3.1	32.4	3.5	±0.11	4.1	3.7	63.7
20	21	+0.35 0	37	0 −0.50	3.5	±0.11	4.4	3.85	49.0	4.5	±0.14	5.2	4.75	98.1
24	25		44		4		5.2	4.45	71.6	—	—	—	—	—
30	31	+0.40 0	56	0 −0.70	5	±0.14	6.6	5.6	118	—	—	—	—	—

2 種

単位 mm

呼び	内径 d 基準寸法	許容差	外径 D 基準寸法	許容差	軽荷重 (2 L) 厚さ t 基準寸法	許容差	基準高さ H	試験後の高さ H′ (最小)	試験荷重 kN	重荷重 (2 H) 厚さ t 基準寸法	許容差	基準高さ H	試験後の高さ H′ (最小)	試験荷重 kN
4	4.3	+0.2 0	7.5	0 −0.25	0.45	±0.035	0.7	0.6	1.77	0.8	±0.05	0.95	0.9	3.53
5	5.3		9		0.55	±0.04	0.85	0.7	2.94	1	±0.055	1.2	1.1	5.88
6	6.4	+0.25 0	10.5	0 −0.30	0.6		0.95	0.8	4.12	1.2	±0.065	1.4	1.3	8.24
8	8.4		13.5		0.9	±0.05	1.3	1.1	7.45	1.4	±0.07	1.75	1.5	14.7
10	10.5	+0.3 0	16.5	0 −0.40	1.1	±0.06	1.6	1.35	11.8	1.8	±0.085	2.2	1.95	23.5
12	13		19		1.2	±0.065	1.75	1.45	17.7	2	±0.09	2.5	2.15	34.3
16	17		25		1.6	±0.08	2.3	1.9	32.4	2.5	±0.10	3.3	2.7	63.7
20	21	+0.35 0	31	0 −0.50	2	±0.09	2.8	2.4	49.0	3.5	±0.11	4.25	3.7	98.1
24	25		37		2.5	±0.1	3.5	3	71.6	4.5	±0.14	5.3	4.7	142
30	31	+0.4 0	46	−0.50	3	±0.11	4.3	3.6	118	—	—	—	—	—

備 考 1．規格では，なるべく用いないものとして，呼び 4.5（1 種のみ），14，18，22，27 が規定されているが省略した．
　　　2．内径 d の基準寸法は，JIS B 1001 の 1 級と一致する．

付表16 ばね座金（つづき）

歯付き座金

例	JIS B 1251	TW	内歯形	8	S	Ep-Fe/Zn 5/CM 2
	ばね座金	歯付き座金	B	12	PB	
	‖	‖	‖	‖	‖	‖
	[規格番号 又は 規格名称]	[製品名称 又は その略号]	[種類 又は その記号]	(呼び)	[材料の略号]	(指定事項)

内歯形（A）
外歯形（B）

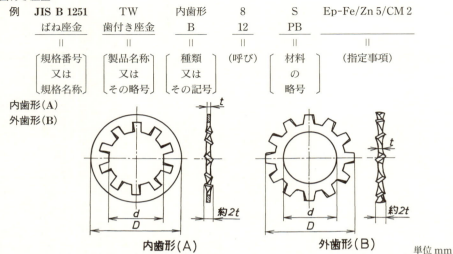

内歯形（A）　　　外歯形（B）

単位 mm

呼び	内径 d 基準寸法	許容差	外径 D 基準寸法	許容差	厚さ t 基準寸法	許容差	歯数[4] 内歯形	外歯形
2	2.2	+0.2 0	4.8	0 −0.3	0.3	±0.025	7	—
2.5	2.7		5.7					
3	3.2		6.5	0 −0.4	0.45	±0.035	8	8
(3.5)	3.7		7.5					
4	4.3		8.5					9
(4.5)	4.8		9.5		0.5			
5	5.3		10		0.6	±0.04		10
6	6.4	+0.3 0	11	0 −0.5			9	12
(7)	7.4		13		0.8	±0.05		
8	8.4		15					
10	10.5	+0.4 0	18		0.9			
12	12.5		21	0 −0.6	1	±0.055	10	
(14)	14.5		23					
16	16.5		26		1.2	±0.065	12	14
(18)	19	+0.5 0	29					
20	21		32	0 −0.8	1.4	±0.07		
(22)	23		35				14	16
24	25		38		1.6	±0.08		

注 [4] 歯数は推奨値を示したもので，多少増減があってもよい。
備　考 1．呼びに括弧を付けたものは，なるべく用いない。
　　　 2．呼び2.5以下のものは，外歯形には適用しない。

付表 16　ばね座金（つづき）

歯付き座金
皿形（C）

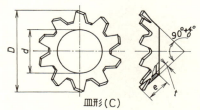

皿形（C）

単位 mm

呼び	内径 d 基準寸法	許容差	外径 D 約	幅 e 最大	厚さ t 基準寸法	許容差	歯数[4]
3	3.2	+0.2　0	6	1.8	0.4	±0.03	8
(3.5)	3.7		7	2.1			
4	4.3		8	2.5			
(4.5)	4.8		9	2.7	0.5	±0.035	9
5	5.3		10	3.1			
6	6.4	+0.3　0	12	3.8			10
8	8.4		16	5.1	0.6	±0.04	12

注[4]　歯数は推奨値を示したもので，多少増減があってもよい。
備　考　呼びに括弧を付けたものは，なるべく用いない。

歯付き座金
内外歯形（AB）

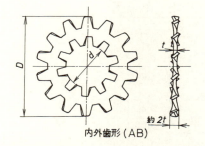

内外歯形（AB）

単位 mm

呼び	内径 d 基準寸法	許容差	外径 D 基準寸法	許容差	厚さ t 基準寸法	許容差	歯数[4] 内歯	外歯
4	4.3	+0.2　0	15	0　−0.5	0.6	±0.04	8	12
(4.5)	4.8							
5	5.3							
6	6.4	+0.3　0	17.5		0.8	±0.05	9	
8	8.4		22.5	0　−0.6	0.9			
10	10.5	+0.4　0	26		1	±0.055		14
12	12.5		29				10	
(14)	14.5		32	0　−0.8	1.2	±0.065		
16	16.5		35		1.4	±0.07	12	16

注[4]　歯数は推奨値を示したもので，多少増減があってもよい。
備　考　呼びに括弧を付けたものは，なるべく用いない。

付表16 ばね座金（つづき）

波形ばね座金

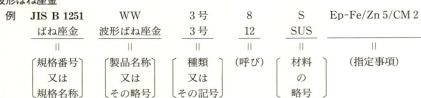

例　JIS B 1251　WW　3号　8　S　Ep-Fe/Zn 5/CM 2
　　ばね座金　波形ばね座金　3号　12　SUS
　　　‖　　　‖　　　‖　　‖　　‖　　　‖
　[規格番号][製品名称][種類][（呼び）][材料][（指定事項）]
　　又は　　又は　　又は　　　　　　　の
　　規格名称　その略号　その記号　　　略号

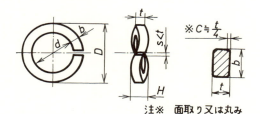

注※　面取り又は丸み

単位 mm

呼び	内径 d 基準寸法	許容差	幅 b 基準寸法	許容差	厚さ t 基準寸法	許容差	外径 D (最大)	高さ H (約1.5t)	試験後の自由高さ H' (最小)	試験荷重 (kN)
2.5	2.6	+0.3 0	1	±0.1	0.6	±0.1	5.2	0.9	0.72	1.37
3	3.1		1.3		0.7		6.3	1.05	0.84	2.06
(3.5)	3.6						6.8			2.74
4	4.1		1.5		0.8		7.7	1.2	0.96	3.53
5	5.1		1.8		1		9.4	1.5	1.2	5.88
6	6.1	+0.4 0	2.5	±0.15	1.2		11.9	1.8	1.44	8.24
8	8.2		3.0		1.6		15	2.4	1.92	14.7
10	10.2	+0.6 0	3.5	±0.2	1.8	±0.15	18.4	2.7	2.16	23.5
12	12.2	+0.8 0	4		2.1		21.6	3.15	2.52	34.3
(14)	14.2		4.5		2.4		24.6	3.6	2.88	47.1
16	16.2	+1.0 0	5		2.8	±0.2	27.8	4.2	3.36	63.7
(18)	18.2		5.5		3		30.6	4.5	3.6	78.5
20	20.2	+1.2 0	6		3.2		33.8	4.8	3.84	98.1
(22)	22.5		6.5		3.5		37.1	5.3	4.2	122
24	24.5		7	±0.25	3.8	±0.25	40.2	5.7	4.56	142
27	27.5				4		43	6.0	4.8	186

備　考　呼びに括弧を付けたものは，なるべく用いない。

付表 17　キー及びキー溝（JIS B 1301：1996）

種類と記号
端部の形状

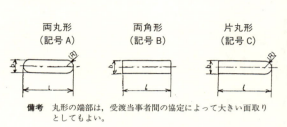

備考　丸形の端部は，受渡当事者間の協定によって大きい面取りとしてもよい。

図1　キーの端部形状

表1　キーの種類及び記号

形　状		記　号
平行キー	ねじ用穴なし	P
	ねじ用穴付き	PS
こう配キー	頭なし	T
	頭付き	TG
半月キー	丸底	WA
	平底	WB

キーの材料

キーに使用する材料については，材料名の指定はないが，材料の引張強さは 600 N/mm² 以上と規定されている。通常は機械構造用炭素鋼鋼材の S 45 C 又は S 55 C が多く使用される。

キーによる軸及びハブの結合状態

表2　キーによる軸・ハブの結合状態

形　式	結合状態の説明	適用するキー
滑動形	軸とハブとが相対的に軸方向に滑動できる結合	平行キー
普通形	軸に固定されたキーにハブをはめ込む結合 (^{1})	平行キー，半月キー
締込み形	軸に固定されたキーにハブを締め込む結合 (^{1})，又は組み付けられた軸とハブとの間にキーを打ち込む結合	平行キー，こう配キー，半月キー

注 (^{1})　選択はめ合いが必要である。

キーの呼び

規格番号　種類（記号）　呼び寸法×長さ（半月キーは呼び寸法のみ）の順に記す。ただし，ねじ用穴なし平行キーの場合は"平行キー"と表し，頭なしこう配キーの場合は"こう配キー"と記してもよい。また，平行キーの端部の形状を示す場合は，種類の後にその形状（又は短線を挟んでその記号）を記す。(なお，表3，表4に示す粗さ記号は旧体であるが，JIS が改正されていないのでそのままとした)

例　1.　**JIS B 1301** ねじ用穴なし平行キー　両丸形　25×14×90
　　　又は，**JIS B 1301** P-A 25×14×90
例　2.　**JIS B 1301** 頭付きこう配キー　20×12×70
　　　又は，**JIS B 1301** TG 20×12×70
例　3.　**JIS B 1301** 丸底半月キー　3×16
　　　又は，**JIS B 1301** WA 3×16

付表17 キー及びキー溝（つづき）

表3 平行キー及びそのキー溝の形状・寸法

単位 mm

キーの呼び寸法 $b \times h$	b 基準寸法	b 許容差 (h9)	キー本体 h 基準寸法	h 許容差	c(2)	l(1)	ねじの呼び d_1	ねじ用穴 d_2	d_3	g	b_1 滑動形 許容差(H9)	b_2 滑動形 許容差(D10)	b_1 普通形 許容差(N9)	b_2 普通形 許容差(Js9)	b_1及びb_2 締込み形 許容差(P9)	r_1及びr_2	t_1の基準寸法	t_2の基準寸法	t_1及びt_2の許容差	適応する軸径(3) d
2×2	2	0 −0.025	2	0 −0.025	0.16〜0.25	6〜20	—	—	—	—	+0.025 0	+0.060 +0.020	−0.004 −0.029	±0.0125	−0.006 −0.031	0.08〜0.16	1.2	1.0	+0.1 0	6〜8
3×3	3		3			6〜36	—	—	—	—							1.8	1.4		8〜10
4×4	4	0 −0.030	4	0 −0.030		8〜45	—	—	—	—	+0.030 0	+0.078 +0.030	0 −0.030	±0.0150	−0.012 −0.042		2.5	1.8		10〜12
5×5	5		5			10〜56	—	—	—	—						0.16〜0.25	3.0	2.3		12〜17
6×6	6		6	0 −0.036		14〜70	—	—	—	—							3.5	2.8		17〜22
(7×7)	7	0 −0.036	7		0.25〜0.40	16〜80	M3	—	—	2.3	+0.036 0	+0.098 +0.040	0 −0.036	±0.0180	−0.015 −0.051		4.0	3.3		20〜25
8×7	8		7			18〜90	M3	—	—	2.3							4.0	3.3		22〜30
10×8	10		8			22〜110	M4	—	—	3.0							5.0	3.3		30〜38
12×8	12	0 −0.043	8			28〜140	M4	—	—	3.0	+0.043 0	+0.120 +0.050	0 −0.043	±0.0215	−0.018 −0.061	0.25〜0.40	5.0	3.3	+0.2 0	38〜44
14×9	14		9	0 −0.090		36〜160	M5	—	—	3.7							5.5	3.8		44〜50
(15×10)	15		10			40〜180	M5	—	—	3.7							5.0	5.3		50〜55
16×10	16		10			45〜180	M5	—	—	3.7							6.0	4.3		50〜58
18×11	18		11			50〜200	M6	—	—	4.3							7.0	4.4		58〜65
20×12	20		12		0.40〜0.60	56〜220	M6	—	—	4.3							7.5	4.9		65〜75
22×14	22	0 −0.052	14			63〜250	M6	—	—	4.3	+0.052 0	+0.149 +0.065	0 −0.052	±0.0260	−0.022 −0.074	0.40〜0.60	9.0	5.4		75〜85
(24×16)	24		16	0 −0.110		70〜280	M8	—	—	5.7							8.0	8.4		80〜90
25×14	25		14			70〜280	M6	—	—	4.3							9.0	5.4		85〜95
28×16	28		16			80〜320	M8	—	—	5.7							10.0	6.4		95〜110
32×18	32	0 −0.062	18		0.60〜0.80	90〜360	M10	—	—	7.0	+0.062 0	+0.180 +0.080	0 −0.062	±0.0310	−0.026 −0.088	0.70〜1.00	11.0	7.4	+0.3 0	110〜130
(35×22)	35		22	0 −0.130		100〜400	M10	—	—	7.0							11.0	11.4		125〜140

注 (1) l は表の範囲内で，次の中から選ぶのがよい。なお，l の寸法許容差は，h12 とする。
6, 8, 10, 12, 14, 16, 18, 20, 22, 25, 28, 32, 36, 40, 45, 50, 56, 63, 70, 80, 90, 100, 110, 125, 140, 160, 180, 200, 220, 250, 280, 320, 360, 400
(2) 45°面取り (c) の代わりに (R) でも，よい。
(3) 括弧を付けた呼び寸法のものは，対応国際規格には規定されていないので，新設計には使用しない。

備考 l は (100×50 まで)である。

付表17 キー及びキー溝（つづき）

表4 こう配キー及びそのキー溝の形状・寸法

頭付きこう配キー
(記号TG)
25/ (16/32/6.3/)

頭なしこう配キー
(記号T)

$s_1 = b$ の公差 × $\frac{1}{2}$
$s_2 = h$ の公差 × $\frac{1}{2}$

$h_2 = h, f = h, e \fallingdotseq b$

キーの上面及びハブのキー溝には1/100のこう配をつける。

単位 mm

キーの呼び寸法 $b \times h$	キー本体					l (1)	b_1 及び b_2		r_1 及び r_2	c (2)	t_1 の基準寸法	t_2 の基準寸法	t_1 及び t_2 の許容差	参考 (5) 適応する軸径 d
	b 基準寸法	b 許容差 (h9)	h 基準寸法	h 許容差	h_1		基準寸法	許容差 (D10)						
2×2	2	0 −0.025	2	0 −0.025	—	6〜20	2	+0.060 +0.020	0.08〜0.16	0.16〜0.25	1.2	0.5	+0.05 0	6〜8
3×3	3	0 −0.025	3	0 −0.025	—	6〜36	3	+0.060 +0.020	0.08〜0.16	0.16〜0.25	1.8	0.9	+0.05 0	8〜10
4×4	4	0 −0.030	4	0 −0.030	7	8〜45	4	+0.078 +0.030	0.16〜0.25	2.5	1.2	+0.1 0	10〜12
5×5	5	0 −0.030	5	0 −0.030	8	10〜56	5	+0.078 +0.030	0.16〜0.25	3.0	1.7	+0.1 0	12〜17
6×6	6	0 −0.030	6	0 −0.030	10	14〜70	6	+0.078 +0.030	0.16〜0.25	3.5	2.2	+0.1 0	17〜22
(7×7)	7	0 −0.036	7.2	0 −0.036	10	16〜80	7	+0.098 +0.040	0.16〜0.25	4.0	3.0	+0.1 0	20〜25
8×7	8	0 −0.036	7	0 −0.090	11	18〜90	8	+0.098 +0.040	0.25〜0.40	4.0	2.4	+0.2 0	22〜30
10×8	10	0 −0.036	8	0 −0.090	12	22〜110	10	+0.098 +0.040	0.25〜0.40	5.0	2.4	+0.2 0	30〜38
12×8	12	0 −0.043	8	0 −0.090	12	28〜140	12	+0.120 +0.050	0.25〜0.40	5.0	2.4	+0.2 0	38〜44
14×9	14	0 −0.043	9	0 −0.090	14	36〜160	14	+0.120 +0.050	0.25〜0.40	5.5	2.9	+0.2 0	44〜50
(15×10)	15	0 −0.043	10.2	0 −0.070	15	40〜180	15	+0.120 +0.050	0.25〜0.40	5.0	5.0	+0.2 0	50〜55
16×10	16	0 −0.043	10	0 −0.090	16	45〜180	16	+0.120 +0.050	0.25〜0.40	6.0	3.4	+0.2 0	50〜58
18×11	18	0 −0.043	11	0 −0.110	18	50〜200	18	+0.120 +0.050	0.25〜0.40	7.0	3.4	+0.2 0	58〜65
20×12	20	0 −0.052	12	0 −0.110	20	56〜220	20	+0.149 +0.065	0.40〜0.60	7.5	3.9	+0.2 0	65〜75
22×14	22	0 −0.052	14	0 −0.110	22	63〜250	22	+0.149 +0.065	0.40〜0.60	9.0	4.4	+0.2 0	75〜85
(24×16)	24	0 −0.052	16.2	0 −0.070	24	70〜280	24	+0.149 +0.065	0.40〜0.60	8.0	8.0	+0.2 0	80〜90
25×14	25	0 −0.052	14	0 −0.110	22	70〜280	25	+0.149 +0.065	0.40〜0.60	9.0	4.4	+0.2 0	85〜95
28×16	28	0 −0.052	16	0 −0.110	25	80〜320	28	+0.149 +0.065	0.40〜0.60	10.0	5.4	+0.2 0	95〜110
32×18	32	0 −0.062	18	0 −0.110	28	90〜360	32	+0.180 +0.080	0.40〜0.60	11.0	6.4	+0.2 0	110〜130
(35×22)	35	0 −0.062	22.3	0 −0.084	32	100〜400	35	+0.180 +0.080	0.70〜1.00	11.0	11.0	+0.15 0	125〜140

以下略 (100×50 まである)

備考 括弧を付けた呼び寸法のものは、対応国際規格には規定されていないので、新設計には使用しない。

付表17 キー及びキー溝（つづき）

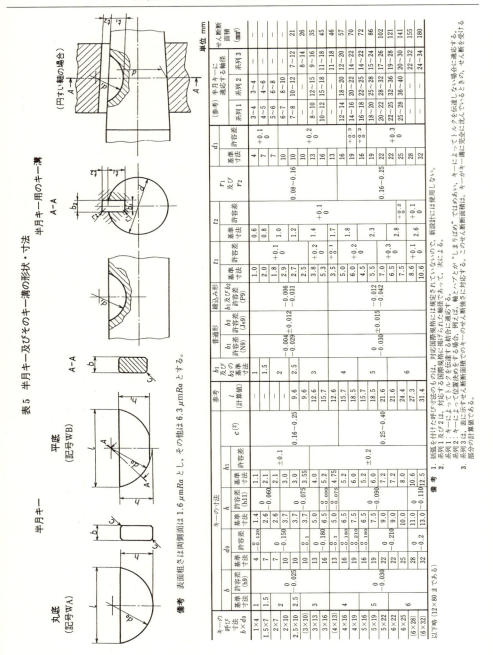

付表18 ローレット目 (JIS B 0951 : 1962)

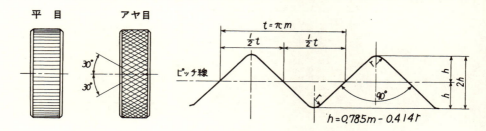

単位 mm

モジュール m	ピッチ t	r	h
0.2	0.628	0.06	0.132
0.3	0.942	0.09	0.198
0.5	1.571	0.16	0.326

呼び方

　ローレット目の呼び方は，種類及びモジュールによる。

　例：平　目　m 0.5
　　　アヤ目　m 0.3

付表 19　フランジ形たわみ軸継手（JIS B 1452 : 1991）

部　品	材　　　　料
本　体	JIS G 5501 の FC 200, JIS G 5101 の SC 410, JIS G 3201 の SF 440A 又は JIS G 4051 の S 25 C
継手ボルト[2] ボルト ナット 座金 ばね座金 ブシュ	JIS G 3101 の SS 400 JIS G 3101 の SS 400 JIS G 3101 の SS 400 JIS G 3506 の SWRH 62(A, B) JIS K 6386 の B(12)-j₁a₁ [Hs(JIS A)=70][3]

注 (2) 継手ボルトとは、ボルト、ナット、座金、ばね座金及びブシュを組み立てたものをいう。
　　(3) 耐油性の加硫ゴム。
（注記）粗さ記号は JIS 旧体であるが、改正されていないのでこのままとした。

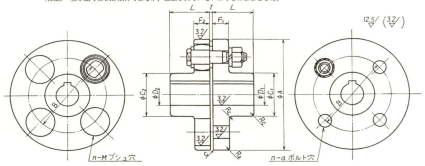

備　考　ボルト穴の配置は、キーみぞに対しておおむね振分けとする。

単位 mm

継手外径 A	D 最大軸穴直径 D_1	D_2	(参考)最小軸穴直径	L	C C_1	C_2	B	F F_1	F_2	[1] n (個)	a	M	[2] t	参　考 R_C(約)	R_A(約)	c (約)	ボルト抜きしろ
90	20	—	—	28	35.5		60	14		4	8	19	3	2	1	1	50
100	25	—	—	35.5	42.5		67	16		4	10	23	3	2	1	1	56
112	28		16	40	50		75	16		4	10	23	3	2	1	1	56
125	32	28	18	45	56	50	85	18		4	14	32	3	2	1	1	64
140	38	35	20	50	71	63	100	18		6	14	32	3	2	1	1	64
160	45		25	56	80		115	18		8	14	32	3	3	1	1	64
180	50		28	63	90		132	18		8	14	32	3	3	1	1	64
200	56		32	71	100		145	22.4		8	20	41	4	3	2	1	85
224	63		35	80	112		170	22.4		8	20	41	4	3	2	1	85
250	71		40	90	125		180	28		8	25	51	4	4	2	1	100
280	80		50	100	140		200	28	40	8	28	57	4	4	2	1	116
315	90		63	112	160		236	28	40	10	28	57	4	4	2	1	116
355	100		71	125	180		260	35.5	56	8	35.5	72	5	5	2	1	150
400	110		80	125	200		300	35.5	56	10	35.5	72	5	5	2	1	150
450	125		90	140	224			35.5	56	12	35.5	72	5	5	2	1	150
560	140		100	160	250		450	35.5	56	14	35.5	72	5	6	2	1	150
630	160		110	180	280		530	35.5	56	18	35.5	72	5	6	2	1	150

注 [1]　n は、ブシュ穴又はボルト穴の数をいう。
　　[2]　t は、組み立てたときの継手本体のすきまであって、継手ボルトの座金の厚さに相当する。
備　考　1. ボルト抜きしろは、軸端からの寸法を示す。
　　　　2. 継手を軸から抜きやすくするためのねじ穴は、適宜設けて差し支えない。

付表 19　フランジ形たわみ軸継手（つづき）

単位 mm

ピッチ円直径	ピッチ円直径及びピッチの許容差	ピッチ円直径振れの許容値
60, 67, 75	±0.16	0.12
85, 100, 115, 132, 145	±0.20	0.14
170, 180, 200, 236	±0.26	0.18
260, 300, 355, 450, 530	±0.32	0.22

単位 mm

ブシュ幅 q		② 座金厚さ t	
基準寸法	許容差	基準寸法	許容差
14, 16, 18	±0.3	3	+0.03 / −0.43
22.4, 28, 40	+0.1 / −0.5	4	±0.29
56	+0.2 / −0.6	5	±0.40

継手軸穴　D	H7	—
継手外径　A	—	g7
ボルト穴とボルト　a	H7	g7
④ 座金内径 [(3)]　a	—	+0.4 / 0
ブシュ内径、② 座金内径及びボルトのブシュそう入部の直径 a_1	+0.4 / 0	e9
ブシュそう入穴　M	H8	—
ブシュ外径　p	—	0 / −0.4
ボルトのブシュそう入部の長さ　m	—	k12

注 (3)　基準寸法が 8 のものは、+0.2 / 0 とする。

備 考　表中の H7, g7, e9, k12 は、**JIS B 0401**（寸法公差及びはめ合）による。数値で示した寸法許容差の単位は、mm とする。

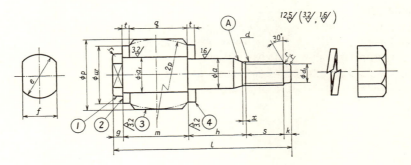

28-47

付表 19　フランジ形たわみ軸継手（つづき）

単位 mm

呼び $a \times l$	ねじの呼び d	① ボルト									
		a_1	a	d_1	e	f	g	m	h	s	k	l	r（約）

呼び $a \times l$	ねじの呼び d	a_1	a	d_1	e	f	g	m	h	s	k	l	r（約）
8 × 50	M 8	9	8	5.5	12	10	4	17	15	12	2	50	0.4
10 × 56	M 10	12	10	7	16	13	4	19	17	14	2	56	0.5
14 × 64	M 12	16	14	9	19	17	5	21	19	16	3	64	0.6
20 × 85	M 20	22.4	20	15	28	24	5	26.4	24.6	25	4	85	1
25 ×100	M 24	28	25	18	34	30	6	32	30	27	5	100	1
28 ×116	M 24	31.5	28	18	38	32	6	44	30	31	5	116	1
35.5×150	M 30	40	35.5	23	48	41	8	61	38.5	36.5	6	150	1.2

呼び $a \times l$	② 座金			③ ブシュ			④ 座金		
	a_1	w	t	a_1	p	q	a	w	t
8 × 50	9	14	3	9	14	8	14	3
10 × 56	12	18	3	12	22	16	10	18	3
14 × 64	16	25	3	16	31	18	14	25	3
20 × 85	22.4	32	4	22.4	40	22.4	20	32	4
25 ×100	28	40	4	28	50	28	25	40	4
28 ×116	31.5	45	4	31.5	56	40	28	45	4
35.5×150	40	56	5	40	71	56	35.5	56	5

備考
1. 六角ナットは，JIS B 1181（六角ナット）のスタイル 1（部品等級 A）のもので，強度区分は 6，ねじ精度は 6H とする。
2. ばね座金は，JIS B 1251（ばね座金）の 2 号 S による。
3. 二面幅の寸法は，JIS B 1002（二面幅の寸法）によっている。
4. ねじ先の形状・寸法は，JIS B 1003（ねじ先の形状・寸法）の半棒先による。
5. ねじ部の精度は，JIS B 0209（メートル並目ねじの許容限界寸法及び公差）の 6g による。
6. Ⓐ部はテーパでも段付きでもよい。
7. x は，不完全ねじ部でもねじ切り用逃げでもよい。ただし，不完全ねじ部のときは，その長さを約 2 山とする。
8. ブシュは，円筒形でも球形でもよい。円筒形の場合には，原則として外周の両端部に面取りを施す。
9. ブシュは，金属ライナをもったものでもよい。

製品の呼び方

継手の呼び方は，規格番号（又は名称），継手外径×軸穴直径[4]及び本体材料による。ただし，軸穴直径が異なる場合は，ボルトを取り付ける側に M を付記する。

例：JIS B 1452　125×28 M×25（FC 200）
　　　フランジ形たわみ軸継手　250×71 M×63（S 25 C）リム無し

注（4）軸穴直径が異なる場合は，それぞれの直径を示す。

付表 20 フランジ形固定軸継手（JIS B 1451 : 1991）

継手軸穴	H 7	—
継手外径	—	g 7
はめ込み部	(H 7)	g 7)
ボルト穴とボルト	H 7	h 7

備考1. 表中のH 7, g 7, h 7は, JIS B 0401 による。
　　2. 表中の括弧を付けたものは, 3.5によって参考までに示したものである。

部品名	材料
継手本体	JIS G 5501のFC 200, JIS G 5101のSC 410, JIS G 3201のSF 440 A 又は JIS G 4051のS 25 C
ボルト	JIS G 3101のSS 400
ナット	JIS G 3101のSS 400
ばね座金	JIS G 3506のSWRH 62（A, B）

（注記） 粗さ記号はJIS旧体であるが, 改正されていないのでこのままとした。

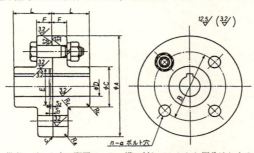

備考　ボルト穴の配置は, キー溝に対しておおむね振分けとする。

付表20　フランジ形固定軸継手（つづき）

単位 mm

継手外径 A	D 最大軸穴直径	D (参考) 最小軸穴直径	L	C	B	F	n (個)	a	参考 はめ込み部 E	S_2	S_1	R_C (約)	R_A (約)	c (約)	ボルト抜きしろ
112	28	16	40	50	75	16	4	10	40	2	3	2	1	1	70
125	32	18	45	56	85	18	4	14	45	2	3	2	1	1	81
140	38	20	50	71	100	18	6	14	56	2	3	2	1	1	81
160	45	25	56	80	115	18	8	14	71	2	3	3	1	1	81
180	50	28	63	90	132	18	8	14	80	2	3	3	1	1	81
200	56	32	71	100	145	22.4	8	16	90	3	4	3	2	1	103
224	63	35	80	112	170	22.4	8	16	100	3	4	3	2	1	103
250	71	40	90	125	180	28	8	20	112	3	4	4	2	1	126
280	80	50	100	140	200	28	8	20	125	3	4	4	2	1	126
315	90	63	112	160	236	28	10	20	140	3	4	4	2	1	126
355	100	71	125	180	260	35.5	8	25	160	3	4	5	2	1	157

備考1. ボルト抜きしろは，軸端からの寸法を示す。
　　2. 継手を軸から抜きやすくするためのねじ穴は，適宜設けて差し支えない。

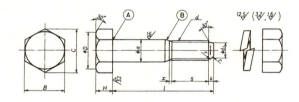

単位 mm

呼び $a \times l$	ねじの呼び d	a	d_1	s	k	l	r (約)	H	B	C (約)	D (約)
10×46	M 10	10	7	14	2	46	0.5	7	17	19.6	16.5
14×53	M 12	14	9	16	3	53	0.6	8	19	21.9	18
16×67	M 16	16	12	20	4	67	0.8	10	24	27.7	23
20×82	M 20	20	15	25	4	82	1	13	30	34.6	29
25×102	M 24	25	18	27	5	102	1	15	36	41.6	34

備考1. 六角ナットは，JIS B 1181のBスタイル1（部品等級A）のもので，強度区分は6，ねじ精度は6Hとする。
　　2. ばね座金は，JIS B 1251の2号Sによる。
　　3. 二面幅の寸法は，JIS B 1002による。
　　4. ねじ先の形状・寸法は，JIS B 1003の半棒先によっている。
　　5. ねじの精度は，JIS B 0209の6gによる。
　　6. Ⓐ部には研削用逃げを施してもよい。Ⓑ部はテーパでも段付きでもよい。
　　7. x は，不完全ねじ部でもねじ切り用逃げでもよい。ただし，不完全ねじ部のときは，その長さを約2山とする。

28 - 50

付表21 締結部品の寸法及び公差の例（つづき）

寸法及び公差を付けた締結部品の参考例を記載する。

「JIS B 1021：2003 締結用部品の公差—第1部：ボルト，ねじ，植込みボルト及びナット—部品等級A，B及びC」の附属書Bによる。

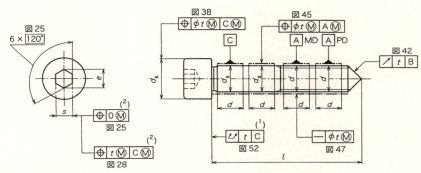

注(^{1}) 直径 $0.8d_k$ の円内に対して適用。
(^{2}) 3方向に適用。

円筒部及び全とがり先をもった六角穴付きボルトの例（なお図中の図番はJIS B 1021による）

付表21 締結部品の寸法及び公差の例（つづき）

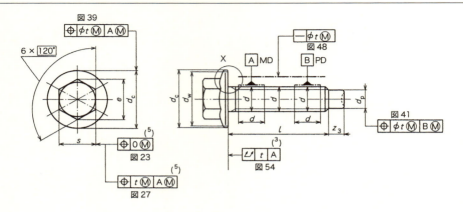

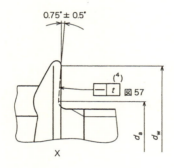

注(^{3}) 半径方向の直線上の最高点を連ねた線。
(^{4}) $d_{a\,max}$ と $d_{w\,min}$ との間の半径方向の線。
(^{5}) 3方向に適用。

　フランジ付き及びパイロット先付き六角ボルトの例（なお図中の図番はJIS B 1021による）。

索　　引

—ア—

ISO（国際規格）	2-2
ISO（国際標準化機構）	2-2
IT サイズ公差等級（ISO standard tolerance）	11-4
青写真（青図，blue print）	2-7
圧縮コイルばね（compression spring）	17-1
圧力角（pressure angle）	16-3
穴基準はめあい（hole basis fit system）	11-3, 11-10
穴の加工方法を表す記号	9-17
穴の寸法記入法	9-17, 9-20, 9-27
アヤ目ローレット（knurling）	7-9, 28-45
粗さ曲線	13-1
R（半径の記号）	9-7
Ra（算術平均粗さ）	13-5
Rz（最大高さ粗さ）	13-4
Rz_{JIS}（十点平均粗さ）	13-6
アングルプレート（angle plate）	27-5

—イ—

板の厚さを表す記号……t	9-8
1 条ねじ（single thread）	15-2
位置度（position）	12-1, 12-6, 12-13
一点鎖線（long dashed short dashed line）	4-1, 4-2, 23-3
一品一葉図（individual system drawing, one part one sheet drawing）	6-3
糸面	7-6
イヌキ（cored hole）	9-17, 9-18
インボリュートスプライン（involute spline）	22-1
インボリュートセレーション（involute serration）	22-1
インボリュート歯形（involute tooth）	16-3
インボリュート歯車（involute gear）	16-3
インボリュート歯車の寸法	16-6

—ウ—

ウイット細目ねじ（Whitworth fine thread）	15-5, 15-6
ウイット並目ねじ（Whitworth coarse thread）	15-3, 15-6
植込みボルト（stud bolt）	15-18, 15-20, 28-18
上の許容差（upper deviation）	11-1
上の許容サイズ（maximum limit of size）	11-1
ウォーム（worm）	16-2
ウォーム及びウォームホイールの図示法	16-11, 16-14
ウォームギヤ（worm gear）	16-2
ウォームホイール（worm wheel）	16-2
薄肉部の単線図示	8-5, 9-4, 9-26
薄板ばね（flat spring）	17-10
渦巻きばね（spiral spring）	17-8
打ヌキ（punched hole）	9-17
打抜き板	7-9
内歯車（internal gear）	16-1, 16-13
うねり曲線	13-1, 13-14

—エ—

鋭角切断法（acute-angled section）	8-2

索　引

Ⓜ……最大実体交差方式（maximum material principle）　12-3, 12-9
S（球面の記号）　9-7
円弧の半径……R　9-7, 9-15, 9-30
延長サイズ　3-1
円筒度（cylindricty）　12-2, 12-11
円ピッチ（circular pitch）　16-5

―オ―

多く用いられるはめあい　11-3, 11-9
押えボルト（tap bolt）　15-20
おねじ（external thread）　15-1

―カ―

外形図（outline drawing）　2-7
外形線（visible outline）　4-2, 4-3
階段状切断法（staggered section）　8-2
回転図示（revolved representation）　7-5
回転図示断面図（revolved section）　8-5
回転投影図（revolved projection）　7-5, 8-3
□（"かく"，正方形の記号）　9-6
角形スプライン（straight-sided spline）　22-1
角度を表す寸法数字　9-5
角度の寸法線（angular dimension line）　9-2
かくれ線（hidden outline）　4-2, 4-3
加工方法記号（symbols of metal working processes）　13-16
重ね板ばね（leaf spring, laminated spring）　17-6, 17-7
かさ歯車（bevel gear）　16-2
かさ歯車の図示法　16-10, 16-13
片側公差方式（unilateral system）　11-1
片側断面図（half sectional view）　7-3, 8-1
形鋼（shape steel）　9-23, 9-24
カットオフ値（λc, cut-off）　13-2, 13-3, 13-14

仮名（Japanese system of syllabic writing）　5-1
金網（gauze）　7-9
下面図（bottom view）　6-2
漢字（chinese character）　5-1
完全ねじ（complete thread）　15-1

―キ―

キー及びキー溝（key and key way）　9-22, 28-41
機械製図（machine drawing）（CA）　2-3, 23-1
機械製図関連規格　2-4
機械製図規格（Rutes for Machine Drawing）　2-3
機械部品の丸み（radius of machine parts）　9-8
幾何公差（geometrical tolerances）　12-1
幾何公差の表し方　12-3
規格化　2-1
記号文字による寸法記入法　9-25
基準穴（basic hole）　11-3
基準軸（basic shaft）　11-3
基準長さ lr, lp, lw　13-2, 13-3, 13-12
基準部　9-9
基準ラック（basic rack）　16-6
機能寸法（functional dimension）　9-12
基本サイズ公差等級（grade of tolerance）　11-4
基本数列　25-1
球面の記号……S　9-7
曲線（curve）の寸法　9-15
局部投影図（partial auxilaly view）　7-4
局面切断法（curved section）　8-3
許容限界サイズ（limit of size）　11-1
キリ（drill hole）　9-17
切り下げ（アンダカット，under-cut）　16-6

索　　引 　　　　　　　　　　　　　　3

—ク—

空気圧用図記号	20-5, 20-6
管（pipe）	20-1
管継手（pipe joint）	20-1
管の図示方法	20-2, 20-4
管用テーパねじ（R, R_c, R_p）（raper pipe thread）	15-3, 28-7
管用（くだよう）ねじ（pipe thread）	15-3
管用平行ねじ（G）（straight pipe thread）	15-3, 28-6
組立図（assembly drawing）	2-7, 24-1
クラウン歯車（crown gear）	16-2
繰返し図形（repetitive features）	7-7
グループ溶接（groove weld）	19-2
黒皮（除去加工をしない面）	7-6, 13-5, 13-8

—ケ—

計画図（scheme drawing）	2-7
傾斜度（angularity）	12-1, 12-6, 12-13
形状及び位置の精度（幾何交差）（geometrical tolerance）	12-1
計装用記号（instrumantation symbols）	20-2
系統図（system diagram）	2-7
弦（chord）	9-16, 9-30
現尺（full size, full scale）	3-4
検図（check of drawing）	7-1, 24-1
原図（original drawing）	2-6

—コ—

弧（arc）	9-15, 9-16
コイルばね（coiled spring）	17-1
コイルばねの図示法	17-3
公差（tolerance）	11-1
公差クラス（サイズ公差記号）	11-5
合成切断	8-4
構造線図（skeleton drawing）	2-7, 9-25

工程図（schedule drawing）	2-7
こう配（slope）	9-19
国際規格（ISO；International Standard）	2-1, 2-2
国際単位系（SI；Le Système International d' Unités）	9-1
国際標準化機構（ISO；International Organization for Standardization）	2-2
極太線（ごくぶとせん，extra thick line）	4-1
国家規格	2-2
コック（cock）	20-1
小ねじ（machine screw）の強度区分	15-24
小ねじの製図法	15-26, 15-27
転がり円うねり	13-22
転がり軸受（rolling bearing）	18-1
転がり軸受の製図規格（technical drawings-rolling bearings）	2-3, 18-5
転がり軸受の比例寸法による作図法	18-9
転がり軸受の呼び番号	18-3
転がり軸受の略図法	18-5
転がり軸受ユニット（rolling bearing unit）	18-2
ころ軸受（roller bearing）	18-1
コントロール半径	9-27

—サ—

サイクロイド歯形（cycloid tooth）	16-3
サイクロイド歯車（cycloid gear）	16-3
最小しめしろ（minimum interference）	11-3
最小すきま（minimum clearance）	11-3
サイズ許容差（deviation）	11-11
最大実体公差方式（MMR, Ⓜ）	12-3, 12-9, 12-16, 23-7
最大しめしろ（maximum interference）	11-3
最大すきま（maximum clearance）	11-3

索　　引

最大高さ粗さ（Rz, maximum hight）	
	13-4
材料記号	14-1, 14-11
材料記号の表し方	14-1
座金（washer）	15-27
作図線	7-5, 7-6, 9-12
座ぐり（spot facing）	9-18, 9-28, 15-30
皿ばね（coned disk spring）	17-9
皿ばね座金（conical spring washer）	
	15-29, 28-37
さらもみ（countersinking）	9-18
参考寸法（auxiliary dimension）	9-12
算術平均粗さ（Ra）	13-3

—シ—

C（45°面取りの記号）	9-8
仕上げ記号（finish marks）	13-18
仕上り寸法（finished dimension）	9-1
CAD →自動設計	1-4
CAD 機械製図	23-1
CAM →自動生産	1-4
CDA（Copper Development Association）	
	14-4
四角止めねじ（square head set screw）	
	15-25, 28-30
四角ナット（square nut）の略画法	15-22
四角ボルト（square headed bolt）の	
略画法	15-21
軸角（shaft angle）	16-2
軸基準はめあい（shaft bases fit system）	
	11-3, 11-10
舌付き座金（tongued washer）	15-30
下の許容差（lower deviation）	11-1
下の許容サイズ（minimum limit of size）	
	11-1
実線（continuous line）	4-1, 4-2
自動生産（CAM；Computer Aided	
Manufacturing）	1-3
自動設計（CAD；Computer Aided	
Design）	1-3
しま鋼板（checkered steel plate）	7-9
しまりばめ（interference fit）	11-2
シーム溶接	19-17
しめしろ（interference）	11-2
尺度（scale）	3-4
写真縮小される図面の製図	3-4, 4-2
写真縮小される図面の線	4-2, 4-4
写真縮小される図面の文字	5-4
十次穴付き小ねじ（cross-recessed head	
machine screw）	15-23, 28-28
十次穴付き小ねじの製図法	15-26, 15-27
重複記号	9-30
自由巻数	17-2
縮尺（contraction scale）	3-4
十点平均粗さ（Rz_{JIS}, ten points hight）	
	13-6, 13-7
主投影図（principal view）	7-2
照合番号（reference number）	10-1
詳細図（部分拡大図，detail drawing）	
	2-7, 9-14
正面図（flont view）	6-2, 7-2
白写真（陽画面, positive print, white	
print）	2-7
真円度（roundness）	12-1, 12-11
真空装置用図記号	20-5
真直度（straightness）	12-1, 12-10

—ス—

数字（numeric character）	5-2
すきま（clearance）	11-2
すきま穴（clearance hole）	15-20
すきまばめ（clearance fit）	11-2
すぐばかさ歯車（straight bevel bear）	
	16-2, 16-13, 27-9
図形を表す場合の原則	7-2
図形の表し方	7-1

索　引

スケッチ（sketch）	24-1
スケッチの手順	24-1
スケッチ用具	24-2
図示サイズ（basic size）	11-1
筋目方向の記号	13-16
ステイク溶接	19-21
スプライン及びセレーションの図示法	22-1
スプロケット（sprocket wheel）	16-15
すべり軸受（平軸受, plain bearing）	18-1
スポット溶接	19-17
スマッジング（smudging）	8-7
すみ肉溶接（fillet weld）	19-2
図面を描く順序	7-1
図面の大きさ	3-1
図面の折りたたみ方	3-4
図面の種類（kind of drawing）	2-6
図面の標準配置	6-2
図面の変更	9-27
スラストコロ軸受（thrust roller bearing）	18-1, 18-9
スラスト軸受（thrust bearing）	18-1
スラスト玉軸受（thrust ball bearing）	18-1, 18-9
スロット溶接	19-20
すわり付き小ねじ（slotted head machine screw）	15-23, 28-26
すわり付き小ねじの製図法	15-27
すりわり付き止めねじ（slotted set screw）	15-26, 28-29
寸法（dimension）	9-1
寸法記入の簡便法	9-20
寸法線（dimension line）	4-2, 9-1, 9-2
寸法の普通公差（permissible deviation in dimensions without tolerance）	11-15
寸法補助記号	9-27
寸法補助線（extension line, projection line）	4-4, 9-2

―セ―

JIS →日本工業規格	2-2
製作図（manufacture drawing）	2-7
製図（drawing, drafting）	1-1
製図規格（technical standard of drawing practice）	2-3
製図総則（general code of drawing practice）	2-4
製図用紙（drawing paper）	3-1
正投影図（orthographic projection drawing）	7-2, 21-3
正方形の記号……□（かく）	9-6
設計（design）	1-1
切断してはいけないもの	8-6
切断線（line of cutting plane）	4-2, 4-3, 8-2
説明文	5-3
狭い部分への寸法記入法	9-14
セレーションの図示法	22-1
線（line）	4-1
線細工ばね（wire forms）	17-10
センタ穴の図示方法	21-1
全断面図（full sectional view）	8-1
全ねじ六角ボルト	15-15, 28-16
線の形状	4-1, 23-2, 23-4
線の太さ	4-1, 23-4
線の優先順位	4-1
線の輪郭度（profile tolerance of any line）	12-1, 12-11
専門化（specialization）	2-1

―ソ―

相貫線（intersecting line）	7-7
総合	1-1
想像線（imaginary line, fictitious outline）	4-2, 4-3, 7-11
総巻数（total No. of coils）	17-2

索　引

側面図（side view）　6-2

―タ―

第一角法（first angle projection）　6-1,6-2
第一原図　2-7
第三角法（third angle projection）6-1,6-2
第二原図　2-7
台形ねじ（trapezoidal thread）　15-4,28-9
対称図形（symmetrical figure）　7-3,9-21
対称図示記号　7-3
対称度（symmetry）　12-1,12-14
ダイヤメトラルピッチ（diametral pitch）
　　16-5
竹の子ばね（volute spring）　17-8
多条ウォーム（multithread worm）
　　16-2,16-14
多条ねじ（multiple thread）　15-2
多品一葉図（group system drawing
　　multiparts drawing）　3-5,6-3
玉軸受（ball bearing）　18-1
単一図　7-2
単純化（simplification）　2-1
端末記号　9-3
断面曲線（sectional curve）　13-1
断面図（sectional drawing, sectional
　　view）　8-1
断面の表示　8-7
断面法（sectioning）　8-1

―チ―

チャック用ハンドル（chuck wrench）27-4
中間ばめ（transition fit）　11-2
中心線（center line）　4-2,4-3,7-11
中心マーク（centering mark）　3-2
直角切断法（right-angled section）　8-3
直角度（squareness）　12-2,12-12
直径の記号……φ（まる）　9-7

―ツ―

つづみ形ウォームギヤ（globid worm gear）
　　16-3
つめ車（retchet wheel）　16-15
つめ付き座金（claw washer）　15-30

―テ―

t（板厚を表す記号）　9-8
締結部品の寸法及び公差の例　28-51
訂正蘭　9-27
データム（datum）の表し方　12-5
鉄鋼材料の材料記号　14-5
テーパ（taper）　9-19
転位係数（addendum modification
　　coefficient）　16-6
転位歯車（profile shifted gear）　16-5
転位量（amount of addendum
　　modification）　16-6
展開図（development）　7-5
展開切断法（developed section）　8-3
電気用図記号（graphical symbols for
　　electrical apparatus）　20-2
転動体（rolling element）　18-1

―ト―

投影法（projection）　6-1
投影法の記号　6-3
同軸度（coaxiality）　12-2
通しボルト（through bolt）　15-20
特殊な加工を施す部分（範囲）　4-2,4-4,7-9
特殊用途ねじ　15-4
特別数列　25-1
トーションバー（torsion bar spring）17-10
トーションバーの図示法　17-9
止めねじの製図法　15-26
トレース紙（tracing paper）　2-6

索　引

—ナ—

長さを表す寸法数字	9-4
長さの寸法線（linear dimension line）	9-1
流れ線（runout）	7-6
ナットの強度区分	15-37
ナットの製図法	15-21,15-22
ナット（nut）の表示法	15-15
波形ばね座金（wave spring washer）	15-28

—ニ—

肉盛（build up）	19-2
二点鎖線（alternate long and two short dashes line）	4-1,4-2
日本工業規格（JIS；Japanese Industrial Standaed）	2-2
日本標準規格（JES；Japanese Engineering Standard）	2-2

—ネ—

ねじインサートの製図法	15-31
ねじ各部の名称	15-1
ねじ製図規格（technical drawings-screw threads and threaded parts）	2-3,15-8
ねじと座金（screw and washer）	27-7
ねじの表し方	15-4
ねじの種類	15-2
ねじの製図法	15-8
ねじの公差域クラス（等級）	15-6
ねじ歯車（crossed helical gear）	16-2
ねじ歯車の図示法	16-10,16-13
ねじりコイルばね（torsion spring）	17-1,17-4,17-6
ねじれ角（helical andle）	16-1
熱間成形コイルばね（hot coiled helical spring）	17-1

—ハ—

配管（piping）	20-1
配管系統図（piping system diagram）	20-2
配管図（piping diagram）	2-7,20-1
配管図示記号	20-3,20-4
配管図示方法	20-2
倍尺（enlarged scale）	3-4
ハイポイド歯車（hypoid gear）	16-2,16-11
背面図（rear view）	6-2
歯車（gear）	16-1
歯車各部の名称	16-3
歯車製図規格（drawing office practice for gears）	2-3,16-1
歯車の通常図示法	16-8
歯車のかみ合い部の図示法	16-8
歯車の種類	16-1
歯車の図示法	16-8
歯車の要目表（tabular of gear）	16-11
はすばかさ歯車（skew bevel gear）	16-2
はすば歯車（helical gear）	16-1
はすば歯車の図示法	16-9,16-12
破線（short dashes line, broken line）	4-1,4-2
破断線（line of limit of partial or interrupted view and section）	4-2,4-3,7-8
歯付き座金（toothed lock washer）	15-29,28-38,28-39
パッキン押エ（packing gland）	27-4
ハッチング（hatching）	4-2,8-7
ばね（spring）	17-1
ばね座金（spring washer）	15-28,28-35
ばねの幾何公差	17-10
ばねの製図規格（technical drawings-representation of springs）	2-3,17-3
ばねの種類	17-1,17-10
ばねの製図	17-1

ばねの要目表（tablar of spring）	17-3	平鋼（flat steel）	9-23
ばね用語	17-2	平座金（plain washer）	15-27,28-31
はめあい（fit）	11-2	平先面取り	15-9,15-10
はめあい方式（system of fit）	11-2	平軸受（すべり軸受，plain bearing）	18-1
針状ころ軸受（needle roller bearing） 18-1,18-8,18-12		平歯車（spur gear）	16-1
バルブ（valve）	20-1	平歯車の図示法	16-8,16-9,16-12,27-8
半径の記号……R	9-7	平目ローレット	7-9,28-45
万国規格統一協会（ISA；International Federation of the National Standardizing Association）	2-2	ピロー形ユニット（bearing unit of pillow type）	18-2
半断面図……片側断面図	7-3,8-1	ーフー	

―ヒ―

p（ピッチを表す記号）	9-8	Vベルト車（V-belt pulley）	27-6
引出線（leader line）	4-2,9-3,9-16,9-17, 9-18,9-19,9-20,10-1,15-12,15-14,18-10	Vブロック（V-block）	27-3
		深座ぐり（counter boring）	9-18
非金属材料の断面表示	8-8	負荷長さ率 $Rmr(c)$	13-3,13-7
非剛性部品の図示	9-26,23-7	不完全ねじ（incomplate thread）	15-1
左側面図（left side view）	6-2	複写図（compping print）	2-7
左ねじ（left hand thread） 15-2,15-6,15-34,15-40		太線（ふとせん，thick line）	4-1
		部品図（part drawing）	2-7,24-1
非鉄金属材料記号	14-9	部品番号……照合番号（parts number）	10-1
ピッチ（pitch）	15-1	部品表（parts list）	3-3
ピッチ円（pitch circle）	16-4,16-8	部品組立図（partial assembly drawing）	2-7
ピッチを表す記号……p	9-8	部品断面図（local sectional view）	8-3
ピッチ線（pitch line）	4-2	プラグ溶接（せん溶接，slot weld, plug weld）	19-2,19-19
引張コイルばね（tension spring）	17-1	フランジ形固定軸継手	28-49
ビード（bead）	19-2	フランジ形たわみ軸継手（flexible flange coupling）	28-46
ピニオン（pinion）	16-1	フランジ形ユニット（rolling bearing unit of flange type）	18-2
評価長さ ln	13-3		
標準化（standardization）	2-1	プランマブロック（plummer block）	18-2
標準数（preferred number）	9-1,25-1	フリーハンド（free hand）	7-8,24-1,24-3
標準歯車（standard gear）	16-5	振れ（run-out）	12-1,12-2,12-15
表題欄（title panel）	3-1,3-3	プロジェクション溶接	19-21
表面粗さ（surface roughness）	13-7,13-12		
表面うねり（surface waviness）	13-2,13-12		

索　　引

—ヘ—

平行度（parallelism）	12-1, 12-2, 12-11
平面図（top view）	6-2
平面度（flatness）	12-1, 12-10
ヘクサロビュラ穴付きボルト	15-34
変位数列	25-1

—ホ—

保持器（retainer）	18-1
補助記号	19-3
補助投影図（auxiliary view）	6-4, 7-4
細線（ほそせん，thin line）	4-1
ボルト（bolt）の強度区分	15-15, 15-36
ボルトの製図法	15-20
ボルトの表示法	15-5, 15-15, 15-34

—マ—

まがりばかさ歯車（spiral bevel gear）	16-2, 16-11
交わり部の丸み	7-6
φ（"まる"，直径の記号）	9-7
丸先面取り（round point chamfering）	15-9, 15-10

—ミ—

右側面図（right side view）	6-2
右ねじ（right hand thread）	15-2
見取図（sketch drawing）	24-1, 24-3

—メ—

メートル細目ねじ（metric fine thread）（M）	15-3, 28-3
メートル台形ねじ（metric trapezoidal thread）（Tr）	15-4, 28-9
メートル並目ねじ（metric coarse thread）（M）	15-2, 28-2
めねじ（internal thread）	15-1

面取り（chamfer, beveling）	7-6, 9-8
面の肌（surface texture）の図示方法	13-17, 13-18
面の輪郭度（profile tolerance of any surface）	12-2

—モ—

木ねじ（wood screw）	15-25
木ねじの製図法	15-26
文字（lettering）	5-1
文字の大きさ	5-1
文字の寸法比率	5-2
文字の練習	27-3
モジュール（module）	16-4
元図（もとず，original drawing）	2-6
モールステーパ（Morse taper）	9-20

—ヤ—

矢示法（reference arrow layout）	6-3, 7-5
矢印（arrow head）	9-4
やまば歯車（double-helical gear）	16-1
やまば歯車の図示法	16-9

—ユ—

油圧用図記号	20-5, 20-6
有効径六角ボルト（hexagon head bolt with pitch diameter body）	15-15, 28-17
有効巻数（No. of active coils）	17-2
誘導数列	25-1
ユニファイ細目ねじ（unified fine thread）（UNF）	15-3
ユニファイ並目ねじ（unified coarse thread）（UNC）	15-3, 28-4

—ヨ—

溶接（welding）	7-10, 19-1
溶接記号（symbolic representation of welds）	19-3, 19-10, 19-15

索　　引

溶接継手（welded joint）の種類　　19-2
溶接の基本記号　　19-4
溶接の種類　　19-1
溶接の補助記号　　19-5
要目表（tabular）　　16-12, 17-3
呼び径六角ボルト（hexagon head bolt with nominal diameter body）
　　15-15, 28-13
呼びサイズ（nominal size）　　11-1
45°の面取り記号……C（chamfering）　　9-8

　　―ラ―

ラジアルころ軸受（radial roller bearing）
　　18-1
ラジアル軸受（radial bearing）　　18-1
ラジアル玉軸受（radial ball bearing）
　　18-1
ラック（rack）　　16-1
λc（カットオフ値）　　13-2, 13-3

　　―リ―

リード（lead）　　15-1
リード角（lead angle）　　15-1
リーマ（reamer hole）　　9-17
両側公差方式（bilateral system）　　11-2
両ナットボルト（double nuts bolt）　　15-20
輪郭線（border line）　　3-2
輪郭度（profile torerance）　　12-1, 12-6

　　―ル―

累進寸法記入法（superimposed running dimensioning）　　9-9

　　―レ―

冷間成形コイルばね（coldcoiled helical spring）　　17-1

　　―ロ―

ローマ字（英字）（roman character）　　5-2
ローレット（knurling）の図示法　　7-9
ローレット目（knurling）　　28-45
六角穴付きボルト（hexagon socket head bolt）　　15-18, 28-20
六角穴付きボルトの製図法　　15-21, 15-23
六角ナット（hexagon nut）
　　15-19, 15-40, 28-23
六角ナットの呼び方　　15-19
六角ナットの製図法　　15-21, 15-22, 15-23
六角低ナット　　15-19, 28-25
六角ボルト（hexagonal headed bolt）
　　15-15, 28-12
六角ボルトの呼び方　　15-18
六角ボルトの製図法　　15-21, 15-22, 15-24
ろ波うねり　　13-22

　　―ワ―

わかち書き　　5-4
輪ばね（ring spring）　　17-10

〈著者・改訂者紹介〉

熊谷信男（くまがい のぶお）
　前 関西大学工学部非常勤講師

阿波屋義照（あわや よしてる）
　舞鶴工業高等専門学校名誉教授

小川　徹（おがわ とおる）
　大阪電気通信大学名誉教授

坂本　勇（さかもと いさむ）
　大阪産業大学名誉教授

武田信之（たけだ のぶゆき）
　武田工学技術士事務所所長
　（第5版改訂）

JIS 機械製図の基礎と演習
　　〔第5版〕

検印廃止　　Ⓒ 2018

1983年10月20日　初　版1刷発行		熊谷　信男
1987年 3月20日　初　版4刷発行		阿波屋義照
1988年 4月25日　第2版1刷発行	著　者	
1994年 3月 4日　第2版5刷発行		小川　徹
1998年 5月20日　第3版1刷発行		坂本　勇
2003年 3月15日　第3版6刷発行		
2003年11月 5日　第4版1刷発行	改訂者	武田　信之
2016年 9月20日　第4版15刷発行		
2018年 9月25日　第5版1刷発行	発行者	南條　光章

発行所　**共立出版株式会社**

東京都文京区小日向4丁目6番19号
電話　03-3947-2511（代表）
〒112-0006/振替 00110-2-57035
URL http://www.kyoritsu-pub.co.jp/

印刷・壮光舎印刷/製本・加藤製本
NDC 531.9/Printed in Japan

ISBN 978-4-320-08219-9

一般社団法人
自然科学書協会
会　員

JCOPY 〈出版者著作権管理機構委託出版物〉
本書の無断複製は著作権法上での例外を除き禁じられています。複製される場合は，そのつど事前に，出版者著作権管理機構（TEL：03-3513-6969，FAX：03-3513-6979，e-mail：info@jcopy.or.jp）の許諾を得てください。

■機械工学関連書

http://www.kyoritsu-pub.co.jp/　共立出版

生産技術と知能化 (S知能機械工学 1)	山本秀彦著
情報工学の基礎 (S知能機械工学 2)	谷　和男著
現代制御 (S知能機械工学 3)	山田宏尚他著
構造健全性評価ハンドブック	構造健全性評価ハンドブック編集委員会編
入門編 生産システム工学 第6版	人見勝人著
衝撃工学の基礎と応用	横山　隆編著
機械系の基礎力学	山川　宏著
機械系の材料力学	山川　宏他著
わかりやすい材料力学の基礎 第2版	中田政之他著
かんたん材料力学	松原雅昭他著
詳解 材料力学演習 上・下	斉藤　渥他著
固体力学の基礎 (機械工学テキスト選書 1)	田中英一著
工学基礎 固体力学	園田佳巨他著
超音波による欠陥寸法測定	小林英男他編集委員会代表
破壊事故	小林英男編著
構造振動学	千葉正克他著
基礎 振動工学 第2版	横山　隆他著
機械系の振動学	山川　宏著
わかりやすい振動工学	砂子田勝昭他著
詳解 振動工学 基礎から応用まで	武田信之著
弾性力学	荻　博次著
繊維強化プラスチックの耐久性	宮野　靖他著
複合材料の力学	岡部朋永他訳
図解 よくわかる機械加工	武藤一夫著
材料加工プロセス ものづくりの基礎	山口克彦他編著
ナノ加工学の基礎	井原　透著
機械・材料系のためのマイクロ・ナノ加工の原理	近藤英一著
機械技術者のための材料加工学入門	吉田総仁他著
基礎 精密測定 第3版	津村喜代治著
図解 よくわかる機械計測	武藤一夫著
基礎 制御工学 増補版 (情報・電子入門シリーズ 2)	小林伸明他著
制御工学の基礎	尾崎弘明著
詳解 制御工学演習	明石　一他著
工科系のためのシステム工学	山本郁夫他著
基礎から実践まで理解できるロボット・メカトロニクス	山本郁夫他著
ロボティクス モデリングと制御 (S知能機械工学 4)	川﨑晴久著
ロボットハンドマニピュレーション	川﨑晴久著
概説 ロボット工学	西川正雄著
身体知システム論	伊藤宏司著
顔という知能 顔ロボットによる「人工感情」の創発	原　文雄他著
熱エネルギーシステム 第2版 (機械システム入門S 10)	加藤征三編著
工業熱力学の基礎と要点	中山　顕他著
熱流体力学	中山　顕他著
伝熱学 基礎と要点	菊地義弘他著
流体工学の基礎	大坂英雄他著
ネットワーク流れの可視化に向けて交差流れを診る	梅田眞三郎他著
流体力学の基礎と流体機械	福島千晴他著
空力音響学 渦音の理論	淺井雅人他訳
例題でわかる基礎・演習流体力学	前川　博他著
対話とシミュレーションムービーでまなぶ流体力学	前川　博著
流体システム工学 (機械システム入門S 12)	菊山功嗣他著
計算流体力学 GSMAC有限要素法	棚橋隆彦著
わかりやすい機構学	伊藤智博他著
気体軸受技術 設計・製作と運転のテクニック	十合晋一他著
アイデア・ドローイング 第2版	中村純生著
製図基礎 図形科学から設計製図へ 第2版	金元敏明著
JIS機械製図の基礎と演習 第5版	武田信之改訂
JIS対応 機械設計ハンドブック	武田信之著
技術者必携 機械設計便覧 改訂版	狩野三郎著
標準 機械設計図表便覧 改新増補5版	小栗冨士雄他共著
配管設計ガイドブック 第2版	小栗冨士雄他共著
CADの基礎と演習	赤木徹也他共著
はじめての3次元CAD SolidWorksの基礎	木村　昇著
SolidWorksで始める3次元CADによる機械設計と製図	宋　相載他著
CAD/CAMシステムの基礎と実際	古川　進他著